W0255644

Grundlagen der Architektur-Wahrnehmung

Jörg Kurt Grütter

Grundlagen der Architektur-Wahrnehmung

2., aktualisierte Auflage

Jörg Kurt Grütter
Bern, Schweiz

ISBN 978-3-658-26784-1   ISBN 978-3-658-26785-8 (eBook)
https://doi.org/10.1007/978-3-658-26785-8

Die Deutsche Nationalbibliothek verzeichnet diese Publikation in der Deutschen Nationalbibliografie; detaillierte bibliografische Daten sind im Internet über http://dnb.d-nb.de abrufbar.

Springer Vieweg

Lektorat: Dipl.-Ing. Ralf Harms

Springer Vieweg ist ein Imprint der eingetragenen Gesellschaft Springer Fachmedien Wiesbaden GmbH und ist ein Teil von Springer Nature.
Die Anschrift der Gesellschaft ist: Abraham-Lincoln-Str. 46, 65189 Wiesbaden, Germany

Vorwort

Architektur, auch Baukunst genannt, hat sowohl wissenschaftliche wie auch künstlerische Aspekte. Teile von ihr sind eine exakte Wissenschaft, andere können eindeutig als Kunst bezeichnet werden. Die eher rationalen Bereiche, wie Ökonomie, Statik und Bauphysik, sind genau definierbar und quantifizierbar. Ihre Anliegen sind heute meist logisch, mit wissenschaftlichen Methoden lösbar. Die mehr irrationalen, emotionalen Aspekte des Bauens, die den Bereich der Ästhetik betreffen, sind weder genau definierbar noch messbar. Dies mag ein Grund sein, warum über den ästhetischen Bereich des Bauens heute eine solch grosse Unsicherheit herrscht.

Das Erleben von Architektur, ihre Wahrnehmung, ist nur sehr beschränkt quantifizierbar, die subjektive Komponente ist immer grösser als der objektiv messbare Bereich. Architektur als Objekt ist mess- und bestimmbar, sie lässt sich in Zahlen ausdrücken. Der Betrachter hingegen, der Mensch als Subjekt, kann als Typ nicht generalisiert werden.

Der Prozess des Wahrnehmens, das Erleben der Umwelt, geschieht über unsere Sinnesorgane. Viele Faktoren dieses Prozesses sind erklärbar; viele der physikalischen, chemischen und biologischen Vorgänge sind sogar messbar.

Das Verarbeiten der über die Sinnesorgane aufgenommenen Informationen ist aber äusserst komplex und geschieht von Mensch zu Mensch verschieden. Selbst wenn wir dasselbe betrachten, nehmen wir es verschieden wahr.

Auch sind die auf die Wahrnehmung einwirkenden Randerscheinungen des Menschen wie physischer Zustand, Vorkenntnisse, Erfahrung, kultureller Hintergrund etc. heute bekannt. Diese Komponenten sind aber von Mensch zu Mensch so verschieden, dass eine Verallgemeinerung des Wahrnehmungsprozesses, bezogen auf alle möglichen Arten von Zuständen während der Rezeption, praktisch unmöglich ist.

Das Entwickeln einer integralen Theorie über die Wahrnehmung der Architektur ist aus obengenannten Gründen nicht möglich. Auch eine allgemeine Prognose, wie generell geplant und gebaut werden muss, um „gute" Architektur zu erhalten, kann nur begrenzt gestellt werden.

Das vorliegende Buch will keine Rezepte vermitteln, die Absicht ist vielmehr, den äusserst komplexen Prozess der Architektur-Wahrnehmung etwas transparenter zu machen und damit vielleicht Einzelentscheide zu vereinfachen. Das Buch richtet sich deshalb nicht nur an Fachleute, sondern auch an all jene Personen, die am Ausdruck und der Gestaltung unserer gebauten Umwelt generell interessiert sind.

Am Anfang, im ersten Kapitel, werden kurz die allgemeinen Grundlagen der Wahrnehmung besprochen, welche in den folgenden Kapiteln zum Erklären vieler Aspekte der Architektur, der Architektur – Wahrnehmung, dienen. Die Behandlung dieser Aspekte nimmt den grössten Teil des Buches ein. Trotzdem sind sie teilweise fragmentarisch; oft werden bestimmte Vorgänge vereinfacht, um das Wesentliche besser hervorheben zu können. Die vorliegende Arbeit erhebt deshalb auch keinen Anspruch auf Vollständigkeit. Die aufgeführten Beispiele stammen aus verschiedenen Epochen und aus verschiedenen Kulturen. Damit soll unterstrichen werden, dass bestimmte architektonische Grundsätze unabhängig von Zeitepochen, Kultur, Ideologie und Klima ihre Gültigkeit haben. Mit den Zitaten sollen einige der wichtigsten Exponenten einer bestimmten Meinung direkt zu Wort kommen.

Mein Dank gilt all jenen, die mir beim Verwirklichen dieser Arbeit mit Rat und Tat zur Seite standen, und dem Verlag Springer Vieweg, vorab Herrn Ralf Harms und Frau Pamela Frank.

Bern, April 2019   Jörg Kurt Grütter

Inhaltsverzeichnis

Grundlagen der Wahrnehmung

Inhaltsverzeichnis

Einführung

Der Mensch braucht Kommunikation, Informationsaustausch mit seiner Umgebung. Ohne diese ist er nicht lebensfähig. Wie funktioniert dieser Informationsaustausch? Welche Informationen nimmt der Mensch auf und wie verarbeitet er sie? Was für verschiedene Arten an Informationen gibt es? Die Wahl der Informationen, die wir bewusst aufnehmen, ist kulturell geprägt, sie hängt auch stark von der jeweiligen Situation, von unserem momentanen psychi-

© Springer Fachmedien Wiesbaden GmbH, ein Teil von Springer Nature 2019
J. K. Grütter, *Grundlagen der Architektur-Wahrnehmung*,
https://doi.org/10.1007/978-3-658-26785-8_1

schen Zustand und unserer Lebensgeschichte ab. Welche Rolle spielen bei der Informationsaufnahme die verschiedenen Sinnesorgane? Welchen Einfluss haben die aufgenommenen Informationen auf unser Verhalten? Wieviel Neues, Originelles brauchen wir? Was für Störungen und Täuschungen gibt es bei der Informationsaufnahme, und wie reagieren wir auf sie?

1.1 Das Prinzip der Nachrichtenübermittlung

Der Mensch braucht Kommunikation, Informationsaustausch mit seiner Umgebung. Ohne diese ist er nicht lebensfähig. Die Umgebung kann als „Sender" bezeichnet werden, der Mensch als „Empfänger". Die Nachrichten des „Senders" nehmen wir als „Empfänger" auf verschiedenen „Kanälen" wahr, das heißt über unsere verschiedenen Sinnesorgane (Abb. 1.1). Diese menschlichen Sinne sind: der Geruchsinn, der Hörsinn, der Tastsinn, der Geschmacksinn und der Sehsinn. Die Signale, die wir über unsere 5 Sinnesorgane empfangen, werden im Gehirn weiterverarbeitet (vgl. Abschn. 1.3.1). Je nach Art der Nachrichten werden die Sinnesorgane verschieden eingesetzt. Trotz ihrer Spezialisierung wirken diese schon bei geringen Wahrnehmungen zusammen. Die Wahl der Informationen, die wir bewusst aufnehmen, ist kulturell geprägt, sie hängt auch stark von der jeweiligen Situation, von unserem momentanen psychischen Zustand und unserer Lebensgeschichte ab. Ein Mitteleuropäer findet seinen Weg in seiner Umgebung ganz anders als ein Eskimo. Der Erste orientiert sich vor allem mit dem Auge, dies würde den Eskimo in der Eiswüste nicht weit führen. Er verlässt sich deshalb eher auf den Geruchs- und Tastsinn. Die verschiedenen Windarten kann er riechen, mit den Füssen ertastet er die Beschaffenheit von Schnee und Eis.

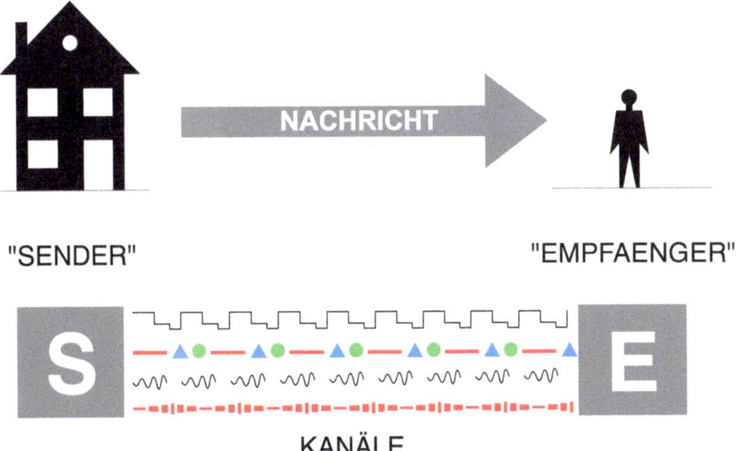

Abb. 1.1 Die Umwelt als Nachrichten- „Sender", der Mensch als Nachrichten- „Empfänger". Übermittelt werden verschiedene Arten von Nachrichten, auf verschiedenen Kanälen, sprich Sinne

1.2 Die Nachricht

1.2.1 Strukturierung der Nachricht

Was geschieht, wenn wir zum Beispiel an einer Strassenkreuzung in Paris stehen (Abb. 1.2)? Wir nehmen eine Unmenge von Nachrichten auf: die teilweise besonnt graue Fassade des Gebäudes auf der anderen Strassenseite, die Bäume, deren Blätter sich im Winde bewegen, die Ampel, deren Farbe eben auf Rot gewechselt hat, das Quietschen eines bremsenden Autos, es riecht nach Frühling und die wartenden Leute neben uns sprechen eine für uns fremde Sprache. Die Wahrnehmung dieser Nachrichten geschieht gleichzeitig über mehrere Kanäle, über verschiedene Sinnesorgane, wir nennen sie deshalb multiple Nachricht (Moles 1958, S. 234).

Beim Empfang von multiplen Nachrichten sind mehrere Sinnesorgane beteiligt, verteilen wir unsere Aufmerksamkeit auf mehrere beteiligte Kanäle. Je nach Zeitpunkt und Interesse wird aus dem Angebot eine bestimmte Nachrichtenart ausgewählt. Da wir die Strasse überqueren möchten, interessiert uns im Moment vorallem die Ampel; wann stellt sie um auf Grün? Zum Verständnis des Ganzen dürfen wir aber die andern Nachrichten nicht ganz ausschliessen. Auch beim Wahrnehmen von Architektur sind wir oft auf multiple Nachrichten angewiesen.

Um zu verstehen, was in einem solchen Moment alles geschieht, müssen wir versuchen, die auf uns einströmenden Nachrichten zu ordnen. Der Mensch ist darauf angewiesen, in seiner Umgebung Regelmässigkeiten zu finden, damit er die auf ihn zukommenden

Abb. 1.2 Strassencafé, Paris, Frankreich

Nachrichten strukturieren kann (Schuster und Beisl 1978, S. 50). Regelmässigkeiten erlauben ihm, gewisse Nachrichten zusammenzufassen und damit den Informationsgehalt zu verringern. Er bildet sogenannte Superzeichen (vgl. Abschn. 1.3.3), welche das Wahrnehmen der Umwelt erleichtern.

1.2.2 Aktive und passive Nachrichten

Grundsätzlich kann zwischen aktiver und passiver Nachricht unterschieden werden. Die Ampel auf der anderen Strassenseite interessiert uns im Augenblick, wir möchten wissen wann sie auf grün umstellt. Die Nachrichten, die uns im Zusammenhang mit diesem Ereignis erreichen, bezeichnen wir als aktive Nachrichten. Das Motorrad auf dem gegenüberliegenden Trottoir interessiert uns im Augenblick nicht, trotzdem nehmen wir es wahr; dies ist eine passive Nachricht.

Im Zusammenhang mit aktiven und passiven Nachrichten ist ein anderer Begriff wichtig: die Empfindung. Der amerikanische Psychologe E.G. Boring stellte fest, dass die Empfindung, obwohl sie durch den Einfluss auf ein Sinnesorgan bewirkt wird, nichts Leibliches, sondern etwas Seelisches ist (Boring 1942, S. 13). Empfindung beruht auf aktiven und passiven Wahrnehmungen, ist aber nicht genau definierbar. Beim Wahrnehmen des anhaltenden Autos empfinden wir vielleicht Angst oder Freude, ohne genau zu wissen warum. Empfindungen sind Bruchteile von Wahrnehmungen, sie ergeben kein ganzheitliches Bild.

1.2.3 Originalität

Das Messbare einer Nachricht ist ihr Informationsgehalt, wobei dabei nur die syntaktische Stufe der Nachricht informationstheoretisch erfasst werden kann (vgl. Abschn. 11.1). Eine E-Mail mit fünfzig Wörtern enthält wahrscheinlich mehr Informationen als eine mit zehn Wörtern. Gleichzeitig mit der Informationsmenge einer Nachricht stellt sich die Frage ihres Informationswertes. Was sagt uns die Nachricht im Moment? Wie hilft sie uns weiter? Der Informationsgehalt einer Nachricht ist nicht immer proportional zu ihrer Länge. Wollen wir zum Beispiel eine Tür öffnen, nützt uns die Information über ihr Material und ihre Farbe im Moment nicht viel. In dieser Situation ist allein die Information wertvoll, welche uns sagt, wie die Tür geöffnet werden kann. Wenn also eine Nachricht dazu dient, unser Verhalten zu beeinflussen, ist ihr Informationswert umso grösser, je mehr sie unser Verhalten beeinflusst.

Der Einfluss einer Nachricht auf unser Verhalten ist umso grösser, je mehr Neues sie enthält. Enthält sie nichts Neues, keine Information, so wird sie unser Verhalten auch nicht beeinflussen, sie ist somit für uns wertlos. Der Informationsgehalt einer Nachricht hängt also sehr eng mit dem Unerwarteten, dem Originellen zusammen. Je origineller sie ist, desto mehr Wert hat sie für uns, wobei das Unerwartete immer noch einen gewissen

Abb. 1.3 Die Formel zur
Berechnung der Originalität
(nach Abraham Moles)

$$\text{Originalität} = -M \sum_{i=1}^{n} P_i \log_2 P_i$$

M = Gesamtzahl der Elemente der Nachricht
P_i = ihre Wahrscheinlichkeit

Zusammenhang mit dem Vorhergegangenen haben muss. Ist dem nicht so, empfinden wir Chaos. Totale Originalität ist also genauso unerwünscht wie keine Originalität. Entscheidend für den Wert einer Nachricht ist also nicht ihre Länge, sondern ihre Originalität. Eine E-Mail mit fünfzig Wörtern nützt uns wenig, wenn sie für uns nichts Neues enthält. Umfasst sie nur zehn Wörter, dafür eine hohe Originalität, ist ihr Informationsgehalt grösser. Die Originalität einer Nachricht kann mit Hilfe der Wahrscheinlichkeit berechnet werden, sie ist eine Funktion ihrer Unwahrscheinlichkeit. Der Physiker und Philosoph Abraham Moles entwickelte dazu eine Formel (vgl. Abb. 1.3) (Schuster und Beisl 1978, S. 57):

Originalität war nicht immer etwas Erstrebenswertes. So hatte zum Beispiel in der Architektur des Mittelalters Originalität einen sehr geringen Stellenwert. Im 13. Jahrhundert war man überzeugt, dass Sinn und Ursprung aller Schöpfung allein in Gott zu finden seien. So war dem mittelalterlichen Menschen das Suchen nach Neuem weitgehend fremd. Die Autorität, das Vorbild war massgebend. Der mittelalterliche Baumeister verliess sich meist auf sein Musterbuch: auf Skizzen, die er während seiner Lehr- und Wanderzeit überall anhand von ausgeführten Bauten angefertigt hatte. Auch heute ist Originalität nicht generell etwas Erstrebenswertes.

1.2.4 Ästhetische und semantische Information

Betrachten wir den Inhalt einer Information, so drängt sich eine weitere Unterscheidung auf. Die sich im Winde bewegenden Bäume sind für uns nichts Neues, trotzdem können wir uns an ihrem Anblick erfreuen: am sanften Bewegen der Blätter, am Aufleuchten der verschiedenen Grüntöne. Diese Nachricht hat einen ästhetischen Informationswert, sie enthält ästhetische Informationen. Die ästhetischen Informationen sprechen unsere Gefühle an, sie wecken Emotionen. Sie werden von sozio-psychologischen Aspekten beeinflusst und hängen deshalb sehr stark vom Empfänger ab. Sie sind kanalspezifisch und somit schwer übersetzbar. Das Gefühl, das wir beim Anblick der sich im Winde bewegenden Blätter empfinden, können wir nur schwer übersetzen, das heißt zum Beispiel beschreiben oder zeichnen. Ästhetische Informationen haben keinen unmittelbaren direkten Nutzen.

Wenn wir uns aber auf das vorbeifahrende Auto konzentrieren, interessieren uns vielleicht konkrete Fragen: wie schnell fährt es? Welche Automarke ist das? Nachrichten, die uns konkrete Fragen beantworten, enthalten semantische Informationen. Sie haben keinen unmittelbaren ästhetischen Wert, sie übermitteln aber eine Bedeutung, sie lehren uns etwas. Aus dieser Art von Information ziehen wir bestimmte Schlüsse und steuern danach letztlich unser Verhalten. Sie ist zweckgebunden, logisch und nachvollziehbar.

Die Bezeichnungen „semantische" und „ästhetische" Informationen stammen von Abraham Moles (Moles 1971, S. 165) und sind eher unglücklich, da die Bedeutung des „Semantischen" hier nicht identisch ist mit dem Begriff der Semantik.

Die Unterscheidung zwischen Wahrnehmungen, die eher den Verstand oder eher das Gefühl ansprechen, existierte schon lange vor der Begründung der Informationstheorie. Anstelle von ästhetischer oder semantischer Information sprach man früher von „malerisch" und „streng" oder von „romantisch" und „klassisch".

Eine Nachricht kann uns gleichzeitig ästhetische und semantische Informationen vermitteln. Zum Beispiel eine Eingangstür: ihre semantische Information sagt uns, wie sie geöffnet wird, wie gross sie ist und ob wir beim Öffnen stossen oder ziehen müssen. Ihre Form, Proportion und Farbe vermitteln ästhetische Informationen. Um die Tür öffnen zu können, brauchen wir nur die semantische Information. Die ästhetische Information ist aber deshalb keinesfalls nutzlos.

In einem bestimmten Mischverhältnis enthält eine Nachricht immer ästhetische und semantische Informationen. Während die semantische Information leicht bestimmbar und messbar ist, hängt der Wert der ästhetischen Information stark vom Empfänger und von den äusseren Umständen ab (vgl. Abschn. 1.4).

Das Messen von ästhetischer Information und ihre Weitervermittlung ist schwieriger und nur beschränkt möglich. Das Übermitteln der semantischen Information ist dagegen einfacher. Ein Plan des Architekten kann sämtliche Informationen über das Funktionieren der Tür enthalten.

Auch wenn die ästhetische Information auf den ersten Blick keinen direkten Nutzen hat, ist sie wichtig. Sie beeinflusst stark unser Wohlbefinden und unser Verhalten. Die umgekehrte Frage, wie muss eine Tür beschaffen sein, damit sie eine optimale ästhetische Information vermittelt, ist eine Frage, die nicht endgültig beantwortet werden kann, die aber primäre Bedeutung hat.

1.2.5   Informationsmenge

Der Mensch braucht ein gewisses Mass an Information. Experimente haben gezeigt, dass jegliches Fehlen von Informationen zu Halluzinationen und starken Angstzuständen führen kann (Schuster und Beisl 1978, S. 47). Andererseits ist der Mensch auch nicht fähig, beliebig viele Informationen aufzunehmen. Beim Blick aus dem Fenster eines fahrenden Schnellzuges können wir nicht alle auf uns zukommenden Informationen aufnehmen. Sind wir zu lange einer solchen Situation ausgesetzt, so fühlen wir uns bald unwohl.

Wie gross ist nun die optimale Informationsmenge? Die Informationsübermittlung geschieht über verschiedene Kanäle, über unsere Sinnesorgane. Jeder dieser Kanäle hat eine gewisse Maximalkapazität, kann in einer bestimmten Zeiteinheit nur eine begrenzte Menge an Informationen aufnehmen.

Die Informationsmenge kann gemessen werden. Die Masseinheit ist das „bit", (binary digit = Zweierschritt). Die bit-Zahl gibt an, wie viele Entscheidungen vom Typ „Ja/Nein", sogenannte Binärentscheide, für die Übermittlung einer Information notwendig sind. Der Informationswert jeder Nachricht kann daher mit einer bit-Zahl ausgedrückt werden. So reichen zum Beispiel 6 bit aus, um ein bestimmtes Feld eines Schachbrettes zu kennzeichnen. Die erste Frage kann lautet: Ist das Feld im linken Teil des Brettes, ja oder nein? Wenn die Antwort Nein ist, lautet die 2. Frage: Ist das Feld im unteren Teil des rechten Feldes, ja oder nein? Usw.

Der Informationsgehalt einer Nachricht muss nicht proportional zu ihrer Länge sein. Die Antwort auf eine Frage, die mit ja oder nein beantwortet werden kann, besteht aus einem Wort. Diese Aussage enthält trotz ihrer Kürze viel Information. Ein Gespräch, das in einer uns nicht bekannten Sprache geführt wird, enthält für uns wenig bis keine Information, auch wenn die Nachricht, in diesem Fall das Gespräch, lange dauert. Jede Nachricht wird mit Hilfe von Zeichen übermittelt. Die relative „Verschwendung" von Zeichen bei der Übermittlung einer Information kann gemessen werden. Sie wird als Redundanz bezeichnet.

Der Wert der Redundanz liegt zwischen 0 (oder 0 %), keine Verschwendung, und 1 (oder 100 %), maximale Verschwendung und somit keine Information. Der Informationsgehalt einer Nachricht hängt mit der Originalität ihrer Zeichen zusammen und die wiederum ist indirekt proportional zur Wahrscheinlichkeit des Erscheinens eines Zeichens. Je origineller eine Nachricht, desto kleiner ihre Redundanz. So ist zum Beispiel in der französischen Sprache der Buchstabe W 40-mal weniger wahrscheinlich als der Buchstabe E (Moles 1971, S. 63). Die Redundanz von W ist also kleiner als die von E. Mit der Redundanz kann die Effizienz einer Nachricht gemessen werden. Versuche haben ergeben, dass die Redundanz der französischen Sprache 0,55 oder 55 % beträgt (Moles 1971, S. 70). Beim Schreiben eines Textes ist also ungefähr die Hälfte der Zeichen durch die Struktur der Sprache bedingt, die andere Hälfte ist individuell wählbar. Die Redundanz von 55 % macht die französische Sprache nicht langweilig. Die Originalität kann noch weiter abnehmen: Bei genügend Komplexität kann eine Nachricht sogar 70–80 % Redundanz haben und immer noch interessant sein (Kiemle 1967, S. 109). Redundanz und Originalität sind indirekt proportional. Durch Erlernen kann die Originalität gesenkt werden, die Redundanz gesteigert (vgl. Abb. 1.6).

Eng verbunden mit dem Begriff der Redundanz ist die sogenannte Vorhersehbarkeit. Eine Nachricht kann so strukturiert sein, dass aufgrund der schon gesendeten Zeichen die noch nicht gesendeten vorhersehbar sind und das noch Fehlende rekonstruiert werden kann.

In der Figur in Abb. 1.4a sehen wir einen roten Streifen, der über einem schwarzen Kreis liegt. Die beiden Kreissegmente werden in unserer Wahrnehmung automatisch zu einem Ganzen ergänzt. Die Form des Kreises hat eine gewisse Redundanz, das heißt, ein Teil der Zeichen, die uns seine Form erkennen lassen, sind unnötig und damit Verschwendung. Ein Teil dieser Zeichen kann weggelassen werden und wir erkennen immer noch eine Kreisform, die fehlenden Teile sind vorhersehbar. Je regelmässiger eine Form ist, desto grösser ist ihre Vorhersehbarkeit, da die Regelmässigkeit Erwartungen auslöst (vgl. Abb. 1.17).

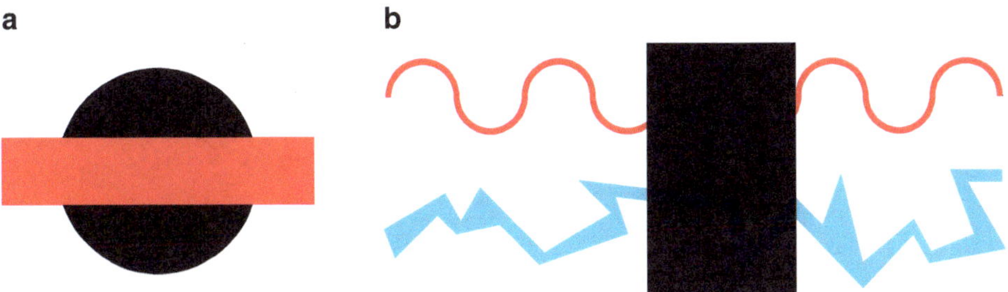

Abb. 1.4 Vorhersehbarkeit: Je regelmässiger eine Nachricht, desto eher vorhersehbar sind ihre Zeichen (vgl. Abb. 1.17)

Abb. 1.4b zeigt zwei Linien, die durch ein Rechteck teilweise abgedeckt sind. Da die obere Schlangenlinie eine regelmässige Form hat, ist ihr Verlauf vorhersehbar und der durch das schwarze Rechteck abgedeckte Teil leicht rekonstruierbar. Bei der unteren Linie können wir keine Regelmässigkeit feststellen, ihre Form ist nicht vorhersehbar und deshalb auch nicht rekonstruierbar. Schon bei drei- bis vierfacher Wiederholung einer Form entsteht eine Erwartung nach weiterer Wiederholung, nach Periodizität (Moles 1971, S. 103). Auch hier gilt: Je regelmässiger eine Nachricht, desto eher sind ihre Zeichen vorhersehbar, desto weniger originell wird sie, desto mehr nimmt ihr Informationsgehalt ab und desto grösser ist ihre Redundanz.

Ähnlich verhält es sich zum Beispiel beim Anblick verschiedener Gebäude. Bei der Fassade in Pamplona (Abb. 1.5a) sind die verschiedenen Elemente wie Balkone und Fenster in ihrer Form zwar ähnlich, ihre Anordnung und ihre verschiedenen Farben enthalten aber viel Originalität und somit wenig Redundanz. Bei der Fassade des Gebäudes in New York (Abb. 1.5b) ist es eher umgekehrt. Ihr Anblick vermittelt wenig Originalität, viel Redundanz und somit eine grosse Vorhersagbarkeit; sie wirkt eher langweilig.

1.2.6 Information und Repertoire

Jede Nachricht besteht aus Zeichen. Wenn eine Nachricht für den Empfänger eine Information enthält, heißt das, dieser kann die Zeichen dieser Nachricht verstehen, weil er sie kennt, weil sie seinem Repertoire angehören.

Wir können einen Text verstehen, weil wir lesen können und die Sprache verstehen. Die Buchstaben, die Wörter und die Sprache gehören zu unserem Repertoire und wir können so die Information der Nachricht verstehen.

Die vom Sender ausgestrahlte Nachricht kann nur dann vom Empfänger verstanden werden, wenn die Zeichen der Nachricht dem Repertoire des Empfängers angehören. Mit Hilfe der Vorhersehbarkeit, der Erfahrung, der Intelligenz und dem statistischen Auffassungsvermögen ist der Mensch fähig, sein Repertoire langsam zu erweitern, zu lernen (vgl. Abb. 1.6) (Moles 1971, S. 22). Auch von Wörtern, die wir anfänglich nicht kennen,

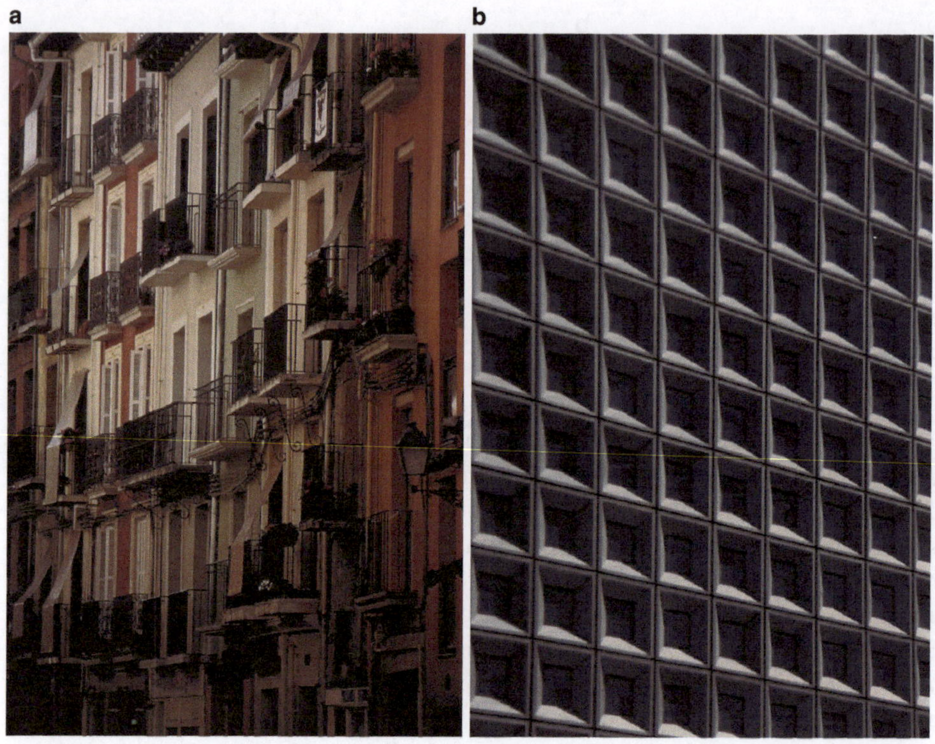

Abb. 1.5 Der Zusammenhang zwischen Redundanz und Vorhersehbarkeit (**a** Pamplona, Spanien, **b** New York, USA)

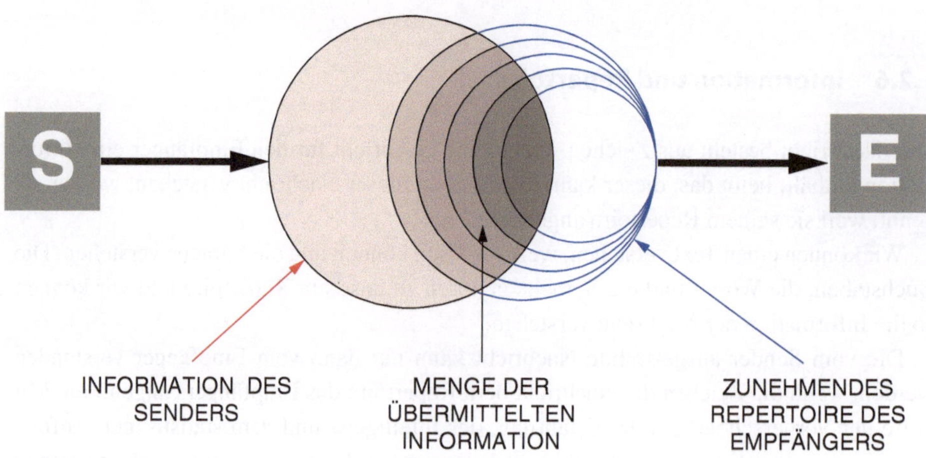

Abb. 1.6 Der Lernprozess: Anpassen des Empfängerrepertoires an die Information des Senders

werden wir im Laufe der Zeit den Sinn verstehen. Bei einem solchen Lernprozess erweitert sich unser Repertoire. Wie wir aber schon gesehen haben, ist es gerade für das Verstehen eines Textes nicht notwendig, dass alle Zeichen dieses Textes dem Repertoire des Lesers angehören. Da beim Vermitteln einer Nachricht meistens eine Redundanz besteht, also ein Teil der verwendeten Zeichen „Verschwendung" ist, sind wir beim Verstehen der Nachricht nicht auf das Kennen aller Zeichen angewiesen (vgl. Abb. 1.4).

1.2.7 Störung und Täuschung der Nachricht

Nicht immer kommt die Nachricht beim Empfänger so an, wie sie gesendet wurde. Jede Störung der Nachrichtenübermittlung wird als „Geräusch" bezeichnet, gleichgültig, ob es sich um eine akustische oder um eine andere Art von Störung handelt. Zum Beispiel ist beim Betrachten eines Gebäudes manchmal nicht ganz klar welche Farbe die Fassade hat. Je nach Wetter oder Beleuchtung kann sie verschieden sein. Nicht immer ist es möglich, das Geräusch von der eigentlichen Nachricht zu unterscheiden. Zwischen Geräusch und Nachricht besteht kein absoluter Strukturunterschied (Moles 1971, S. 115). Das einzige stichhaltige Unterscheidungskriterium ist der Sender, in unserem Fall also die genaue Farbe der Fassade. Nur wenn wir sie kennen können wir wissen, ob wir die Fassadenfarbe beim Betrachten richtig sehen oder ob es sich um ein Geräusch in der Nachricht handelt.

Oft haben die zur Nachricht gehörenden Signale einen höheren Ordnungsgrad als die der Geräusche. Ein einzelnes schräges Element in einer streng orthogonal strukturierten Fassade kann für einen Betrachter eine Störung, ein Geräusch, sein. Eine andere Person findet vielleicht gerade dieser Bruch mit dem Ordnungssystem originell.

Der menschliche Organismus besitzt mehrere Mechanismen zum Ausgleichen der Geräusche (Stadler et al. 1975, S. 187). Einer sind die sogenannten Reflexe: So kneifen wir „automatisch" die Augen zu, wenn wir geblendet werden. Eine andere Möglichkeit besteht darin, dass der Organismus versucht, bei Störungen auf anderem Wege äquivalente Informationen einzuholen und dann nur die Information berücksichtigt, die eher eine Ungestörtheit garantiert (Stadler et al. 1975, S. 133).

Neben den Geräuschen besteht noch ein zweites Phänomen, das verhindert, dass eine Nachricht so empfangen wird, wie sie gesendet wurde: die Täuschung. Grundsätzlich können Wahrnehmungstäuschungen unter drei verschiedenen Bedingungen entstehen (Stadler et al. 1975, S. 136).

a) Widersprüchliche Reizinformation:
   Die beiden auseinanderlaufenden Linienpaare in Abb. 1.7 suggerieren Tiefe. Nach dem Grössenkonstanzgesetz (Abschn. 1.3.6) sollten die beiden vertikalen Stäbe bei gleicher reeller Grösse verschieden gross gezeichnet werden. Da dem nicht so ist, nehmen wir den linken Stab grösser wahr als den rechten, trotzdem beide gleich gross gezeichnet sind. Die meisten sogenannten geometrisch-optischen Täuschungen beruhen auf dem Prinzip der widersprüchlichen Reizinformation (Stadler et al. 1975, S. 139).

Abb. 1.7 Ponzo-Täuschung

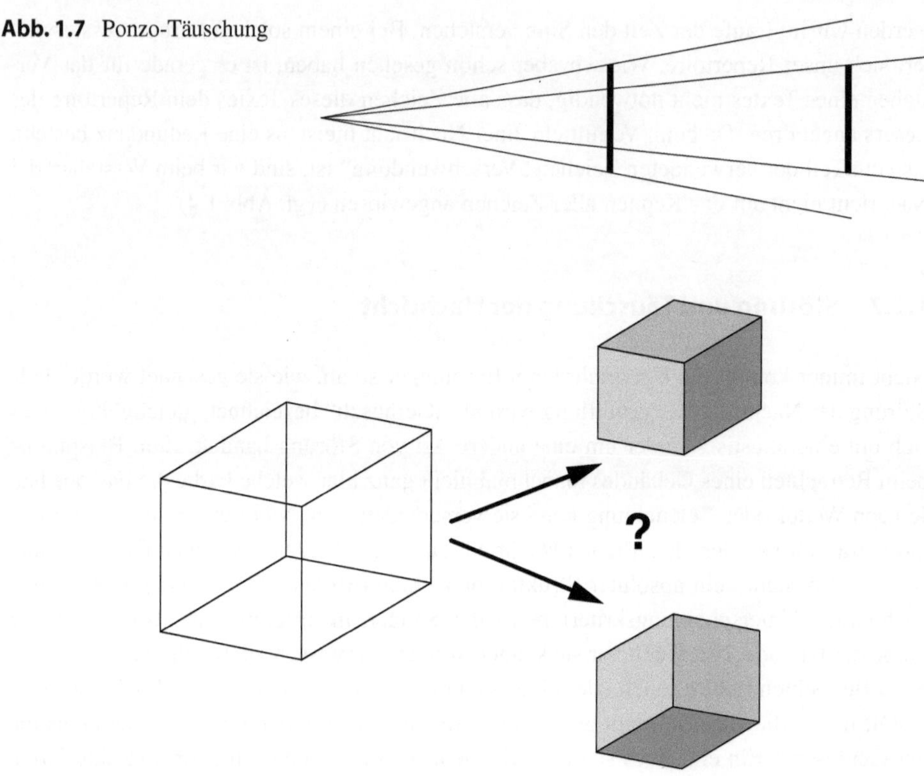

Abb. 1.8 Necker-Würfel

Der sogenannte Necker-Würfel (Abb. 1.8 links) erlaubt keine stabile Wahrnehmung.
Wir sehen abwechselnd die Auf- oder die Untersicht des Würfels. Da beide Interpretationen gleichwertig sind, kann keine Entscheidung fallen und das Bild wechselt alle
paar Sekunden. Solche Figuren werden deshalb auch Kippfiguren genannt. Dieser Effekt wird oft auch in der Kunst genutzt.

b) Die zweite Bedingung, unter der Täuschungen der Wahrnehmung auftreten, ist die
Überlastung des Wahrnehmungssystems. Sie entsteht dann, wenn die Reizkonfiguration gleichförmig und doch komplex ist. Das Bild in Abb. 1.9 ist auf wenigen Elementen aufgebaut, welche aber ja nach Lage leicht verändert sind. Dadurch wird das Wahr-
nehmungssystem überlastet.

c) Der dritte Aspekt, der zur Täuschung führen kann, ist die Unterbelastung des Wahrnehmungssystems. Der Mensch ist auf Wahrnehmungsreize angewiesen. Wir haben
bereits darauf hingewiesen, dass das Ausbleiben dieser Wahrnehmungsreize für län-
gere Zeit zu Halluzinationen und anderen Störungen führen kann. Wichtig ist nicht die
Intensität, sondern die Komplexität der Reize. Nicht die Schwäche, sondern die Eintönigkeit führt zur Täuschung. Das Phänomen der Fata Morgana ist teilweise auf diesen Effekt zurückzuführen.

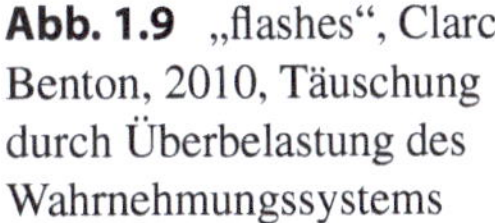

Abb. 1.9 „flashes", Clarc Benton, 2010, Täuschung durch Überbelastung des Wahrnehmungssystems

1.3   Der Empfänger

Der Nachrichtenempfänger, in unserem Falle der Mensch, muss für den Empfang von Nachrichten ausgerüstet sein. Die für den Empfang beschaffenen Instrumente, die Sinnesorgane, setzen die physikalischen, chemischen und mechanischen Bewegungsformen der Materie in biochemisches und biotechnisches Potenzial um (Stadler et al. 1975, S. 76). Eine weitere Umwandlung findet statt beim Übergang der Nachricht durch den Rezeptor, die eigentliche „Empfangsantenne", zu den Nervensträngen: Hier wird die Nachricht in Impulse umgewandelt, ähnlich dem Binärsystem eines Computers (vgl. Abb. 1.11).

1.3.1   Die Sinnesorgane

Aristoteles klassifizierte als erster die menschlichen Sinnesorgane und unterschied: Gesichtssinn (Sehen), Gehör-, Geruchs-, Geschmacks- und Tastsinn (Stadler et al. 1975, S. 79). Heute unterscheidet man noch eine Reihe anderer Sinne, so zum Beispiel Temperatursinn und Schmerzsinn. Sie können als Unterkategorien der fünf Hauptsinne betrachtet werden. Die Sinne können in zwei Hauptgruppen unterteilt werden; in diejenigen, die auf Distanz funktionieren, wie sehen, hören und riechen, und in jene, die direkten Kontakt erfordern, wie der Tastsinn und der Geschmackssinn.

Entwicklungsgeschichtlich ist der Geruchssinn der älteste Sinn. Gerüche rufen viel tiefere Erinnerungen wach als etwa Seh- und Höreindrücke. Die Rolle des Geruchssinns beim Erleben von Architektur wird unterschätzt. So ist es uns zum Beispiel in einem Raum, in dem es schlecht riecht, oft nicht wohl. Am Beispiel des Geruchsinns wird auch klar, wie die Sinne bei der Wahrnehmung je nach Kulturen verschiedenen eingesetzt werden, wie sie bei der Wahrnehmung je nach Kultur verschieden wichtig sind und wie sie spezifische Eindrücke erwecken. So wird zum Beispiel in einem orientalischen Bazar die Wahrnehmung primär von den Gerüchen mitbestimmt.

Auch die Rolle des Hörsinns für die Architekturwahrnehmung wird unterschätzt. Auch mit dem Gehör werden Informationen über den architektonischen Raum gewonnen: Oberflächen- und Materialeigenschaften, Grösse des Raumes, ob der Raum leer oder möbliert ist etc. Wenn Augen und Ohren widersprüchliche Informationen erhalten, zum Beispiel über den Ort einer Lärmquelle, vertrauen wir meistens auf das Auge. Für das Sehen stehen auch fast 3500-mal mehr Sinneszellen zur Verfügung als für das Hören.

Mit dem Gehör können Richtung und Entfernung der Schallquelle wahrgenommen werden. Die Richtung einer Schallquelle wird durch den Vergleich der Reize beider Ohren festgestellt (Linder 1967, S. 189). Ein von links kommendes Geräusch erreicht zuerst das linke, dann das rechte Ohr. Der geringe Zeitunterschied genügt, um die Richtung der Schallquelle feststellen zu können. Der Mensch kann zwei Schallquellen, deren Winkelabstand weniger als zehn Grad beträgt, einzeln feststellen (Linder 1967, S. 189). Das Erkennen der Entfernung einer Schallquelle beruht auf Erfahrung (Linder 1967, S. 189). Dabei spielt offenbar das Frequenzspektrum eine Rolle. Neben Richtung und Entfernung kann auch die Bewegung einer Schallquelle wahrgenommen werden (z. B. ein vorbeifahrendes Auto). Bei der Bewegung handelt es sich um eine Kombination von Richtung und Entfernung. Schlussendlich ist das Hören der Schlüssel zu einem der wichtigsten Kommunikationsmittel: der Sprache.

Sprachwissenschaftler haben nachgewiesen, dass sogar die Sprache einen entscheidenden Einfluss auf die Wahrnehmung haben kann. So meint Edward Hall, gestützt auf den amerikanischen Sprachwissenschaftler Benjamin Lee Whorf: „Darüber hinaus ist die Wahrnehmung des Menschen hinsichtlich seiner Umwelt, um ein Bild unserer Tage zu gebrauchen, durch die von ihm gesprochene Sprache programmiert, genauso wie ein Computer programmiert ist. Dem Computer ähnlich, wird der Verstand des Menschen die äussere Wirklichkeit nur in Übereinstimmung mit dem Programm registrieren und strukturieren" (Hall 1976, S. 15). So kennt zum Beispiel die Sprache der Hopi-Indianer in Arizona kein Wort für den Begriff „Zeit" (Hall 1976, S. 99), bezogen auf den Raum bedeutet das, dass für sie der Raum keine Zeitdimension hat. Sie erleben ihn nur in der Gegenwart und kennen so keinen abstrakten Raum.

Im Gegensatz zum Sehen und Hören sind wir beim Tastsinn auf eine Bewegung angewiesen. Das haptische Erfassen geschieht deshalb meist sukzessiv, entsprechend dem Ablauf der Bewegung. Der Tastsinn dient vor allem zur Wahrnehmung von Oberflächenstrukturen und erst dann zum Erfassen von Formen. Im Kleinkindalter ist der Tastsinn wichtiger als die visuelle Wahrnehmung.

Für die Wahrnehmung von Raum ist der Geschmackssinn irrelevant. Er hat höchstens indirekt einen Einfluss auf das Erleben von Architektur. So erleben wir wahrscheinlich einen Raum, in dem wir gut essen, eher als positiv.

Im Laufe der Evolution wurde Sehen immer wichtiger. Für das Erleben unserer Umwelt ist der Sehsinn heute sicher der wichtigste Sinn. Am Anfang orientierte sich der Mensch stärker durch Riechen und Hören, wie auch viele Tiere es tun. Auf den Grundlagen der optischen Wahrnehmung schuf der Mensch mit der Schrift ein zusätzliches Kommunikationssystem. Die Schrift kann als „Verlängerung" des Gedächtnisses bezeichnet werden.

Im Folgenden werden wir uns vor allem auf den Sehsinn, auf das Sehen, konzentrieren, da dieser für die Wahrnehmung von Architektur der wichtigste Sinn ist.

1.3.2 Der Prozess des Sehens

Das Begriff „wahrnehmen" besteht aus den beiden Wörtern „Wahrheit" und „nehmen". Das heißt, wenn wir sehen, optisch wahrnehmen, nehmen wir das Gesehene als die Wahrheit. In der griechischen Sprache sind die Verben „wissen" und „sehen" bedeutungsgleich, „ich weiss" heißt auch „ich habe gesehen". Das Gesehene gilt als die Wahrheit. Stimmt das?

Johannes Keppler glaubte dies zu Beginn des 17. Jahrhunderts nicht mehr. Er wusste, dass die Sonne am Abend nicht am Horizont „untergeht", da sich die Erde um die Sonne dreht. Es gibt keine objektive Wirklichkeit. Das, was wir aus unserer Umwelt registrieren, ist kein blosses Abbild, sondern ein eigenständiges Bild. Unsere Erfahrungswelt stimmt keineswegs mit der physikalischen Welt überein. Abb. 1.10 zeigt, dass wir auch Dinge sehen, die so gar nicht sind. Wir erleben unsere Umgebung nur innerhalb der Grenzen unserer Sinne und selbst hier gibt es von Mensch zu Mensch Unterschiede. Zu unserer Umwelt haben wir keinen unmittelbaren Zugang. Die Informationen, die wir aufnehmen, sind von unseren Sinnesorganen gefiltert. Schon Plinius hielt im 1. Jahrhundert n. Chr. in seinem Werk „Naturalis historia" fest, dass der Mensch nicht wirklich mit dem Auge sieht, sondern mit dem Geist. Sehen ist das übersetzen, übertragen einer äusseren physikalisch existierenden Welt in unsere eigene Wahrnehmungswelt. Bei diesem Vorgang existieren verschiedene „Filter", wie unsere persönlichen Erfahrungen, unser Charakter und unser momentaner Gemütszustand. Die Wahl der Informationen, die wir bewusst aufnehmen, ist auch kulturell geprägt, sie hängt stark von unserer Lebensgeschichte ab (vgl. Abschn. 1.4).

Das „Sehen" beginnt mit der Lichtenergie, welche von einem Objekt entweder ausgestrahlt oder reflektiert wird (Abb. 1.11). Durch die Augenlinse projiziert die Energie das Bild umgekehrt auf der lichtempfindlichen Netzhaut (Retina). Wir richten unseren Blick so, dass die Projektion der Blickpunktes, der jeweils interessanteste Ausschnitt des Gesichtsfeldes, auf die empfindlichste Stelle der Netzhaut fällt. In diesem relativ kleinen Bereich, er umfasst nur etwa 2–5 Grad des Sehwinkels, findet die differenzierte Wahrnehmung statt (Stadler et al. 1975, S. 90).

Abb. 1.10   Herzog & De Meuron, 1999, Spitalapotheke, Basel, Schweiz

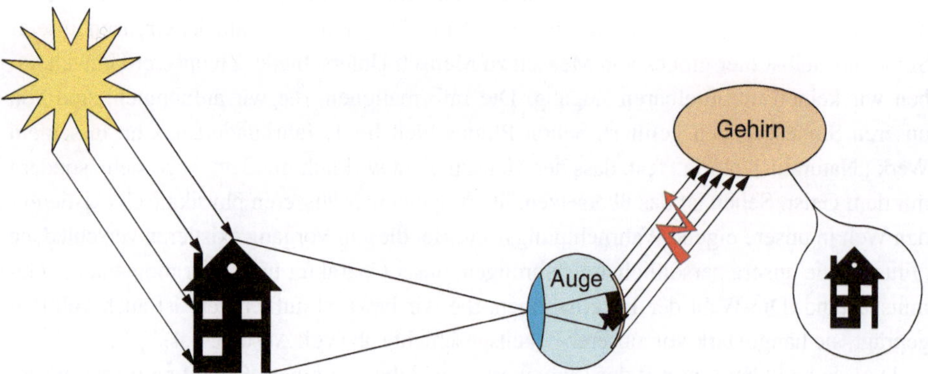

Abb. 1.11   Der Vorgang des Sehens, vom Auge ins Gehirn

Bei den Rezeptorzellen der Netzhaut unterscheiden wir zwei Arten; die sogenannten Stäbchen und die Zapfen (Linder 1967, S. 182). Das Verhältnis beträgt 18 zu 1 zugunsten der Stäbchen. Die Stäbchen sind für das Hell-Dunkelsehen verantwortlich, die Zapfen für das Farbsehen. Stäbchen und Zapfen sind nicht gleichmässig über die Netzhaut verteilt.

Die Randbereiche der Netzhaut enthalten nur Stäbchen, die sehr viel lichtempfindlicher sind als die Zapfen und deshalb vor allem für das Dämmerungssehen zuständig sind. Entsprechend der unregelmässigen Verteilung von Stäbchen und Zapfen ist die Sehschärfe bei Tag- und bei Dämmerlicht verschieden (Stadler et al. 1975, S. 90). Bei Dämmerlicht ist sie an der Peripherie des Gesichtsfeldes gleichmässig hoch, im zentralen Bereich eher schlecht. Bei Tageslicht ist es umgekehrt: Im mittleren Bereich des Gesichtsfeldes ist die Sehschärfe am grössten.

Von den lichtempfindlichen Zellen auf der Netzhaut, den Rezeptorzellen, werden elektrische Signale über Nervenbahnen zum Sehstrang geführt, der die Nachricht direkt an das Gehirn weitergibt. Dort werden die Signale wiederum zu Bildern verarbeitet. Wie der Prozess der Umwandlung vom Nervenimpuls zum gesehenen Bild genau abläuft ist bis heute nicht genau bekannt (vgl. Abschn. 1.3.4).

1.3.3   Empfangskapazität und Speicher

Das Auge, wie auch die anderen Sinnesorgane, wandeln die Wahrnehmungsreize in Impulse um. Diese gelangen dann ins Zentralnervensystem im Gehirn. Ähnlich wie der Computer besitzt auch das Gehirn eine gewisse maximale Aufnahmekapazität, das heißt, es kann pro Zeiteinheit nur ein bestimmtes Höchstmass an Information aufnehmen. Wir sahen, dass der Informationswert einer Nachricht sehr eng mit dem Unerwarteten, dem Originellen, zusammenhängt. Die Aufnahmekapazität bezieht sich auf die Originalitätsmenge, auf den Teil der Nachricht, die für uns unerwartet und deshalb interessant ist. Das Angebot an optischen, akustischen und haptischen Signalen ist sehr viel grösser als die maximale Aufnahmekapazität.

Mit verschiedenen Experimenten wurde nachgewiesen, dass die maximale Aufnahmekapazität bei 16 bit pro Sekunde liegt (Gunzenhäuser 1975, S. 107). Die kleinste für das menschliche Auge erfassbare Zeiteinheit liegt bei 1/16 Sekunde. Die Aufnahmekapazität von 16 bit pro Sekunde wurde mit Experimenten auch auf akustischem Gebiet bestätigt (Schuster und Beisl 1978, S. 48).

Wir können nur einen geringen Bruchteil der an uns gelangenden Zeichen verwerten. Aus der Vielzahl der uns angebotenen Signale werden die ausgewählt, die uns erlauben, unsere Umwelt jederzeit zu kontrollieren. Wie gross die Zahl der aufgenommenen notwendigen Signale nun effektiv ist, hängt auch von den Kenntnissen des Empfängers über die Nachrichtenstruktur ab, die ihrerseits durch sein sozio-psychologisches Milieu bedingt ist. Wenn wir zum Beispiel vor einer Lichtampel stehen und die Strasse überqueren wollen, genügt uns die Information „grün" oder „rot", um unsere Umwelt kontrollieren zu können. Jemand der die Bedeutung der Lichtampel nicht kennt, braucht für die augenblickliche Kontrolle der Situation sehr viel mehr Information: Bevor er sich fortbewegen kann, muss er schauen, dass aus keiner Richtung ein Auto auf ihn zukommt.

Das Wahrnehmen ist kein passiver Vorgang. Durch Organisation kann die angebotene Reizmenge zusammengefasst und verringert werden. Dieser Vorgang wird „Bilden von

Superzeichen" genannt (Schuster und Beisl 1978, S. 49). In einem ersten Schritt werden ähnliche Zeichen oder Organisationsstrukturen automatisch zu einem Superzeichen „zusammengefasst", das Wesentliche wird hervorgehoben. Das heißt, der Betrachter nimmt auf den ersten Blick nicht alle Details wahr, er sieht zum Beispiel nur die Umrissform eines Gebäudes ohne Einzelheiten (Abb. 1.12). Dadurch wird die aufzunehmende Informationsmenge verringert, der Speicheraufwand ist geringer, und wir können so unsere Umwelt besser wahrnehmen und kontrollieren. Regelmässigkeiten in einer Reizkonfiguration werden zusammengefasst und das Wesentliche wird hervorgehoben. In einem nächsten Schritt, auf einer weiteren Wahrnehmungsebene, werden weitere Elemente registriert, zum Beispiel Strukturen dieser Umrissform und Öffnungen. Dieser Ablauf kann sich mehrmals wiederholen, bis das Gesehene hinreichend bekannt ist (Abb. 1.13).

Auch beim Entwerfen eines Gebäudes geht der Architekt von einem „Superzeichen" aus. Am Anfang eines Entwurfsprozesses steht eine Idee für ein Bauprojekt, die wir als „Superzeichen" bezeichnen könne. Diese Idee ist eine starke Vereinfachung des zukünftigen Projekts. Aus dieser Idee entsteht das Konzept und schließlich die Pläne für die Realisierung des Baus. Der Prozess führt von der starken Vereinfachung zum Komplexen (Abb. 1.14 und 1.15). Die ersten Skizzen für ein Wohnhaus auf einem schmalen Grundstück am Hang zeigen die Idee: Damit von allen Räumen die Aussicht auf das Tal genossen werden kann, erhält der Kubus auf den beiden Längsseiten je einen Einknick. Diese Idee wurde weiter entwickelt bis zu den Plänen, anhand derer der Bau schlussendlich ausgeführt wurde.

Die aufgenommenen Informationen gelangen ins Gehirn, wo sie ausgewertet und gespeichert werden. Hier werden zwei verschiedene Arten von Speicher unterschieden: das Kurzzeitgedächtnis und das Langzeitgedächtnis (Schuster und Beisl 1978, S. 48). Im Kurzzeitgedächtnis können durchschnittlich 16 bit pro Sekunde aufgenommen werden.

Diese Informationseinheiten können aber dort nur relativ kurz, ungefähr zehn Sekunden, gespeichert werden. Anschließend wird die Information an das Langzeitgedächtnis weitergegeben oder gelöscht, das heißt, vergessen (Gunzenhäuser 1975, S. 108). Die Informationsmenge, die vom Kurzzeitgedächtnis an das Langzeitgedächtnis weitergegeben

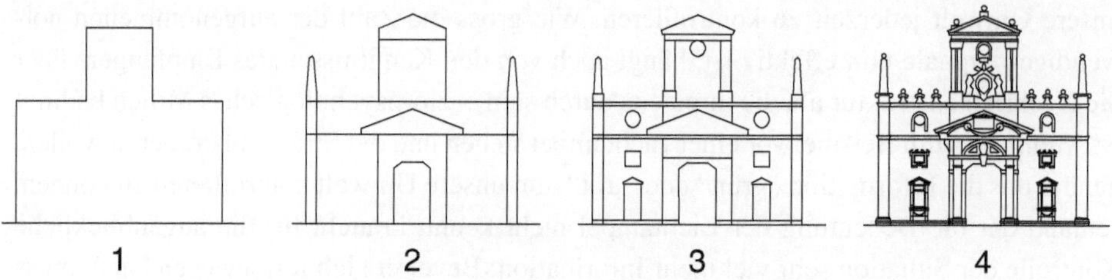

Abb. 1.12 Bilden von Superzeichen, mehrmaliges Zusammenfassen von ähnlichen Zeichen oder Organisationsstrukturen (Michelangelo, 1564, Porta Pia, Rom. Nach dem ursprünglichen Entwurf). Abb. 1.13 zeigt den Zustand heute

Abb. 1.13 Michelangelo, 1564, Porta Pia, Rom

wird, ist relativ gering, sie beträgt im Durchschnitt 1 bit pro Sekunde oder ein Fünfzehntel bis ein Zwanzigstel der Menge, die ins Kurzzeitgedächtnis gelangt (Schuster und Beisl 1978, S. 48). Eine Telefonnummer wird bis zum unmittelbar darauffolgenden Einstellen am Apparat im Kurzzeitgedächtnis gespeichert und dann wieder vergessen. Die maximale Speicherkapazität des Kurzzeitgedächtnisses beträgt 160 bit, nämlich zehn Sekunden lang je 16 bit. Diese Kapazität ist auch abhängig vom Alter der wahrnehmenden Person und kann variieren. Ihren günstigsten Wert erreicht sie, wenn der Mensch ungefähr 20 Jahre alt ist (Gunzenhäuser 1975, S. 108). Die maximale Speicherkapazität wird nur selten ausgenutzt, je nach Größe der Redundanz ist die gespeicherte Informationsmenge im Kurzzeitgedächtnis kleiner. Bei 40 bis 60 bit Information ist das Bewusstsein schon weitgehend ausgelastet (Kiemle 1967, S. 109), das heißt, die Nachricht wird dann als interessant empfunden. Die auf die Sinnesorgane auftreffende Informationsmenge beträgt 10^9 bis 10^{11} bit pro Sekunde (vgl. Abb. 1.16). Wenn die Informationsmenge des Kurzzeitgedächtnisses mit einem Würfel mit der Seitenlänge von einem Zentimeter dargestellt wird, dann entspricht die Information, die auf die Sinnesorgane auftrifft, einem Würfel mit der Seitenlänge von 17 Meter. Aus diesem Vergleich lässt sich erahnen, mit

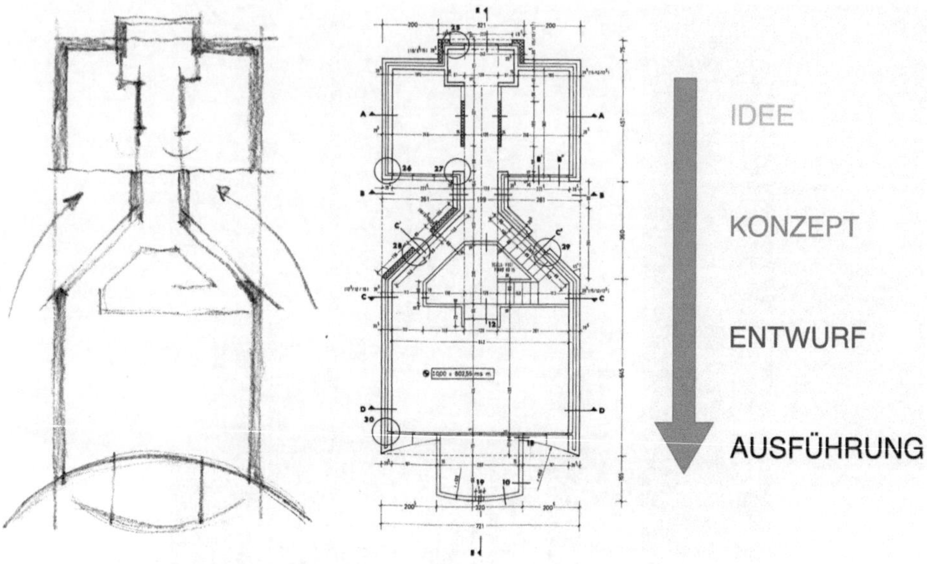

Abb. 1.14   Der Prozess des Entwerfens als die Umkehrung des Bildens von Superzeichen (Jörg Kurt Grütter, 1988, Wohnhaus, Arosio, Schweiz)

Abb. 1.15   Jörg Kurt Grütter, 1988, Wohnhaus, Arosio, Schweiz

welcher Informationsmenge wir überflutet werden und wie viel wir davon bewusst wahrnehmen. Das Bilden von Superzeichen ist als ein Redundanzprozess nicht nur eine Notlösung zur Überwindung des großen Informationsangebotes, sondern auch eine wesentliche Voraussetzung für das Empfinden von Schönheit (vgl. Kap. 8). Jede Wahrnehmung sollte deshalb auf mindestens zwei Wahrnehmungsebenen stattfinden können (vgl. Abschn. 8.3).

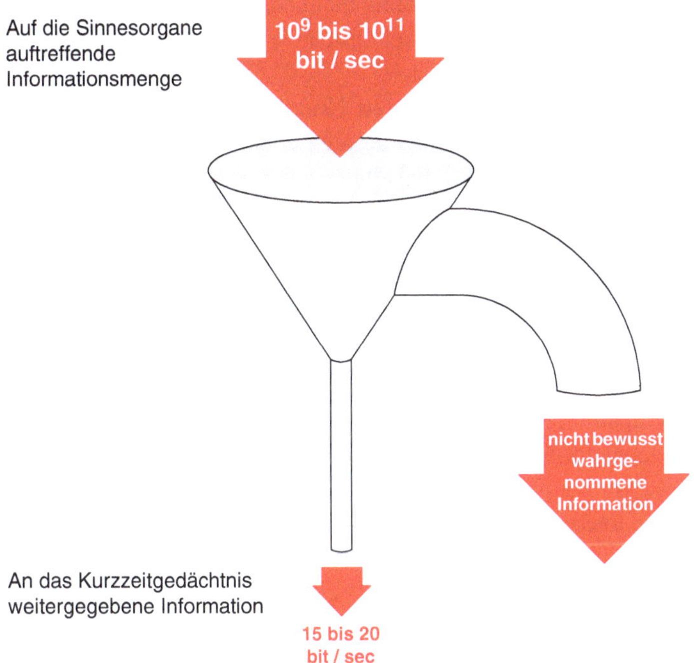

Abb. 1.16 Der Informationsfluss. Die auf die Sinnesorgane auftreffende Informationsmenge ist um ein Vielfaches grösser als die im Kurzzeitgedächtnis gespeicherte und teilweise ins Langzeitgedächtnis weitergegebene Informationsmenge

1.3.4 Gestalt-, Abtast- und Deduktionstheorie

Wie die Signale, welche von der Netzhaut in das Gehirn weitergeleitet werden, dort zu Bildern verarbeitet werden, ist heute noch nicht genau bekannt. Dazu gibt es verschiedene Erklärungsversuche, wobei die beiden wichtigsten die Gestalttheorie und die Deduktionstheorie sind (Moles 1971, S. 21).

1.3.4.1 Gestalttheorie

Die ersten Erkenntnisse für die Gestalttheorie stammen von René Descartes (1596–1650) und Immanuel Kant (1724–1804). Descartes ging davon aus, dass das menschliche Gehirn bei der Geburt kein „unbeschriebenes Blatt" ist. Der Mensch hat angeborene Informationen über die Wahrnehmung von Raum, Form usw. Die über die Sinnesorgane aufgenommenen Informationen werden mit diesen angeborenen verglichen, sinnvoll organisiert und dann verarbeitet. Bilder entstehen aus der geeigneten Organisation von Sinneseindrücken. Das Ganze ist dann mehr als nur die Summe aller Teile. Die durch die Gestalttheorie entwickelten Gesetzmäßigkeiten bei der Wahrnehmung wurden in den sogenannten Gestaltgesetzen festgehalten. Diese Gesetze basieren auf der Tatsache, dass jedes Reizmuster so gesehen

werden will, dass die sich ergebende Struktur möglichst einfach ist (Arnheim 1978, S. 223).
Die für die Architekturwahrnehmung wichtigsten Gesetze werden im Folgenden kurz besprochen.

Prägnanzgesetz oder Gesetz der guten Gestalt Bei der Wahrnehmung von unvollständigen Figuren besteht die Tendenz, diese zu ergänzen zu vollständigen Figuren, zu solchen mit guter Gestalt. Unvollständigkeiten werden ergänzt, angestrebt wird eine möglichst große Regelmäßigkeit (Symmetrie, rechter Winkel etc.), die Figur wird schon bekannten Formen angepasst (vgl. Redundanz und Vorhersehbarkeit). Betrachten wir einen unterbrochenen Kreis nur einen kurzen Augenblick, so nehmen wir die Unterbrechungen nicht wahr, wir sehen eine geschlossene Figur (Abb. 1.17a). In Abb. 1.17b „sehen" wir Linien, die nicht existieren, und so wird die Figur zu einem Kreuz vervollständigt. Das heißt, das Gezeichnete wird in der Wahrnehmung zu einer einfacheren Figur mit mehr Regelmäßigkeit ergänzt. Nach dem Gesetz der „Guten Gestalt" wird von den verschiedenen möglichen geometrischen Organisationsmustern das einfachste und stabilste gewählt.

Dies kann auch zu Fehlinterpretationen führen. Die Zeichnung in Abb. 1.18 links lässt zwei verschiedene Interpretationen zu. Nach dem Figur-Grund-Phänomen ist eher die Interpretation rechts unten die richtige, möglich ist aber auch die obere.

Gesetz der Nähe (Proximitätsprinzip) Bei der Wahrnehmung einer größeren Zahl gleicher oder ähnlicher Elemente, die nahe beieinander liegen, werden diese zu einer größeren einheitlichen Figur verbunden. (vgl. Abschn. 1.3.3). Bei der Fassade des Wohnhauses von Bruno Taut (1927) in Berlin (Abb. 1.19) werden die vielen kleinen Fenster des Treppenhauses zu einem vertikalen Streifen zusammengefasst. Ähnliches geschieht mit den kleinen Fenstern unter dem Dach (vgl. Abb. 1.20).

Gesetz der Geschlossenheit Während nach dem Gesetz der Nähe Elemente zusammengefasst werden, die nahe beieinander liegen, werden nach dem Gesetz der Geschlossenheit solche Elemente zu einer Figur vereint, welche zusammen eine geschlossene Form bilden. Wenn die vier kleinen Quadrate in Abb. 1.21 als ein grosses Quadrat wahrgenommen werden, ist auch die notwendige Speicherkapazität geringer.

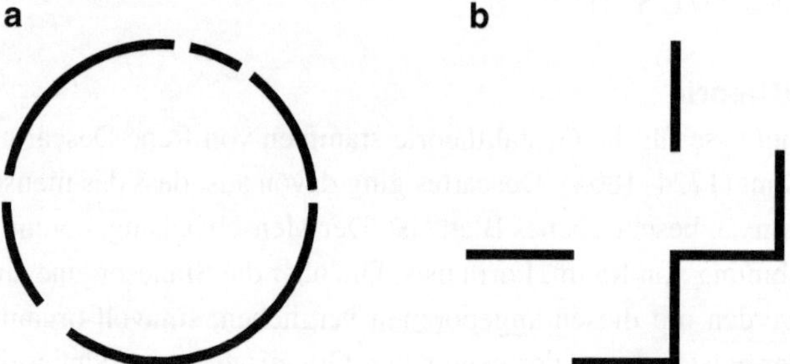

Abb. 1.17   Die unvollständige Figur wird bei der Wahrnehmung automatisch vervollständigt. Die Kreissegmente (**a**) vervollständigen wir automatisch zu einem geschlossenen Kreis. In **b** sehen wir nicht 3 Teile sondern ein Kreuz

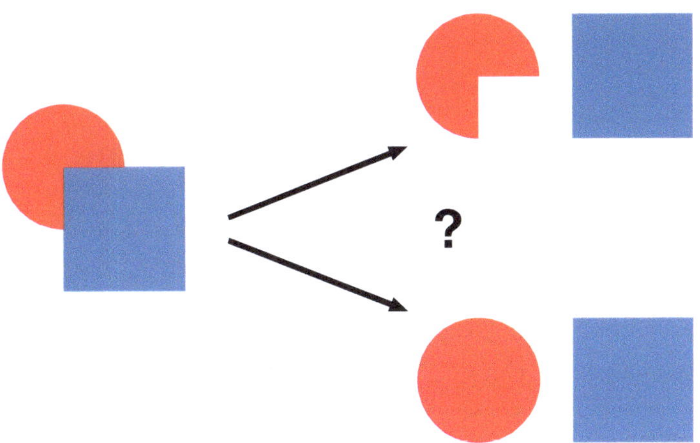

Abb. 1.18 Mehrere Interpretationsmöglichkeiten

Abb. 1.19 Bruno Taut, 1927, Wohnhaus, Berlin, Deutschland

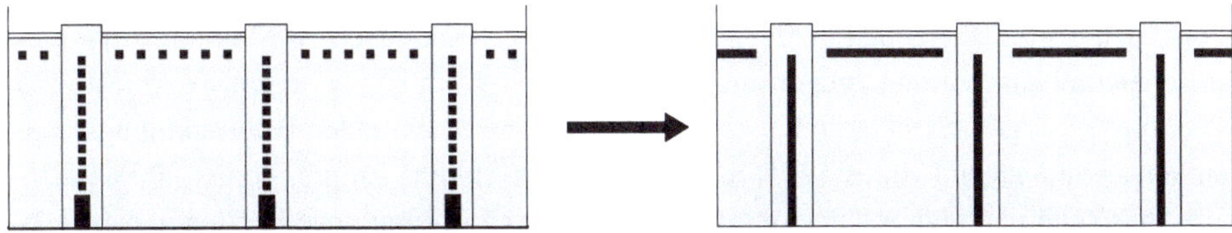

Abb. 1.20 Nach dem Gesetz der Nähe werden die Fensterreihen zu Einheiten zusammengefasst (vgl. Abb. 1.19)

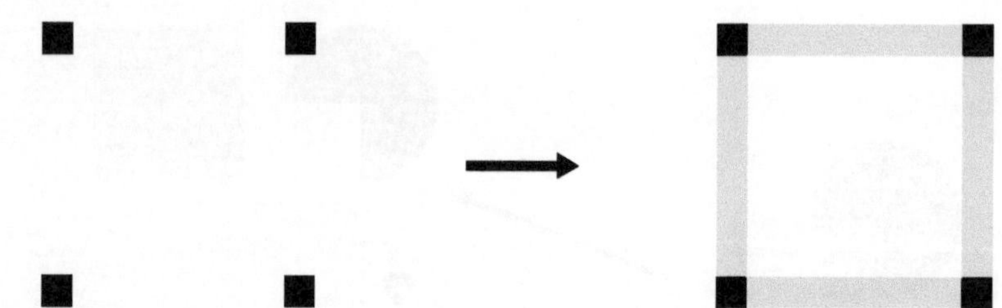

Abb. 1.21 Nach dem Gesetz der Geschlossenheit werden Elemente zu einer Figur vereint, welche zusammen eine geschlossene Form bilden

Gesetz der Ähnlichkeit Ähnliche Elemente werden zu einer Figur zusammengefasst. Die roten streifenförmigen Fassadenelemente am Gebäude von Peter Eisenman in Berlin (Abb. 1.22) sehen wir als durchlaufendes Element, auch wenn die Streifen teilweise unterbrochen sind. Ähnlich verfahren wir mit den dunkelgrauen Elementen (vgl. Abb. 1.28).

Nach Auffassung der Gestalttheorie gliedert der Wahrnehmungsmechanismus nicht nur die auf der Netzhaut auftretenden Reizstrukturen, sondern ordnet sie auch so, dass ein einfaches Erkennen der Objekte möglich wird (Stadler et al. 1975, S. 117). Dabei werden unvollständige Reizmuster vervollständigt. Dieser Mechanismus kommt teilweise auch in den schon vorher besprochenen Gesetzen der Gestalttheorie zur Anwendung.

Am augenfälligsten ist diese Ergänzung beim sogenannten „blinden Fleck": die Stelle der Netzhaut, an der die Nervenstränge ins Gehirn führen. Dort sind keine Rezeptoren, so dass wir beim Sehen an dieser Stelle einen schwarzen Fleck sehen müssten. Unsere Wahrnehmung wird aber dort automatisch sinnvoll ergänzt.

1.3.4.2 Abtasttheorie

Nach der Gestalttheorie erhält der Betrachter zuerst einen Gesamteindruck einer Wahrnehmung, anschliessend ergründet er Schritt für Schritt die Details. Er bildet ein Superzeichen, welches dann in weiteren, detailliertere Superzeichen aufgeteilt wird (vgl. Abschn. 1.3.3 und Abb. 1.12). Nicht immer verläuft die Wahrnehmung aber nach diesem Muster.

Beim Lesen folgen wir mit dem Auge den Zeilen, wir registrieren Wort um Wort, tasten die Buchseite ab. Nach der sogenannten Abtasttheorie entsteht der Gesamteindruck aus vielen kleinen Teilinformationen. Die Abtasttheorie ist von der Psychophysiologie entwickelt worden. Die Tatsache, dass das Feld unserer grössten Sehschärfe (Blickpunkt) relativ klein ist, nämlich 2–5 Grad, scheint die Theorie zu unterstützen.

Auf den ersten Blick entsteht der Eindruck, dass sich diese beiden Methoden, das Gestaltsehen und das Abtasten, gegenseitig ausschliessen. Dem ist aber nicht so; Abtast- und Gestalttheorie ergänzen sich, und je nach Fall scheint eine der beiden Wahrnehmungsarten den Vorrang zu haben (Moles 1971, S. 110). Der menschliche Empfänger ist fähig, innerhalb einer Zeiteinheit nur ein bestimmtes Maximum an Informationseinheiten in ganzheitlicher Weise, als Gestalt, aufzunehmen. Wenn die Nachricht eine grössere Anzahl solcher Einheiten enthält, lässt der Empfänger sie unberücksichtigt oder tastet sie ab. Ein Haus

Abb. 1.22 Peter Eisenman, 1986, Wohn- und Geschäftshaus, Berlin, Deutschland (vgl. Abb. 1.28)

erkennen wir zuerst an seinen Umrissen, an seiner Gestalt. In einem weiteren Wahrneh-
mungsschritt werden vielleicht offene und geschlossene Elemente registriert. Je weiter wir
zu Details vordringen, desto wahrscheinlicher schalten wir auch hier zur Abtastmethode
um, nämlich dann, wenn wir erschöpfend und einprägsam erkennen wollen (vgl. Abb. 1.12
und 1.13).

1.3.4.3 Deduktionstheorie

Die Deduktionstheorie wurde systematisch im 19. Jahrhundert vom deutschen Physiologen und Physiker Hermann von Helmholtz entwickelt. Im Gegensatz zur Gestalttheorie,
die davon ausgeht, dass der Mensch bei der Geburt schon gewisse Informationen gespeichert hat, meint die Deduktionstheorie das Gegenteil, nämlich dass der menschliche Geist
am Anfang ein „unbeschriebenes Blatt" ist. Der Mensch macht Erfahrungen, welche die

Interpretation weiterer Wahrnehmungen ermöglichen. Die neuen Erfahrungen werden mit den gespeicherten verglichen, es wird eine Hypothese aufgestellt, welche wiederum getestet wird. Verständnis ist nur möglich Dank Erfahrung.

Den Kreis in Abb. 1.23 (1) kann, verglichen mit dem Gespeicherten, vieles darstellen: Ring, Münze, Sonne etc. Zeichnung 2 schränkt ein: zwei verschieden grosse übereinanderliegende Münzen? Zeichnung 3: könnte ein Tier sein, aber welches? Zeichnung 4: klar, eine Katze.

In der Architektur wird oft bewusst mit dem Effekt bekannter Wahrnehmungsmuster gearbeitet. Dieses Vorgehen war und ist je nach Stil verschieden verbreitet. Die Aufnahme in Abb. 1.24a weckt beim Betrachter verschiedene Erinnerungen: Mittelalter, Schloss, Märchen etc. Das Vorbild für diesen Bau im Disney Land in Los Angeles

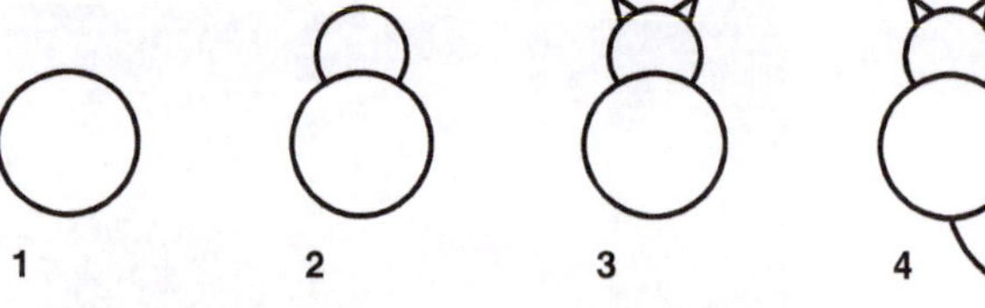

Abb. 1.23 Gesehenes mit gespeicherten Erfahrungen vergleichen

Abb. 1.24 Cinderella Castle, Disney Land, Los Angeles, USA **a** Detailaufnahme, **b** Gesamtansicht

(Abb. 1.24b) war das in der zweiten Hälfte des 19. Jahrhunderts gebaute Schloss Neuschwanstein in Bayern, Deutschland. Solche Muster können auch als „Zitate" übernommen werden. Ein Beispiel: Die schmalen Fensterschlitze, mit den kubischen Zwischenstücken, in dem 1995 von Richard Meier gebauten Museum in Barcelona (Abb. 1.25b), sind fast identisch mit den Fenstern von Le Corbusier im 1957 erbauten Kloster La Tourette, (Abb. 1.25a).

Verschiedene Erfahrungsansätze können bei gewissen Wahrnehmungen zu Konflikten führen. Wenn ein gesehenes Muster nicht in das Erfahrungsrepertoire passt, liegt für den Betrachter eine optische Täuschung vor. Mit diesem Effekt wird in der Architektur teilweise ganz bewusst gearbeitet.

Beim Blick in die Kuppel in einem Einkaufszentrum in Singapore (Abb. 1.26), 1996 erbaut von Philip Johnson, ist der Betrachter irritiert, da er eine quadratische oder zumindest rechteckige Form erwartet. Diese Erwartung wird zusätzlich verstärkt durch die orthogonal gegliederten Sprossen auf allen Seiten der Kuppel. Tatsächlich hat die Kuppel aber die Form eines Rhombus. Diese Irritation ist absichtlich, durch das Verzerren des an sich banalen Motivs des Quadrats wird Spannung geschaffen.

a　　　　　　　　　　　　　　　　　　**b**

Abb. 1.25 Arbeiten mit ähnlichen Mustern: Architekturzitate, **a** Le Corbusier, 1957, Kloster La Tourette, Frankreich, **b** Richard Meier, 1995, Museum, Barcelona, Spanien

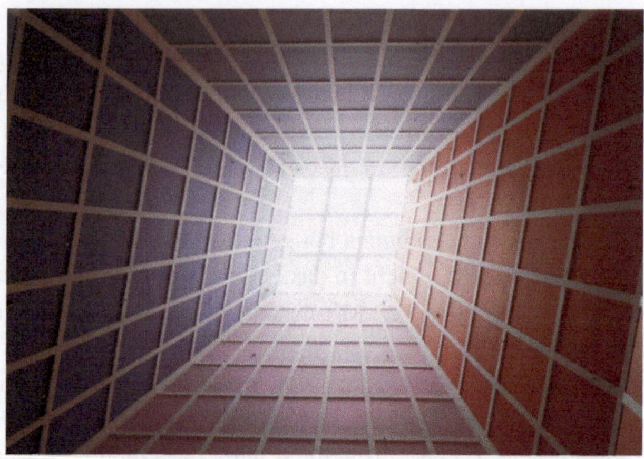

Abb. 1.26 Philip Johnson. 1996, Kuppel im Einkaufszentrum „Millenia Walk", Singapore

Wie wir sahen, gehen Gestalt- und Deduktionstheorie von verschiedenen Ansätzen aus. Während in der Gestalttheorie das menschliche Gehirn bei der Geburt kein „unbeschriebenes Blatt" ist, wird bei der Deduktionstheorie davon ausgegangen, dass schon bei der Geburt Informationen im Gehirn vorhanden sind. Trotzdem schliessen sich die beiden Theorien nicht aus. Je nach Situation kommt die eine oder die andere zum Zug, oder es werden Teile von beiden angewendet.

1.3.5 Das Figur-Grund Phänomen

Zum Verständnis und zur Interpretation der aufgenommenen Informationen ist noch ein weiterer Aspekt wichtig, das Figur-Grund-Phänomen. Jedes differenzierte Wahrnehmungsmuster hat eine Tiefe, das heißt, wir sehen eine Figur auf einem Hintergrund. Selbst ein schwarzer Buchstabe auf einem weissen Blatt hebt sich von diesem ab; er ist die Figur auf dem weissen Grund, dem Blatt. In Abb. 1.27a sind die dunkelgrünen Streifen kleiner als die hellgrünen. Die hellgrünen Flächen sehen wir als durchgehenden Hintergrund, auf dem die dunklen Streifen liegen. In der Abb. 1.27b liegen die kleinen dunkelgrünen Quadrate auf einer Geraden. Sie sind so organisiert, dass wir sie zusammenhängend, als einen durchgehenden Streifen lesen, der hinter den hellgrünen Rechtecken liegt. Eine solche Art der Wahrnehmung ist auch eine Informationsreduktion, wir registrieren einen horizontalen Streifen und nicht sechs kleine Quadrate.

Bei der Fassade des Gebäudes von Peter Eisenman in Berlin (Abb. 1.22) können wahrnehmungsmässig mehrere übereinander liegende Ebenen unterschieden werden (Abb. 1.28). Anzahl und Art dieser Ebenen können individuell verschieden sein.

Auch bei der Fassade der Kirche San Maria Novella in Florenz von Alberti (die Kirche wurde um 1300 erbaut, die Fassade erst 1470) sieht der Betrachter verschiedene dunkle Figuren auf einem hellen Hintergrund (Abb. 1.29).

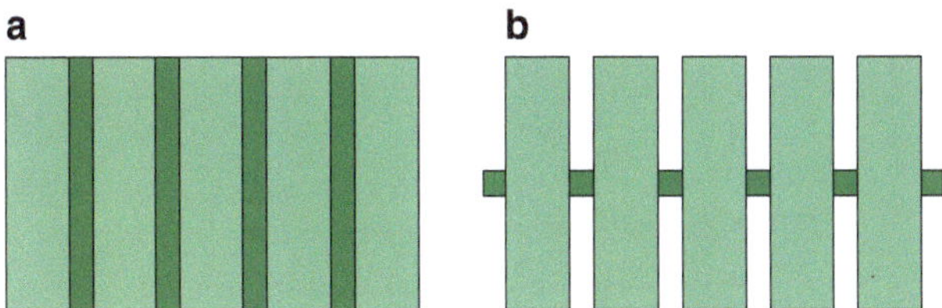

Abb. 1.27 Figur und Grund. **a** dunkle Streifen auf einem hellen Hintergrund, **b** ein dunkler Streifen hinter hellen Rechtecken

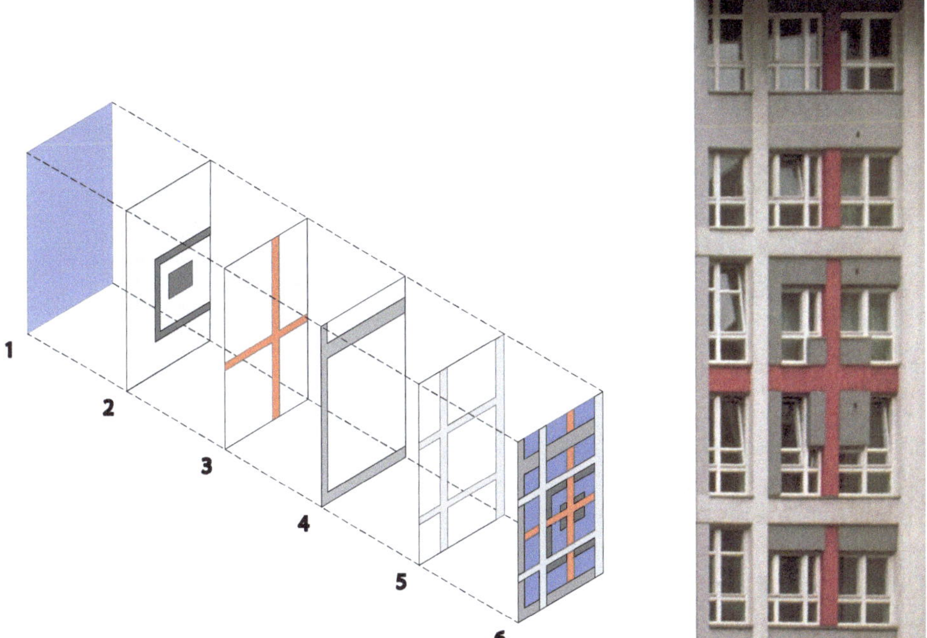

Abb. 1.28 Verschiedene wahrgenommene Ebenen. Fassade des Wohn- und Geschäftshauses von Peter Eisenman in Berlin, Deutschland (vgl. Abb. 1.22)

Für das Figur-Grund-Phänomen bestehen mehrere Regeln. Die geschlossenen Flächen wirken meistens als Figur, die unbegrenzten als Grund. In der Fassade in Florenz sind die flächenmässig kleineren dunklen Teile die Figuren, die helle Fläche wird als durchgehender Hintergrund gelesen. Die zur Grundfläche gehörenden Segmente streben danach, einen zusammenhängenden Hintergrund zu bilden.

Abb. 1.29 Alberti 1470, Fassade, Kirche San Maria Novella, Florenz, Italien

1.3.6 Konstanz

Die sogenannte Konstanzvariabilität ist eines der wichtigsten Organisationsprinzipien der visuellen Wahrnehmung (Stadler et al. 1975, S. 131). Der wichtigste Aspekt dabei sind die Reize der Umgebung. Sie wirken als Massstab, als Vergleichswerte; an ihnen wird die Wahrnehmung relativiert. Die Übereinstimmung zwischen Realität und Wahrnehmung ist relativ gross, dies trotz der grossen Differenz zwischen reellem Objekt und seiner zwei-dimensionalen Projektion auf der Netzhaut. In Abb. 1.30 erkennen wir zwei Reihen von Stützen. Die Stützen im Hintergrund sehen wir um ein Vielfaches kleiner als die im Vor-dergrund. Die Farben der Bogenkonstruktionen und der Stützen sehen wir verschieden hell, also auch verschieden farbig. Trotzdem wissen wir, oder gehen wir zumindest davon aus, dass alle Stützen gleich gross sind, dass auch ihr Abstand gegen hinten konstant gross bleibt und dass alle Bögen dieselbe Form und Farbe haben.

Was, wenn dem nicht so wäre? – Dann würde uns jedes Haus, jeder Gegenstand, ja unsere ganze Umgebung bei jeder Bewegung, die wir ausführen, als sich bewegendes Un-getüm erscheinen. Je kleiner der Abstand zwischen dem Betrachter und dem Objekt, desto

Abb. 1.30 Portico di San Luca, 1674–1739, Bologna, Italien

mehr würde der Gegenstand wachsen, desto mehr würde sich die Form des Gebäudes verändern. Der Gang durch eine belebte Strasse würde zu einem Horrortrip. Wir würden von einer viel zu grossen Informationsmenge überflutet.

Die Art, wie die Informationen von der Netzhaut im Gehirn verarbeitet werden, lässt uns den Gegenstand ähnlich erscheinen, wie er in Wirklichkeit ist. Experimente haben gezeigt, dass schon Kleinkinder im Alter von einigen Wochen Gegenstände richtig erkennen können (Bower 1966, S. 80–92). Daraus ist zu schliessen, dass das Konstanzsehen keine angelernte Leistung ist. Nicht immer erfolgt die Korrektur des Reizmusters aber automatisch, je nach Situation reagiert der Mensch verschieden. Die sogenannten optischen Täuschungen entstehen dann, wenn eine angemessene Korrektur nicht möglich ist.

Grössenkonstanz Je nach Entfernung eines Gegenstandes wird seine auf der Netzhaut projizierte Grösse im Gehirn „korrigiert", das heißt, wir nehmen einen Gegenstand, zum Beispiel die Stützen in Abb. 1.30, gleich gross wahr, unabhängig von seiner Entfernung. Die Reize seiner Umgebung sind Anhaltspunkte über die Entfernung des Objekts, und die wiederum erlaubt uns, die Grösse richtig wahrzunehmen (vgl. Abb. 6.32).

Formkonstanz Die Bögen und Stützenkapitelle in Abb. 1.30 behalten wahrnehmungs-mässig ihre Form bei, auch wenn wir uns im Raum bewegen und wir sie immer wieder aus einer anderen Richtung, ganz verschieden sehen. Die Projektion eines runden Bogens ist auf der Netzhaus oval, trotzdem bleibt sie in unserer Wahrnehmung konstant rund.

Gesetz der Invariantenbildung Aus Grössen- und Formkonstanz lässt sich das Gesetz der Invariantenbildung ableiten. Bei der Wahrnehmung von verschiedenen Gegenständen bleiben nicht nur ihre Grössen und Formen konstant, sondern auch ihre Lage zueinander und zum Betrachter. Trotz Körper- und Augenbewegung des Betrachters bleiben die Ob-jekte „an ihrem Ort stehen" und behalten Grösse und Form bei.

Farb- und Helligkeitskonstanz Innerhalb gewisser Grenzen ist die Farb- und Hellig-keitswahrnehmung konstant. Die Farben der Bögen in Abb. 1.30 wechseln von hell bis praktisch schwarz. Auch wenn wir ganz verschiedene Farbtöne und Helligkeiten wahr-nehmen, ist für uns immer klar, dass sowohl Farbton wie auch Helligkeit konstant sind (vgl. Abb. 10.4), die Unregelmässigkeiten werden im Gehirn ausgeglichen. Das heißt, ein Durchschnittswert bildet das Bezugssystem für alle Bereiche des Objektes.

1.3.7   Tiefenwahrnehmung

Bei Grössen- und Formkonstanz, aber auch generell bei der optischen Wahrnehmung, spielt die Entfernung oder Distanz zwischen Betrachter und Objekt, und zwischen den Gegenständen untereinander, eine entscheidende Rolle. Der dreidimensionale euklidische Raum wird auf die beiden konkav gewölbten Flächen der Netzhaut beider Augen projiziert und muss von dort im Gehirn wieder in einen dreidimensionalen Wahrnehmungsraum transferiert werden (vgl. Abb. 1.11). Dabei spielt die Tiefe, neben Breite und Höhe die dritte Dimension, eine Schlüsselrolle.

Wie wird Tiefe, oder Entfernung wahrgenommen? Wichtige Anhaltspunkte erhalten wir aus der Umgebung. Sie sind aber nicht die einzigen. Das Auge – als mechanischer Apparat betrachtet – gibt weitere Aufschlüsse.

Die eigentliche Grundlage des Tiefensehens ist der Unterschied der perspektivischen Abbildung eines sich in der Breite ausdehnenden Objektes (in Abb. 1.31 begrenzt durch die Punkte A und B). Die Netzhautprojektion der Länge AB ist nicht in beiden Augen gleich gross (X und Y). Auf dieser ungleichen Netzhautprojektionen (Disparität) beruht die Tiefenwahrnehmung. Das Tiefensehen infolge der ungleichen Netzhautprojektionen funktioniert nur bis zu etwa einer Distanz von 100 Meter. Bei grösseren Entfernungen ist die Grössendifferenz auf der Netzhaut der beiden Augen (X und Y) zu gering.

Dieser Mechanismus arbeitet aber so genau, dass Längendifferenzen in der Netzhaut-projektion von nur einer Sehzelle (= 1/600 Millimeter) schon als Tiefenunterschied regis-triert werden (Metzger 1975, S. 349). Mit dieser Messmethode erhalten wir allerdings keine absoluten Tiefenwerte, wie zum Beispiel den Abstand von Punkt A zum Auge, son-dern nur relative Werte, wie die Tiefendifferenz von A zu B. Dies hat aber den Vorteil, dass nicht jeder Punkt für sich gemessen werden muss, sondern erlaubt, die Tiefenverteilung

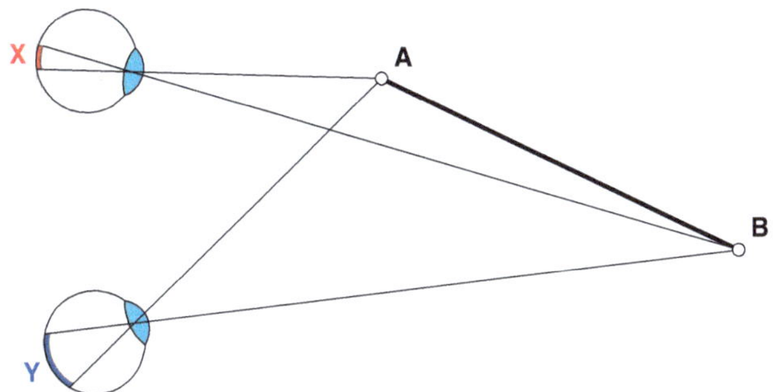

Abb. 1.31 Unterschiedliche Netzhautabbildung eines Gegenstandes auf beiden Augen

sehr komplexer Formen gleichzeitig wahrzunehmen. Zur Tiefenwahrnehmung ist eine gewisse Breite notwendig. So ist zum Beispiel die Entfernung einer senkrechten Linie ohne einen Bezugspunkt in der Umgebung nur sehr schwer bestimmbar.

Für gewisse Arten von Tiefenwahrnehmung sind aber nicht unbedingt beide Augen erforderlich. Wir sahen, dass jede Gestalt einen Hintergrund hat, absolut zweidimensionale Wahrnehmungen gibt es nicht (vgl. „Das Figur-Grund-Phänomen" und Abb. 1.27). Der Abstand der beiden Schichten bleibt aber unklar.

Bei kleineren Distanzen (bis zu 2 Meter) passen sich die Augenlinsen der Entfernung an (Akkommodation). Aus der Information der Linsenform kann das Gehirn die Distanz „berechnen".

Gleiche Teile in verschiedenen Entfernungen, wie etwa die Wand- und Deckenverkleidungsplatten in Abb. 1.32, werden auf der Netzhaut verschieden gross abgebildet. Gleichwohl nehmen wir sie gleich gross wahr. Beim sehen ähnlicher Objekte mit verschiedenen Grössen, erscheinen die grossen näher, die kleinen weiter entfernt. Unterstützt wird hier die dreidimensionale Wahrnehmung durch die im Fluchtpunkt zusammenlaufenden Linien, sogenannte Texturgradienten.

Gelbe und rote Objekte scheinen unter gleichen Bedingungen näher zu liegen als blaue und grüne. Diese Unterschiede können bei der Wahrnehmung von Innenräumen eine Rolle spielen. So kann zum Beispiel die Tiefe eines Raumes mit der Farbgebung gesteigert oder gemindert werden (vgl. Abschn. 10.2.3).

Helligkeitsunterschiede auf ähnlichen Figuren oder auf einer geformten Figur können Tiefenwirkung erzeugen. In Abb. 1.33a erscheint der dunkle, mittlere Streifen vorn, die seitlichen weiter hinten. In Abb. 1.33b ist der Effekt eher umgekehrt, wir sehen die Form eines Zylinders, dessen seitlichen Flächen, dank der Wölbung, nach hinten dunkler wirken.

Wie wir im Abschn. 1.3.2 gesehen haben, befinden sich auf der Netzhaut die sogenannten Rezeptorzellen. Diese geben, wenn Licht auf sie trifft, Impulse ab, welche weiter ins Gehirn geleitet werden. Die einzelnen Rezeptorzellen funktionieren nicht unabhängig voneinander, sie sind gegenseitig verbunden. Fliesst nun durch eine Nervenbahn ein Impuls, so wird an die Bahnen der benachbarten Rezeptoren ein negativer Impuls abgegeben,

Abb. 1.32 Norman Foster, 1996, U-Bahn Station, Bilbao, Spanien

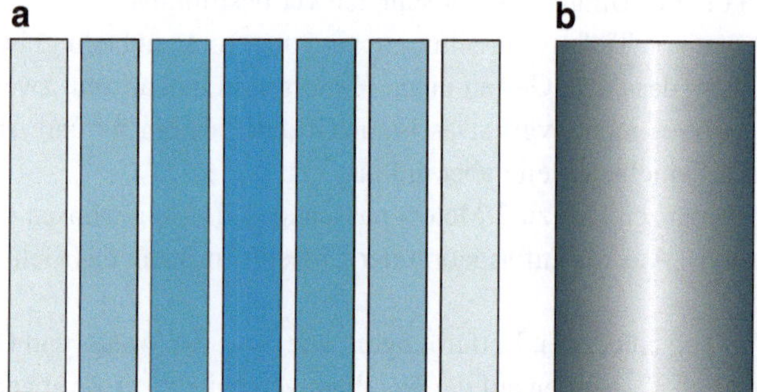

Abb. 1.33 Tiefensehen durch Helligkeitsunterschied. **a** Je heller die Streifen, desto weiter hinten erscheinen sie, **b** bei fliessenden Farbübergängen in einer geschlossenen Form „sehen" wir einen dreidimensionalen Zylinder

das heißt, die benachbarten Bahnen werden „gehemmt". Eine Nervenbahn, die inmitten eines Helligkeitsfeldes liegt, erhält von ihren beiden Nachbarbahnen negative Impulse und wird dadurch fast neutralisiert.

Eine Nervenbahn am Rande des Helligkeitsfeldes erhält nur von einer Seite negative Ströme und ist so immer noch imstande, Nachrichten weiterzugeben. Dadurch treten an den Grenzen einer Helligkeitsreizung ungehemmt hohe, das heißt positive Ströme auf. Innerhalb des Feldes der Helligkeitsreizung werden die positiven Ströme fast neutralisiert, so dass von dort keine Nachricht weitergeht (Schuster und Beisl 1978, S. 21) (Abb. 1.34).

Die Verbindung der Nervenbahnen bewirkt einerseits eine bessere Wahrnehmung der Kontraste eines Bildes (Helligkeitsdifferenz) und andererseits eine Abschwächung der Nachricht innerhalb eines Helligkeitsfeldes. Das heißt, die Kontraste eines Bildes nehmen wir intensiver wahr als sie in Wirklichkeit sind.

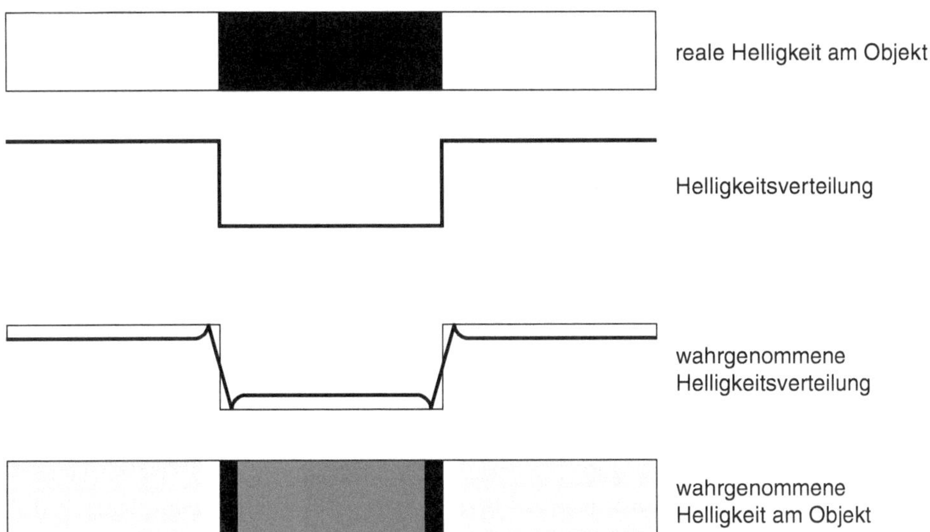

Abb. 1.34 Wahrgenommener Helligkeitsunterschied

1.3.8 Wahrnehmungsmässige Orientierung im Raum

Bei der Orientierung im Raum stützt sich der Mensch auf zwei verschiedene Wahrnehmungssysteme: auf das optische Bezugssystem und die kinästhetische Empfindung. Das Gleichgewichtsorgan im Ohr und die Muskelempfindungen schaffen ein kinästhetisches Bezugssystem. Das Wirken der Schwerkraft führt zur kinästhetischen Empfindung, das heißt, oben und unten können auch ohne optische Orientierungshilfe unterschieden werden. In welcher Lage sich unser Körper auch immer befindet, wir nehmen immer Schwerkraft wahr und wissen so jederzeit, wo oben/unten ist. Entfällt die Schwerkraft, wird eine kinästhetische Wahrnehmung unmöglich und wir sind bei unserer Orientierung allein auf ein optisches Bezugssystem angewiesen. Eine optische Orientierung setzt Bezugsobjekte voraus. In einem leeren, unbegrenzten Raum ist eine optische Orientierung wie oben/unten oder vorne/hinten nicht möglich. Der definierte Raum dient als Bezugssystem. Der amerikanische Psychologe Hermann Witkin hat experimentell nachgewiesen, dass sich der Mensch, je nach seiner Art, mehr auf das eine oder das andere Orientierungssystem verlässt: der introvertierte Typ mehr auf das kinästhetische System, der extrovertierte mehr auf die Orientierung nach dem optischen Bezugssystem (Arnheim 1978, S. 223).

Die beiden Orientierungssysteme schaffen in unserer Wahrnehmung ein Strukturgerüst, ein Rasternetz, das zum Messen und Orientieren dient. Die Hauptachsen dieses Systems sind die Horizontale und die Senkrechte.

Das menschliche Auge bevorzugt ein horizontal-vertikales Sehen vor einer Wahrnehmung mit schräger Bezugsebene. Die Erklärung dafür liefert uns das Grundgesetz der Gestaltpsychologie: Jedes Reizmuster will so gesehen werden, dass die sich daraus ergebende Struktur so einfach wie möglich ist. In der Vertikalen bewegen wir uns mit oder gegen die Schwerkraft, je nachdem, ob wir hinunter- oder hinaufgehen. In der Horizontalen ist, zumindest auf den ersten Blick, jede Richtung neutral. Eine horizontal orientierte Umgebung fördert freie Bewegung und zwischenmenschliche Kontakte, während in einem vertikal organisierten Umfeld eher Hierarchie und Konkurrenzdenken stimuliert werden. Die Schnittlinie zwischen horizontaler und vertikaler Bezugsebene liegt bei einem Gebäude meistens dort, wo dieses den natürlichen Boden berührt. Die Ausbildung dieser Kontaktstelle, zusammen mit der Form, bestimmen die wahrgenommene Beziehung des Objekts zu seiner Umgebung: So steht zum Beispiel ein Gebäude auf dem Boden, es ragt aus dem Untergrund, es droht zu „versinken" usw. (vgl. Abb. 7.8).

Ein horizontal betontes Objekt „liegt" auf der Grundfläche. Für den Gesichtssinn ist die vertikale Ausdehnung wichtiger als die horizontale (Arnheim 1980, S. 52). Ein Quadrat erscheint uns erst dann als gleichseitiges Viereck, wenn die Breite in Wirklichkeit etwas grösser ist als die Höhe. Dies hängt wahrscheinlich mit der Tatsache zusammen, dass bei einer horizontalen Augenbewegung nur halb so viele Muskeln beteiligt sind als bei einem vertikalen Blickwechsel (Gunzenhäuser 1975, S. 67). Die Wahrnehmung horizontaler Ausdehnung ist weniger anstrengend als die von eher vertikal betonten Elementen. Interessant ist in diesem Zusammenhang auch die Feststellung Otto Bollnows, dass zwischen den beiden menschlichen Haltungen, liegen und stehen, grundsätzliche Unterschiede bestehen, die weit über das Körperliche hinausgehen und schließlich die ganze Beziehung des Menschen zu seiner Umwelt mitbestimmen (Bollnow 1980, S. 170).

Eng verbunden mit den Gegensätzen zwischen vertikal und horizontal sind die Begriffspaare oben/unten und rechts/links, wobei sich das erste dieser Begriffspaare auf die Vertikale, das zweite auf die Horizontale bezieht. Nach oben gehen heißt, sich gegen die Schwerkraft bewegen, umgekehrt ist der Widerstand beim nach unten gehen kleiner. Die potenzielle Massenenergie eines höher gelegenen Gegenstandes ist grösser als die eines tiefer gelegenen und auch das wahrgenommene „Gewicht" eines Gegenstandes ist oben grösser als das desselben Gegenstandes unten (Arnheim 1978, S. 32). Zwischen unten und oben besteht eine Hierarchie. Links und rechts scheinen gleichwertig, sie sind es aber nicht. Schon die Ähnlichkeit der linken und rechten Seite des Menschen beschränkt sich auf das Äussere, die Anordnung vieler innerer Organe ist aber asymmetrisch. Die meisten Menschen schreiben mit der rechten Hand. Ein „linkischer" Mensch oder eine Person, die „zwei linke Hände" hat, gilt als ungeschickt. Der Mensch empfindet auch psychologisch deutlich Wertunterschiede zwischen diesen beiden Richtungen. Rechts hat denselben Wortstamm wie „richtig" und „gerecht". Die rechte Seite ist oft die Bevorzugte: Der Herr lässt die Dame rechts gehen, der Ehrengast sitzt rechts vom Gastgeber. Also auch hier keine Gleichwertigkeit zwischen links und rechts. Bei der Wahrnehmung eines Gegenstandes mit der Abtastmethode (vgl. Abschn. 1.3.4.2) erfolgt das Abtasten von links nach rechts. Wahrnehmungsmässig erscheint uns ein Gegenstand im Sehfeld links „leichter" und kleiner als der gleiche Gegenstand rechts im Sehfeld. Haben wir in einem Sehfeld lauter gleiche Figuren, so erscheinen uns die unten links am „leichtesten" und kleinsten, die oben rechts am „schwersten" und grössten (Arnheim 1978, S. 35) (Abb. 1.35).

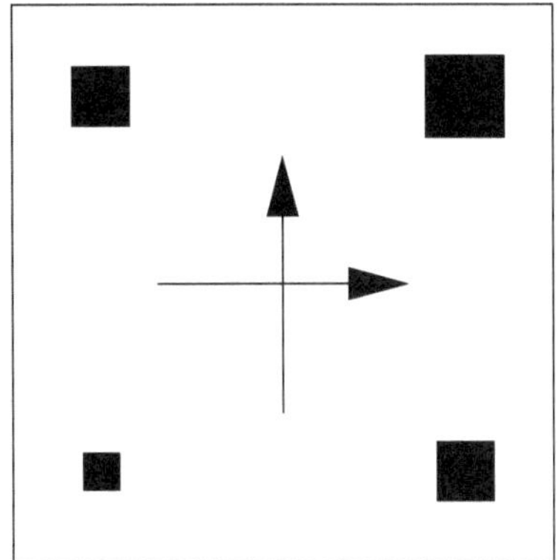

Abb. 1.35 Wahrnehmungsmässige
Veränderung der Grösse von vier
gleichgrossen Quadraten, je nach
Lage im Sehfeld

Ein Betrachter identifiziert sich mehr mit der linken Seite als mit der rechten, eine Tatsache, die auch in Theater und Film genutzt wird. Die linke Bühnenhälfte gilt als die wichtigere und die Hauptperson sollte sich wenn immer möglich links befinden, so identifizieren sich die Zuschauer eher mit ihr und sehen das Geschehen von ihrem Standpunkt aus (Arnheim 1978, S. 36). Deshalb kommt der Gute in einem Film oft von links, der Böse, der auch der Gegner des Zuschauers ist, von rechts.

Die Tatsache wirkt sich auch auf die wahrgenommene Geschwindigkeit aus: Ein Auto, das von links nach rechts fährt, erscheint uns schneller als dasselbe Auto mit derselben Geschwindigkeit in der umgekehrten Richtung. Die genauen Gründe dieser Phänomene sind nicht bekannt, hängen aber wahrscheinlich mit der Dominanz der linken Gehirnrinde zusammen (Arnheim 1978, S. 36).

1.4   Sozio-psychologische Aspekte

Bis jetzt wurden die informationstheoretischen und technischen Aspekte der menschlichen Wahrnehmung besprochen. Oft funktionieren diese Mechanismen ähnlich wie Maschinen, automatisch. Dabei kann der Eindruck entstehen, dass auch die menschliche Wahrnehmung vollkommen quantifizierbar und nachvollziehbar ist.

Die Tatsache, dass wir einen Kirchenraum bei einer Hochzeit anders erleben als bei einer Begräbnisfeier zeigt, dass dem nicht so ist. Bei der Wahrnehmung und Verarbeitung von komplexeren Sachverhalten spielen nebst den Reizen der Sinnesorgane auch die momentane psychische Verfassung, die Persönlichkeitsstruktur, welche durch verschiedene Erfahrungen und Gegebenheiten in der Vergangenheit geformt wurden, und Erbanlagen sowie sozio-kultureller Hintergrund eine entscheidende Rolle. Der Amerikaner Edward T. Hall, der sich mit interkultureller Kommunikation beschäftigt hat, weist in seinem Buch „Die Sprache des Raumes" nach, dass die Wahrnehmung auch stark kulturbedingt ist, ja, dass die Kultur eine der Haupteinflussgrössen jeder Wahrnehmung ist. Leute verschiedener

Kulturen setzen ihre Sinne verschieden ein und leben so in verschiedenen Sinneswelten, was wiederum bedeutet, dass sie ihre Umwelt verschieden wahrnehmen (Hall 1976, S. 88).

Wie früher dargelegt, wird aus der grossen Menge von angebotenen Zeichen eine Auswahl getroffen, es werden Superzeichen gebildet. Auch muss entschieden werden, welche Informationen vom Kurzzeitgedächtnis an das Langzeitgedächtnis weitergegeben werden und welche gleich wieder vergessen werden. Auch diese Auswahl und Entscheidungen werden von den sozio-psychologischen Aspekten stark beeinflusst. Da die Entscheidungsfaktoren nie bei zwei oder mehreren Menschen identisch sind, ist eine identische Wahrnehmung desselben Ereignisses durch zwei oder mehrere Personen nicht möglich (Moles 1971, S. 15). Jedes Individuum besitzt ein einzigartiges Repertoire und individuelle Entscheidungsmerkmale.

Bruner und Goodman haben nachgewiesen, dass auch einfache Wahrnehmungen von anderen Aspekten als den sinnlichen Reizen beeinflusst werden (Bruner und Goodman 1947, S. 33–44). Sie liessen von Kindern die Grösse verschiedener Münzen und gleichgrosser Pappscheiben schätzen. Dabei zeigte sich, dass die Grösse der Münzen, im Gegensatz zu denen der Pappscheiben, zu gross eingeschätzt wurde. Bruner und Goodman interpretierten das Ergebnis so: „Münzen, sozial wertvolle Objekte, werden als grösser beurteilt als graue Scheiben. Zweitens: Je grösser der Wert einer Münze, desto grösser ist die Abweichung der wahrgenommenen Grösse von der tatsächlichen Grösse" (Bruner und Goodman 1947, S. 38). In einem weiteren Versuch mussten zwei Gruppen von Kindern die Grössen der Münzen schätzen. Die Kinder der ersten Gruppe stammten aus sozial ärmeren Verhältnissen, die anderen aus reicheren. Die Gruppe der armen Kinder überschätzte die Grösse der Münzen weit mehr als die der wohlhabenderen Kinder. Die visuelle Wahrnehmung der Kinder, beeinflusst vom sozialen Hintergrund, führte zu verschiedenen Ergebnissen.

Beim Schätzen von Distanzen innerhalb einer Stadt fallen die Ergebnisse verschieden aus, je nachdem, ob der geschätzte Weg stadteinwärts oder stadtauswärts führt (Lee 1973, S. 55). Bei Experimenten zeigte sich, dass in fast allen Fällen die Länge des Weges stadtauswärts weitaus stärker überschätzt wird als die stadteinwärts. Dies hängt offenbar damit zusammen, dass der Weg gegen das Zentrum komplexer, und somit interessanter ist als der Weg stadtauswärts.

Fragen (und Antworten)

1.1. **Was ist Originalität in der Informationstheorie?**

1.2. **Was ist eine semantische Information?**

1.3. **Was ist die Masseinheit zum Messen der Informationsmenge?**

1.4. **Was ist der wichtigste Unterschied zwischen Gestalttheorie und Deduktionstheorie?**

1.5. **Was sagt das Prägnanzgesetz aus?**

1.6. **Was ist der Unterschied zwischen ästhetischer und semantischer Information?**

1.7. **Auf welche Wahrnehmungssysteme stützt sich der Mensch bei der Orientierung im Raum?**

1.8.   **Was ist der Unterschied zwischen aktiven und passiven Nachrichten?**
1.9.   **Welches ist entwicklungsgeschichtlich der älteste Sinn des Menschen?**
1.10.   **Was ist Redundanz in der Informationstheorie?**

Die Musterlösungen zu den Fragen befinden sich im Anhang.

Literatur

Arnheim, Rudolf: Die Dynamik der architektonischen Form, Köln, 1980 (Originaltitel: The dynamics of architectural form, Los Angeles, 1977)

Arnheim, Rudolf: Kunst und Sehen, Berlin, 1978 (Originaltitel: Art and Visual Perception, Berkeley, 1954)

Bollnow, Otto F.: Mensch und Raum, Stuttgart, 1980 (1963)

Boring, E. G.: Sensation and Perception in the History of experimental Psychology, New York, 1942

Bower, T.G.R.: The visual world of infants (in: Scientific America, 12/1966)

Bruner, J. S. und Goodman, C. C.: Value and need as organizing factors in perception (in: Social Psychology, 42/1947)

Gunzenhäuser, Rui: Maß und Information als ästhetische Kategorien, Baden-Baden, 1975 (1962)

Hall, Edward T.: Die Sprache des Raumes, Düsseldorf, 1976 (Originaltitel: The Hidden Dimension, 1966)

Kiemle, Manfred: Ästhetische Probleme der Architektur unter dem Aspekt der Informationsästhetik, Quickborn, 1967

Lee, Terence R.: Brauchen wir eine Theorie?, in: Architekturpsychologie, Düsseldorf, 1973 (Originaltitel: Architectural Psychology, London, 1970)

Linder, Hermann: Biologie, Stuttgart, 1967 (1948)

Metzger, Wolfgang: Gesetze des Sehens, Frankfurt am Main, 1975 (1936)

Moles, Abraham A.: Informationstheorie und ästhetische Wahrnehmung, Köln, 1971 (1958)

Schuster, Martin und *Beisl, Horst:* Kunstpsychologie – wodurch Kunstwerke wirken, Köln, 1978

Stadler, Michael mit Seeger, Falk und Raeithei, Arne: Psychologie der Wahrnehmung, München, 1975

Teil und Ganzes

Inhaltsverzeichnis

Einführung

Unsere gebaute Umwelt besteht aus Teilen, die nach bestimmten Regeln zusammengesetzt sind: Bauteile im kleinen Bereich, Gebäudeteile im mittleren Bereich und ganze Häuser oder Stadtteile im grossen Bereich. Drei Faktoren dieser Teile haben einen Einfluss auf das Erscheinungsbild eines Gebäudes: die Anzahl der sichtbaren Teile, die Art dieser Teile und die Beziehung dieser Teile untereinander, das sogenannte Ordnungssystem. Was für Zusammenhänge bestehen zwischen diesen drei Faktoren? Wie beeinflussen sie das Erscheinungsbild der gebauten Umwelt?

© Springer Fachmedien Wiesbaden GmbH, ein Teil von Springer Nature 2019   39
J. K. Grütter, *Grundlagen der Architektur-Wahrnehmung*,
https://doi.org/10.1007/978-3-658-26785-8_2

2.1   Die Teile und der Ausdruck des Ganzen

Unsere gebaute Umwelt besteht aus Teilen, die nach bestimmten Regeln zusammengesetzt sind: Bauteile im kleinen Bereich, Gebäudeteile im mittleren Bereich und ganze Häuser oder Stadtteile im grossen Bereich (Abb. 2.1). Jedes Ganze ist wiederum Teil eines noch umfassenderen Ganzen. Zum Beispiel kann eine Schraube Teil eines Stahlträgers sein und dieser wiederum Teil eines Gebäudevordaches. Das Ganze ist jeweils mehr als die Summe aller beteiligten Teile.

Um die Erscheinungsform, den Ausdruck eines Ganzen, eines Gebäudes zu verstehen und einordnen zu können, soll in drei Schritten vorgegangen werden (Abb. 2.2). In einem **ersten Schritt** befassen wir uns mit drei Aspekten der Teile: mit ihrer sichtbaren Anzahl am Ganzen (Abschn. 2.1.1), mit ihrer Art (Abschn. 2.1.2) und mit der Möglichkeit, wie die Teile untereinander geordnet sein können (Abschn. 2.1.3). Während in diesem ersten Schritt diese drei Aspekte unabhängig voneinander untersucht werden, werden in einem **zweiten Schritt** die möglichen Zusammenhänge je zweier dieser Aspekte untersucht (Abschn. 2.2): zum Beispiel, in welcher Relation können Art und Anzahl Teile stehen? In einem **dritten Schritt** werden die möglichen Zusammenhänge aller drei Aspekte betrachtet (Abschn. 2.3).

Die Art, wie diese drei Aspekte – Art und Anzahl Teile sowie ihre Beziehung untereinander an einem Gebäude geregelt sind, sagt etwas aus über dessen Stil (vgl. Abschn. 3.5).

2.1.1   Anzahl der Teile

Für das Erscheinungsbild der Architektur müssen wir unterscheiden zwischen der absoluten Anzahl der Teile und der davon erkennbaren, sichtbaren Teile. Jedes Bauwerk besteht aus einer grossen Anzahl von Teilen: Fenster, Türen, Armierungseisen, Sand- und Kiesteile

Abb. 2.1 Unsere gebaute Umwelt ist zusammengesetzt aus Teilen, welche im kleinen, mittleren und grossen Bereich erkennbar sind: **a** Bauteile im kleinen Bereich (I.M.Pei, 1989, Anbau Louvre, Paris) (vgl. Abb. 2.31 und 6.33a), **b** Gebäudeteile im mittleren Bereich (Gehry F. O., 1997, Guggenheim Museum, Bilbao), **c** Häuser oder Stadtteile im grossen Bereich (Cefalù in Sizilien)

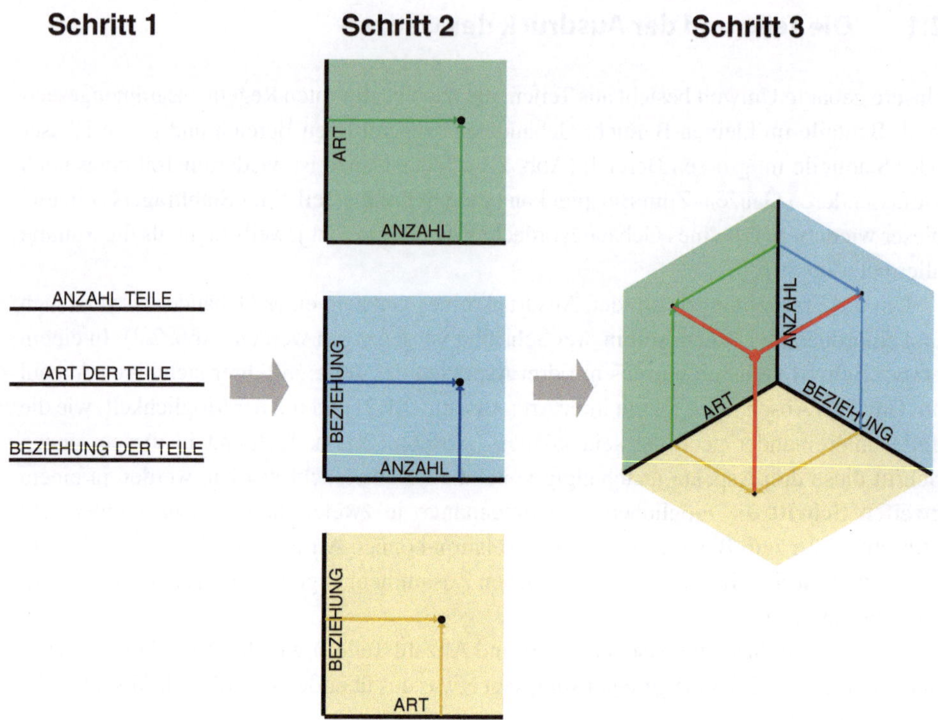

Abb. 2.2 Der Ausdruck des Ganzen hängt im Wesentlichen von drei Faktoren ab: Art und Anzahl der beteiligten Teile und ihrer Beziehung untereinander (Ordnungssystem)

im Eisenbeton, Schrauben, Beschläge usw. Viele dieser Einzelteile sind aber für den Betrachter nicht erkennbar (zum Beispiel beim kugelförmigen Gebäudeteil des Museum Parc de la Vilette. Abb. 2.6). Sprechen wir hier über die Anzahl der Teile, so meinen wir die sichtbare Zahl der Teile. Zum Beispiel sehen wir einen monolithischen Betonbau als einen „einteiligen" Bau, auch wenn wir wissen, dass er aus vielen Einzelteilen besteht. Die Eigenständigkeit dieser Einzelteile geht hier verloren. Eine Sanddüne sehen wir als Ganzes, obwohl wir wissen, dass sie aus unzähligen Sandkörnern besteht, die als Einzelteile nicht mehr erkennbar sind.

Das Erkennen der Anzahl steht in einem engen Zusammenhang mit der Anordnung der Teile (vgl. auch Abschn. 2.1.3) (Abb. 2.3). Bei einer Ansammlung von mehr als sechs oder sieben Teilen können wir ihre genaue Anzahl nicht mehr direkt erkennen, wir müssen sie zählen oder in Gruppen aufteilen, das heisst, wir bilden Superzeichen (vgl. Abschn. 1.3.3). Hier haben allerdings Art und Anordnung der Teile einen starken Einfluss (Abb. 2.3). Je ähnlicher die Teile und je strenger die Ordnung, desto grösser ist die Anzahl der Teile, die auf einen Blick erkannt wird.

Ein Spezialfall ist das zweiteilige Ganze. Je nach Art und Beziehung der beiden Teile zueinander ist auch der Ausdruck des Ganzen verschieden. Zwei gleiche Teile nebeneinander

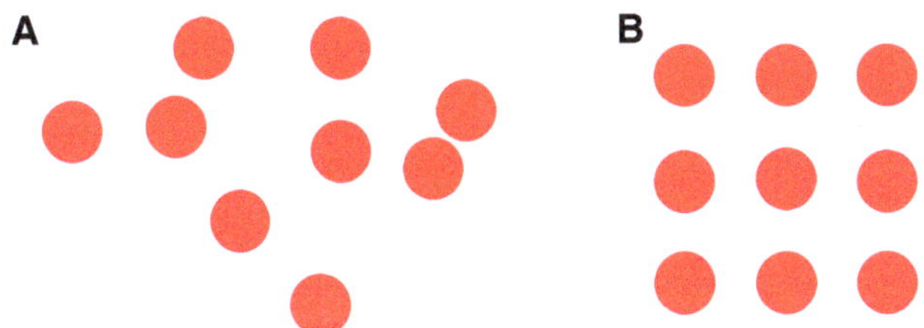

Abb. 2.3 Im Fall **A** handelt es sich zwar um gleiche Teile, diese sind aber nicht geordnet. Deshalb ist es schwierig, ihre Anzahl auf den ersten Blick zu erkennen. Dies im Gegensatz zum Fall **B** wo die Teile geordnet sind

erzeugen eine bilaterale Symmetrie (vgl. Abschn. 7.4.1). Sind die beiden Teile ungleich, bestehen eine Hierarchie und ein Ungleichgewicht. Eine solche Dualität kann Spannung erzeugen.

2.1.2 Art der Teile

Die Art der einzelnen sichtbaren Teile übt einen starken Einfluss auf den Ausdruck des Ganzen aus. Die Art eines Teils wird von verschiedenen Faktoren bestimmt. Die wichtigsten sind: Form, Dimension, Material, Farbe und Funktion.

Je nach Art der Teile können sich diese mehr oder weniger einer Gruppe, eines Ganzen, unterordnen. Je unselbstständiger, je fragmentarischer die Teile sind, desto einfacher ist das Bilden eines Ganzen (Abb. 2.4a). Je selbstständiger, je ganzheitlicher, desto eher erscheint das Ganze als Anhäufung von Einzelteilen (Abb. 2.4b). Damit wir zwei oder mehrere Teile als ein Ganzes wahrnehmen können, müssen diese eine minimale Ähnlichkeit haben. Die Ähnlichkeit muss sich auf mindestens einen der Faktoren Form, Dimension, Material oder Farbe beziehen.

Die einzelnen Gebäude in mittelalterlichen Städten unterscheiden sich oft nur im Detail. Der Aufbau der Fassaden, aber auch die verwendeten Materialien sind ähnlich. Die Häuserzeilen entlang den Strassen wirken als Einheit (Abb. 2.36). Das Ganze ist wichtiger als seine Einzelteile, die einzelnen Gebäude. Die Homogenität des Ganzen wird meist nur von Bauten mit einer speziellen Funktion, wie etwa Kirche oder Rathaus, durchbrochen. Diese unterscheiden sich in Dimension und Form von den übrigen Gebäuden. Die Form, aber auch die ganze Art der Teile kann so sein, dass mehrere gleiche solcher Teile sich einfach zu einem einheitlichen, homogenen Ganzen zusammenfügen lassen (Abb. 2.5a). Diese Teile sind dann eher fragmentarisch, unselbstständig, sie unterordnen sich vollständig oder teilweise dem Ganzen: Sie sind Bestandteile, welche nur als Teil eines Ganzen bestehen können. Beim Betrachten eines Gewölbes aus Backstein sehen wir eher das Ganze als die einzelnen Steine.

Diese sind als Teile dem Ganzen untergeordnet, sie sind als Einzelteile nur bei näherem Betrachten als solche überhaupt erkennbar. Bei der Holzkonstruktion eines japanischen

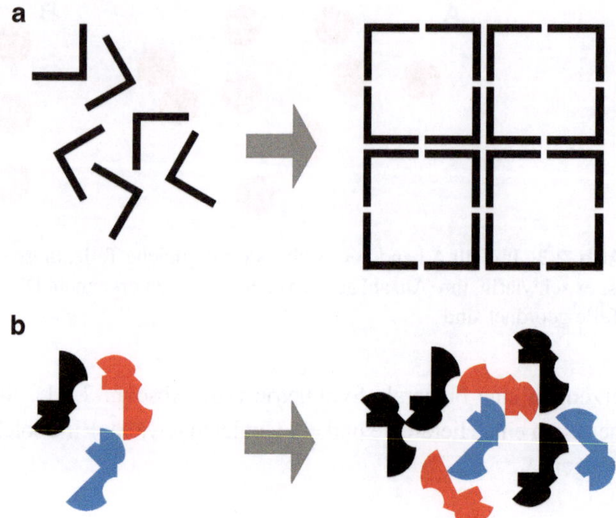

Abb. 2.4 Ein Ganzes aus unselbstständigen Teilen (**a**) und aus selbstständigen Zeilen (**b**)

Tempels nehmen wir die einzelnen Balken zwar als Einzelteile wahr, sie bilden aber erst im Verband mit den anderen Teilen ein Ganzes (Abb. 2.5b). Einzelne Teile können aber auch so beschaffen sein, dass sie als Einzelteile ganzheitlich wirken und schwer mit anderen, gleichen Teilen zu einem übergeordneten Ganzen zusammengesetzt werden können. Die Statuen des Erechteion auf der Akropolis in Athen sind zwar Teile des Tempels, sie können aber durchaus auch als autonome Einzelteile, als eigenständige Statuen, gesehen werden (Abb. 2.5c).

Inwieweit bei einer Erscheinung das Ganze oder seine Teile im Vordergrund stehen, ist auch eine Frage des Stils (vgl. Abschn. 3.5). So werden bestimmte Gebäude, wie etwa der kugelförmige Teil des Museums Parc de la Vilette von Adrian Fainsilber in Paris (Abb. 2.6) oder der Pavillon für die Expo 2002 von Jean Nouvel in Murten (Abb. 2.29), als monolithisches Ganzes wahrgenommen, dessen Bestandteile nur schwer erkennbar sind und auch nur im Verband mit den anderen Einzelteilen sinnvoll sind.

Als Vertreter des mittleren Typs (in Abb. 2.5) können Bauten aus dem Frühwerk von Ludwig Mies van der Rohe gezählt werden. Beim 1923 entstandenen Entwurf für ein Landhaus aus Backstein (Abb. 5.16), oder dem 1929 gebauten Pavillon für die Weltausstellung in Barcelona (Abb. 2.7), sind die Wandscheiben klar erkennbare Einzelteile. Teilweise sind sie als tragende Elemente in das Ganze eingebunden, teilweise stehen sie als autonomes Ganzes.

Zum dritten Typ (Abb. 2.5c) können einige Bauten von Le Corbusier und Louis I. Kahn gezählt werden (Abb. 2.8 und 2.13). Im Wettbewerbsprogramm für den Sowjetpalast in Moskau von 1931 wurden Räume für mannigfaltige Nutzungen verlangt: verschieden grosse Säle für 15000, 6500, zweimal 500 und zweimal 200 Personen, die dazugehörenden Verwaltungsräume, mehrere Bibliotheken und Restaurants. Ähnlich wie in den vorangegangenen Projekten für das Völkerbundgebäude in Genf (1927) und das Haus des Centrosoyus

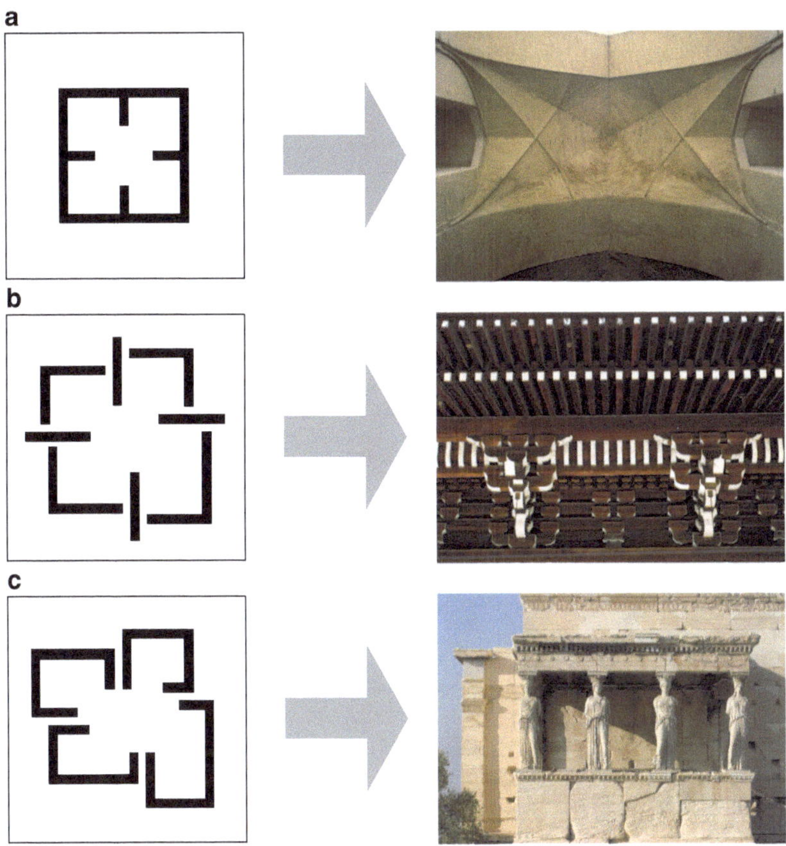

Abb. 2.5 Art der Teile: **a** unselbstständige, fragmentarische Teile: Ali-Qapu-Torpalast, 17. Jh., Isfahan, Iran, **b** Dachkonstruktion eines Tempels in Kyoto, Japan, **c** Selbstständige, ganzheitliche
Teile: Erechteion, Akropolis, Athen

Abb. 2.6 Fainsilber Adrian, 1986, Museum Parc de la Villette, Paris

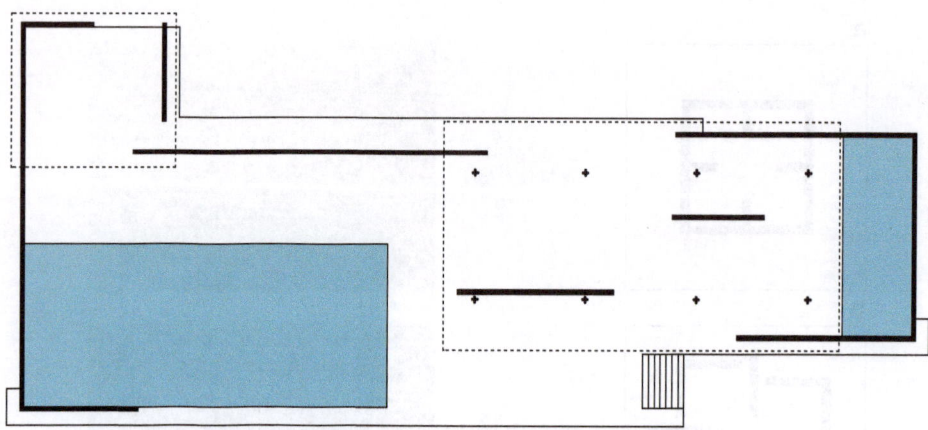

Abb. 2.7 Ludwig Mies van der Rohe, 1929, „Barcelona-Pavillon", Barcelona, Spanien (vgl. Abb. 6.16a und 10.26)

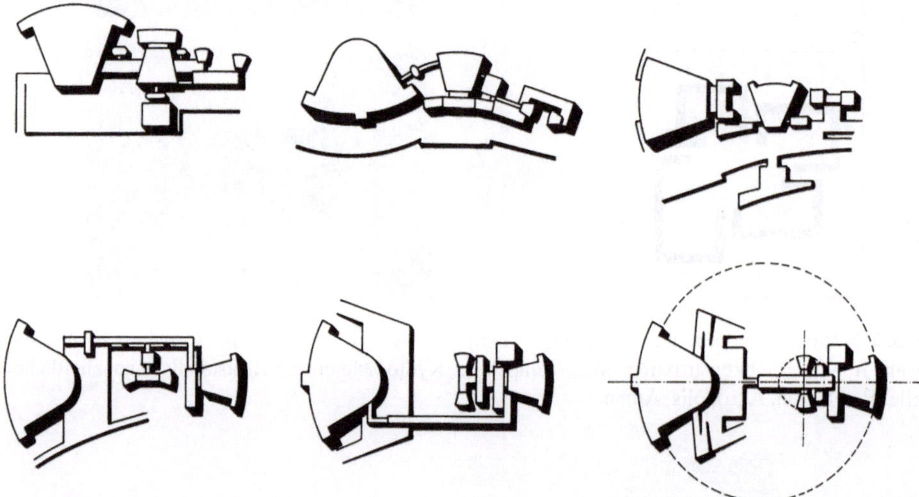

Abb. 2.8 Le Corbusier: Wettbewerb für den Sowjetpalast, 1931, Moskau. Verschiedene Entwurfsstadien (von oben links nach unten rechts)

in Moskau (1929) entwarf Le Corbusier auch hier zuerst die einzelnen Gebäudeteile und kombinierte sie dann in verschiedenen Vorprojekten auf verschiedene Arten (Abb. 2.8). Diese Gebäudeteile könnten autonom, als selbstständiges Ganzes existieren. Dadurch würden sie aber an Ausdruckskraft verlieren, die sie nur im Verbund mit den anderen Bestandteilen erlangen. Das Ganze ist hier mehr als die Summe aller Sub-Ganzen.

Ähnlich ist Louis I. Kahn beim Entwurf des Parlamentsgebäudes in Dacca 1983 vorgegangen. Die verschiedenen Bauten um den zentralen Versammlungsraum der Parlamentarier könnten fast selbstständig existieren (Abb. 2.13)

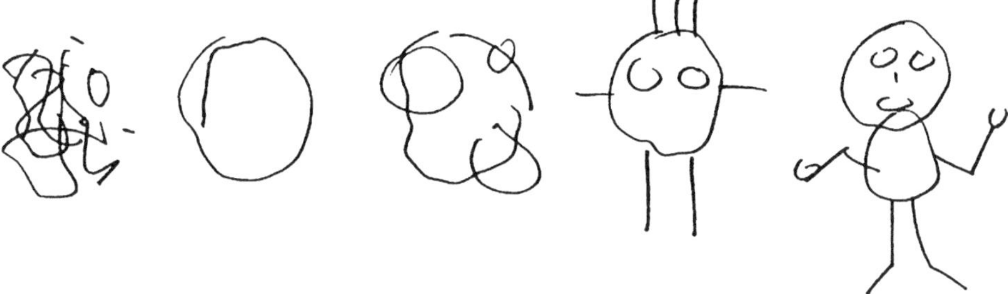

Abb. 2.9 Zeichnerische Entwicklung bei einem Kind

In diesem Zusammenhang interessant ist die Entwicklung des Kindes beim Zeichnen. In einer ersten Altersstufe wird ein Gegenstand als etwas Ganzes gezeichnet: Eine menschliche Figur ist eine undifferenzierte rundliche Gestalt (Abb. 2.9). In einer späteren Phase werden die einzelnen Glieder wie Kopf, Beine und Arme als selbstständige Teile behandelt, aus denen das Ganze zusammengesetzt wird. Schliesslich wird die Figur als differenzierte Gestalt gesehen, die einzelnen Glieder werden Bestandteile des Ganzen und werden verbunden zu einer Einheit (Arnheim 1978, S. 187).

2.1.3 Beziehung der Teile untereinander – Ordnungssystem

Beim Bauen muss das Zusammenfügen der Teile zu einem Ganzen nach bestimmten Regeln erfolgen. Das schlussendliche Erscheinungsbild wird durch verschiedene Faktoren bestimmt, wobei die Anordnung der Einzelteile, das vorherrschende Ordnungssystem, eine der wichtigsten dieser Einflussgrössen ist.

Je nach Art der Teile sind die Regeln für das Zusammenfügen verschieden. Einerseits gelten konstruktive Regeln, andererseits müssen ästhetische und stilistische Auflagen berücksichtigt werden.

Wenn der Bau eher als Monolith, als geschlossenes Ganzes erscheinen soll, so wird beim Fügen der Teile vor allem deren Einheitlichkeit betont. Die Einheitlichkeit ist dann ein Hauptmerkmal des Ganzen, die Einzelteile sind diesem Ganzen untergeordnet (Abb. 2.6 und 2.29).

Wenn umgekehrt die Vielfältigkeit der Teile wichtig ist, sieht der Betrachter ein Gebäude eher als geordnete Ansammlung verschiedener Einzelteile. Trotzdem bleibt die Einheit des Ganzen gewahrt (Abb. 2.8).

Ein minimaler wahrnehmungsmässiger Zusammenhang zwischen den Teilen, ein gewisses Mass an Ordnung, ist immer erforderlich, sonst wirkt das Ganze chaotisch. Andererseits kann zu viel Ordnung zu Monotonie führen (vgl. Abschn. 1.2.5 und Abb. 1.5).

Die Art und Weise, wie die Bauteile, Räume oder Gebäude angeordnet sind, sagt etwas aus über ihre funktionale, hierarchische oder symbolische Stellung innerhalb der Gruppe oder des Ganzen. Grundsätzlich können drei verschiedene Ordnungssysteme unterschieden werden: die zentrale, die lineare und die freie Ordnung (Abb. 2.10).

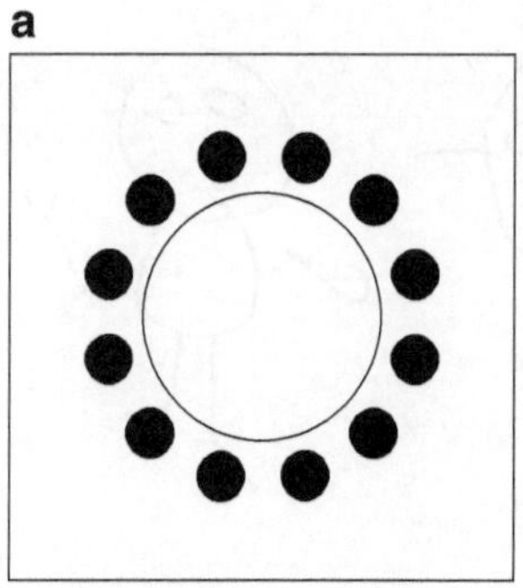 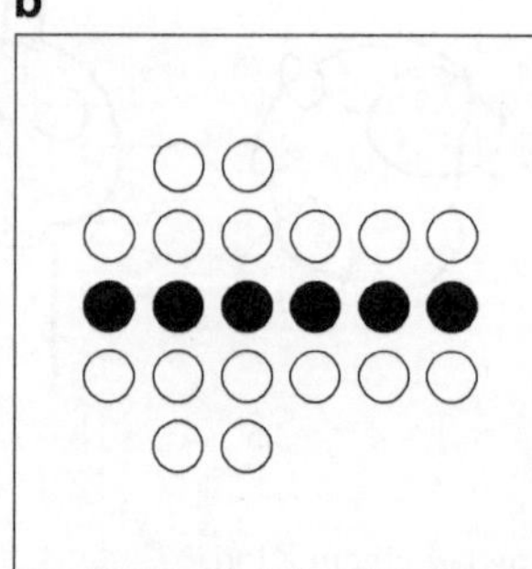 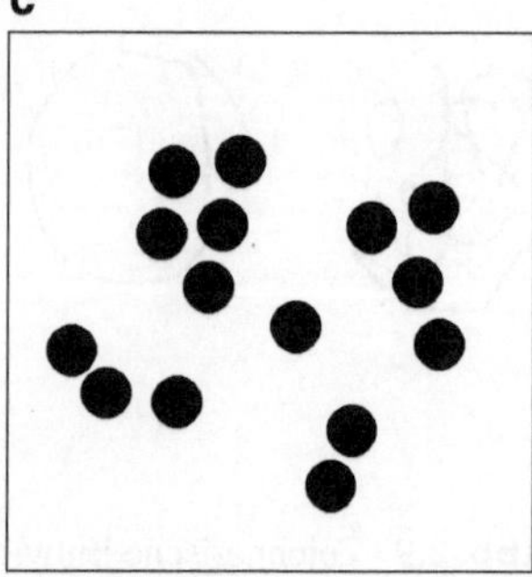

Abb. 2.10 Drei verschiedene Ordnungssysteme: **a** zentrale, **b** lineare und **c** freie Anordnung der Teile

Diese Ordnungssysteme gelten sowohl im kleinmassstäblichen wie auch im grossmassstäblichem Bereich, sowohl für das Zusammenfügen von Bauteilen, Gebäuden oder Gebäudegruppen. Anordnungen, die genau einem dieser drei obgenannten Typen entsprechen, sind Ausnahmen. Die meisten Fälle sind Variationen oder Kombinationen.

2.1.3.1 Zentrales Ordnungssystem

Bei der zentralen Ordnung sind die Elemente um eine Mitte, ein Zentrum angeordnet. Diese Mitte kann ein Platz, ein Innenhof oder ein spezielles Gebäude sein.

Über dieses Zentrum, welches das Ganze dominiert, sind die einzelnen Teile miteinander verbunden. Die Mitte ist Ausgangspunkt, Endpunkt, Zentrum. Alle Richtungen laufen entweder konzentrisch um diese Mitte, oder sie laufen radial in ihr zusammen. Ein Gefüge mit einem zentralen Ordnungssystem kann konzentrisch wachsen; um die Mitte bilden sich immer neue „Ringe" mit grösseren Radien. Die Struktur fördert das Vereinende und impliziert eine Rangordnung.

Die zentrale Anordnung ist der Grundtyp des Hof- oder Atriumhauses. Schon vor ca. 4000 Jahren waren die Räume der Stadthäuser in Ur um einen zentralen Innenhof angeordnet (Abb. 2.11).

Griechen und Römer übernahmen diesen Haustyp. An Orten, wo viele Menschen auf Engem Raum zusammenleben, also meist in Städten, wurde das Hofhaus zum Standardtyp. Der Hof bildete einen privaten, abgeschlossenen Aussenraum und diente gleichzeitig zur Belichtung und Belüftung der ihn umgebenden Räume. In China tritt das Hofhaus bereits in der Han-Zeit (3. Jh. v.Chr. bis 3. Jh. n.Chr.) auf und ist bis heute ein weitverbreiteter Siedlungstyp (Blaser 1979, S. 7). Je nach Grösse und sozialer Stellung einer Familie waren die Häuser verschieden gross und hatten einen oder mehrere Innenhöfe. Den Hofhaustyp mit seinem zentralen Ordnungssystem finden wir in allen Zeitepochen bis in die Neuzeit.

Die Volksgruppe der Hakkas baut im Südosten Chinas seit dem 12. Jahrhundert runde Wehrdörfer. Der Durchmesser der Aussenmauern aus Lehm, bis zu 2 Meter dick und 13 Meter hoch, misst 20 bis 30 Meter, kann aber auch 60 Meter betragen. Die nach innen

Abb. 2.11 Hofhaus in Ur,
Mesopotamien, ca. 2000 v. Chr

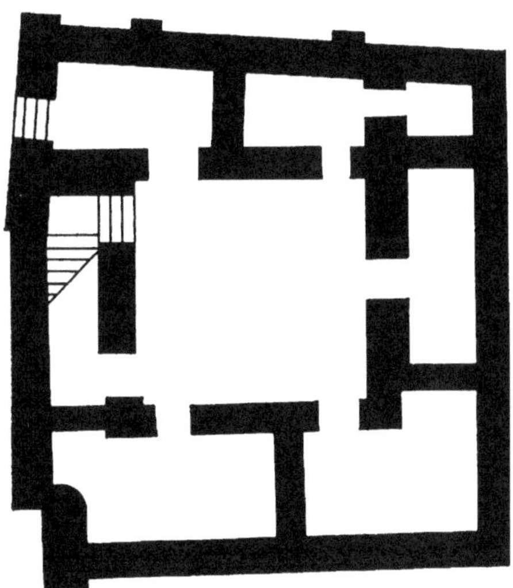

Abb. 2.12 Rundhaus,
Yongding, China (Grundrisse
Erdgeschoss)

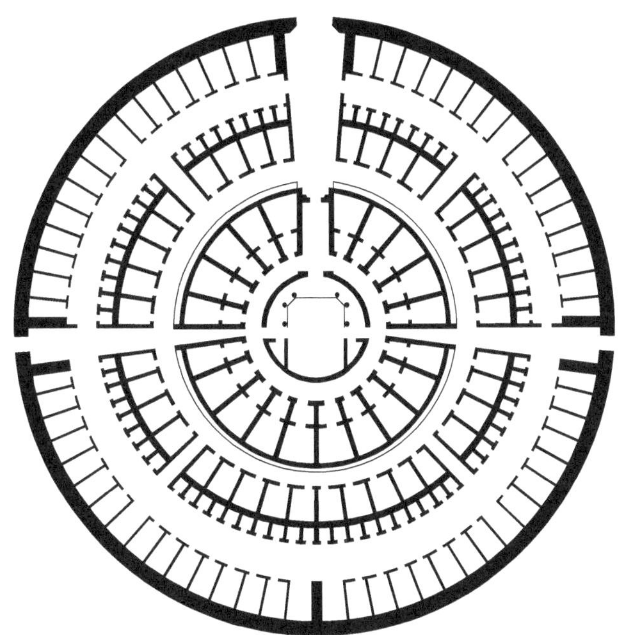

orientierten Häuser sind in 2 bis 3 konzentrischen Kreisen um einen Hof angeordnet und
ihre Stockwerkzahl nimmt von aussen nach innen ab. Aus strategischen Gründen hat eine
solche Anlage meist nur einen einzigen Eingang und gegen aussen nur wenige Fenster im
oberen Mauerbereich (Abb. 2.12).

Das Zentrum des Parlamentsgebäudes in Dacca, 1983 von Louis Kahn erbaut, bildet
der Versammlungsraum der Parlamentarier. Dieser ist umgeben von acht Anexbauten, die

symmetrisch um die Halle angeordnet sind. Die Symmetrie wird nur durch die schräge Lage der Gebetshalle gebrochen, die nach Mekka ausgerichtet sein muss (Abb. 2.13). Das zentrale Ordnungssystem diente oft als Grundlage für die Planung utopischer Idealstädte (Abb. 2.14).

Die Mitte muss nicht zwingend kreisrund oder quadratisch sein. Die sie umgebenden Elemente, Gebäude oder Stadtteile müssen aber auf dieses Zentrum ausgerichtet sein. Diese Anordnung symbolisierte oft eine kosmische oder ideologische Ordnung. Im Zentrum steht ein Bau, der eine weltliche oder geistliche Macht repräsentiert, zum Beispiel ein Palast oder eine Kirche, zu dem alle Wege führten (Abb. 2.15). Viele natürlich gewachsene Städte aus dem Mittelalter sind nach diesem System aufgebaut.

2.1.3.2 Lineares Ordnungssystem

Die nach dem linearen Ordnungssystem organisierten Elemente liegen entlang einer Achse aufgereiht. Im urbanen Bereich bildet meistens eine Strasse diese Achse. In Form, Grösse und Funktion können die linear angeordneten Teile identisch, ähnlich oder verschieden sein. Eine lineare Anordnung hat einen Anfang und ein Ende, aber kein Zentrum. Durch die Lage der Teile selbst entsteht keine Hierarchie (Abb. 2.16).

Das lineare Konzept kann zu einem Netz ausgebaut werden: Mehrere lineare Anordnungen liegen nebeneinander und durchkreuzen sich. Dadurch entsteht das orthogonale

Abb. 2.13 Louis Kahn,
Parlamentsgebäude, 1983,
Dacca, Bangladesh

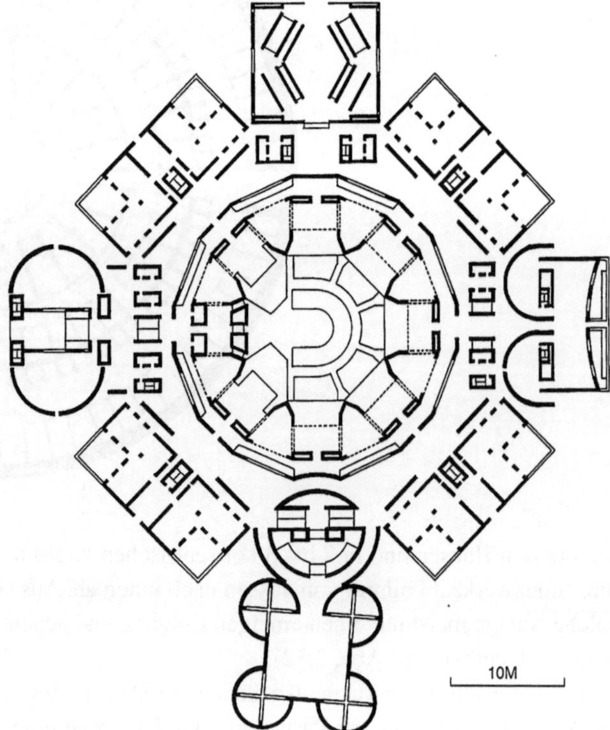

Abb. 2.14 Die 762 v. Chr. von Almansor auf astronomischen Grundlagen geplante Stadt Bagdad

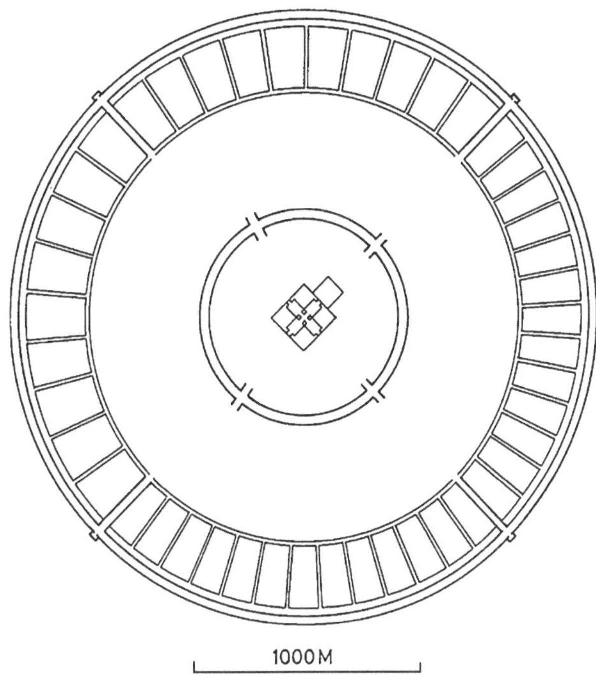

Abb. 2.15 Die mittelalterliche Stadtanlage von Brive, Frankreich

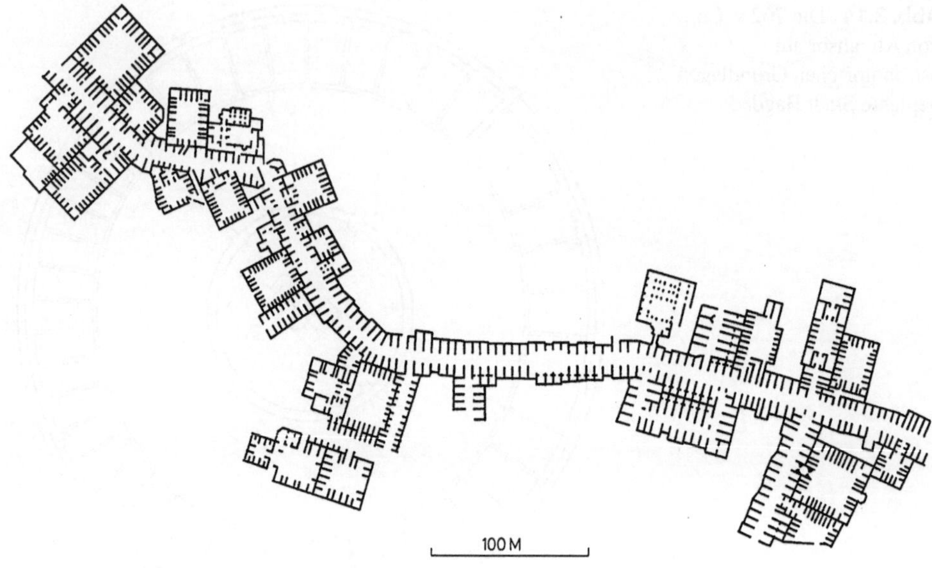

Abb. 2.16   Bazar, Isfahan, Iran, im 16. Jh. (Ausschnitt)

System, welches allseitig beliebig erweitert werden kann. Im Gegensatz zum zentralen Ordnungssystem hat das orthogonale Konzept nicht zwingend einen Mittelpunkt oder ein Zentrum.

Wohl die erste orthogonale Stadtanlage entstand 680 v. Chr. in Babylon. Auch die römischen Kolonialstädte, welche in der Folgezeit der Eroberungen entstanden, wurden auf einem orthogonalen Plan, nach Vorbild der Heerlager und Garnisonsstadt, aufgebaut (Abb. 2.17). Sie waren Abbild der strengen autoritären Ordnung des römischen Machtsystems (vgl. Abschn. 4.3).

In Nordamerika wurde der orthogonale Stadtraster erst zu Beginn des 18. Jh. Eingeführt (Moholy-Nagy 1970, S. 193). Die Gründe dafür waren vor allem ökonomischer Art. Die Einwanderer sahen in den riesigen Landflächen ein Handelskapital, welches erworben, in Parzellen aufgeteilt und weiterverkauft wurde (Abb. 2.18).

Wie wir gesehen haben (Abschn. 2.1.3.1) sind im chinesischen Hofhaus die einzelnen Räume zentral um einen Innenhof gruppiert. Diese rechteckigen Einheiten sind auf einem orthogonalen Raster angeordnet. Durch ergibt sich auch ein rechteckiges Strassenmuster. In den „Aufzeichnungen über die Untersuchung der Handwerker" (Kaogangji) aus dem 3. Jh. v. Chr. finden wir folgende Beschreibung: „Die Handwerker legen die Stadt an. Sie hat 9 Li im Geviert. Auf jeder Seite hat sie 3 Tore. In der Stadt gibt es 9 Hauptstrassen (die Nord- Süd Strassen) und 9 Querstrassen" (Thilo 1978, S. 171). Dieser Idealtyp wurde in keiner Stadt verwirklicht, aber die Grundidee der schachbrettartigen Grundstruktur wurde zum Vorbild vieler Stadtgründungen. Die orthogonale Rasterstadt wurde von China aus nach Ost und West exportiert und gelangte so auch nach Japan. Nach ihrem Vorbild wurde im Jahre 792 die neue japanische Hauptstadt Kyoto gegründet (Abb. 2.19).

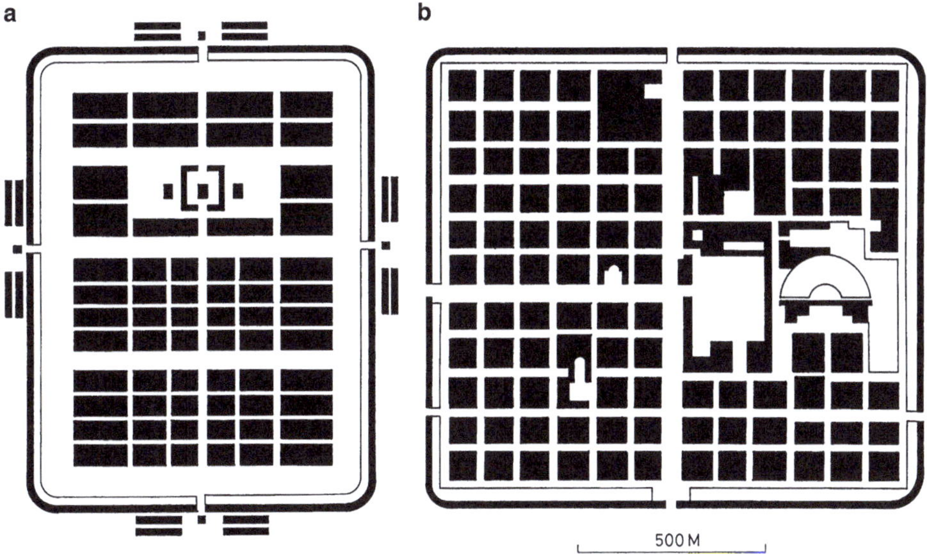

Abb. 2.17 **a** Plan eines römischen Garnisonslagers, **b** Römische Stadtgründung, ca. 100 n. Chr. Timgad, heute Algerien (vgl. Abb. 4.5, Abschn. 4.3)

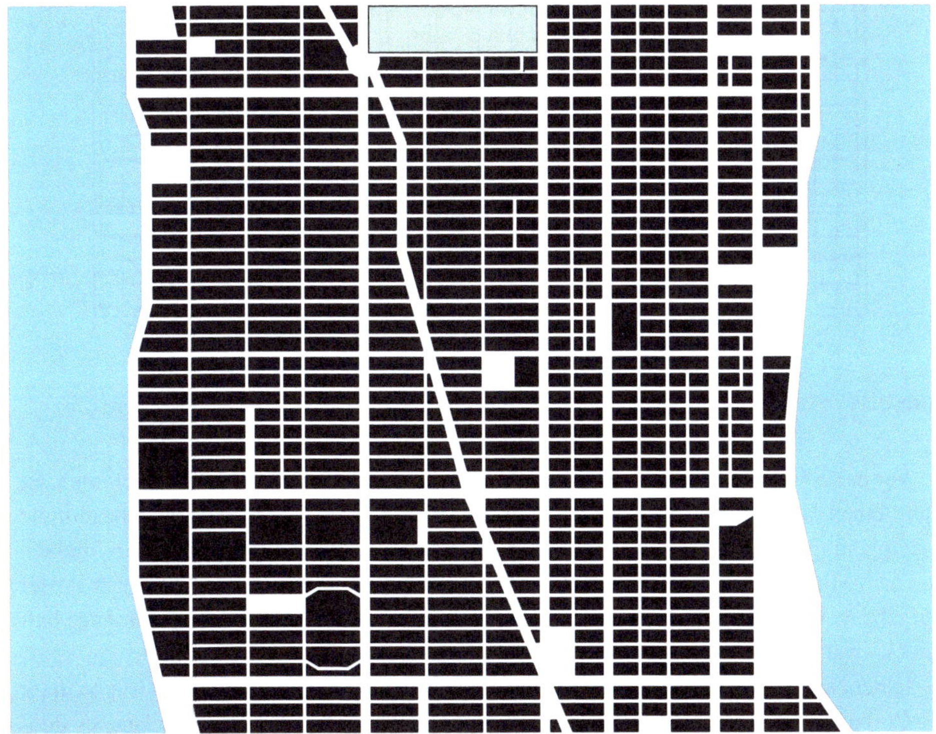

Abb. 2.18 Ausschnitt aus dem Stadtplan von Manhattan, New York, USA

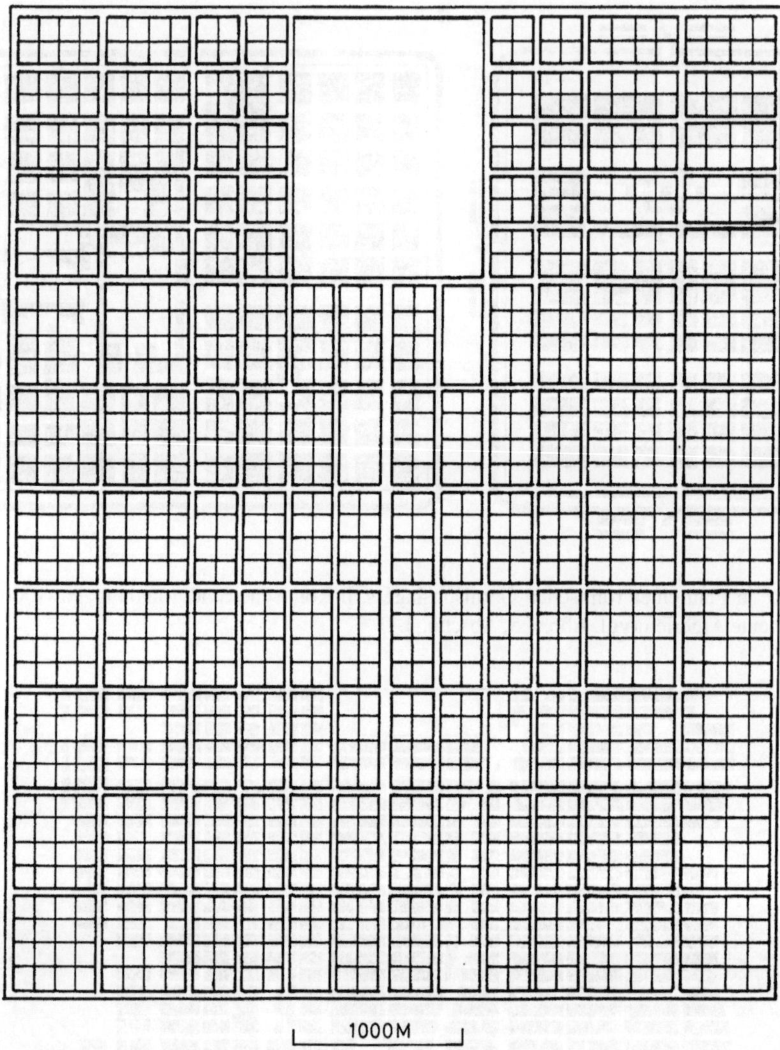

Abb. 2.19 Plan der ehemaligen japanischen Hauptstadt Kyoto zur Gründungszeit, 792 n. Chr

Vor ca. 2000 Jahren wurde der orthogonale Stadtplan auch in Indien übernommen. Er hatte einen Einfluss auf die von der hinduistischen Symbolik des Mandalas bestimmte Stadtplanung. Die „Manasara", ein indisches Handbuch für Städteplaner und Architekten aus dem Mittelalter, enthält viele Idealpläne für Städte, die auf dem rechtwinkligen Raster aufgebaut sind und die wiederum einen Einfluss auf die Stadtplaner der Renaissance hatten (Volwahsen 1968, S. 45) (Abb. 2.20).

In der Neuzeit wurde der orthogonale Stadtplan vor allem von der CIAM-Gruppe unter Le Corbusier propagiert, der in Chandigarh, der Hauptstadt des indischen Teilstaates Punjab, eines seiner Projekte verwirklichen konnte.

Abb. 2.20 Drei Idealpläne aus dem indischen „Manasara"-Handbuch

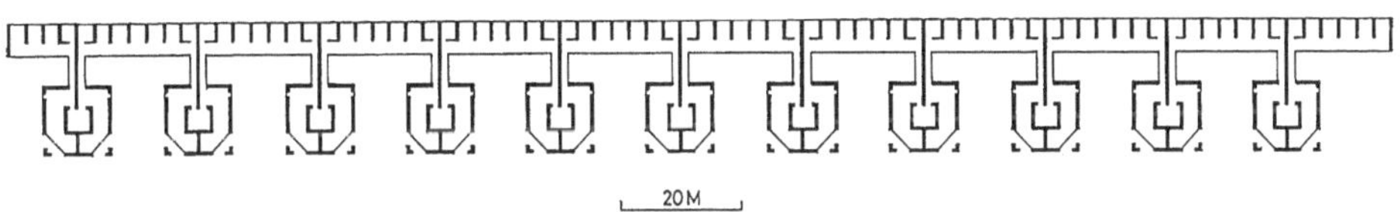

Abb. 2.21 Luigi Snozzi, Wohngebäude, Obergeschoss (Projekt), 1973, Celerina, Schweiz

Das lineare und das orthogonale Ordnungssystemwerden nicht nur im urbanen Bereich verwendet. Die Reihung gleicher Elemente finden wir auch im kleineren Massstab, zum Beispiel am Gebäude oder an Gebäudeteilen (Abb. 2.21).

2.1.3.3 Freie Anordnung

Bei einer freien Anordnung der Teile ist keine Gesamtordnung erkennbar. Wir können deshalb auch vom Fehlen eines Ordnungssystems sprechen. Solche Strukturen sind meist im Laufe der Zeit frei und eher zufällig gewachsen. Teile von ihnen mögen linear, andere wieder zentral aufgebaut sein. Bei vielen Grossstädten hat man, wenn man sie als Ganzes betrachtet, den Eindruck, dass kein Ordnungssystem erkennbar ist, dass die einzelnen Teile chaotisch nebeneinander liegen.

2.2   Beziehungen zwischen Art, Anzahl und Ordnungssystem der Teile

In einem zweiten Schritt (Abb. 2.2) soll nun die Beziehung von jeweils zwei der drei besprochenen Aspekte untereinander untersucht werden.

Wie verhalten sich Art und Anzahl der Teile zueinander? Wie beeinflussen sich Ordnungssystem und Anzahl der Teile? Welchen Einfluss hat die Art der Teile auf das Ordnungssystem und umgekehrt?

2.2.1 Die Beziehung zwischen Art der Teile und Anzahl der Teile

Im Abschn. 2.1.2 über die Art der Teile haben wir festgestellt, dass diese von verschiedenen Faktoren abhängen kann: von Form, Dimension, Material, Farbe und Funktion der Teile. All diese Faktoren beeinflussen die Beziehung eines Teils zum Ganzen. Sie bewirken, dass sich der Teil mehr oder weniger in das Ganze einordnet. Für unsere weiteren Untersuchungen verstehen wir deshalb unter der Art der Teile ihre Fähigkeit, sich in ein Ganzes einzufügen. Je fragmentarischer, unselbstständiger ein Teil ist, desto einfacher wird er sich in ein Ganzes einordnen lassen. Ein ganzheitlicher, selbstständiger Teil wird seine Ganzheit auch im Verband mit anderen Teilen zu behaupten suchen und gliedert sich deshalb schwerer in eine Gruppe von Teilen ein (vgl. Abb. 2.4).

Wie wir im Abschn. 2.2.3 noch sehen werden, ist dieser Zusammenhang teilweise auch abhängig vom benutzten Ordnungssystem.

Ein Zugang zu einer Frankfurter U-Bahn-Station besteht aus einem Teil eines alten Strassenbahnwagens. Es entsteht der Eindruck, dass der Wagen halb im Boden versunken ist, da nur noch ein Bruchstück von ihm sichtbar ist (Abb. 2.23). Mit diesem fragmentarischen, unselbstständigen Teil ist nur schwer ein Ganzes zu erreichen (Fall A in Abb. 2.22). Er wird immer den Wunsch nach Ergänzung und Vervollständigung wecken und wird sich nur „wohl fühlen" mit vielen anderen ähnlichen Teilen zusammen (Fall C in Abb. 2.22). Bewusst weißt der „fehlende" Teil des Wagens nach unten und führt so die Reisenden (grosser Anfangsbuchstaben) in die unterirdische Station (Abb. 2.23).

Die einzelnen Steine der ägyptischen Pyramide (Abb. 2.24) sind fragmentarische, unselbstständige Teile. Sie bilden nur im Zusammenhang mit vielen anderen, gleichen Teilen ein Ganzes. Mit vielen fragmentarischen Einzelteilen (Fall C in Abb. 2.22 und 2.24) ist leichter ein Ganzes zu bilden als mit vielen ganzheitlichen Teilen (Fall I in Abb. 2.22 und 2.26), da die fragmentarischen Teile zu Gunsten des Ganzen ihre Autonomie aufgeben und sich eher in dieses integrieren.

Die Mark-Aurel-Säule in Rom (Abb. 2.25) ist ein ganzheitlicher Teil, der als selbstständiges Ganzes wahrgenommen wird und nicht mit anderen Teilen ergänzt werden kann (Fall G in Abb. 2.22).

Die drei Gebäude am Piazza Sant'Ignazio in Rom (Abb. 2.26) sind selbstständige Bauten, die auch alleine stehen könnten. Ihre Form und Anordnung sind aber so, dass sie in einer räumlichen Beziehung zueinander stehen und deshalb zusammen wieder ein Ganzes bilden (Fall I in Abb. 2.22).

2.2.2 Die Beziehung zwischen Anzahl der Teile und Ordnungssystem der Teile

Die räumliche Beziehung der Teile untereinander wird durch ein gemeinsames Ordnungssystem geregelt, welches von einfach bis zu sehr komplex reichen kann (Abb. 2.27). Dieses Ordnungssystem beeinflusst somit den Charakter des Ganzen stark mit und hat so einen Einfluss auf den Stil.

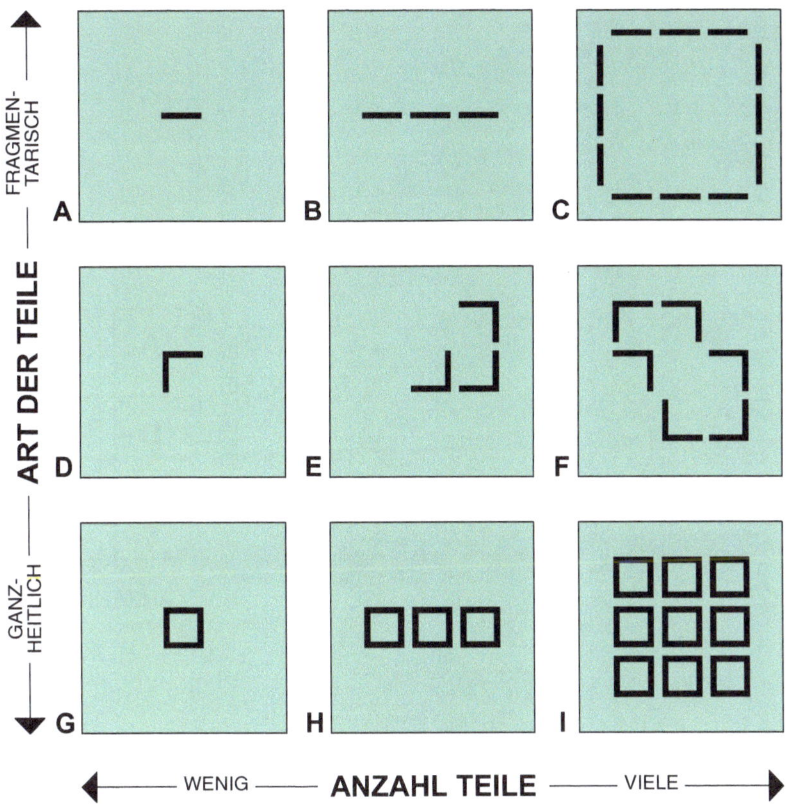

Abb. 2.22 Beziehung zwischen Art der Teile und Anzahl der Teile (bei einem einfachen Ordnungssystem). Stark vereinfachte, schematische Darstellung

Abb. 2.23 U-Bahn Station in Frankfurt am Main, Deutschland (Fall A in Abb. 2.22)

Abb. 2.24 Pyramide von Giseh, Ägypten, 2600-2500 v. Chr. (Fall C in Abb. 2.22)

Die grosse Anzahl Keramikteile in der Sitzbank im Park Güell von Antonio Gaudi in Barcelona (Abb. 2.28) unterordnen sich dem Ganzen und sind als Einzelteile nicht sofort erkennbar. Sie sind eher zufällig angeordnet, nach einem komplexen Ordnungssystem. Bei einem komplexen Ordnungssystem führt eine grössere Anzahl Teile eher zu einem Ganzen als eine begrenzte Anzahl Teile, da in diesem Fall die Teile auch zahlenmässig noch erkennbar sind und sie so eher bestrebt sind, autonom zu erscheinen.

Der Pavillon von Jean Nouvel, ein monolithischer Block, gebaut für die EXPO 2002 in Murten (Abb. 2.29), stand im See an einem eher zufälligen gewählten Ort in der Nähe des Ufers.

Ein räumlicher Bezug zur Umgebung ist nur schwer erkennbar, eher zufällig. Das Ordnungssystem ist somit sehr komplex. Die Konstellation entspricht dem Fall A in Abb. 2.27. Auch der Obelisk auf dem Platz vor dem Petersdom in Rom (Abb. 2.30) ist ein selbstständiger Teil, ähnlich wie der Pavillon von Jean Nouvel (Abb. 2.29). Im Gegensatz zum

Abb. 2.25 Mark-Aurel-Säule, 180, Rom (Fall G in Abb. 2.22)

Abb. 2.26 Piazza Sant'Ignazio, Rom (Fall I in Abb. 2.22)

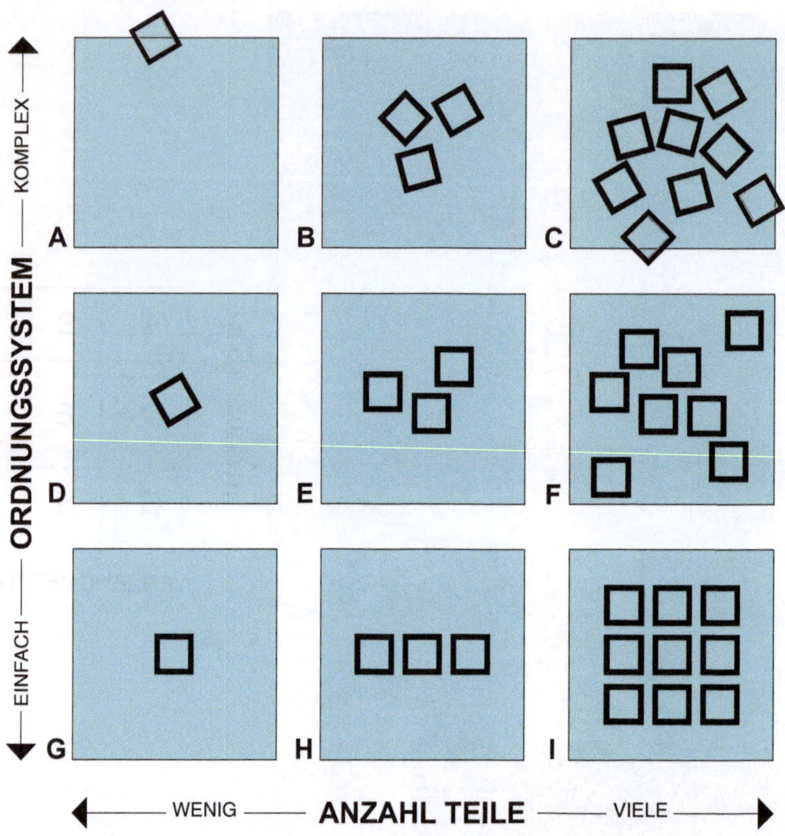

Abb. 2.27 Die Beziehung zwischen Anzahl der Teile und Ordnungssystem (bei ganzheitlichen Teilen). Stark vereinfachte, schematische Darstellung

Abb. 2.28 Antonio Gaudi, 1900–1914, Park Güell, Barcelona, Spanien (Fall C in Abb. 2.27)

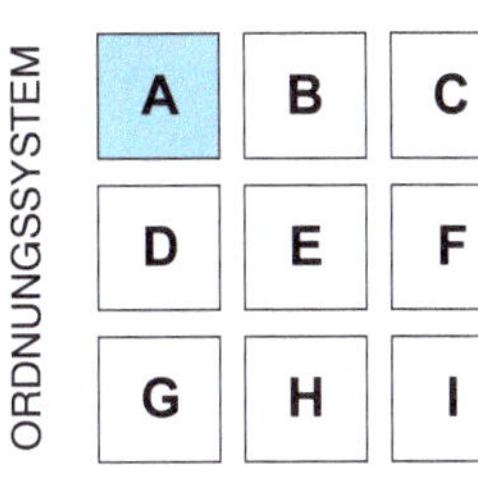

Abb. 2.29 Jean Nouvel, Pavillon EXPO 2002, Murten, Schweiz (Fall A in Abb. 2.27)

Abb. 2.30 Bernini, 1667, Petersplatz, Rom (Fall G in Abb. 2.27) (vgl. Abb. 9.22)

Pavillon ist der Obelisk in der Platzmitte in ein strenges Ordnungssystem eingebunden (Fall G in Abb. 2.27). Der Teil steht an einem prominenten Platz, wodurch seine Wichtigkeit betont wird.

Abb. 2.31 I.M.Pei, 1989, Louvre, Paris (vgl. Abb. 2.1a und 6.33a) (Fall I in Abb. 2.27)

Die Glaspyramide über dem Eingang des Louvres in Paris, von I. M. Pei, besteht aus vorfabrizierten Elementen (Abb. 2.31).Die vielen gleichen Teile sind nach einem einfachen Ordnungssystem zu einem Ganzen zusammengesetzt (Fall I in Abb. 2.27). Die Einzelteile sind zwar noch als solche erkennbar, wahrnehmungsmässig dominiert aber das Ganze, dem sie sich unterordnen.

2.2.3 Die Beziehung zwischen Art der Teile und Ordnungssystem der Teile

Abb. 2.32 zeigt neun Beziehungsmöglichkeiten zwischen verschiedenen Ordnungssystemen und verschiedenen Arten von Teilen. Neben den hier aufgezeigten neun Möglichkeiten, welche teilweise Extremfälle sind, gibt es unzählige Zwischenlösungen. Die Art, wie die Teile zusammengesetzt werden, kann in verschiedenen Bereichen untersucht werden (vgl. Abschn. 2.1): im kleinen Bereich der Bauteile, im mittleren Bereich der Gebäudeteile oder im grossen Bereich von Siedlungen und Stadtteilen.

Beim oben besprochenen Beispiel am Sitzbank im Park Güell von Antonio Gaudi in Barcelona (Abb. 2.28) spielt auch die Art der Teile eine Rolle. Das Beispiel zeigt, dass bei einem komplexen Ordnungssystem ist die Tendenz zum Ganzen grösser, wenn die Teile fragmentarischen Charakter haben.

Ganzheit kann auf verschiedene Arten erreicht werden: So können zum Beispiel mehrere fragmentarische Teile nach einem komplexen System geordnet werden (Fall C in Abb. 2.32 und 2.33), oder mehrere ganzheitliche Teile können nach einem strengen, einfachen Ordnungssystem gegliedert werden (Fall G in Abb. 2.32 und 2.34).

Die einzelnen Gebäude in Ho Chi Minh City (Abb. 2.33) können schwer als eigenständige Bauten bestehen. Sie sind fragmentarisch, unselbstständig, aneinander gebaut und miteinander verschachtelt, dies nach einem komplexen Ordnungssystem. Sie bilden nur

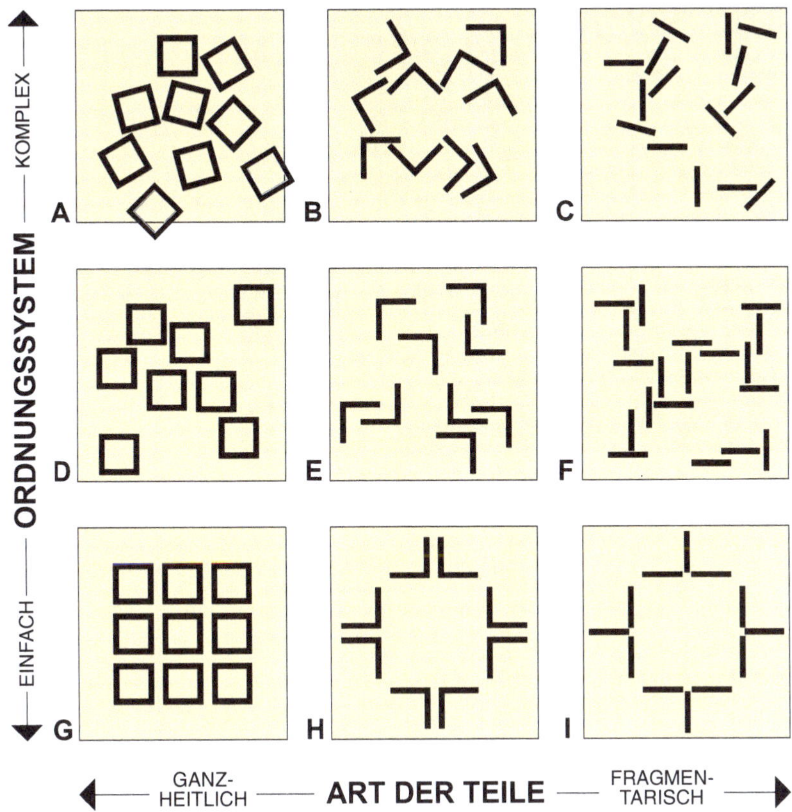

Abb. 2.32 Die Beziehung zwischen Art der Teile und Ordnungssystem (bei vielen Teilen). Stark vereinfachte, schematische Darstellung

Abb. 2.33 Ho Chi Minh City, Vietnam (Fall C in Abb. 2.32)

Abb. 2.34   Le Corbusier, 1922, Ville contemporaine (Projekt) (Fall G in Abb. 2.32)

im Verband, zusammen mit den anderen unselbstständigen Häusern, ein Ganzes. Da die einzelnen Bauten verschieden sind, ist ein komplexes Ordnungssystem notwendig, um sie zu einem einheitlichen Ganzen zu vereinen. Viele natürlich gewachsene Städte entsprechen diesem Muster (Fall C in Abb. 2.32).

Die von Le Corbusier 1922 projektierte „Ville contemporaine", ein neuer Stadtteil in Paris, besteht aus einer Ansammlung eigenständiger Objekte, welche raumverdrängend wirken und so der Grundidee der Stadt widersprechen (Abb. 2.34). Ein Anliegen von Le Corbusier war es, im Gegensatz zur mittelalterlichen Stadt möglichst viel Licht und frische Luft zu den Wohnungen zu bringen. Dementsprechend mussten die über 50 Geschosse hohen Gebäude weit auseinander stehen. Alle Bauten, alle Teile, sind in ihrer Grösse und Form gleich, sie sind eigenständige, ganzheitliche „Skulpturen", die geordnet nach einem strengen System auf einer freien Fläche stehen. Trotz strenger Ordnung verhindern der grosse Abstand der Bauten und ihre ganzheitliche Art, dass sie zusammen als grosse Einheit, als Stadt erlebt werden. Diese Konstellation entspricht am ehesten dem Fall G in Abb. 2.32.

Fall C ist origineller und hat dementsprechend eine grössere Informationsdichte. Beim Fall G entsteht schon bei drei- bis vierfacher Wiederholung eines Elementes die Erwartung nach weiteren Wiederholungen, nach Periodizität. Damit ist die Redundanz hier relativ gross, die Originalität dementsprechend klein.

Auch die einzelnen Gebäude in Hongkong (Abb. 2.35) wirken skulptural und eigenständig. Im Aussehen heben sie sich bewusst von den umliegenden Gebäuden ab (Fall A in Abb. 2.32). Die verschiedenen Bauten nehmen wenig Rücksicht auf die Umgebung und es ist kein klares Ordnungssystem erkennbar.

Das Bild vieler mittelalterlicher Städte (Abb. 2.36) entspricht dem Fall I in Abb. 2.32. Wie im Fall G herrscht auch hier ein strenges Ordnungssystem: Die Häuser sind entlang der Strassenlinie aneinandergebaut, sie sind vorwiegend gleich hoch und haben ähnliche

Abb. 2.35 Hongkong (Fall A in Abb. 2.32)

Abb. 2.36 Altstadt von Bern, Schweiz (Fall I in Abb. 2.32)

Formen und Farben. Die Strassenfront wird vom Betrachter als homogenes Ganzes wahrgenommen. Dank der verschiedenen kleineren Unterschiede in Proportion und Anordnung
der Öffnungen behalten die einzelnen Gebäude eine gewisse Eigenständigkeit, sie werden
zu Variationen eines Themas. Losgelöst vom Ganzen würden die einzelnen Bauten ihren
Charakter verlieren. Das einzelne Gebäude ist hier keine Skulptur mehr wie im Projekt
von Le Corbusier (Abb. 2.34), sondern vielmehr eine „Füllung", die den Zwischenraum,
den Strassenraum zur primären Erscheinung macht und nicht mehr sich selbst als Objekt.

Im Kap. 1 haben wir gesehen, dass bei der optischen Wahrnehmung grundsätzlich verschiedene Möglichkeiten der Nachrichtenaufnahme bestehen.

Nach der sogenannten Abtasttheorie (Abschn. 1.3.4.2) entsteht der Gesamteindruck
aus vielen Teilinformationen, das Ganze entsteht aus Einzelteilen. So sind zum Beispiel
die Bauten in Hongkong (Abb. 2.35) eher selbstständige und ganzheitliche Einzelteile,

die nach einem komplexen Ordnungssystem organisiert sind (Fall A in Abb. 2.32). Hier wird eher nach der Abtasttheorie vorgegangen; zuerst werden die einzelnen Gebäude ergründet und nach und nach ergibt sich ein Gesamteindruck.

Beim Gestaltsehen (Abschn. 1.3.4.1) wird vom Ganzen ausgegangen, Einzelteile werden erst nach und nach registriert. Beispielsweise sind die Gebäude in Ho Chi Minh City (Abb. 2.33) unselbstständige, fragmentarische Einzelteile, die nach einem komplexen System geordnet sind (Fall C in Abb. 2.32). Sie zwingen den Betrachter, zuerst das Ganze zu sehen und dann die einzelnen Teile.

Auf welche der beiden Arten wahrgenommen wird, hängt auch von der Art des gesehenen Objektes ab.

2.3   Zusammenhang zwischen Art, Anzahl und Ordnungssystem der Teile

Nachdem in einem ersten Schritt Anzahl, mögliche Arten und Beziehungen der Teile (Ordnungssystem) einzeln untersucht wurden (Abschn. 2.1) und in einem zweiten Schritt die Beziehungen jeweils zweier dieser Aspekte betrachtet wurde (Abschn. 2.2), sollen in einem dritten Schritt die Zusammenhänge aller drei Eigenschaften untereinander angeschaut werden (vgl.Abb. 2.2).

Für das Projekt des Sowjetpalastes in Moskau (1931) (Abb. 2.8) wurden verschiedene Gebäudeteile, wie Säle und Auditorien, separat entworfen und dann in mehreren Vorprojekten auf verschiedene Arten zu einem ganzen Gebäudekomplex zusammengefügt (vgl. Abschn. 2.1.2). Die Einzelteile sind, zumindest in den verschiedenen Vorprojekten, nach einem eher komplexen Ordnungssystem organisiert. Eine formale Ähnlichkeit und die verschiedenen Zwischenbauten helfen, sie zu einem Ganzen zu verbinden.

Die verschiedenen Vorprojekte entsprechen in Anzahl und Art der Teile, sowie in der Anordnung derselben, der Darstellung in Abb. 2.37. Die endgültige Lösung (Variante unten rechts in Abb. 2.8) ist durch eine klare Symmetrie gekennzeichnet, die das Ganze einem strengeren Ordnungssystem unterwirft als die Vorprojekte. Diese Lösung nimmt interessanterweise keine Rücksicht mehr auf die Situation, ein längliches Grundstück am Ufer der Moskwa.

Das Parlamentsgebäude in Chandigarh, 1961, 30 Jahre nach dem Entwurf für den Sowjetpalast in Moskau, von Le Corbusier fertiggestellt (Abb. 2.38 und 2.39), umfasst zwei Versammlungsräume, für Ober- und Unterhaus, eine grosse Wandelhalle, Büroräume für die Abgeordneten und ein grosses Vordach, das als Eingangsportal dient. Die Räumlichkeiten für die verschiedenen Nutzungen unterscheiden sich sowohl durch ihre Form wie auch durch ihre statischen Systeme. Die beiden Versammlungsräume bestehen aus massiven Betonwänden, sind Schalen, die eine pyramidenförmig, die andere mit der Form eines schräg abgeschnittenen Zylinders. Das freistehende, geschwungene Portaldach ruht auf Wandscheiben, welche die Eingangsrichtung betonen. Der Büroteil ist aus einem Stützenskelett und nicht tragenden Wänden, welche die einzelnen Büroräume trennen,

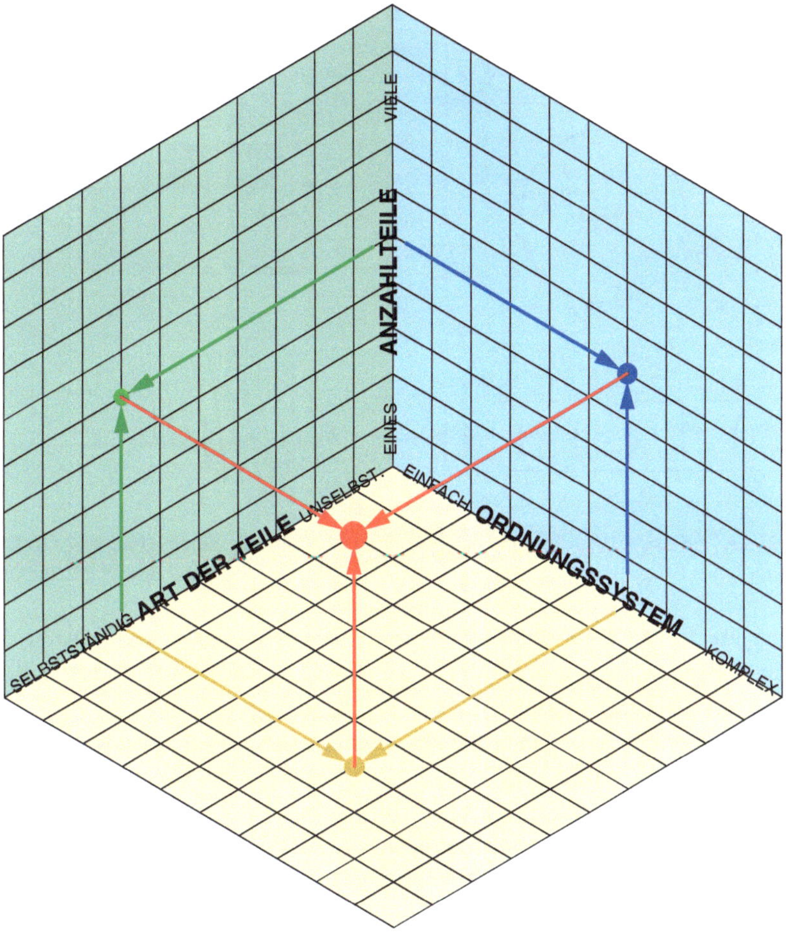

Abb. 2.37 Zusammenhang zwischen Art, Anzahl und Ordnungssystem der Teile

Abb. 2.38 Le Corbusier, 1961, Parlamentsgebäude in Chandigarh, Indien

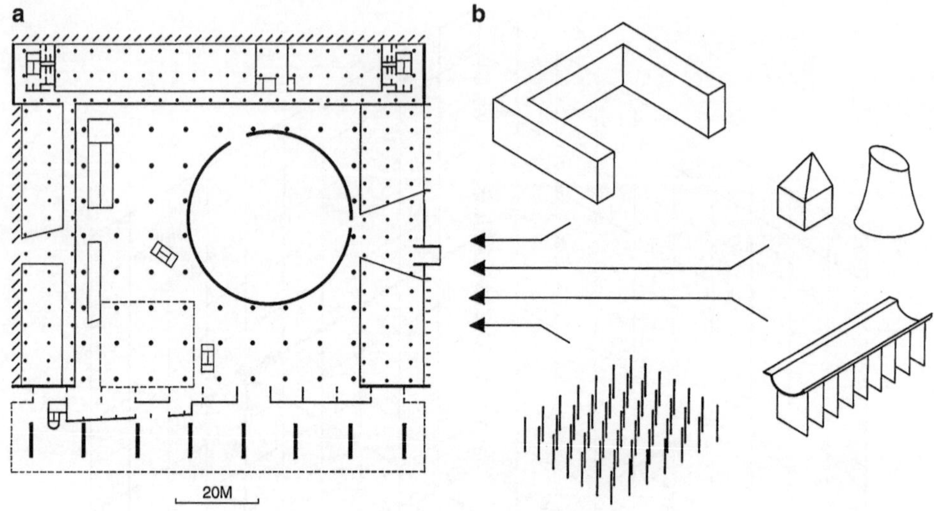

Abb. 2.39 Le Corbusier, 1961, Parlamentsgebäude in Chandigarh, Indien **a** Grundriss, **b** Die Teile des Gebäudes: der U-förmige Bürotrakt, Versammlungssäle, Eingangstrakt und Wandelhalle

zusammengesetzt. Die Wandelhalle, bestehend aus einem „Wald" von Stützen, die das Dach tragen, erinnert stark an einen Hain, der in vielen indischen Dörfern der Bevölkerung als Ort der Begegnung dient.

Das Gebäude besteht aus einer grösseren Anzahl verschiedener Teile, welche durchaus auch in einem anderen Verbund oder gar selbstständig existieren könnten. Das Ordnungssystem, das die Beziehungen der einzelnen Teile untereinander regelt, ist eher komplex: Die U-förmig angeordneten Büroräume bilden den „Behälter", der „gefüllt" ist mit den Stützen der Wandelhalle und in dem die beide Versammlungssäle frei stehen. Als frontaler Abschluss dient der grosse Portalteil, der den Eingang markiert (Abb. 2.39).

Le Corbusier ist beim Entwerfen vieler seiner Bauten nach derselben Methode vorgegangen. Ein Ganzes wurde aus verschiedenen, mehr oder weniger selbstständigen Teilen in einem ähnlichen Ordnungssystem zusammengesetzt. Dadurch entstanden Bauten in einem ähnlichen Stil (vgl. Abschn. 3.5).

2.4 Das Zusammensetzen von Teilen

Das Wort „konstruieren" stammt aus dem Lateinischen und heisst zusammensetzen. Konstruieren bedeutet das Zusammensetzen von Einzelteilen nach ganz bestimmten Regeln; mathematisch-logischer, technisch-wissenschaftlicher, ökonomischer und ästhetischer Art. Dementsprechend definierte Le Corbusier Baukonstruktion „als die zweckmässige und folgerichtige Verbindung von Bauelementen" (Le Corbusier 1969, S. 94). Verbunden und zusammengesetzt wird auf jeder Stufe: Eine Stadt besteht aus mehreren Häusern, ein Gebäude aus mehreren Gebäudeteilen, diese wiederum aus mehreren Bauteilen, welche letztendlich aus Bauelementen bestehen (Abb. 2.1).

Konstruktion ist ein Teil des Entwurfs und kann nicht von diesem getrennt werden. Die ästhetischen Aspekte sind sowohl im kleinen Massstab, beim Entwurf von Gebäudedetails, wie auch im grossen Bereich, zum Beispiel bei der Beziehung verschiedener Gebäudeteile, wichtig.

Entscheidungen über die technische Ausführung fallen bereits in der ersten Entwurfsphase. Der dort festgelegte Charakter eines Gebäudes schränkt das Spektrum der möglichen technischen Ausführungsmethoden schon stark ein. Der Eiffelturm konnte nicht aus Backstein gebaut werden (vgl. Abb. 4.1), Stahl war das einzige mögliche Material für eine solche Art von Bau und damit war die Art der Verbindungen bereits stark vorgegeben. Bestimmte Formen werden von speziellen statischen Systemen geprägt. So treten im Bogen vorwiegend Druckkräfte auf, welche ihrerseits spezifische Arten der Ausführung verlangen. Dies macht auch klar, warum konstruktive Details nicht beliebig ausgewechselt werden können. Oder, wie Louis I. Kahn sagte: „Die Form entsteht aus einem System der Konstruktion" (Kahn 1960, S. 162). So hilft die Konstruktion indirekt mit, den geistigen Inhalt des Gebäudes zu veranschaulichen. In der stark konstruktivistischen Architektur wird sie sogar zum primären Ausdrucksmittel.

Wie gesagt, erfolgt das Zusammenfügen von Teilen nach einem bestimmten Ordnungssystem.

Statik und Ökonomie unterstützen diese Forderung. So ist es angebracht, bei einem Skelettbau den Stützenabstand konstant zu belassen. Dadurch können auch die auf den Stützen liegenden Träger gleich dimensioniert werden, was sich wiederum auf die Ökonomie positiv auswirkt. Die Regelmässigkeit eines solchen Skelettrasters wird weiter einen entscheidenden Einfluss auf den Ausdruckscharakter eines Gebäudes haben.

Die Baumeisten im Mittelalter kannten die technischen Eigenschaften der ihnen zur Verfügung stehenden Materialien genau und wussten so auch, welchem formalen Eigenschaften ihre Bauten haben konnten. Der Schöpfer der Form war gleichzeitig auch der Erschaffer der Konstruktion.

Mit den grossen Eisenkonstruktionen der Brücken und Hallenbauten im 19. Jahrhundert wurden wissenschaftliche Methoden Entwickelt um die statischen Anforderungen dieser Bauten zu berechnen. Es entstand der Beruf des Bauingenieurs. Dieser wurde neben dem Architekten zum Hauptakteur des Bauens.

Fortan lag das Geschick der Kreation gebauter Umwelt nicht mehr nur in den Händen eines Baumeisters. Im Laufe der Zeit wurde das Team der am Entstehen eines Gebäudes Beteiligten immer grösser. Heute besteht die Gefahr, dass die verschiedenen am Bau beteiligten Spezialisten wie Architekt, Bauingenieur, Bauphysiker und die verschiedenen Spezialingenieure aneinander vorbei planen und am Schluss ein Konstrukt entsteht, das kein einheitliches Ganzes mehr ist.

Bauen ist heute vielschichtiger und komplexer als früher, ein universelles Wissen über alle Teilgebiete ist nicht mehr möglich. Deshalb sollte zumindest ein intensiver Dialog stattfinden zwischen den einzelnen Disziplinen, alle beteiligten Spezialisten müssen ein gemeinsames Ziel anstreben: ein Bauwerk als ein homogenes Ganzes zu schaffen, das einem geistigen Inhalt einen formalen Ausdruck gibt. Dabei sind alle Disziplinen nur Mittel zum Zweck für ein gemeinsames Ziel.

2.5   Vorfertigung der Teile

Architektur war schon immer ein Ganzes, zusammengesetzt aus Teilen. Zu Beginn der Geschichte des Bauens waren diese Teile rohe, unbearbeitete Stücke aus der Natur: Äste, Blätter, Steine etc. Dann begann der Mensch, diese Teile zu bearbeiten: Steine wurden behauen, damit sie besser aufeinander geschichtet werden konnten, unförmige Holzstücke wurden so in Teile zerlegt, dass sie besser den jeweiligen Nutzungen entsprechend eingesetzt werden konnten. Später wurde nicht mehr jedes Einzelstück direkt an seinem Verwendungsort angepasst, sondern zuerst vorbereitet und dann montiert. Dazu mussten Grösse und Form der Einzelteile im Voraus aufeinander abgestimmt werden, die Grösse der Teile wurde standartisiert. Die sogenannte Ortbauweise wurde teilweise ergänzt durch eine Vorfabrikation.

Das standardisierte Bauen mit vorfabrizierten Teilen ist alt. So basiert die alte traditionelle Japanische Architektur auf dem modularen Mass der Tatami-Matte, eine aus Reisstroh hergestellte Bodenmatte mit einer Grösse von ca. 90 cm mal 180 cm. Die meisten Bauten entsprachen dieser Moduleinheit, waren standardisiert und konnten dementsprechend auch vorfabriziert werden (Abb. 3.12a und 5.43). Eine ähnliche Standardisierung kann im alten China mindestens bis ins 11. Jahrhundert zurückverfolgt werden (Thilo 1978, S. 62). Sie erlaubte nicht nur eine Fabrikation unabhängig vom individuellen Bauprojekt, sondern auch ein rasches Ersetzen bei eventuellen Schäden. Schon im 17. Jahrhundert konnten in Moskau vorfabrizierte Häuser „von der Stange" gekauft werden (Vogt 1974, S. 133). Ausserhalb der Stadt bestand ein spezieller Markt, auf dem die Häuser besichtigt werden konnten. Innerhalb von zwei Tagen waren sie dann an ihrem neuen Standort fertig montiert.

Auch die gotische Kathedrale ist ein Beispiel für die vorindustrielle Vorfabrikation (Abb. 2.40). Die Anzahl der verschiedenen Teile an einem solchen Gebäude ist relativ klein, dafür wurde von jedem dieser Standardstücke eine grosse Anzahl hergestellt, die dann repetitiv in der Fassade und in der Tragstruktur verwendet wurden: manuelle Vorfabrikation nach standardisiertem Muster auf der Baustelle, mit anschliessendem Montagebau.

Mit der Industrialisierung im 19. Jahrhundert wurde das Handwerkzeug durch Maschinen ersetzt. Das manuell hergestellte Einzelstück wurde abgelöst vom industriell gefertigten standardisierten Massenprodukt.

Die Vorteile des industriellen Bauens wurden zuerst von den Ingenieuren erkannt und beim Bau von Brücken und Hallen genutzt (Abb. 2.41). Gustave Eiffel, heute vor allem bekannt wegen seines spektakulären Turms in Paris, entwickelte vorfabrizierte Elemente, die vielseitig verwendet werden konnten. Unter anderem entwickelte er ein Brückenbausystem, das schon im 19. Jh. bis nach Indien exportiert wurde. Aus acht verschiedenen Standardteilen konnten verschieden grosse Brücken zusammengesetzt werden, deren Breite maximal 5 Meter und deren Länge maximal 27 Meter betrugen (Birkner 1980, S. 50).

Der Kristallpalast für die Weltausstellung in London war 1851 der erste Bau, der hauptsächlich aus industriell vorgefertigten Teilen und nach den Methoden des modernen Montagebaus erstellt wurde. Nur so war es möglich, den Bau in extrem kurzer Zeit fertigzustellen. Joseph Paxton war weniger am ästhetischen Effekt als an den ökonomischen

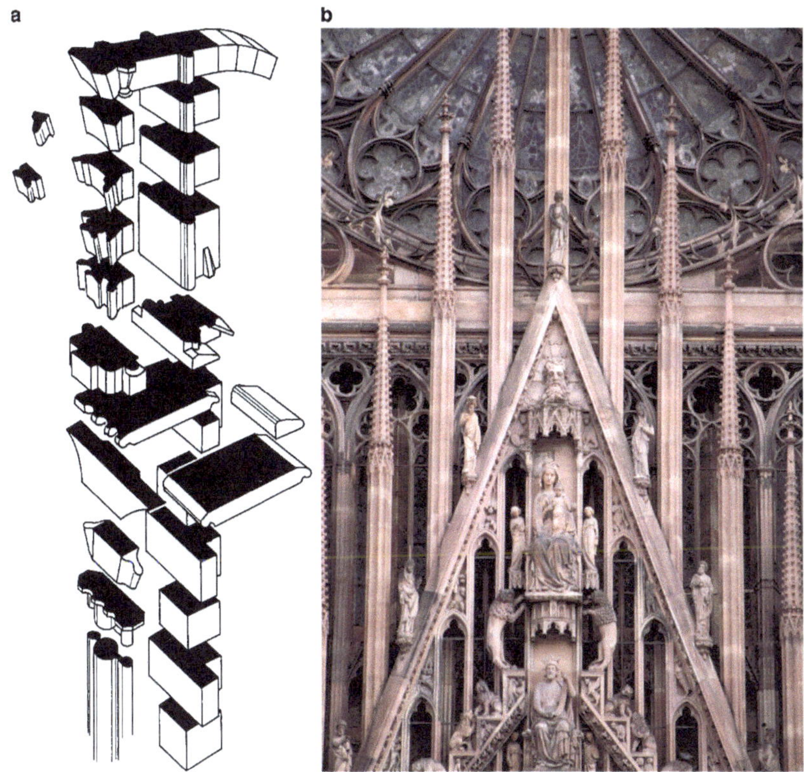

Abb. 2.40 **a** Die Bestandteile des Mauerwerks einer gotischen Kathedrale (nach einer Zeichnung von Violet-le-Duc), **b** Kathedrale in Strassburg, 1176–1439

Vorteilen einer Vorfertigung interessiert. Er stand vor dem fast unlösbaren Problem, innerhalb von sechs Monaten eine über 560 Meter lange Halle mit einer Ausstellungsgrundfläche von mehr als 92.000 Quadratmetern zu errichten. Der ganze Bau war auf einem quadratischen Raster von 24 Fuss (7,32 Meter) aufgebaut und sämtliche Teile waren standardisiert und konnten so vorfabriziert werden. Verwendet wurden über tausend gusseiserne Stützen. Die über 24 Fuss gespannten Träger, ca. 2800 an der Zahl, hatten alle dieselbe Höhe von 3 Fuss, was ein einheitliches Anschlussdetail an die Stütze ermöglichte. Auf die unterschiedlichen Belastungen der Träger wurde mit verschiedenen Materialstärken reagiert. Die Menge Glas, die zur Eindeckung des Daches und der Fassaden verwendet wurde, entsprach einem Drittel der damaligen englischen Jahresproduktion. Um die Gläser zu befestigen, wurden insgesamt mehr als 325 Kilometer Fenstersprossen verwendet (Werner 1970, S. 29).

Ein solches Bauvolumen konnte in so kurzer Zeit nur bewältigt werden, weil Fabrikation und Montage zwei getrennte Arbeitsgattungen waren, weil die Anzahl der verwendeten Stücktypen auf ein Minimum reduziert wurde und weil eine einfache und rationelle Montage möglich war.

Abb. 2.41 Burton und Turner, 1884, Palm House, Kew bei London, Grossbritannien (vgl. Abb. 6.4)

Solche industriell vorgefertigten Bauten zeigen, dass aus der neuen Art, Teile herzustellen und zu einem Ganzen zu fügen, auch neue Ausdrucksformen entstanden. Ihre Erbauer, meist Ingenieure, kümmerten sich weniger um Stil und Ästhetik als vielmehr um ökonomische und wirtschaftliche Fragen. Formale Veränderungen waren für sie ein logisches Ergebnis dieser Entwicklung und somit eine Nebenerscheinung. Gerade der formale Ausdruck dieser Bauten, aber auch die Schönheit, Strenge und Einfachheit der industriell gefertigten Produkte wie Autos und Flugzeuge, wurden von vielen Architekten bewundert und als Ideal auch für die Ästhetik der Architektur berücksichtigt (vgl. Abschn. 8.2). Die Möglichkeiten der industriellen Massenproduktion, welche diese neue Ästhetik begründeten, wurden von den Architekten allerdings zunächst wenig beachtet. Jean Prouve Prouvé, ein Pionier der industriellen Vorfertigung im Bauwesen, meinte: „Seit dem Zeitalter der Mechanisierung steht nur das Bauwesen abseits vom industriellen Wunder, in dem Qualitätsverbesserung mit Preissenkungen Hand in Hand gingen" (Prouvé 1964, S. 23).

Le Corbusier erkannte nicht nur die ästhetischen Vorteile der industriellen Massenproduktion:

„Nachdem man so viele Kanonen, Flugzeuge, Lastwagen, Eisenbahnwagen fabrikmässig herstellt, sagt man sich: könnte man nicht schliesslich auch Häuser fabrikmässig produzieren? Das wäre eine voll und ganz der Zeit entsprechende Einstellung" (Le Corbusier 1969, S. 99). Er prägte den Ausdruck „Ingenieur-Ästhetik", womit er meinte, „wenn die Häuser wie die Fahrgestelle serienmässig von der Industrie hergestellt würden, dann sähe man sehr bald überraschende Formen, aber gesunde, vertretbare auftauchen, und die entsprechende Ästhetik würde sich mit erstaunlicher Präzision ebenso bald formulieren" (Le Corbusier 1969, S. 105). Le Corbusier erkannte aber auch die ökonomischen und wirtschaftlichen Aspekte einer solchen Bauweise. In der CIAM-Erklärung von La Sarraz, geschrieben 1928, die seine Handschrift trägt, steht: „Die Konsequenzen der ökonomisch wirksamsten Produktion sind Rationalisierung und Standardisierung. Sie sind von entscheidendem Einfluss auf die Arbeit des heutigen Bauens" (Le Corbusier 1981, S. 104). „Baukunst ist Typenbildung" (Le Corbusier 1969, S. 104): Eine industrielle Vorfertigung verlangt eine Typisierung. Le Corbusiers Wunsch, Häuser serienmässig und industriell herstellen zu können, ging nicht in Erfüllung. Eine Annäherung an diese Wunschvorstellung gelang ihm erst mit seinem letzten Gebäude, dem 1963 in Zürich erstellten „Maison de l'homme". Teile dieses Gebäudes wurden industriell vorgefertigt und an Ort zusammengesetzt (Abb. 2.42).

Auch Walter Gropius befasste sich mit der industriellen Vorfertigung und Standardisierung. In einem 1910 geschriebenen „Programm zur Gründung einer Hausbaugesellschaft auf künstlerisch einheitlicher Grundlage" formulierte er seine Vorstellungen. Dabei waren ihm zwei Punkte wichtig, die sich gegenseitig nicht ausschliessen durften: eine industrielle Massenproduktion der Teile und eine Art der Teile, deren Kombinationsvariabilität noch eine individuelle Gestaltung zuliess. 1923 entwickelte Gropius Haustypen verschiedener Grössen, die aus standardisierten Teilen zusammengesetzt werden konnten. 1927 errichtete er in der Weissenhofsiedlung in Stuttgart zwei komplett standardisierte und industriell vorgefertigte Einfamilienhäuser (Abb. 2.43). Die Grundrisse sind auf einem

Abb. 2.42 Le Corbusier, 1963, „Maison de l'homme", Zürich, Schweiz

Abb. 2.43 Walter Gropius, 1923 vorfabrizierter Haustyp aus Modulteilen. a Gebäude in Dessau, Deutschland, b 2 verschiedene Grundrissvarianten

quadratischen Raster aufgebaut. Die Primärstruktur bildet ein Stahlskelett, die nicht tragenden Wände bestehen aus Korkplatten als Wärmeisolation, aussen mit Eternitplatten und innen mit Holz verkleidet.

Die „Ingenieur-Ästhetik" wurde zu einer Grundlage der Moderne, ein Wechsel von der traditionellen Bauweise zu einem fortschrittlichen industriellen Bauen blieb aber in den Anfängen stecken.

2.6 Industrielles Bauen

Grundsätzlich werden zwei verschiedene Arten von Bausystemen unterschieden: die geschlossenen und die offenen Systeme. Bei den geschlossenen Systemen ist das ganze Gebäude, mit den meisten Ausbauteilen, standardisiert und vorfabriziert. Eine Anpassung an eine spezifische Situation ist hier schwieriger. Bei sogenannten offenen Systemen stammt nur ein Teil des Gebäudes von diesem bestimmten Bausystem, zum Beispiel das Tragsystem. Ausbauteile, können hier von verschiedenen Produzenten geliefert werden, oder sie werden An Ort erstellt. Diese Systeme sind meist flexibler und besser an spezifische Situationen anpassbar.

Die Vorfabrikation, auch nur einiger Bauteile, bedeutete auch eine Rationalisierung. Der Anteil an vorfabrizierten Teilen ist heute grösser als gemeinhin angenommen wird. Denken wir nur an die vorgefertigten Küchen, Fenster, Türen und Installationen.

Die standardisierte und industrialisierte Vorfabrikation hat im Vergleich zur konventionellen Ortbauweise Verschiedene verschiedene (kleiner Anfangsbuchstaben) Vorteile, aber auch Nachteile. Eine industrielle Fertigung bedeutet eine standortunabhängige, wettergeschützte Herstellung der Teile. Mehrere Arbeitsgänge können gleichzeitig ausgeführt werden und die Bauzeit wird reduziert auf die Montagezeit.

Aus ökonomischen Gründen muss beim Bauen mit vorfabrizierten Elementen mit möglichst wenig verschiedenen Teilen und einem strengen Ordnungssystem geplant werden. Daraus erwächst dann oft die Kritik, dass eine kleine Variabilität der Teile das Spektrum der formalen und räumlichen Variationsmöglichkeiten einschränke und zu einem monotonen, eintönigen Ausdruck führe.

Eine hohen Dichte der Bevölkerung bedeutet mehr Bautätigkeit auf engerem Raum und damit auch kürzere Wege und geringere Transportkosten. Dies ist zum Beispiel in Japan der Fall. Hier wurden die Bauprozesse teilweise automatisiert bis hin zum Einsatz von Baurobotern. Bei Firmen wie Toyota Home oder Sekishui kann der Architekt aus rund 2 Millionen modularen Teilen ein Gebäude nach den individuellen Wünschen der Bauherrschaft planen und zusammensetzen lassen. Bereits im Entwurfsprozess wird die Firma des zukünftigen Herstellers einbezogen. In einem Showroom kann der Kunde die Teile seines zukünftigen Gebäudes im Massstab 1:1 betrachten und auswählen. Diese werden dann fortlaufend mit einem speziellen Computerprogramm bearbeitet, so dass der Kunde virtuell durch sein zukünftiges Gebäude gehen kann. Auch die genauen Kosten werden so ortlaufend aufgezeigt (Bock 2006, S. 756–762).

Die Annahme, dass eine industrielle Vorfabrikation eine hohe Stückzahl bedingt, hat heute nur noch beschränkt Gültigkeit. Im Schiffsbau wird auch bei Einzelanfertigungen mit industriell vorgefertigten Teilen gearbeitet. Die dort verwendeten Verfahren können Vorbildcharakter für die industrielle Vorfertigung im Bau haben. Heute können die Methoden der industriellen Vorfertigung bei Kleinserien oder Einzelstückanfertigungen angewendet werden. So baut Frank Gehry analoge Modelle seiner Entwürfe, welche dann mit einem dreidimensionalen Scanner in den Computer eingelesen werden. Dort werden sie zu den für die Ausführung notwendigen Werkplänen umgearbeitet. Das verwendete Computerprogramm stammt aus dem Maschinenbau (CATIA) (Böhm 2001, S. 76–83).

Eine Voraussetzung, um Transport und Montage zu erleichtern, ist eine extreme Leichtbauweise. Eine solche kann hauptsächlich mit zwei Mitteln erreicht werden: mit neuen leichteren Baumaterialien und mit speziellen statischen Systemen. Beton und Backstein hätten ausgedient zugunsten von Baustoffen wie Leichtmetall und Kunststoff oder neu entwickelten ultraleichten Materialien. Dann müssten vermehrt statische Systeme angewendet werden, die ein materialsparendes Bauen erlauben: Systeme mit weniger Druck und Biegung, aber mehr Zugkräften.

Im Gegensatz zu anderen Industrien werden neue Materialien sowohl bei den Architekten wie auch bei der Bauherrschaft nur schwer akzeptiert. So vermutete aber schon Buckminster Fuller vor über 50 Jahren bei neuen Materialien das grösste Optimierungspotenzial in der Bauindustrie. Dass seine Prognose richtig war, beweist heute die erfolgreiche Anwendung neuer Werkstoffe im Flugzeugbau. Ansätze zu einer solchen Architektur sind teilweise schon lange vorhanden. Jean Prouve Prouvé verwendete Mitte der vierziger Jahre des letzten Jahrhunderts abgekantete Stahlbleche als tragende und stabilisierende Elemente, konstruierte damit Häuser, die mit dem Flugzeug transportiert werden konnten, beliebig erweiterbar waren und von vier Personen in einem Tag ohne Kran vollständig montiert oder demontiert werden konnten.

Die Industrialisierung im 19. Jahrhundert bewirkte auch in der Architektur ganz neue Ausdrucksformen, ja, sie war auch mitverantwortlich für eine neue Raumauffassung (vgl. Abschn. 5.1.1.3).

Ähnlich würde ein völlig neues industrialisiertes Bauen unsere gebaute Umwelt, und damit wohl auch die Art ihrer Nutzung, radikal verändern. Eine solche Art des Bauens bedingt ein Umdenken. Raum wird zum Konsumgut, das nach Bedarf erstellt, verändert und wieder demontiert werden kann.

Ansätze für eine solche visionäre Architektur gab es schon vor bald einem halben Jahrhundert bei den japanischen Metabolisten. Auch wenn die meisten dieser Entwürfe nicht realisiert wurden, haben sie Spuren hinterlassen. Eines der wenigen realisierten Entwürfe ist der Nakagin-Kapsel-Turm, 1972 in Tokyo von Kisho Kurokawa gebaut (Abb. 2.44). Aus leichtem Kunststoff gefertigte Wohnzellen wurden an einen zentralen Erschliessungskern gehängt.

Dieses Umdenken muss schrittweise vor sich gehen, traditionelle Vorstellungen müssen neu überdacht, geltende Massstäbe überprüft werden. Jean Prouve Prouvé sagte: „Die

Abb. 2.44 Kisho Kurokawa, 1972, Nakagin-Kapsel-Turm, Tokyo, Japan

einzige Industrie, die nicht funktioniert, ist die Bauindustrie" (Prouvé 1964, S. 8). Sollte sie einmal zum Funktionieren gebracht werden, nämlich dann, wenn die gebaute Umwelt nicht mehr aus manuell gefertigten Einzelteilen besteht, sondern primär eine Sache der industriellen Massenproduktion geworden ist, werden wir einen „Wendepunkt des Bauens" erreicht haben.

Fragen (und Antworten)

2.1.   **Ein Ganzes besteht aus Teilen. Welche drei Faktoren dieser Teile bestimmen die Erscheinung des Ganzen mit?**

2.2.   **Welche Faktoren bestimmen die Art der an einem Bau verwendeten Teile?**

2.3.   **Was ist die Voraussetzung, dass wir zwei oder mehrere Teile als Einheit wahrnehmen können?**

2.4.   **Was sind die Hauptunterschiede zwischen einem zentralen und einem linearen Ordnungssystem?**

2.5.   **Beim Betrachten eines Gebäudes sind die einzelnen Teile mehr oder weniger prägnant sichtbar. Welche Faktoren bestimmen ob die einzelnen Teile auf den ersten Blick nicht als solche erkennbar sind?**

2.6.   **Wie wird die räumliche Beziehung der Teile untereinander geregelt?**

2.7.   **Wie kann ein ganzheitliches Erscheinungsbild erreicht werden?**

2.8.   **Was bedeutet das Wort „konstruieren"?**

2.9.   **Was für Vorteile hat die Vorfabrikation der Teile beim Bauen?**

2.10. **Die meisten Teile der gotischen Kathedralen wurden vorfabriziert. Wie unterscheidet sich die damalige von der heutigen Vorfabrikation im Bauwesen?**

Die Musterlösungen zu den Fragen befinden sich im Anhang.

Literatur

Arnheim, Rudolf: Kunst und Sehen, Berlin, 1978 (Originaltitel: Art and Visual Perseption, Berkeley, 1954)

Birkner, Othmar: Eiffelturm (in: Archithese 4/1980)

Blaser, Werner: Hofhaus in China, Basel, 1979

Bock, Thomas: Leichtbau und System in: DETAIL, Heft Nr. 7/8, 2006

Böhm, Florian: Zum Stand der Kunst des industriellen Bauens. in: arch+, Heft Nr. 158, 2001

Kahn, Louis: Ordnung ist, 1960 (in: Programme und Manifeste zur Architektur des 20. Jahrhunderts, Braunschweig, 1981)

Le Corbusier: Ausblick auf eine Architektur, Berlin, 1969 (Originaltitel: Vers une architecture, Paris, 1923)

Le Corbusier: CIAM-Erklärung von La Sarraz, 1928 (in: Programme und Manifeste zur Architektur des 20. Jahrhunderts, Braunschweig, 1981)

Moholy-Nagy, Sibyl: Die Stadt als Schicksal, München, 1970 (Originaltitel: Matrix of Man – An illustrated History of Urban Environment, New York, 1968)

Prouvé, Jean: Vortrag am Kongress der U.I.A., Delft, 1964 (in: Huber Benedikt, Jean Prouvé, Zürich, 1971)
Thilo, Thomas: Klassische chinesische Baukunst, Zürich, 1978 (1977)
Vogt, Adolf Max: Revolutionsarchitektur, Köln, 1974
Volwahsen, Andreas: Indien, Fribourg, 1968
Werner, Ernst: Der Kristallpalast zu London 1851, Düsseldorf, 1970

Kultur und Stil

Inhaltsverzeichnis

Einführung

Die übergeordnete Aufgabe einer Kultur besteht darin, die Ideale und Wertsysteme einer Gesellschaft mit konkreten Formen darzustellen. In diesem Prozess spielt die Architektur eine zentrale Rolle. Mit dem Verändern des Wertsystems veränderte sich auch der gültige architektonische Stil. Seine wahrnehmungsmässige Komplexität und damit auch das jeweils gültige Ordnungssystem der Teile des Baus, verändern sich nach bestimmten Regeln. Auch die Persönlichkeitsstruktur des Betrachters spielt bei der Akzeptanz der Stile eine Rolle.

© Springer Fachmedien Wiesbaden GmbH, ein Teil von Springer Nature 2019   79
J. K. Grütter, *Grundlagen der Architektur-Wahrnehmung*,
https://doi.org/10.1007/978-3-658-26785-8_3

3.1   Architektur als Kulturträger

Jede Gesellschaft, welcher Organisationsform und ideologischen Färbung sie auch immer ist, hat bestimmte Ideale und Ziele. Die übergeordnete Aufgabe einer Kultur besteht darin, diese abstrakten Ideen mit konkreten Formen zu verdeutlichen. In diesem Umwandlungsprozess spielt die Architektur eine primäre Rolle. So schreibt Hermann Muthesius, einer der ersten Programmatiker des Deutschen Werkbundes, 1911: „Denn die architektonische Kultur ist und bleibt der eigentliche Gradmesser für die Kultur eines Volkes überhaupt." (Muthesius 1981, S. 24).

Jedes Gebäude, als Teil einer architektonischen Kultur, hat die Aufgabe, eine abstrakte Idee sichtbar zu machen und ist somit ein Gradmesser für diese Kultur. Aus diesem Zusammenhang heraus ist auch Hans Holleins Definition von Architektur verständlich: „Architektur ist eine geistige Ordnung, verwirklicht durch Bauen" (Hollein 1981, S. 174).

Sigmund Freud bezeichnete Kultur als „die ganze Summe der Leistungen und Einrichtungen in denen sich unser Leben von dem unserer tierischen Ahnen entfernt und die zwei Zwecken dienen: dem Schutz des Menschen gegen die Natur und der Regelung der Beziehungen der Menschen untereinander" (Freud 1970, S. 85). Zu den ersten kulturellen Taten zählt Freud, nebst dem Gebrauch von Werkzeugen und der Zähmung des Feuers, den Bau von Wohnstätten (Freud 1970, S. 86). Mit der Entwicklung von Kulturen entstand eine Ordnung, die versucht, einen Ausgleich zwischen den individuellen Ansprüchen und denen der Allgemeinheit zu finden. Diese Ordnung basiert nach Freud auf einem Triebverzicht und schränkt somit gezwungenermassen die Freiheit jedes Individuums ein. Die Sublimierung dieser unterdrückten Triebe ist einer der wichtigsten Aspekte der Kulturentwicklung.

Diese Ordnung, welche die Beziehung zwischen den Menschen regelt und die Kultur prägt, basiert auf bestimmten Wertsystemen, welche sich im Laufe der Zeit verändern. Das, was wir gemeinhin als architektonischen Stil bezeichnen, ist der bauliche Ausdruck dieser Ordnung und somit des vorherrschenden Wertsystems.

Ein einfaches Beispiel soll das zeigen. Im Abendland hat sich im Laufe der Jahrhunderte die Auffassung, was der Kirchenraum repräsentieren soll, in welcher Beziehung der Mensch im Kirchenraum zu Gott steht, verändert. Diese verschiedenen Auffassungen waren auch Teil des jeweils vorherrschenden Wertsystems. Dementsprechend wurde auch die räumliche Gestaltung der Kirchen verändert. Während in der frühchristlichen Phase der Raum mit einer einfachen Holzkonstruktion überdacht wurde, bildete in der Romanik ein rundes Gewölbe den oberen Abschluss. In der Gotik wird der Raum oben von einem hoch liegenden Spitzgewölbe abgeschlossen (vgl. Abb. 3.1).

Diese drei Arten der Überdachung entsprachen, sehr vereinfacht gesagt, den drei verschiedenen Auffassungen über die räumliche Beziehung des Menschen zu Gott. In der frühchristlichen Phase betete der Mensch in der Kirche zu Gott im Himmel. Die Kirche war ein Versammlungsraum, abgeleitet vom Typ der römischen Basilika.

In der Romanik wird mit dem runden Gewölbe ein einheitlicher, geschlossener Raum geschaffen. Der Mensch ist nicht mehr nur ein staunender Zuschauer, er wird mit einbezogen und soll, vereint mit Gott, ein Teil des Systems werden (Norberg-Schulz 1975, S. 180).

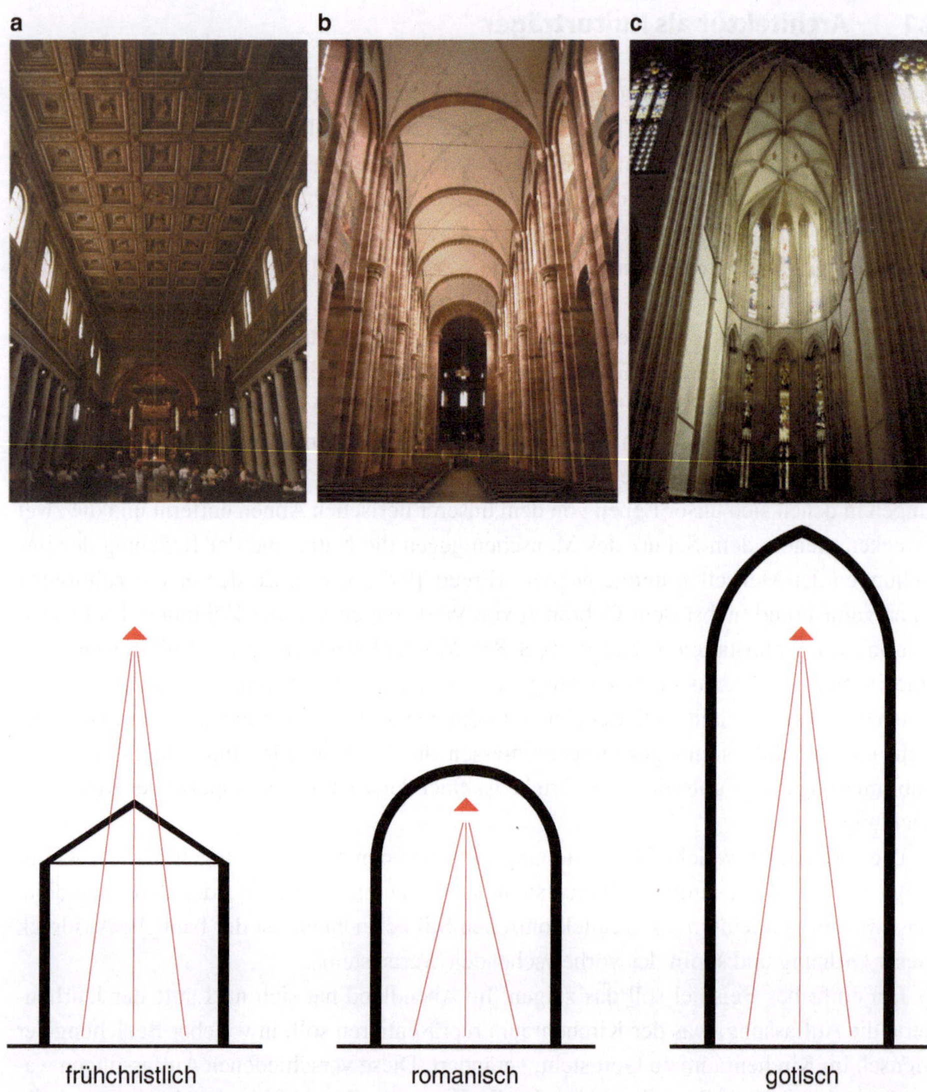

Abb. 3.1 Räumliche Beziehung der Mensch zu Gott im Kirchenraum. **a** Santa Maria Maggiore, ab 4./5. Jh. Rom, Italien, **b** Dom, 11. Jh. Speyer, Deutschland, **c** Dom, 1388–1573, Batalha, Portugal

In der Gotik versucht der Mensch, einen Teil des Himmels auf Erden zu bauen. Die Räume werden extrem hoch, die Spitzbogen weisen nach oben, Wände und Decke werden entmaterialisiert, die Tragkonstruktion wird zum Skelett. Das seitlich einfallende Licht erweckt zusätzlich die Illusion eines abgehobenen Himmelsdaches (Norberg-Schulz 1975, S. 185) (vgl. Abb. 10.20).

Nach Erwin Panofsky können beim Erkennen und Verstehen von Architektur drei Stufen unterschieden werden. Die 1. Stufe (er nennt sie Phänomensinn) entspricht in etwa dem physikalischen Raum, den Strukturen, Dimensionen und Materialien. Die 2. Stufe

(Bedeutungssinn) entspricht der Funktion des Gebäudes. Die 3. Stufe (Wesenssinn) beinhaltet den Ausdruck einer Geisteshaltung, eines Wertsystems. Die ersten beiden Stufen betreffen konkrete Anliegen, die 3. befasst sich mit der geistigen Aussage. Diese Aussage wird in der Architektur mit konkreten Formen und Materialien visualisiert. Ihr Ausdruck entspricht dem architektonischen Stil (Panofsky 1978, S. 38).

Im 19. Jahrhundert, zur Zeit der Industrialisierung, wurden die neuen technischen Errungenschaften bewundert. Dies führte auch dazu, dass das rationale Denken die Welt der Gefühle verdrängte. Dazu Siegfried Giedion: „Die Künste wurden in ein isoliertes, eigenes Reich verbannt, das von der täglichen Realität völlig abgeschlossen war. Die Folge war: das Leben verlor seine Einheit und sein inneres Gleichgewicht. Wissenschaft und Industrie gingen stetig voran, aber im nunmehr isolierten Reich des Gefühls vollzog sich ein Schwanken von einem Extrem zum anderen" (Giedion 1978, S. 278). Im Gegensatz zur Malerei ist Architektur keine reine Kunst, sie beinhaltet sowohl Aspekte der Technik wie auch der Kunst, sie hat ihre rationalen und irrationalen Seiten, sie fordert Verstand und Emotionen. Je nach vorherrschender Ideologie schwenkt das Pendel auf eine Seite und verändert somit auch den architektonischen Stil.

Das 19. Jahrhundert, mit seinen grossen technischen Fortschritten, bedeutete in der Architektur weitgehend Stagnation. Man griff zurück auf Altbewährtes, es war die Zeit der Neo-Stile. Geprägt und beeindruckt von den technischen Errungenschaften, von der ästhetischen Qualität der Auto- und Schiffsindustrie dieser Zeit, setzte sich Le Corbusier zu Beginn des 20. Jahrhunderts für einen neuen Architekturstil ein: „Die Architektur erstickt am alten Zopf" (Le Corbusier 1969, S. 76). „Einen einzigen Beruf gibt es, für den der Fortschritt nicht zwingend ist, in dem Trägheit herrscht, in dem man sich auf das Gestern beruft: die Architektur" (Le Corbusier 1969, S. 89). „Alle Autos sind im Wesentlichen gleich angelegt. Durch den rastlosen Konkurrenzkampf der unzähligen Autofirmen ist jede einzelne von ihnen verpflichtet, den Wettbewerb gewinnen zu wollen. So ist zur bestehenden Standardlösung das Streben nach Perfektion, nach einer über den rohen praktischen Gesichtspunkt hinausgehenden Harmonie getreten, was nicht nur Perfektion und Harmonie, sondern Schönheit bewirkt hat. Daraus entsteht Stil, das heisst jene einstimmig anerkannte Errungenschaft einer einstimmig empfundenen Vollendung" (Le Corbusier 1969, S. 108).

In den sechziger Jahren des letzten Jahrhunderts erfolgte wieder eine Abkehr von der Technik und vom Glauben an die Wissenschaften. Die Unruhen am Ende dieses Jahrzehnts waren auch ein Protest gegen die Vorherrschaft des Rationalen und gegen die Unterdrückung des Emotionalen. Leitsprüche wie „flower-power" und „make love not war" setzen den Inhalt dieser ganzen Bewegung auf einen einfachen Nenner: den Wunsch nach Aufwertung des Irrationalen, Emotionalen und Symbolischen. Mit dem Umbruch des Wertsystems folgte auch ein Umbruch im Architekturstil: Die Moderne wurde teilweise abgelöst von der Postmodernen und anderen Strömungen.

Die Kultur als Ausdruck des vorherrschenden Wertsystems beeinflusst auch stark die menschliche Wahrnehmung, die Art, wie wir unsere gebaute Umwelt, unsere Umwelt generell, erleben und uns dementsprechend in ihr verhalten. Diese Tatsache wird gemeinhin unterschätzt (vgl. Abschn. 1.3.1).

3.2   Ursprung von Kultur

3.2.1   Kunst und Wissenschaft

Jede Kultur spiegelt das Wertsystem einer bestimmten Gesellschaftsordnung wider. Dies geschieht im weitesten Sinne durch Wissenschaft und Kunst.

Während die Wissenschaft streng rational arbeitet und vor allem die Verstandesseite des Menschen anspricht, ist die Kunst emotional und spricht das Gefühl und das Irrationale an. Mit Hilfe der „Wissenschaft" versucht der Mensch, seine Position im Kampf gegen die Naturkräfte zu verbessern: Das Feuer wurde gebändigt und zum Schutze gegen die Kälte und zur besseren Nahrungsaufbereitung genutzt, das Rad dient als Mittel zur besseren Fortbewegung usw. Die Entwicklung von Kunst und Wissenschaft verlief lange Zeit parallel.

Bis ins 19. Jahrhunderts waren die Errungenschaften der Technik für die meisten Menschen nachvollziehbar. Erfindungen wie die des Rades oder Gutenbergs Drucktechnik waren und sind für jedermann verständlich. Universalgenies wie Leonardo da Vinci waren sowohl Künstler wie auch „Wissenschaftler". Dieser schuf im 15. Jahrhundert sowohl herausragende Kunstwerke als auch technische Apparate wie U-Boote und Fluggeräte. Heute sind die wissenschaftlichen Erkenntnisse und die daraus entstandenen Produkte zu kompliziert, als dass sie vom Nicht-Spezialisten verstanden werden können. Wir wissen zwar, wie ein Computer bedient werden muss, warum er so funktioniert, verstehen wir aber nicht.

Siegfried Giedion wies nach, dass bis in die Zeit des Barocks selbst abstrakte und mathematische wissenschaftliche Entdeckungen auch im Bereich des Emotionalen ihre Parallelerscheinungen hatten und in Kunst umgesetzt wurden: „lm 19. Jahrhundert trennten sich die Wege der Wissenschaft und der Kunst; die Verbindung zwischen Methoden des Denkens und Methoden des Fühlens war unterbrochen" (Giedion 1978, S. 139). Giedion beschwört die Rolle des Gefühls, die heute allzu oft unterschätzt wird: „Die Stärke und der Einfluss der Gefühle sind viel grösser, als man gewöhnlich meint. Gefühle durchdringen alle Tätigkeiten. Überlegungen sind niemals vollständig „rein", so wie Handlungen niemals rein praktisch sind. Natürlich sind wir dem Gefühl ausgeliefert und haben keine freie Wahl. Weite Gebiete unseres Gefühlslebens werden durch Umstände bestimmt, über die wir keine Kontrolle haben, da wir Menschen sind von dieser und jener Art, die in dieser oder jener Zeit leben. Eine wirklich integrale Kultur zeitigt eine bestimmte Einheit des Fühlens" (Giedion 1978, S. 278).

3.2.2   Der Anfang der Kunst

Wo liegt nun der Ursprung der Kunst als zweiter Kulturträger?

Vor ungefähr 3 Millionen Jahre begann der Mensch, bewusst zu denken, und schuf sich damit eine geistige Welt. Er begann über Vergangenheit und Zukunft nachzudenken. Es entstanden die ersten Geistesprodukte, welche als Anfang einer Kulturentwicklung gelten können. Vor ca. 600.000 Jahren begann der Mensch, sich in sozialen Gruppen zu organisieren. Zwischenmenschliche Beziehungen führten zur Entwicklung einer Sprache.

Vor 50.000 Jahren war das menschliche Gehirn voll ausgebildet, er entwickelte Spiritualität und Mystik. Der Mensch versuchte, Unsichtbares, Geistiges, konkret darzustellen. Mit Zeremonien und Riten – welche stellvertretend für das konkrete Handeln standen – versuchte er gegen das Unberechenbare der Natur anzukämpfen. Objekte, welche diese Handlungen unterstützten, wurden zu Kultgegenständen, welche die magischen Rituale allmählich verdrängten und diese fortan symbolisierten (Kris 1977, S. 42).

Diese Kultgegenstände können als Ursprung der Kunst bezeichnet werden, sie waren stellvertretend für etwas und bildeten somit eine Art Sprache. Theodor W. Adorno: „Kunst möchte mit menschlichen Mitteln das Sprechen des nicht Menschlichen realisieren" (Adorno 1974, S. 121). Louis I. Kahn meint sogar, dass Kunst „des Menschen einzig wahre Sprache ist, denn sie ist bestrebt, in einer Weise zu kommunizieren, die das Menschenhafte erkennen lässt" (Giurgola 1979, S. 34).

Die allerersten kreativen Überlieferungen, die wir kennen, sind also nicht Kunst im heutigen Sinne. Auch die paläolithischen Höhlenmalereien sind Stufen eines Prozesses, der schon lange vorher begonnen hatte (Adorno 1974, S. 480). Für den damaligen Menschen war die Natur etwas Unverständliches, Bedrohliches. Die dargestellten Jagdszenen waren ein erster Versuch, die Natur und damit die Umwelt zu beherrschen, wenigstens im Bild. Die Darstellungen hatten keine schmückende Funktion, sie waren Ersatz für nicht erreichbare Wunschvorstellungen (Hall 1976, S. 90). So betrachten wir heute manches als Kunst, was früher vor allem Kultgegenstand war.

Auch die ersten architektonischen Gebilde, die nicht ausschliesslich dem menschlichen Schutz dienten, waren wohl Kultstätten, deren Struktur und Form vor allem durch ihren kultischen Inhalt geprägt waren (vgl. Abb. 3.2).

Hans Hollein meint, dass das Bauen auch heute noch etwas Kultisches sei: „Bauen ist ein Grundbedürfnis der Menschen. Es manifestiert sich nicht zuerst im Aufstellen schützender Dächer, sondern in der Errichtung sakraler Gebilde, in der Markierung von Brennpunkten menschlicher Aktivität – Beginn der Stadt. Alles Bauen ist kultisch" (Hollein 1981, S. 174).

Abb. 3.2 Sonnenheiligtum, 17. Jahrhundert v. Chr., Stonehenge, Grossbritannien (Rekonstruktion)

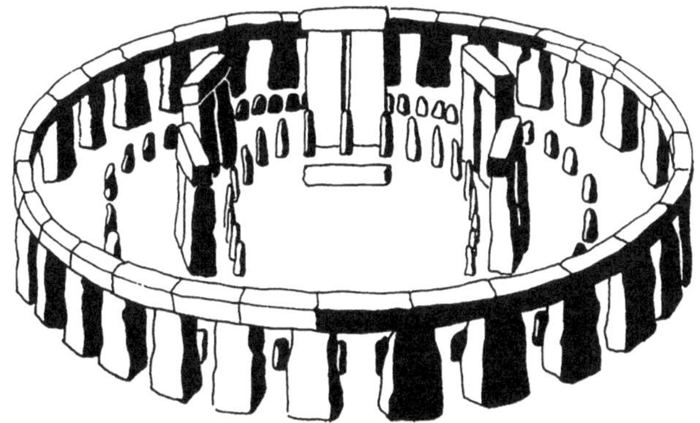

Kunst war ursprünglich eine Sublimation für kultische Handlungen mit symbolischem Gehalt. Kunst war nichts Eigenständiges, sie war eng mit der sozialmoralischen Struktur verknüpft, ja, sie war Teil von ihr. Solange Kunst ausschliesslich kultischen Zwecken diente, blieben ihre Erschaffer anonym. Erst als die künstlerische Produktion einen gewissen Eigenwert erlangte und eine unabhängige Tätigkeit wurde, tritt der Künstler als solcher auf. Das Loslösen des Kunstgegenstandes von seinem kultischen Inhalt geschieht mehr oder weniger stark und schrittweise. In der abendländischen Kultur geschah dies zweimal: erst in der griechischen Kultur vor unserer Zeitrechnung und später seit der Renaissance. Vereinzelt kennen wir auch die Namen der Erbauer der alten ägyptischen Bauwerke, hingegen sind die Schöpfer vieler mittelalterlicher Meisterwerke anonym geblieben (Kris 1977, S. 54).

Bildende Kunst, und somit auch Architektur, sind sowohl etwas Dinghaftes, Materielles, wie auch etwas Geistiges, das einen geistigen Inhalt, ein Wertsystem, darstellt. Dazu Adorno: „Kunstwerke sind Dinge, welche tendenziell die eigene Dinghaftigkeit abstreifen. Nicht jedoch liegt in Kunstwerken Ästhetisches und Dinghaftes schichtweise übereinander, so dass über einer gediegenen Basis ihr Geist aufginge. Den Kunstwerken ist wesentlich, dass ihr dinghaftes Gefüge vermöge seiner Beschaffenheit zu einem nicht Dinghaften sie macht; ihre Dinglichkeit ist das Medium ihrer eigenen Aufhebung. Beides ist in sich vermittelt: der Geist der Kunstwerke stellt in ihrer Dinghaftigkeit sich her, und ihre Dinghaftigkeit, das Dasein der Werke, entspringt in ihrem Geist" (Adorno 1974, S. 412).

Seit der Renaissance ist der Kunstgegenstand nicht mehr unbedingt auch ein Kultgegenstand. Während bis zu dieser Zeit das Authentische, sprich verbürgt Echte, der Kunst durch das Kultische, Göttliche, das es darstellte, garantiert war, ist es heute die Autorenschaft des Genies, des Künstlers.

Das, was wir heute unter Kunst verstehen, ist etwas ganz Neues. Wenn wir die 3 Millionen Jahre, seit der Mensch bewusst denkt, auf einer Uhr mit 12 Stunden darstellen, so bedeuten die 600.000 Jahre, seit er in sozialen Strukturen lebt, knappe 2 Stunden und 24 Minuten. Die 50.000 Jahre, seit der Mensch Spiritualität und Mystik entwickelte, stellen auf unserer Uhr genau 12 Minuten dar und die 500 Jahre seit der Renaissance, seit Kunst das ist, was wir heute darunter verstehen, entsprechen dann noch etwa 7,2 Sekunden.

3.3   Stil und Art der Information

In Abschn. 1.2.4 unterscheiden wir zwischen ästhetischer und semantischer Information. Während der Verstand, und somit die Wissenschaft, vor allem auf semantischer Information aufbaut, spielt beim Gefühl, und somit in der Kunst, die ästhetische Information eine primäre Rolle.

Weiter sahen wir, dass ein Austausch von Information nur dann stattfinden kann, wenn die Zeichen dieser Information sowohl dem Repertoire des Senders wie auch dem des Empfängers angehören (vgl. Abb. 1.6). Das Repertoire semantischer Informationen besteht aus Zeichen mit konkretem Inhalt. So kann zum Beispiel die Erklärung über den

Ablauf eines chemischen Vorganges mit Hilfe einer Formel erfolgen. Der Inhalt dieser Formel ist eine genau definierte Information, die keine persönliche Interpretation zulässt. Das Repertoire ästhetischer Information besteht aus Zeichen, die über ihren konkreten Inhalt hinaus auch die Gefühle des Betrachters ansprechen und so Emotionen wecken. Damit besteht auch Freiraum für eine persönliche Interpretation. So kann zum Beispiel die Lichtführung in einem Raum unsere momentane Stimmung beeinflussen.

Je grösser die Wahrscheinlichkeit ist, dass ein Zeichen oder eine bestimmte Zeichenkombination in einer Nachricht auftritt, desto kleiner ist die Originalität dieser Nachricht, desto mehr ist uns das Gesehene bekannt. Damit wir den uns bekannten Stil eines Bauwerkes erkennen können, muss das Gesehene vor allem redundante Information enthalten. Die Kontinuität des Stils ist auf Ordnung und Redundanz, weniger auf Originalität angewiesen. Stiltreue Architektur wäre dann nichts anderes als eine gute Nachahmung eines Originals, eines Vorbildes. Während Jahrhunderten entsprach dies mehr oder weniger der gängigen Kunstauffassung, Originalität war wenig gefragt.

Ein Kunstwerk, das einem Stil entspricht, darf aber nicht einfach eine Kopie eines Originals sein, sonst würden wir es heute nicht mehr als Kunst bezeichnen. Seine semantische Information wird etwa der Norm entsprechen und für den Betrachter den Stil erkennbar machen. Die ästhetische Information dieses Kunstwerkes muss aber so sein, dass sie eine persönliche Interpretation zulässt und damit dem Werk, trotz seiner Stiltreue, einen individuellen Charakter gibt und es damit erst zum Kunstwerk macht. Informationstheoretisch bedeutet die Zugehörigkeit zu einem Stil eine gewisse Redundanz und somit eine Minderung der Originalität. Redundanz als Nachrichtenverschwendung oder Nachrichtenwiederholung ermöglicht das Erkennen gewisser stilspezifischer Merkmale. Gleichzeitig bewirkt die Redundanz auch weniger Spielraum für individuelle Interpretationen.

Zu Beginn der Moderne wollten die Architekten nach dem Leitspruch Sullivans „die Form folgt der Funktion" widerspruchsfreie und funktionelle Architektur schaffen, die durch ihre Klarheit besticht. Die ersten Werke der Moderne stellten, bezogen auf das Repertoire der gesamten gebauten Umwelt, etwas Neues dar, sie waren originell und hatten nur wenig redundante Information. Das Informationsangebot bestand vor allem aus syntaktischen Zeichen, liess so wenig Spielraum für persönliche Interpretationen und vernachlässigte weitgehend die emotionale Seite. Die Postmoderne schafft bewusst wieder Zweideutigkeiten, lässt Fragen offen und schafft so einen grösseren Spielraum für persönliche Reflexionen. Die Moderne appelliert mehr an den Verstand, die Postmoderne eher an das Gefühl (vgl. Abb. 3.3).

Mit dem Verändern der kulturellen Wertvorstellungen im Laufe der Geschichte hat sich auch der jeweils gültige Baustil verändert. Die Zeugen vergangener Stilepochen erscheinen uns heute teilweise wie sich widersprechende Extreme (vgl. Abb. 3.4).

Der Stil ergibt sich beim Suchen der Form, die am besten dem vorherrschenden Wertsystem entspricht. Philip Johnson: „Ein Stil ist nicht eine Reihe von Regeln oder Einschränkungen, wie manche meiner Kollegen zu denken scheinen. Ein Stil ist ein Klima, in dem man operieren kann, ein Sprungbrett, um sich weiter nach oben abzustossen. Die Last, jedes Mal einen neuen Stil zu entwerfen, wenn man ein neues Gebäude entwirft, ist

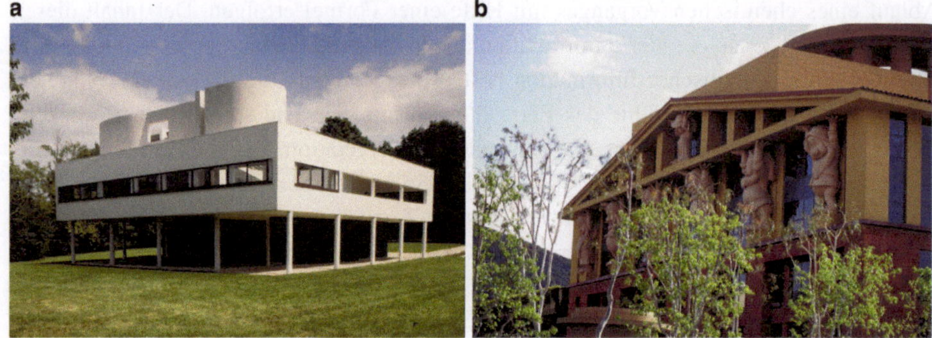

Abb. 3.3 **a** Le Corbusier, 1929, Villa Savoy, Poissy, Frankreich, **b** Graves M., 1991, Team Disney Building, Burbank, Los Angeles, USA

Abb. 3.4 Verschiedene Baustilen nebeneinander. Melbourne, Australien. *Rechts*: LAB architecture studio, 2003, Federation Square (vgl. Abb. 6.14b)

schwerlich Freiheit; sie ist eine zu schwere Belastung für jeden mit Ausnahme der Grössten wie Michelangelo und Wright. Weder behinderte strikte Stildisziplin die Erbauer des Parthenons, noch beschränkte der Spitzbogen die Schöpfer der Kathedrale von Amiens. – Ein Stil ist auch keine Reihe von Regeln, die von Kritikern angewandt werden können. Er ist vielmehr die Gesamtheit von allen eingehaltener, visueller ästhetischer Massstäbe, von denen einige sogar von Laien und Kritikern verbal ausgedrückt werden können" (Johnson 1982, S. 46).

3.4   Ordnung und Komplexität der Stile

Wie wir im Kap. 2 sahen, sind die Elemente, aus denen ein Gebäude besteht, nach einem System geordnet. Dieses Ordnungssystem kann sehr einfach und klar, aber auch sehr komplex sein. Je mehr der Grad der Ordnung zunimmt, je strenger sie wird, desto mehr nimmt der Informationsgehalt ab. Der Gewinn an Ordnung bedeutet einen Verlust an Originalität. Beim totalen Chaos, beim Fehlen jeder Ordnung, ist die Wahrscheinlichkeit des Auftretens aller Elemente gleich gross, die Redundanz ist gleich Null und damit die Möglichkeit für neue Kombinationen, oder Innovationen, maximal.

Die verschiedenen Stile unterscheiden sich durch verschiedene Elemente und verschiedene Ordnungssysteme. Dadurch sind sie mehr oder weniger komplex.

Ein Ordnungssystem bedeutet automatisch auch Zwang bei der Gestaltung. Je grösser und strenger diese Ordnung, desto kleiner der Spielraum für Variationen und desto mehr müssen die einzelnen Teile dem übergeordneten System untergeordnet werden. Bauten mit sehr strengen Ordnungssystemen haben einen geringen Freiheitsgrad; das heisst, Veränderungen innerhalb des Systems sind nur sehr schwer vorzunehmen. Dafür ist ihre Aussage klar und Interpretationen sind nur in geringem Masse möglich.

Umgekehrt erlaubt ein komplexes Ordnungssystem relativ grosse Freiheit, der Spielraum für die einzelnen Elemente ist grösser und Zweideutigkeiten und persönliche Interpretationen sind möglich. Solche Bauten verlangen Aktivität, ihre Ordnung muss ergründet, ihr System erforscht werden (vgl. Abb. 3.5).

Sowohl die strenge wie auch die komplexe Ordnung lassen Variationen zu; dabei dürfen aber die strukturimmanenten Teile des Systems nicht verändert werden.

Wichtig ist, dass bei jedem Stil Art und Anzahl der Teile mit dem jeweiligen Ordnungssystem übereinstimmen (vgl. Abschn. 2.3). Ist diese Regel eingehalten, ist eine Wertung der verschiedenen Stile nicht möglich: Kein bestimmter Stil kann zum absoluten Höhepunkt der Architektur werden.

Was oder wer bestimmt nun, wie die jeweilig vorherrschende Ordnung sein soll: einfach oder komplex? Der amerikanische Philosoph Thomas Munro, der sich auch mit Ästhetik beschäftigte, ging davon aus, dass die Komplexität eines Ordnungssystems in der

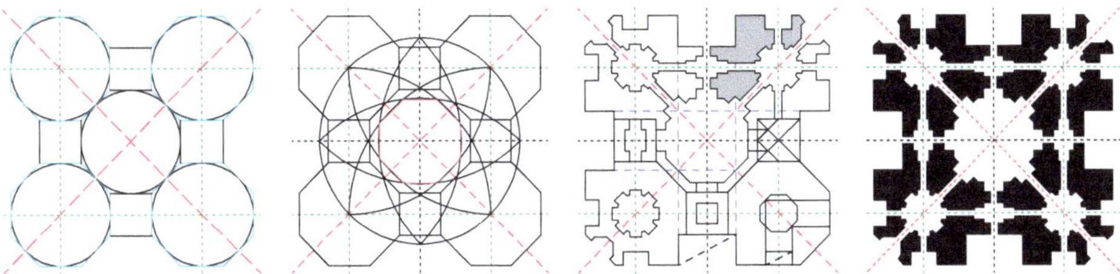

Abb. 3.5 Ordnungssystem am Beispiel des Grundrisses des Tatsch Mahal, 1630–52, Agra, Indien (Zeichnung nach: Stierlin Henri, Islamisches Indien)

Kunst ständig zunimmt, bis zu einem Punkt, wo die Orientierung zu schwierig wird und deshalb ein Rückfall zu einem einfacheren Ordnungssystem erfolgt (Munro 1963).

Diese von Munro festgestellte Entwicklung kann auch mit der Informationstheorie bestätigt werden. Die Redundanz jedes Erscheinungsbildes wird mit der Häufigkeit ihrer Wahrnehmung grösser. Das heisst, je öfter wir ein Gebäude sehen, je mehr wir mit seinem Stil konfrontiert werden, desto mehr nimmt die Redundanz zu und die Originalität ab. Um diesem Trend entgegenzuwirken, wird das Zeichenangebot mit einer grösseren Formenvielfalt erhöht. Diese Steigerung der Komplexität des Erscheinungsbildes verlangt auch ein komplexeres Ordnungssystem. Peter F. Smith weist nach, dass im Verlauf der architektonischen Kulturgeschichte tatsächlich ein dreistufiger Zyklus feststellbar ist, der sich mehrmals wiederholt (Smith 1981, S. 257) (Abb. 3.6). In der ersten Stufe herrscht eine klare, strenge Ordnung, Einfachheit und Harmonie dominieren. Die Baukunst der Griechen, aber auch jene der Renaissance gehören zu dieser Kategorie. Die zweite Stufe zeichnet sich durch Spannung aus. Michelangelos Vorraum für die Biblioteca Laurenziana in Florenz (Abb. 3.7, Mitte), deren Stil wir zum Manierismus zählen, bezeichnet Smith als Meisterwerk dieser Phase. Unklarheit und Täuschung sind die Merkmale der dritten Stufe, die mit allen Arten des Barocks gleichzusetzen ist. Die Ordnung ist hier so komplex, dass wir an der Grenze des Aufnahmevermögens angelangt sind.

Die Zyklen (Abb. 3.6) sind nicht genaue Wiederholungen des Vorangegangenen. Innerhalb ein und derselben Stufe sind zeitverschoben verschiedene Variationen möglich: So herrschte zum Beispiel im altgriechischen Stil eine ganz andere Raumauffassung vor als in der Renaissance (vgl. Abschn. 5.1). Die Einteilung ist auch sehr vereinfacht und gilt höchstens bis in die Mitte des 19. Jahrhunderts, da die Architektur der westlichen Kulturen seither keinen umfassenden Zusammenhang mehr hat (Abb. 3.9).

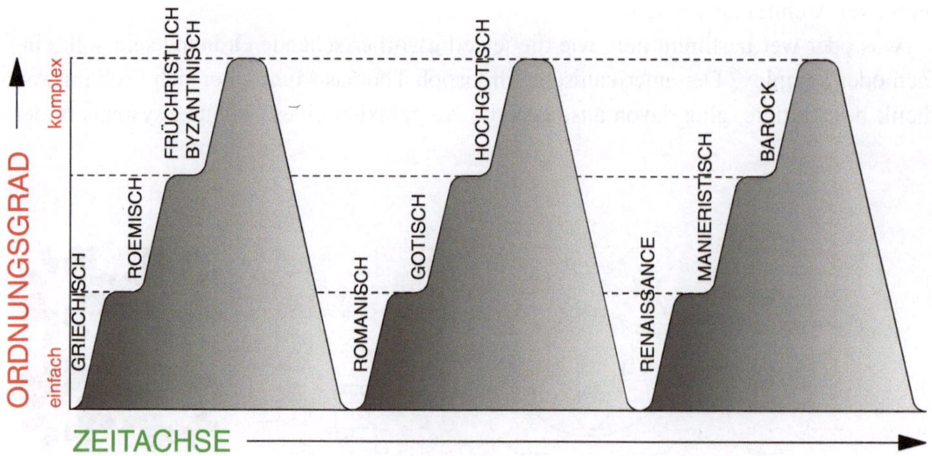

Abb. 3.6 Die Komplexität des jeweiligen Ordnungssystems nahm im Laufe der Stilentwicklung bis zu einem Höhepunkt zu und fiel dann wieder ab (nach T. Munro und Peter F. Smith)

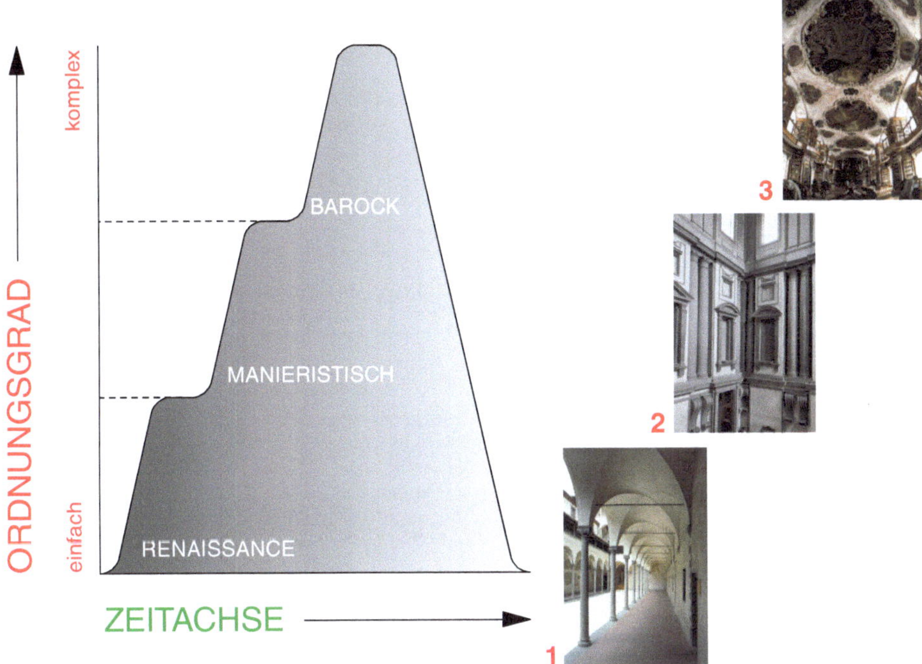

Abb. 3.7 Die Steigerung der Komplexität in der Zeit der Renaissance bis zum Barock, *1* Brunelleschi, 1445, Findelhaus, Florenz, Italien, *2* Michelangelo, 1560, Vorraum Biblioteca Laurenziana, Florenz, Italien, *3* Stiftsbibliothek Kloster St. Gallen, 1767, Schweiz

3.5   Stil und Art, Anzahl und Anordnung der Teile

Im Kap. 2 haben wir gesehen, dass der Ausdruck eines Gebäudes, das was der Betrachter sieht, im Wesentlichen von 3 verschiedenen Faktoren abhängt: von der Art und der Anzahl der sichtbaren Teile und von der Art wie diese geordnet sind, dem Ordnungssystem. Bei der Entstehung eines neuen Stils verändern sich diese 3 Faktoren.

Wenn das Ordnungssystem komplexer wird, wird auch die Art der Teile unselbstständiger und ihre Anzahl nimmt zu. Diese Entwicklung geht bis zu einem Höhepunkt und fällt dann wieder zurück in ein einfacheres Ordnungssystem, mit weniger verschiedenen Teilen, welche aber eher selbstständiger sind (vgl. Abb. 3.7 und 3.8).

Das bisher Gesagte gilt für die Entwicklung im Abendland, nicht aber auch für alle anderen Kulturen. So war zum Beispiel der Denkansatz im traditionellen China ein anderer als derjenige in Europa. Auch die alte chinesische Architektur musste ein Wertsystem darstellen (Abb. 3.9).

Die traditionelle chinesische Kultur repräsentiert ein Weltbild, welches nach genauen Regeln aufgebaut ist. Die daraus abgeleitete Ordnung soll durch die Architektur sichtbar werden.

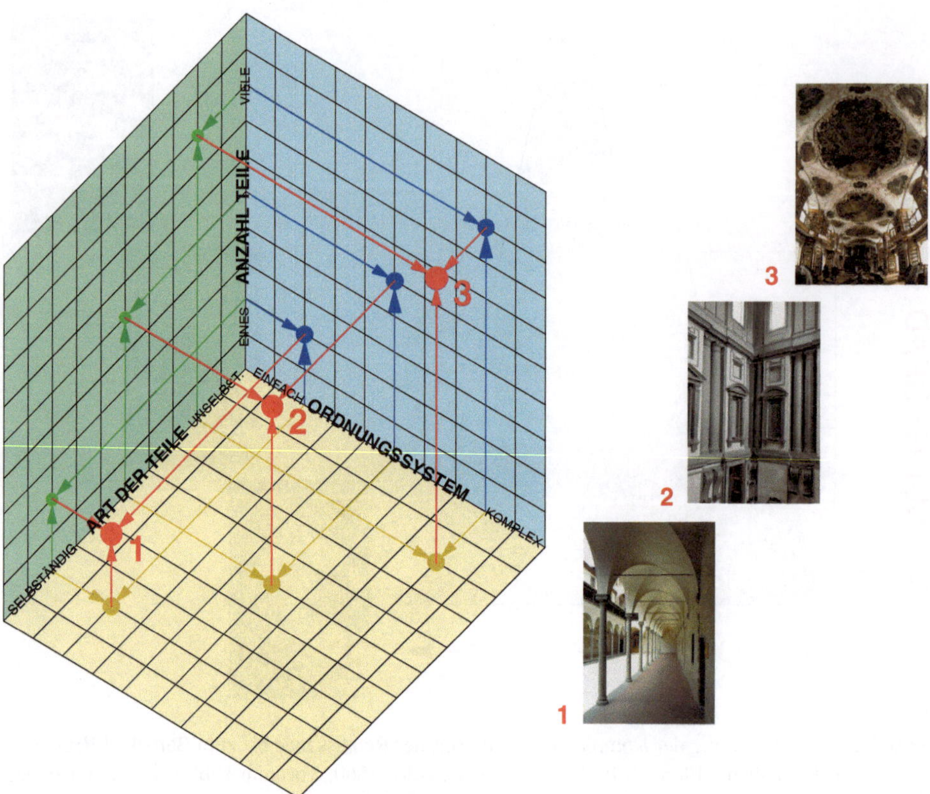

Abb. 3.8 Zusammenhang zwischen Ordnungssystem, Art und Anzahl der Teile bei der Entwicklung der Stile (vgl. Abb. 3.7)

Das Zentrum dieser Ordnung war der Himmel mit dem Himmelsherrscher, dessen Vertreter der Kaiser war. Dieser war der Mittler zwischen Gesellschaft und Himmel. Er musste dafür sorgen, dass sich Veränderungen der Gesellschaft in Einklang mit dem „Dao", das heisst mit dem Weg oder dem Ablauf des Himmels, vollziehen.

Die vier Himmelsrichtungen entsprechen den vier Jahreszeiten, und die Zeit dreht sich im Uhrzeigersinn um eine Mitte. Diese Mitte war auch das Zentrum der Macht, im Zentrum des Reiches, in der Hauptstadt und schliesslich beim Kaiser im Kaiserpalast. In der alten chinesischen Kosmologie ist der Himmel rund, die Erde quadratisch. Der Kreis ist eine ungerichtete Form, er hat weder Anfang noch Ende, kann so für Unendlichkeit oder Ewigkeit stehen. Im Gegensatz dazu das Quadrat: eine Form mit vier Seiten, vier Richtungen (vgl. Abb. 3.10).

Beide Formen haben etwas gemeinsam; das Zentrum, die Mitte. Kreis und Rechteck sind die beiden Grundformen der chinesischen Architektur. Dementsprechend wird in der Architektur der irdische Raum eher rechteckig gestaltet, hierarchisch um ein Zentrum geordnet, nämlich um den Kaiserpalast. Architektur war einerseits der Rahmen oder das

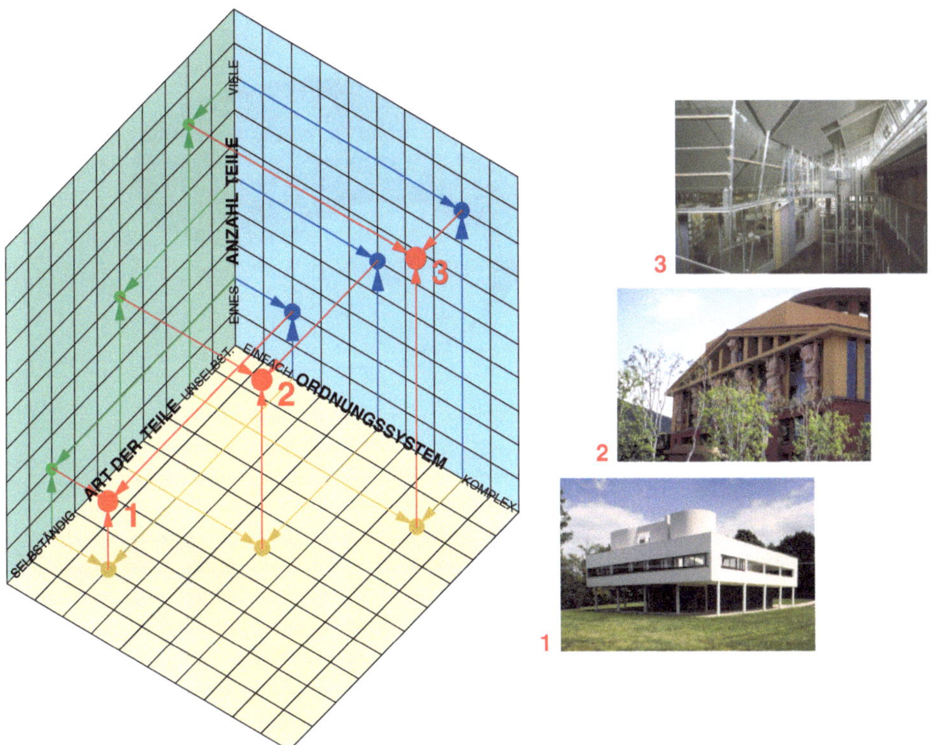

Abb. 3.9 Ab Mitte 20. Jahrhundert wird in verschiedenen Stilen gebaut. *1* Le Corbusier, 1929, Villa Savoy, Poissy, Frankreich, *2* Graves M., 1991, Team Disney Building, Burbank, Los Angeles, USA, *3* Behnisch P., 1987, Universitätsbibliothek, Eichstätt, Deutschland

Gefäss für ein bis ins Detail organisiertes Gesellschaftssystem, andererseits musste sie ein symbolisches Abbild des Universums sein. Ausgehend von diesen Tatsachen, war die Anordnung der Gebäude, ihre Form und Farbe, genau festgelegt, entsprechend ihrer Funktion. Bereits vor ca. 2500 Jahren fand diese Ordnung ihr bauliches Abbild in einer „Halle des Lichtes", eine quadratische Anlage inmitten einer runden Plattform. Hier fanden jahreszeitliche Rituale, Sternbeobachtungen und feierliche Audienzen des Kaisers statt.

Im alten China war das gültige Weltbild während Jahrhunderten bis in die Neuzeit die Gleiche. Deshalb hat sich auch der architektonische Stil, die Art zu bauen, dementsprechend wenig verändert. Selbst für einen Fachmann ist es deshalb schwer, ein altes traditionelles chinesisches Gebäude genau einer Epoche zuzuordnen (Grütter 1997, S. 140).

Baustile sind Teile von Traditionen. Traditionen sind Normen, Regeln, welche das Zusammengehörigkeitsgefühl von Gruppen und Gemeinschaften fördern. Traditionen können sich wandeln. Je nachdem, wie sie entstanden sind, von wem ihre Verhaltensregeln aufgestellt wurden, sind sie mehr oder weniger langlebiger und dementsprechend schwer veränderbar. Wenn die Verhaltensregeln von einer höheren oder gar göttlichen Instanz bestimmt wurden, wie im traditionellen China, findet ein Wandel in der Baukunst nur sehr langsam statt.

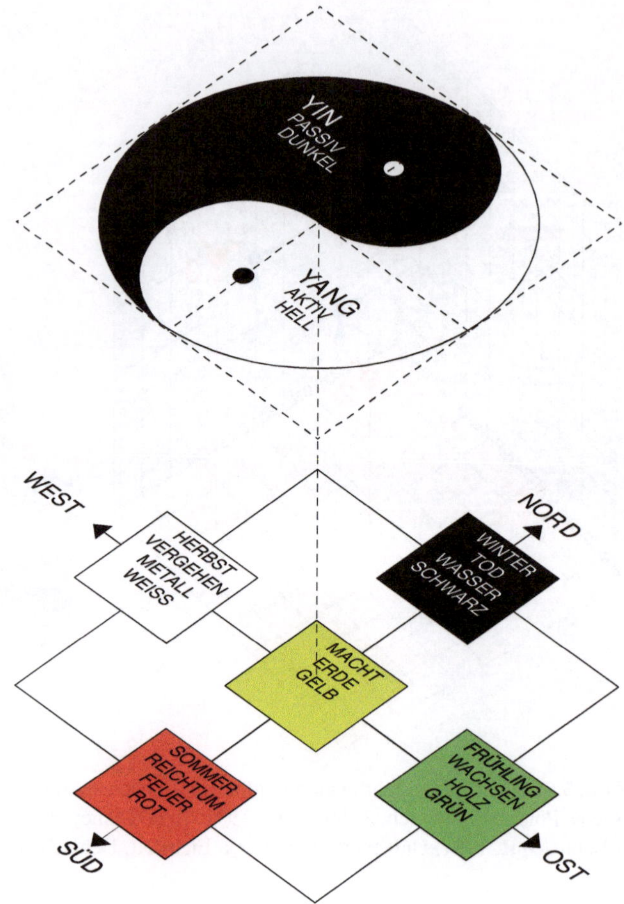

Abb. 3.10 Das chinesische Weltbild als Vorbild für die traditionelle chinesische Architektur

3.6 Stil und Persönlichkeitsstruktur des Betrachters

Zwischen Ordnungsgrad und Anteil von semantischer und ästhetischer Information besteht ein direkter Zusammenhang: Je klarer die Ordnung, desto grösser der Anteil an semantischer Information und desto grösser der Einfluss von Verstand über Gefühl. Umgekehrt herrscht bei einem grossen Anteil an ästhetischer Information, also bei einer sehr komplexen Ordnung, das Gefühl über den Verstand. Auch die Persönlichkeitsstruktur hat einen Einfluss auf die Wertung der drei Stufen des Kulturzyklusses (vgl. Abb. 3.6): Ein introvertierter Mensch, der eher verstandesmässig reagiert, zieht klare Ordnungen vor und wird deshalb eher einen Architekturstil der ersten Stufe bevorzugen. Der extrovertierte Mensch reagiert eher gefühlsmässig, was einer komplexeren Ordnung und somit einer Architektur der dritten Stufe entspricht (Eysenck 1947) (vgl. Abb. 3.11).

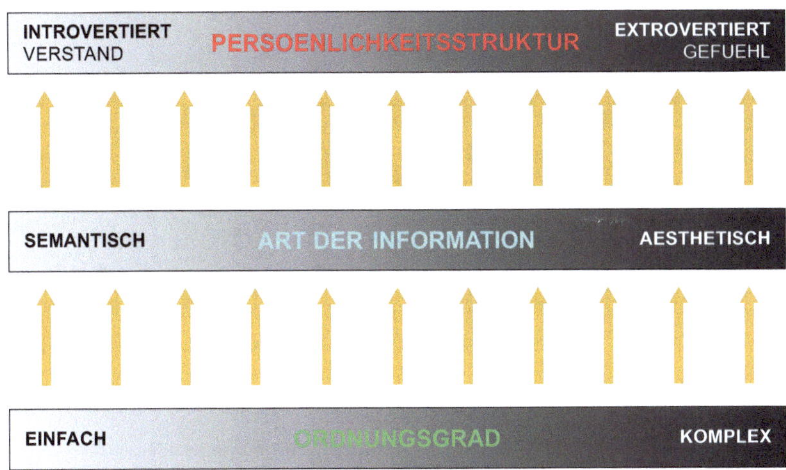

Abb. 3.11 Der Zusammenhang zwischen Persönlichkeitsstruktur, Art der Information und Ordnungsgrad

3.7   Wandel der Stile

Die Art des vorherrschenden Stils hat sich in der abendländischen Kultur periodisch verändert. Das Ordnungssystem entwickelte sich jeweils vom Einfachen zum Komplexen, um nach einer Übersättigung wieder zur Einfachheit zurückzukehren. So häufige Wechsel im vorherrschenden Stil, von teilweise extremer Art, sind nur im abendländischen Kulturbereich zu finden (vgl. Abschn. 3.3 und Abb. 3.6).

In Abschn. 3.5 sahen wir, dass sich das chinesische Wertsystem, welches durch die Architektur repräsentiert wurde, während mehr als 2000 Jahren kaum verändert hat. Damit hat sich in dieser Zeit auch der Architekturstil kaum verändert.

Auch im alten Japan änderte sich der Stil nicht nach demselben Muster wie im Abendland. In der japanischen Architektur finden wir zwar auch verschiedene Stilrichtungen. Erstaunlicherweise sind sie aber nicht eine Fortentwicklung des vorherigen Stils, sondern sie sind teilweise zur selben Zeit nebeneinander zu finden. Gute Beispiele dafür sind der Tosho-Gu-Schrein in Nikko, nördlich vom heutigen Tokyo und die Villa Katsura bei Kyoto (Abb. 3.12).

Beide Gebäude wurden zu Beginn des 17. Jahrhunderts gebaut; der erste Bau als Mausoleum für Tokugawa Ieyasu, den ersten Schogun der Tokugawa Dynastie, der zweite Bau als Residenz für einen Prinzen der kaiserlichen Familie. In Nikko finden wir eine mit Ornamenten und Dekorationen überladene Architektur, deren Farbpalette von gold über rot, grün, blau und schwarz bis zu weiss reicht und die deshalb oft als japanischer Barock bezeichnet wird.

Die Villa Katsura liegt inmitten einer grossen Gartenanlage. Jegliche Art von Dekoration fehlt und die ganze Anlage besticht durch Einfachheit und Harmonie. Die strenge

Abb. 3.12 **a** Villa Katsura, 17. Jh., Kyoto, Japan (vgl. Abb. 5.43), **b** Tor des Tosho-Gu-Schreins, 17. Jh., Nikko, Japan

Geometrie der hölzernen Tragstruktur hebt sich gegen die mit weissem Papier überspannten Schiebewände ab.

Die Tragstruktur, ja selbst die konstruktiven Details der beiden Anlagen entsprechen aber durchaus einem Tempel jener Zeit und enthalten weder formal noch konstruktiv etwas grundsätzlich Neues.

Die Grundkonstruktion der beiden Bauten ist im damals üblichen Shoin-Stil errichtet; der eine als Grabstätte und Tempel, der andere als Residenz. Der grosse Unterschied besteht in ihrer äusseren Erscheinung; der eine pompös und überladen, der andere schlicht und einfach. Um diesen Unterschied zu verstehen, muss man die damalige politische Situation kennen: Der Kaiser, als Staatsoberhaupt und oberster Shinto-Priester, residierte in Kyoto und hatte keine Regierungsgewalt mehr; Prinz Toshihito, der Bauherr von Katsura, eine der einflussreichsten Persönlichkeiten am kaiserlichen Hof, war ein bekannter Poet und Meister der Teezeremonie. Die Führung des religiösen und kulturellen Lebens lag in den Händen der Kaiserfamilie in Kyoto, während der Schogun im 500 Kilometer entfernten Tokyo die weltliche Macht innehatte. Diese Dualität in der Machtverteilung ist einer der Hauptgründe der beiden so verschiedenen Ausdrucksarten von Nikko und Katsura. Während der Schogun seine Macht mit viel Glanz und Farbe demonstrieren wollte, ist die Villa Katsura in die Natur des grossen Gartens eingebettet und harmoniert mit ihr. Der Kaiserhof und seine Mitglieder hatten nichts zu repräsentieren und widmeten sich den geistig-kulturellen Angelegenheiten.

Der eine Bau ist repräsentativ, auf Machtdemonstration ausgerichtet und will deshalb mit viel ästhetischer Information vor allem das Gefühl ansprechen und manipulieren. Die Villa Katsura demonstriert mit ihrer klaren Ordnung Einfachheit und Harmonie, ist naturverbunden und introvertiert. Die beiden Bauten haben verschiedene Aussagen, sie repräsentieren zwei geistige Grundhaltungen, die im 17. Jahrhundert in Japan gleichzeitig nebeneinander existierten.

Politische und wirtschaftliche Veränderungen verursachen oft auch eine Veränderung des gültigen Wertsystems und damit ein Stilwechsel. Adolf Max Vogt hat nachgewiesen, dass sich die architektonischen Stile vor und nach den Revolutionen in Frankreich (1789) und Russland (1917) sehr ähnlich entwickelt haben. Vor dem Umsturz ist eine Tendenz hin zur geometrischen, konstruktivistischen Architektur festzustellen, die sich während, oder in Russland kurz nach, der Revolution zu einem eher klassischen Stil wandelte (Vogt 1974, S. 100) (Abb. 3.13).

Erstaunlich ist auf den ersten Blick die Tatsache, dass die architektonische Stilentwicklung offenbar genau umgekehrt verlief als die politische Entwicklung; nämlich von einem eher revolutionären hin zu einem konservativen Stil hin. Vogt bezeichnete die revolutionäre Richtung mit den Adjektiven „kalt", „hart" und „leicht", die klassische mit „warm", „weich" und „schwer" (Vogt 1974, S. 104). Die Bauten die vor der politischen Revolution geplant wurden, Vogt nennt sie Revolutionsarchitektur, wurden grösstenteils weder in Frankreich noch in Russland ausgeführt, sie blieben Projekte. Die revolutionäre Architektur, so zum Beispiel das eher spät entstandene Projekt für ein Lenin-Institut in Moskau (vgl. Abb. 3.13c links unten), wird als „leicht" bezeichnet, da die Kugel zu schweben scheint und die Berührungsflächen im Verhältnis zum Volumen relativ klein sind.

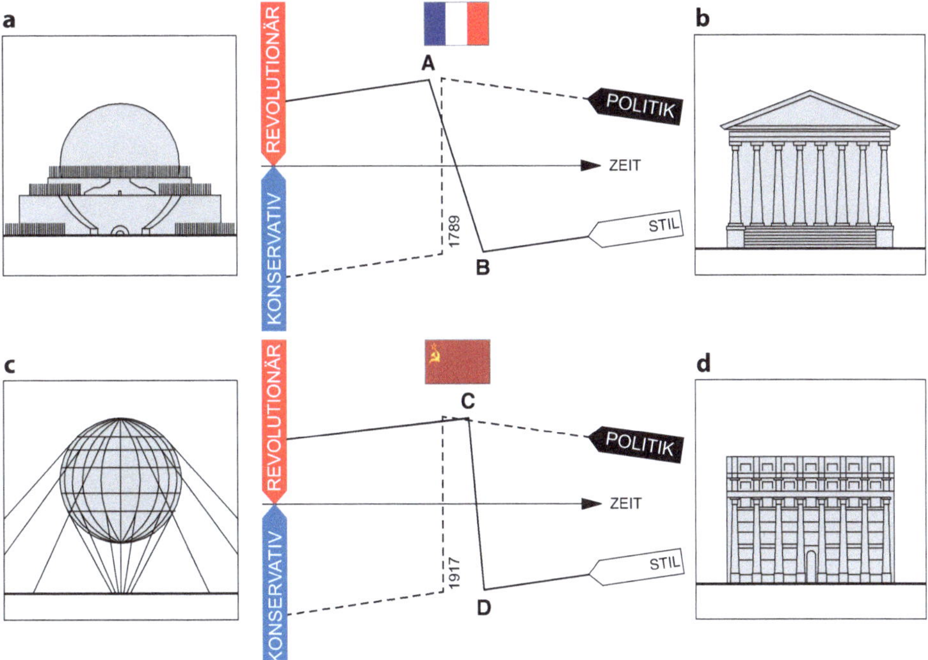

Abb. 3.13 Die Stilentwicklung vor (links) und nach (rechts) den Revolutionen in Frankreich (oben) und Russland (unten) (nach A. M. Vogt). **a** Etienne-Louis Boullee, Newton-Denkmal (Projekt), 1784, **b** Pierre Vignon, Kirche St. Madeleine, 1807, Paris, Frankreich, **c** Iwan Iljitsch Leonidow, Lenin-Institut (Projekt), 1927, Moskau, Russland, **d** Sholtowski, Wohnhaus, 1933, Moskau, Russland

Die nachrevolutionäre Architektur, so zum Beispiel ein Wohnhaus von Sholtowski im klassischen Stil (vgl. Abb. 3.14d), steht auf dem Boden, ist „schwer" und hat „Gewicht". Nachdem sich die neue politische Macht nach der Revolution konsolidiert hatte, brauchte sie auch sichtbare Zeichen dieser Etablierung. Dies konnte nur mit einem architektonischen Stil geschehen, der „Gewicht" hatte und dessen Bauten nicht zu schweben schienen. Mit dem klassischen Stil konnte der Anschein erweckt werden, als wäre nie etwas anderes gewesen. Die Fassade des Baus von Sholtowski (Abb. 3.13d) ist eine mehr oder weniger genaue Kopie der Fassade vom Palazzo Porto-Breganze, erbaut von Palladio in Vicenza (1570–1580) (vgl. Abb. 3.14).

Traditionen dienen zur Orientierung. Wenn neue Traditionen durch Zwang verordnet werden, wie etwa nach einer politischen Revolution, wird den Menschen die Vergangenheit genommen, damit sie sich voll in die Zukunft richten. In einer solchen neuen, unbestimmten Situation kann sich der Mensch an nichts Bekanntem orientieren, er hat nichts, auf dem er aufbauen kann. So sucht er Festes, Vertrautes, wie etwa Bauten in alten Stilen.

Verglichen mit den vorher besprochenen Bauten aus Japan können wir Parallelen feststellen: Auch dort bestand eine Diskrepanz zwischen der Art der Information, die das Gebäude vermittelt, und der Funktion seiner Benutzer. Die Tätigkeit des Schoguns ist eine Sache des Verstandes, sein Gebäude spricht eher das Gefühl an. Der Prinz beschäftigte sich mit Religion und Kunst, mit geistigen, irrationalen Themen, seine Villa vermittelt aber vor allem semantische Information.

Abb. 3.14 Palladio, 1570–1580, Palazzo Porto-Breganze, Vicenza, Italien (Teil des ursprünglichen Gebäudes)

3.8　Akzeptanz der Stile

Baustile manifestierten sich an den wichtigen öffentlichen und repräsentativen Bauten der jeweiligen Zeit; wie Kirchen, Paläste und Schlösser. Viele profane Gebäude, welche keine lange Lebensdauer hatten, wurden nicht in dem jeweils gültigen Baustil ausgeführt.

Die ersten Bauten der sogenannten Modernen, zu Beginn des 20. Jahrhunderts, bedeuteten einen radikalen Bruch mit dem Bestehenden und Üblichen. Impulse und Anregungen für Neues, Modernes, sind immer auch eine Kritik am Alten. Erfinder des Neuen sind Randgruppen, Minderheiten. Mit dem Neuen schaffen sie neue Spielregeln, neue Traditionen. Diese werden aber nicht automatisch von der Mehrheit akzeptiert, diese muss mit dem Neuen konfrontiert werden und sie muss sich mit dem Neuen auseinandersetzen können. Das Naheliegendste beim Auseinandersetzen mit dem Neuen ist der Vergleich mit dem Bestehenden, Alten. Oder wie der spanische Philosoph José Ortega y Gasset sagt: „Die Vergangenheit ist das einzige Arsenal, das uns die Mittel liefert, unsere Zukunft zu gestalten" (zitiert in Kägi 1997). In der Modernen war der Bruch mit dem Alten zu radikal, so dass der neue Stil von breiten Kreisen der Bevölkerung nicht akzeptiert wurde.

Einige Bauten von Le Corbusier, aus den 20er-Jahren des letzten Jahrhunderts, sind dafür gute Beispiele. Die Gebäude wurden streng nach den Regeln der Moderne entworfen. Bald zeigte sich aber, dass die Bewohner mit dieser Art Häuser nicht einverstanden waren und sie begannen, ihre Behausungen abzuändern (Abb. 3.15).

Am meisten Schwierigkeiten machte dabei oft die Dachform. Die Diskussion, ob Flach- oder Steildach, ist bis heute nicht abgebrochen, sie ist hauptsächlich eine emotionale Frage.

Die Wohnstätte, als Etappenort zwischen Geburt und Tod, hatte immer eine spezielle symbolische Bedeutung, und das Dach, als primäres schützendes Element, spielte dabei eine primäre Rolle (Rykwert 1983, S. 149) (vgl. Abb. 3.16). Die vereinfachte Form des Giebeldaches ist in verschiedenen chinesischen und japanischen Schriftzeichen enthalten. Das Ideogramm für „Hütte" (Abb. 3.17a) ist von einem dachförmigen Winkel geprägt, der

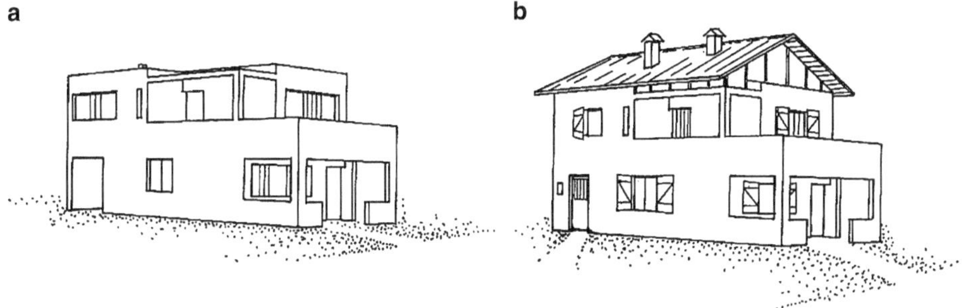

Abb. 3.15 Le Corbusier, Einfamilienhaus in Lége, Frankreich. **a** nach der Fertigstellung, **b** nach dem Umbau (Zeichnung nach: Moore Charles, Allen Gerald, Lyndon Donlyn, The Place of Houses, 1994, Holt, Rinehart and Winston)

Abb. 3.16 Bauernhaus, 1797, Kanton Bern, Schweiz (heute Freiluftmuseum Ballenberg)

Abb. 3.17 a Japanisches
Ideogramm für „Hütte" (sha),
b Japanisches Ideogramm für
„Leute treffen" (au)

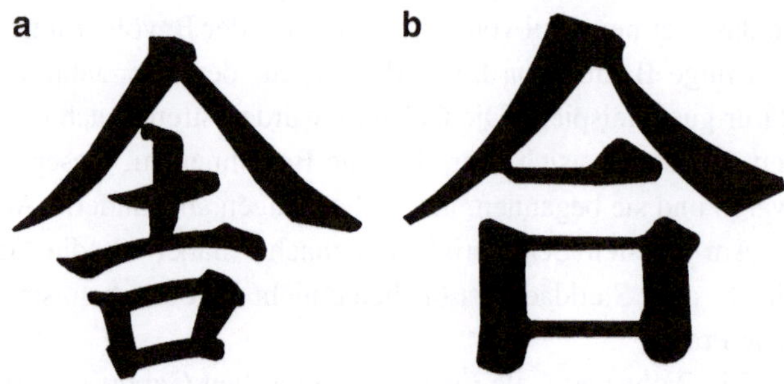

über einem viereckigen Raum liegt. Das Zeichen für „Leute treffen", also der geschützte Treffpunkt, sieht sehr ähnlich aus (vgl. Abb. 3.17b). Die Begriffe Wohnen, Schutz, Geborgenheit, Kontinuität waren so eng mit dem Giebeldach verbunden, dass diese Form symbolische Bedeutung erlangte. Die Form des Steildaches war früher auch konstruktiv und funktional bedingt: Als Schutz vor Witterungseinflüssen musste die Dachfläche schräg sein, damit das Regenwasser abfliessen konnte. Später diente der Raum unter dem Dach zusätzlich als Lagerraum. Das Steildach war ein Symbol für Schutz schlechthin. Es hatte sowohl eine praktische Aufgabe, seine Schutz- und Lagerraumfunktion, wie auch einen symbolischen Inhalt. Das Steildach lieferte sowohl semantische wie auch ästhetische Information, sprach also Verstand und Gefühl gleichermassen an.

Mit der räumlichen Trennung von Arbeiten und Wohnen im 19. Jahrhundert wurde der Dachraum als Lagerraum überflüssig. Neue Baumaterialien und Techniken ermöglichten Flachdachkonstruktionen, welche die Schutzfunktion auch erfüllten.

Aus dieser Sicht war das Ersetzen des Steildaches durch ein Flachdach eine logische Konsequenz. Le Corbusier setzte sich 1926 mit seinen „fünf Punkten zu einer neuen Architektur" für das Flachdach und die dadurch neu gewonnene Fläche ein: „Das flache Dach erfordert zunächst konsequente Ausnutzung zu Wohnzwecken: Dachterrasse, Dachgarten".

„Die Dachgärten weisen üppigste Vegetation auf, es können Sträucher, sogar kleine Bäume bis zu 3 bis 4 Meter Höhe ohne weiteres gepflanzt werden. Auf diese Weise wird der Dachgarten zum bevorzugtesten Ort des Hauses. Allgemein bedeuten die Dachgärten für eine Stadt die Wiedergewinnung der gesamten verbauten Fläche" (Le Corbusier 1981, S. 94) (Abb. 3.18).

Mit der scheinbar logischen Änderung der Dachform entsprachen die Architekten wohl den neuesten technischen Möglichkeiten und rangen ihr sogar noch funktionale Vorteile ab, machten aber die Rechnung ohne den Wirt, das heisst ohne den Benutzer. Verstandesmässig konnte das Flachdach wohl akzeptiert werden, durch den Wechsel der Form verlor das Dach aber seine Bedeutung als symbolisches Zeichen. Der geistige Inhalt, den man dem Dach zuschrieb, konnte durch seine neue Form nicht mehr ausgedrückt werden.

Viele Formen haben, über ihren eventuellen funktionalen Wert hinaus, eine kulturelle Bedeutung und dienen so als symbolisches Zeichen. Der Ausdruck dieser Zeichen insgesamt bildet eine Art Sprache. Das Ändern eines Stils und das damit verbundene Verändern der verwendeten Formen bewirkt auch ein Verändern der Sprache, welche nicht nur von den Architekten, sondern vor allem auch von der breiten Bevölkerung verstanden werden muss.

Gerade dies geschah aber in der Moderne nicht. Die Architektur wurde den neuen Technologien angepasst und auch die verwendete Formensprache war eine neue.

Zusätzlich war der Stil der Modernen im 20. Jahrhundert nicht mehr der allein gültige Stil. Gebaut wurde in mehreren Stilen nebeneinander und gleichzeitig, so dass ein Gewöhnen an die neuen Sprachen nicht mehr möglich war.

Damit ein neuer Stil auf breiterer Basis akzeptiert wird, muss seine Sprache, das heisst der kultur-symbolische Inhalt seiner Zeichen, verstanden werden. Früher waren die Baustile

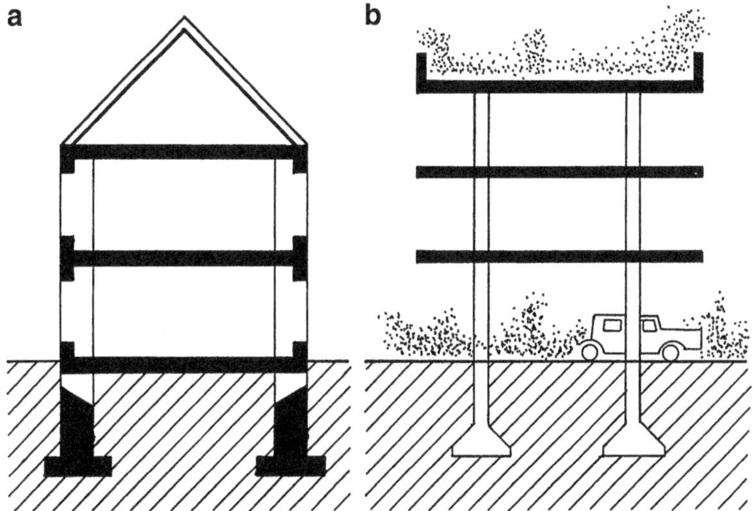

Abb. 3.18 **a** Flächenvergleich eines konventionellen Hauses und **b** eines auf Stützen gestellten Hauses mit Flachdach und freier Erdgeschossfläche (nach Le Corbusier, 1929)

während Jahrhunderten gültig. Das langsame Verstehen der neuen Sprache verlief parallel mit dem Verändern der Formen. Wenn diese Veränderungen nicht mehr emotional verarbeitet werden konnten, wurden damit Verstand- und Gefühlsleben getrennt. Die primäre Aufgabe der Zeichensprache wurde verkannt.

Die Trennung von Gefühl und Verstand fand in der Moderne ihren Höhepunkt. Die Wunder der Technik übten zu Beginn des letzten Jahrhunderts eine solche Faszination aus, dass die emotionale Seite vernachlässigt wurde. Das Verschwinden der meisten mystischen, religiösen und symbolischen Netzwerke in der westlichen Kultur in den letzten hundert Jahren wirkte sich auf die Kunst allgemein, aber auch auf die Architektur im Besonderen, verhängnisvoll aus. So meinte der Kunstpsychologe Rudolf Arnheim: „wenn Dinge nichts anderes sind als Dinge, dann sind Formen, Farben und Töne nichts anderes als Formen, Farben und Töne, und aus der Kunst wird eine Technik zur Unterhaltung der Sinne" (Arnheim 1980, S. 19). Dem kultur-symbolischen Inhalt der Zeichen wurde in der Moderne keine Bedeutung mehr zugemessen, ja, es wurde nach Möglichkeit auf die gefühlsmässige Aussage der Form verzichtet. Damit war die Moderne ohne Sprache.

Der postmoderne Stil benutzte wieder Zeichen und griff dabei zurück auf die alte Sprache: Säulen und Steildächer werden wieder akzeptiert. Insofern war die Postmoderne ein Schritt zurück: Sie war eine Wiederanpassung an die alte Sprache (vgl. Abb. 3.3b).

Auch die heutige Einstellung zum Wohnen kann als Festhalten an einer alten Sprache oder als Nichtverstehen einer neuen Sprache gesehen werden. Der Spruch „my home is my castle" gilt, zumindest in Europa, auch heute noch. Für viele geht der Traum des Wohnens erst mit dem Erwerb eines freistehenden Einfamilienhauses in Erfüllung: ein eigenes Haus mit einem eigenen Garten, seien diese auch noch so klein. Mit dem ständigen Ansteigen der Boden- und Baupreise geht dieser Traum für immer weniger Leute in Erfüllung, und sowohl Wohn- wie auch Gartenflächen müssen ständig reduziert werden (vgl. Abb. 3.19).

Abb. 3.19 Der „Traum" vom Eigenheim, Strasse mit Haus, bei Bern, Schweiz

Bis zur Industrialisierung im 19. Jahrhundert lebte der Mensch in Grossfamilien. Das Haus diente allen Mitgliedern dieser Familie zusammen als Wohn- und Arbeitsstätte (vgl. Abb. 3.16). Die Industrialisierung bewirkte einerseits eine örtliche Trennung von Wohnen und Arbeiten, andererseits den Zerfall der Grossfamilie. Dadurch wurde der Bedarf an Wohnungen – auch abgesehen vom absoluten Bevölkerungswachstum – grösser.

Mit der Zentralisierung der Industrie und mit dem damit verbundenen Transportproblem zwischen Wohnort und Arbeitsort drängten sich immer mehr Menschen auf immer weniger Raum: Der Boden wurde knapp und somit teuer. Dem Grundstückmangel versuchte man mittels grosser Mehrfamilienhäuser und mit Verdichtung zu begegnen.

Am Traum des eigenen Einfamilienhauses wird heute weiterhin festgehalten. Die Wohnflächen werden zwar stetig kleiner und der sogenannte „Garten" schrumpft zum Vorplatz. Das Ziel: grosszügiges, individuelles Wohnen, umgeben von genügend Freiraum für private und gemeinsame Aktivitäten ist heute nur noch selten realisierbar. An Stelle der gewünschten Vorteile tritt beim Einfamilienhaus auch eine Reihe von Nachteilen: Die zum Gesamtvolumen relativ grosse Aussenfläche verlangt einen grossen Heiz- und Unterhaltsaufwand, der „Garten" hat nichts mehr zu bieten, muss aber gepflegt werden.

Mit der kompakten Wohnsiedlung, einem Mittelweg zwischen anonymem Wohnblock und individuellem Einfamilienhaus, wird heute versucht, das Wohnen besser den veränderten Umständen anzupassen.

Trotz der klaren Vorteile setzt sich diese Wohnform nur sehr schwer durch, da ihre Sprache oft noch nicht verstanden wird. Die Meinung, dass optimales Wohnen nur in einem Einfamilienhaus möglich sei, lässt sich nur sehr langsam ändern.

Fragen (und Antworten)

3.1. **Was ist und war immer die übergeordnete Aufgabe der Architektur?**

3.2. **Was ist eine der wichtigsten Unterschiede zwischen Kunst und Wissenschaft?**

3.3. **Welchen Einfluss haben Technik und Kunst auf die Entwicklung von architektonischen Stilen?**

3.4. **Was waren die ersten baulichen Gebilde, die nicht ausschliesslich dem menschlichen Schutz dienten?**

3.5. **Wenn der Mensch Architektur betrachtet und versucht den Bau zu verstehen, so geschieht das in drei Schritten. Erwin Panofsky spricht von drei Stufen. Welches sind diese?**

3.6. **Warum muss ein Gebäude, das in einem gewissen Stil erbaut ist, für den Betrachter sowohl redundante wie auch originelle Information haben?**

3.7. **Welcher Zusammenhang besteht zwischen dem Ordnungsgrad der am Bau sichtbaren Teile und der Persönlichkeitsstruktur des Betrachters?**

3.8. **Was sind die Voraussetzungen, dass ein neuer Stil von der Bevölkerung auf breiterer Basis akzeptiert wird?**

3.9. **Warum bevorzugen beim Wohnhaus noch heute viele Menschen das Steildach, nicht das Flachdach?**

3.10. **Was symbolisieren der Kreis und das Quadrat in der traditionellen chinesischen Architektur?**

Die Musterlösungen zu den Fragen befinden sich im Anhang.

Literatur

Adorno, Theodor W.: Ästhetische Theorie, Frankfurt am Main, 1974 (1970)

Arnheim, Rudolf: Die Form und der Konsument, Collage Art Journal, 19/1959 (in: Zur Psychologie der Kunst, Frankfurt am Main, 1980)

Eysenck, H. J.: Dimensions of Personality, London, 1947

Freud, Sigmund: Das Unbehagen in der Kultur, Frankfurt, 1970 (1 930)

Giedion, Siegfried: „Raum, Zeit, Architektur", Zürich, 1978, (Originaltitel: Space, Time and Architecture, Cambridge, Mass., 1941)

Giurgola, Romaldo: Louis 1. Kahn, Zürich, 1979

Grütter, Jörg Kurt: Chinesische Architektur als Abbild des Universums, Schweizer Ingenieur und Architekt, 8/1997

Hall, Edward T.: Die Sprache des Raumes, Düsseldorf, 1976 (Originaltitel: e Hidden Dimension, 1966)

Hollein, Hans: Absolute Architektur, 1962 (in: Programme und Manifeste zur Architektur des 20. Jahrhunderts, Braunschweig, 1981)

Johnson, Philip: Texte zur Architektur, Stuttgart, 1982 (Originaltitel: Philip Johnson Writings, Oxford, 1979)

Kägi, Erich A.: Die Angst vor dem Neuen, NZZ 16./17.8.1997

Kris, Ernst: Die ästhetische Illusion – Phänomene der Kunst in der Sicht der Psychoanalyse, Frankfurt am Main, 1977 (Originaltitel: Psychoanalytic Explorations in Art, New York, 1952)

Le Corbusier: Fünf Punkte zu einer neuen Architektur, 1926 (in: Programme und Manifeste zur Architektur des 20. Jahrhunderts, Braunschweig, 1981)

Le Corbusier: Ausblick auf eine Architektur, Berlin, 1969 (Originaltitel: Vers une architecture, Paris, 1923)

Munro, T.: Evolution in the Arts and other Theories of Cultural History, Cleveland, 1963

Muthesius, Hermann: Werkbundziele, 1911 (in: Programme und Manifeste zur Architektur des 20. Jahrhunderts, Braunschweig, 1981)

Norberg-Schulz, Christian: Meaning in western architecture, London, 1975, (Originaltitel: Significato nell' architettura occidentale, Milano,1974)

Panofsky, Erwin: Sinn und Deutung in der bildenden Kunst, Du Mont, 1978 (1955)

Rykwert, Joseph: Ornament ist kein Verbrechen, Köln, 1983 (Originaltitel: The Necessity of Artifice, London, 1982)

Smith, Peter F.: Architektur und Ästhetik, Stuttgart, 1981 (Originaltitel: Architecture and the Human Dimension, London, 1979)

Vogt, Adolf Max: Revolutions-Architektur, Köln, 1974

Inhaltsverzeichnis

Einführung

Jedes Gebäude steht an einem Ort, an seinem Standort. Bauen heisst den bestehenden Ort verändern, einen neuen, künstlichen Ort schaffen. Alles Bauen ist ein Eingriff in die bestehende Umgebung. Bei der Planung eines Neuen muss die Umgebung einbezogen werden, mit ihr muss ein neues Ganzes geschaffen werden. Der Mensch ist sowohl auf den gebauten Innen- wie auf den Aussenraum angewiesen. Er muss sich zwischen ihnen hin und her bewegen können. Deshalb muss zwischen Innen und Aussen eine mehr oder weniger intensive Beziehung bestehen. Die Art dieser Beziehung ist immer auch kulturabhängig.

© Springer Fachmedien Wiesbaden GmbH, ein Teil von Springer Nature 2019
J. K. Grütter, *Grundlagen der Architektur-Wahrnehmung*,
https://doi.org/10.1007/978-3-658-26785-8_4

4.1   Einfluss der Umgebung auf die Wahrnehmung von Architektur

Zwischen jedem Individuum und seiner Umwelt bestehen mannigfaltige Beziehungen, von denen bei der Geburt erst einige wenige geregelt sind. Die meisten dieser Beziehungen sind angelernt, nur in wenigen Ausnahmefällen reagiert der Mensch instinktiv. Das heisst, er muss lernen, wie er sich in seiner Umgebung verhalten muss. Mit zunehmender Erfahrung bildet sich ein ganzes Netz von gespeicherten Informationen, und wir sind schliesslich fähig, unsere Umwelt meist auch dann zu kontrollieren, wenn sie nicht direkt wahrnehmbar ist. In unserer Vorstellung sind Gegenstände immer mit einer bestimmten Umgebung verbunden. So erscheint uns zum Beispiel ein Fahrrad auf unserem inneren „Bildschirm der Erinnerungen" auf der Strasse oder an einem Abstellplatz, nicht aber in einer Badewanne oder im Kühlschrank. Bei Gebäuden, die nicht mobil sind und somit immer denselben Standort haben, ist dieser Zusammenhang noch viel stärker: Den Eiffelturm „sehen" wir immer an der Seine in Paris, nicht auf einem Berg oder in einem Suppenteller. So sind wir auch einigermassen irritiert, wenn wir eine exakte Kopie des Turms in Las Vegas sehen (vgl. Abb. 4.1). Architektur erscheint uns nicht nur in der Realität eng verbunden mit ihrer Umwelt, selbst in unserer Erinnerung ist beides unzertrennlich.

Abb. 4.1   **a** Der Eiffelturm in Paris, **b** Hotel Paris, Las Vegas, USA

Damit wird deutlich, welchen immanenten Einfluss die Umwelt auf die Wahrnehmung von Architektur hat, und wie wichtig deshalb das Einbeziehen der Umgebung in die Planung ist. Das Gebäude steht in einem ständigen Dialog mit seiner Umgebung. Es wurde nachgewiesen, dass zwei identische Bauten in verschiedenem Kontext verschieden wahrgenommen werden (Abb. 4.1) (Joedicke 1975, S. 372). Auch daraus folgt, dass das Erleben eines Gebäudes sich nicht ausschliesslich auf den Bau selbst beschränkt, sondern auch seine Umgebung miteinbezogen wird.

Je mehr ein Gebäude seiner Umgebung angepasst ist, je mehr es sich in diese einfügt, desto geringer der Einfluss der Umgebung auf die Wahrnehmung des Baus. Umgekehrt gilt, je origineller, je unerwarteter der Bau, je grösser der Kontrast zwischen ihm und seiner Umgebung, desto grösser wird der Einfluss dieser Umgebung auf die Wahrnehmung des Gebäudes (Joedicke 1975, S. 372). Informationstheoretisch bedeutet das: Der Informationsfluss bei originellen Nachrichten ist so gross, dass Superzeichen gebildet werden (vgl. Abschn. 1.3.3) oder dass, um den Originalitätsanteil zu senken, die konventionelle Umgebung mehr in die Wahrnehmung einbezogen wird.

Es wäre falsch, die Umgebung, welche die Wahrnehmung eines Gebäudes mitbeeinflusst, nur gerade auf das zu beschränken, was optisch im jeweiligen Blickfeld aufgenommen wird. Für Richard Neutra war die Umgebung nicht nur der visuelle Rahmen eines Gebäudes. Er war überzeugt, dass sie eine direkte Wirkung auf die Psyche des Menschen haben kann. Neutra war 1927 einer der ersten, der versuchte, mit seinem „Gesundheitshaus" für Dr. Lovell in Los Angeles, ein biologisch richtiges Wohnen zu ermöglichen. Das „biologisch" bezog sich nicht wie heute auf Baumaterialien und Heizsysteme, sondern hauptsächlich auf das Einbeziehen der Umgebung, von deren heilsamen Wirkung auf das Nervensystem er überzeugt war.

Wichtig bei der Beurteilung eines Gebäudes ist nicht nur die unmittelbare Umgebung, also nicht nur die angrenzenden Häuser, sondern auch die weitere Umgebung, die weitere Nachbarschaft, das ganze Quartier. Als „Nachbarschaft" wird diejenige Fläche bezeichnet, welche überschaubar ist und welche als Ganzes erlebt werden kann, also eine Fläche von 30 bis 40 ha, ein Bereich von ca. 550 mal 550 Meter bis 630 mal 630 Meter (Canter 1973).

Verhaltensforscher sprechen bei Tieren von Territorialität und verschiedenen Distanzen. Unsichtbare Grenzen definieren verschiedene Gebiete, die für das Verhalten der Tiere entscheidend sind. Die Distanzen bezeichnen Abstände, die bei den Tieren verschiedene Reaktionen hervorrufen. So bestimmt zum Beispiel die Fluchtdistanz die Entfernung, bis zu welcher sich ein anderes Wesen dem Tier nähern kann, bevor dieses flieht. Solche Territorien und Distanzen kennen wir auch beim Menschen. Ihre Grössen sind kulturbedingt und können variieren (vgl. Abschn. 5.2.1).

Gerade bei der Bewertung einer Wohnung hängen diese auch sehr stark von deren Umgebung ab. Ein Bewohner muss die nähere Umwelt als seine eigene erfahren können, das heisst, er muss sich mit ihr identifizieren können. Dies verlangt einerseits eine gewisse Vielfältigkeit des Raumes, die wiederum eine Erlebnisvielfalt ermöglicht, andererseits eine wohldosierte Mischung von privaten, halbprivaten und gemeinsamen öffentlichen Räumen. Ein grosser Teil psychischer Schäden ist auf das Fehlen unaufgezwungener

Kontaktmöglichkeiten oder umgekehrt auf unvermeidbare Kontakte und somit Stress zurückzuführen. Solche Schäden entstehen oft direkt infolge von baulichen Massnahmen: Viele Menschen fühlen sich zum Beispiel in zu engen Aufzügen oder Korridoren in ihrer Intimsphäre verletzt und sind deshalb zu keiner Kommunikation mehr bereit (Ladde 1974, S. 154). Andere Personen sind in ihr persönliche „Territorium" eingedrungen, die „Fluchtdistanz" ist unterschritten, aber es besteht keine Möglichkeit zu flüchten (vgl. Abschn. 5.2.1).

Verschiedentlich wurde versucht, diese Zusammenhänge wissenschaftlich nachzuweisen. Charles Darwin erwähnte 1872 in „The expression of the emotions in man and animals", dass die Pupillen bei Katzen, die sich in einer Angstsituation befinden, auch bei starkem Licht nicht kleiner werden, sondern erst wenn sich das Tier beruhigt hat. Anknüpfend an diese Beobachtung wurde experimentell der Zusammenhang zwischen einer architektonischen Situation und der Gefühlsreaktion von Menschen anhand deren Pupillengrösse untersucht. Dabei ergab sich, dass Testpersonen verschiedener Kulturen auch verschieden auf bestimmte Formen reagieren. Das heisst: Gewisse räumliche Anordnungen rufen in verschiedenen Kulturen verschiedene Gefühlsreaktionen hervor. Damit ist nur bewiesen, dass die Art unserer Umgebung, also die Architektur und ihr Kontext, verschiedene Gefühle hervorrufen kann und somit unsere Handlungsweise verschieden beeinflusst, nicht aber, welche Art von Umwelt welche Art von Gefühlen hervorruft. Interessant ist dabei die Feststellung, dass die Pupillenveränderung und damit die Gefühlsreaktion bei Architekten grösser ist als bei den übrigen Versuchspersonen (Payne 1973, S. 76.). Dies resultiert wohl aus der Tatsache, dass das Auge eines Architekten durch seine Erfahrung sensibilisierter ist als das anderer Menschen.

4.2   Ort

Jeder Gegenstand hat einen Standort, jede Handlung findet an einem Ort statt. Verschiedene Gegenstände, verschiedene Handlungen brauchen verschiedene Orte. Der Ort ist ein speziell gekennzeichneter Platz oder Raumabschnitt, charakterisiert durch die ihn definierenden Elemente. Raum kann verpflanzt werden, Ort nicht. Ein Gegenstand befindet sich an einem Ort und beansprucht Raum. Ort muss nicht besetzt sein, muss nicht durch ein Objekt markiert sein, er kann auch durch Kontraste gekennzeichnet werden. Bauen heisst auch, einen künstlichen Ort schaffen. Die vom Menschen geschaffenen Orte haben die Aufgabe, eine bestimmte Stelle hervorzuheben. Christian Norberg-Schulz sagt dazu: „Der existentielle Zweck des Bauens ist es deshalb, aus einer Stelle einen Ort zu machen, das heisst, den potentiell in einer gegebenen Umwelt vorhandenen Sinn abzudecken" (Norberg-Schultz 1982, S. 18).

Der Charakter eines Ortes kann durch verschiedene Einflussgrössen gekennzeichnet werden. Die wichtigste Rolle dabei spielt der Kontrast zur Umgebung : Gegensätze der Topografie, der Form, des Materials oder der Farbe. Ein Ort kann aber auch durch ein spezielles Ereignis eine besondere Bedeutung erlangen. Viele Denkmäler und Wallfahrtskirchen bezeichnen solche Orte. Der Ort kann so über seine erinnernde Funktion hinaus eine symbolische Bedeutung erlangen. So wurde zum Beispiel die Rütliwiese am Vierwaldstättersee in der Schweiz zum Symbol der Freiheit. Hier schworen sich die Vertreter der drei Urkantone 1291 bei Nacht und Nebel Treue und Beistand gegen ihren gemeinsamen Unterdrücker und legten damit den Grundstein für die Eidgenossenschaft. Hier erhielt ein Ort erst nachträglich eine symbolische Bedeutung.

Wie gesagt verbinden wir in unserer Vorstellung einen Bau mit einem ganz bestimmten Standort und mit seiner Umgebung. Dieser Zusammenhang wird erst recht klar, wenn ein Objekt, das wir in unserer Vorstellung mit einem festen Standort verbinden, an einen anderen Ort versetzt wird. So steht der Eiffelturm für uns in Paris, ja, er ist ein Wahrzeichen dieser Stadt. Steht nun der gleiche Turm, zwar nur halb so hoch, in Las Vegas vor einem Hotel, so ist das auf den ersten Blick irritierend (vgl. Abb. 4.1).

Eine Besonderheit stellt der Ise Schrein dar, wahrscheinlich der älteste Shinto-Schrein in Japan. Er zeichnet sich dadurch aus, dass er alle zwanzig Jahre alternierend auf zwei Feldern, die nebeneinander liegen, neu aufgebaut wird. Der Ursprung des Schreins ist nicht genau geklärt, doch wird er bereits in einer der ersten japanischen Chroniken (Nihon Shoki, 720 n. Chr.) erwähnt. Nach dieser Aufzeichnung wurde in Ise die Sonnengottheit Amatarasu Omikami schon seit Beginn unserer Zeitrechnung verehrt. Anfangs war der Ort der Verehrung nur durch einen flachen, abgegrenzten Platz markiert. Die heutigen Schreingebäude wurden erstmals in der zweiten Hälfte des 7. Jahrhunderts erstellt. Seither werden die Bauten regelmässig, mit einer Ausnahme, im Zeitabstand von zwanzig Jahren alternierend auf einem der beiden Plätze aus neuem Holz neu aufgebaut (vgl. Abb. 4.2).

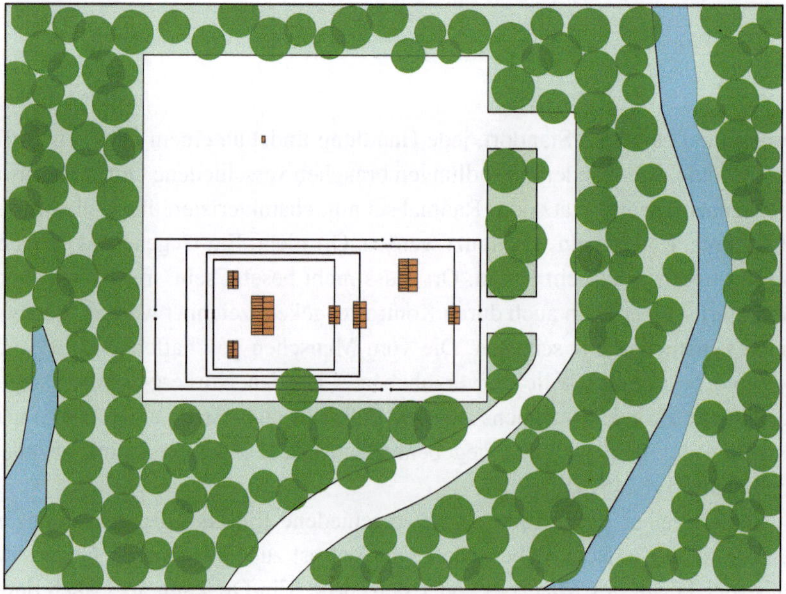

Abb. 4.2 Innerer Shinto-Schrein, Ise, Japan (vgl. Abb. 9.22). Oben das freie Feld, wohin der Schrein nach 20 Jahren versetzt wird

Die „Seele" der Schreinanlage ist ein kleiner eingegrabener Holzpfosten, der sogenannte Herzpfosten. Über ihm wird das Hauptgebäude des Schreins errichtet. Der Herzpfosten existiert auch in zweifacher Ausführung, pro Standort einmal, und wird im jeweils
leeren Feld für zwanzig Jahre von einem kleinen, speziell dafür erbauten Holzbau geschützt (Watanabe 1974, S. 28). Das ewig Währende und das Vergängliche schliessen sich
hier nicht gegenseitig aus, sondern sie ergänzen sich. Dies entspricht der Philosophie von
Jin-Jang, welche ein Miteinander einem Gegeneinander, ein „sowohl als auch" einem
„entweder oder" vorzieht (vgl. Abschn. 4.4).

4.3   Art der Umgebung und Wahl des Ortes

Für das Bauen sind die wichtigsten Kriterien einer Umgebung ihre topografische Form
sowie die Gestaltung und Beschaffenheit ihrer Oberfläche: überbaut, begrünt etc. Diese
Eigenschaften sind sowohl im urbanen Kontext wie auch in einer natürlichen Umgebung
erkennbar und prägen unsere Wahrnehmung entscheidend mit. Befinden wir uns in einem
Meer von Häusern, in einer Sandwüste oder auf einem Berghang? So wie das Material der
raumdefinierenden Elemente die Wahrnehmung des Raumes beeinflusst, haben die Form,
die Struktur und die Materialeigenschaften unserer Umgebung einen Einfluss auf die Art,
wie wir sie erkennen. Dort, wo sich diese Eigenschaften der Umgebung ändert, entstehen
Kontraste: das Ufer, die Mündung, die Grenze einer Überbauung, der Gipfel, der Wald-
rand, die Talsohle etc. An solchen Kontrastpunkten oder -linien bilden sich Orte, Stellen,
die sich von ihrer Umgebung abheben. Auch die Landschaft als weitere Umgebung hat auf
die Wahl des Standortes und auf die Art des Gebauten einen grossen Einfluss. Frank Lloyd
Wright: „In jedem und allen Fällen ist der Charakter des Standortes der Anfang des Gebäudes, das zur Architektur wird. Dies ist immer der Fall, wie auch immer Standort oder
Gebäude sind" (Wright 1970, S. 322).

Kontrastpunkte oder -linien in der Landschaft waren die bevorzugten Siedlungsplätze
der Menschen: Flussmündungen, Hügelkämme, Flussschleifen, überhängende Felswände
etc. Die Umgebung war prägend für das Gebaute und ihren Standort.

Im alten Ägypten war die natürliche Umwelt nicht nur prägend für das Gebaute, sondern letztlich für die ganze Weltanschauung. Der Nil bildet eine Nord-Süd-Achse, beidseitig umgeben von Wüste. Der Fluss, dessen Wasser einen schmalen Landstreifen entlang
der Achse fruchtbar macht, ist die Lebensader der Bevölkerung und hat damit über die
reine Bewässerungsfunktion hinaus eine symbolische Bedeutung als der Inbegriff des
Lebens schlechthin. Die Sonne, als Spenderin des Lichtes, wurde in der Person des Gottes
Re verehrt (Norberg-Schulz 1975, S. 10). Ihr Verlauf von Osten nach Westen bildet zusammen mit der Achse des Nils ein orthogonales Ordnungssystem, das auch in der Architektur
seinen Ausdruck fand. Die Pyramiden liegen am linken Nilufer: Auf der Seite der unter-
gehenden Sonne wurden die toten Pharaonen begraben. Nachprüfungen ergaben, dass die
Orientierung der Pyramiden nur einige Grad von den Haupthimmelsrichtungen abweichen
(Canival 1964, S. 132). Die Tempel- und Grabanlagen Oberägyptens befinden sich am

Fusse eines Geländesprunges, der das eigentliche Niltal gegen die Wüste abgrenzt. Auch ihre Achsen verlaufen senkrecht zum Nord-Süd-Achse des Flusses (vgl. Abb. 4.3).

Die Landschaft Griechenlands unterscheidet sich grundlegend von der Ägyptens: Der Nil teilt eine riesige Ebene in zwei Teile, während in Griechenland die Landschaft von Bergen durchzogen und immer wieder von Meeresbuchten unterbrochen wird. Dementsprechend bestehen verschiedene Arten von Umgebungen, in denen sich jeder Ort durch eine andere Charakteristik auszeichnet, auf die verschieden reagiert wurde. Den griechischen Gottheiten wurden spezielle Orte zugewiesen: Plätze, die eine ausgeprägte Harmonie ausstrahlten, waren Zeus gewidmet, Versammlungsorte, an denen die Menschen sich trafen, der Göttin Athene (Norberg-Schulz 1975, S. 47). Die Anordnung der Gebäude wurde durch die Topografie bestimmt, die natürliche Ordnung dominierte über das Gebaute, das somit keiner rein geometrischen Ordnung unterliegen konnte. Die Grundrisspläne griechischer Gebäudegruppen wirken oft beinahe chaotisch, da die dritte Dimension, die topografische Form der Umgebung, die die Lage der Einzelgebäude und somit auch die Beziehung der Häuser zueinander mitbestimmt, nicht ersichtlich ist (vgl. Abb. 4.4).

Die alte römische Architektur ist nicht so stark landschaftsbezogen wie die in Ägypten oder Griechenland. Das römische Imperium entwickelte sich aus einem Stadtstaat. Das daraus entstandene Weltreich unterlag einem strengen Ordnungssystem, welches das ganze Reich in vier Teile unterteilte, mit der Hauptstadt Rom als Zentrum und Weltmittelpunkt. Dieses System regelte auch die Beziehungen innerhalb einer Stadt oder einer Gebäudegruppe. Die meisten römischen Stadtgründungen waren auf einem orthogonalen Raster aufgebaut mit zwei Hauptachsen, welche senkrecht zueinander standen. Oft finden wir diese Ordnung nicht als reine Form, da spätere Erweiterungen keine Rücksicht mehr auf die ursprüngliche Ordnung nahmen oder topografische Gegebenheiten eine strenge Anwendung verhinderten. Der Standort wurde aber in der römischen

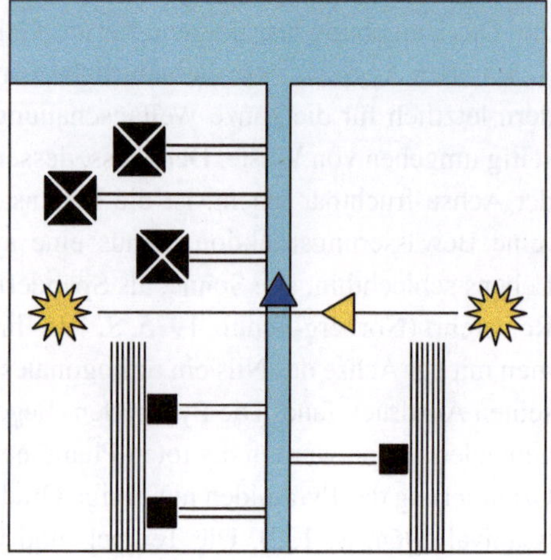

Abb. 4.3 Das Ordnungssystem im alten Ägypten

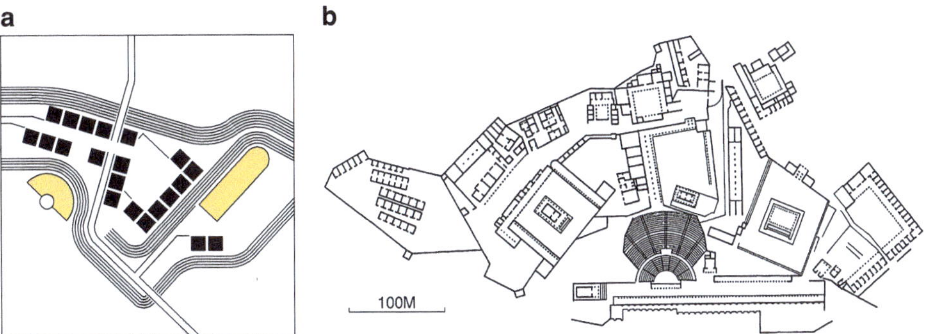

Abb. 4.4 **a** Ordnungssystem der alten Griechen, **b** Akropolis von Pergamon, Ende 3. Jh. bis 2. Jh. v. Chr. beim heutigen Bergama, Türkei

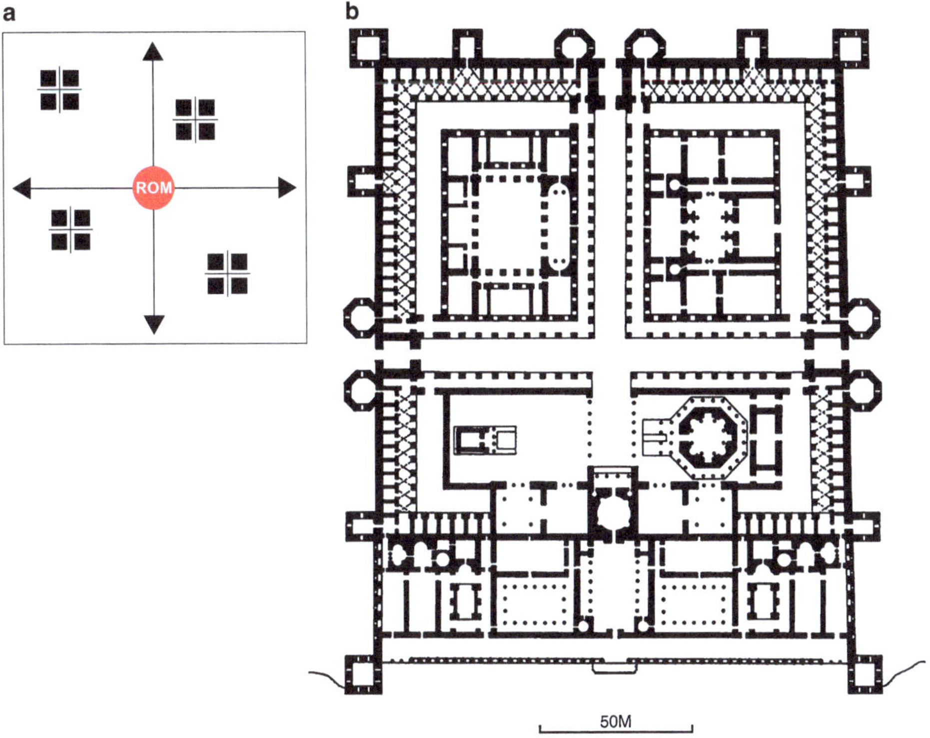

Abb. 4.5 **a** Ordnungssystem der alten Römer, **b** Diokletianspalast, 300 n. Chr., Split, Kroatien (vgl. auch Abb. 2.17)

Architektur weniger durch die Landschaft und ihre Topografie bestimmt, als vielmehr durch ein symbolisches Ordnungssystem, welches wiederum von einer machtpolitischen Weltanschauung geprägt wurde (vgl. Abb. 4.5).

4.4   Die Beziehung des Menschen zur Natur und zur Umgebung

Um die Beziehung zwischen Gebautem und Umwelt verstehen zu können, muss zuerst die Einstellung des Menschen zu dieser Umwelt und somit zur Natur allgemein untersucht werden. Alles Bauen ist im Grunde genommen ein Eingriff in die bestehende Umgebung, in die Natur. Die Art des Eingriffs hängt aufs engste von der Einstellung des Menschen zur dieser ab. So bestand in der traditionellen japanischen Kultur, und auch in anderen fernöstlichen Kulturen, eine enge Verbindung zwischen Mensch und Natur. Auch hier fürchtete sich der Mensch vor der Natur, denken wir nur an Erdbeben und Tsunamis. Er versuchte aber mit der Natur, welche auch das göttliche umschliesst, in Harmonie zu leben, als Teil von ihr. Er war so durch mannigfaltige Beziehungen mit ihr verbunden. Dies ermöglichte das Überleben beider, sowohl des Menschen wie der Natur (vgl. Abb. 4.6a).

In der abendländischen Kultur war die Natur etwas Selbstständiges, von Gott geschaffen, und der Mensch sollte sie sich zum Untertan machen. Während das Göttliche, als das Übernatürliche, im östlichen Modell aufs engste mit der Natur verbunden ist, ja, ein Teil von ihr ist und somit auch zusammen mit dem Menschen eine grosse Einheit bildet, entstand im westlichen Modell aus der Dreiteiligkeit heraus eine ganze Reihe dualistischer Beziehungen wie Gott – Mensch, Gott – Natur, Natur – Mensch, etc. Bei all diesen Beziehungen wird immer einer der drei Pole ausgeklammert (vgl. Abb. 4.6b).

Der Mensch stand der Natur lange Zeit machtlos gegenüber. Zwischen der Natur und dem Göttlichen gab es in der westlichen Denkart keine Verbindung. Deshalb bestand auch keine Möglichkeit, die Natur als etwas Mystisches, Übernatürliches zu erklären und somit zu akzeptieren (Grütter 1976, S. 465). Der Mensch fürchtete die Natur und versuchte sie zu bekämpfen.

Der Mensch ist als organisches Wesen Teil der Natur, er lebt in ihr und ist auf sie angewiesen. Sowohl die Natur wie auch das vom Mensch Gebaute unterliegen denselben physikalischen Gesetzen. Daher scheint es selbstverständlich, dass die Natur dem Menschen

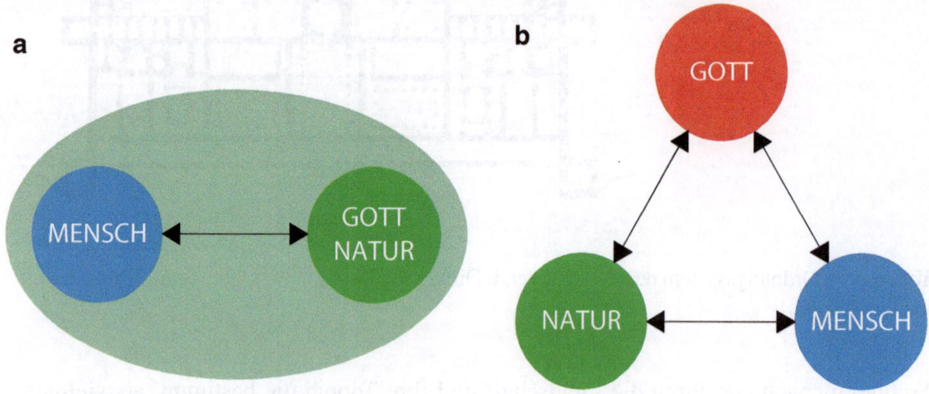

Abb. 4.6 Die Beziehung zwischen Göttlichem, Natur und Mensch. **a** japanisches Modell, **b** westliches Modell

bei vielem, auch beim Bauen, als Vorbild dient. Oft ist man der Meinung, das Optimale, rein Zweckgebundene, Funktionale, sei in der Natur bis zur Perfektion ausgebaut. Dem ist nicht so. Der Biologe und Naturphilosoph Adolf Portmann: „Die schlichte reine Zweckform, die manche so sehr als das Naturgemässe rühmen, sie ist ein seltener Sonderfall – viel öfter begegnet uns gerade in der Tiergestalt das mit solchen Begriffen Unfassbare". „Wie oft meinen wir schweifende Phantasien am Werke zu sehen, wir denken eher an Launen, an kapriziöses freies Spielen schöpferischer Macht als an technische Notwendigkeit" (Portmann 1960, S. 36).

So zeigt ein Vergleich zwischen Schwan und Giraffe, beides extrem langhalsige Tiere, grundsätzliche „konstruktive" Unterschiede: Der Schwan hat mehr Halswirbel als andere Vögel, die grössere Anzahl Wirbel ist eine Folge der grösseren Länge des Halses. Auch die Giraffe hat im Vergleich mit anderen Säugetieren einen extrem langen Hals. Die Giraffe hat, wie die anderen Säugetiere auch, nur sieben Halswirbel. Diese sind aber sehr viel grösser als jene der anderen Säuger.

Auch viele Zeichenmuster bei Tieren, so zum Beispiel auf verschiedenen Muscheln, haben keinen eigentlichen Zweck, sie dienen weder als Signal noch haben sie eine technische Funktion.

Die Natur kann dem Menschen als Vorbild dienen. So erzählt man, dass ein Hühnerei Brunelleschi beim Bau der Domkuppel in Florenz als Vorbild diente. Joseph Paxton soll beim Bau des Kristallpalastes von den Blättern der Victoria Regia, einer Riesenseerose, inspiriert worden sein und Jørn Utzon hätte die Form des Daches beim Opera House in Sydney aus einer Orangenschale abgeleitet.

Trotzdem wäre die Annahme falsch, jede gute architektonische Konstruktion sei letztlich auf ein natürliches Vorbild zurückzuführen. Gegen die Behauptung, seine Seilkonstruktionen seien Kopien von Spinnennetzen, meint Frei Otto: „Als diese extremen Leichtbauten der Technik entworfen, konstruiert, statisch berechnet und geprüft wurden, waren den Urhebern die Netze der Spinnen nicht näher bekannt als jedem interessierten Laien. Als aber die neue Technik der Seilnetzdächer eine gewisse Entwicklungsstufe erreicht hatte, konnte man die Netze der Spinnen mit anderen, gründlich geschulten Augen sehen, konnte sie ‚erkennen'" (Otto 1982, S. 8).

Die Beziehung des Menschen zur Natur lässt sich auch am Verhältnis des Gebauten zum Garten ablesen. Entsprechend den verschiedenen Einstellungen zur Natur in der westlichen und östlichen Welt war auch die Beziehung des Gebauten zum Garten, zur näheren natürlichen Umgebung, verschieden.

Ein Beitrag Frankreichs zur Architektur des Barocks war die Organisation des Aussenraumes (Giedion 1978, S. 106). Als absolutistischer Herrscher wollte Ludwig XIV., der sich auch als Herr über die Natur, ja, über den Kosmos sah, mit dem Bau von Versailles ein Zeichen setzen. Das Schlafzimmer des Königs war gegen Osten orientiert, gegen die aufgehende Sonne, die in der Achse des Gartens im Westen wieder unterging. Dieser Zyklus wurde symbolisch nachvollzogen mit den Zeremonien des „lever", sich erheben, und „coucher", sich niederlegen, des Monarchen. Mit der riesigen Gartenanlage wurde die barocke Idee des unendlichen Raumes auch auf den Aussenraum übertragen. Nikolaus

Pevsner : „Die 600 Meter lange Gartenfront des Schlosses blickte auf Le Notres Park mit seinen weiten Blumenparterres, seinen Springbrunnen, seinem kreuzförmigen Mittelteich und seinen parallel oder strahlenförmig geführten Alleen und Wegen, welche zwischen hohen, kunstvoll verschnittenen Hecken in eine scheinbar endlose Ferne verlaufen: Natur von der Hand des Menschen bezwungen und von ihm umgeformt, um der Majestät des Königs zu huldigen, dessen Schlafzimmer sich genau im Mittelpunkt dieser gewaltigen Komposition aus Landschaft und Architektur befindet" (Pevsner 1967, S. 364). Der Garten und der Bau sind keine gleichwertigen Partner. Die Umgebung ist nicht in ihrer Natürlichkeit belassen, ihr wurde die strenge Geometrie des Gebauten aufgezwungen (vgl. Abb. 4.7a).

In England entwickelte sich im 18. Jahrhundert, wohl teilweise unter dem Einfluss der Ideen von Jean Jacques Rousseau, der sogenannte Englische Garten: Die Landschaft wurde nicht mehr einer künstlichen Geometrie unterworfen, sondern wurde weitgehend natürlich belassen. Die Einstellung zur Natur war eine andere als in Frankreich. So standen sich die streng rationale Anlage des Gebauten und die pittoreske, natürliche Umgebung als zwei gleichwertige Teile gegenüber. Das Aufzwingen einer künstlichen Geometrie wurde hier als etwas Unnatürliches abgelehnt (vgl. Abb. 4.7b).

Der Staatsmann und Schriftsteller Joseph Addison formulierte diese neue Grundhaltung am Ende des 17. Jahrhunderts wie folgt: „Ich für mein Teil betrachte einen Baum lieber in dem Reichtum seiner Blätter und Zweige, als wenn er zu einer geometrischen Figur zurückgestutzt ist" (Pevsner 1967, S. 381).

Die Idee, auch das Wohnen mehr mit der Natur zu verbinden, setzte sich immer stärker durch. War es zuerst nur die Residenz des Königs, so ging die Entwicklung weiter, über den Herrschaftssitz des Adels bis zum reichen Bürgertum. Diese Tendenz hatte im 19. Jahrhundert auch einen Einfluss auf den Städtebau. John Nash erhielt zu Beginn des

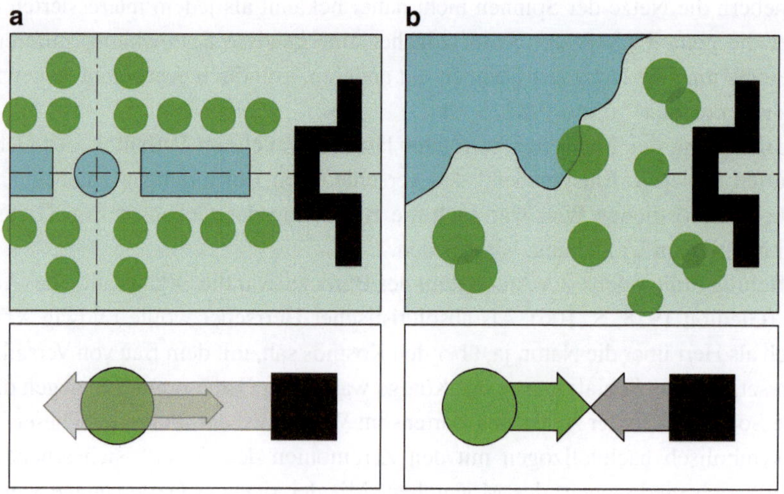

Abb. 4.7 Die Beziehung zwischen Garten und Gebautem in **a** Frankreich und **b** England

19. Jahrhunderts den Auftrag, in einem Park von London, welcher der Krone gehörte, Appartementhäuser zu planen. Das Ergebnis war der Regent's Park: ein grösserer Gebäudekomplex, frei in die natürliche Umgebung gestellt. Am Ende des 19. Jahrhunderts entwickelte sich aus dieser Idee die Gartenstadt. Sie sollte einen Gegenpol zu den Industrieaglomeraten bilden und hatte, zumindest in den Anfängen, auch sozialen Charakter (Frampton 1983, S. 40).

Wie bereits beschrieben, ist die Beziehung des Menschen zur Natur in der westlichen Welt grundsätzlich verschieden von der im fernen Osten. Im I-Ging, einem der ältesten schriftlichen Zeugnisse chinesischer Kultur (7. oder 8. Jahrhundert v. Chr.), wird das Gegensatzpaar Jin-Jang und ihr Zusammenwirken beschrieben (Brockhaus 1969, S. 810). Alle natürlichen Phänomene enthalten oder bedingen ein gegensätzliches Element: Zum Beispiel wird „gross" als solches nur im Vergleich mit „klein" erkannt. Diese Gegensatzpaare stehen nicht gegeneinander, sondern sie benötigen sich gegenseitig, sie ergänzen sich. Konflikte zwischen Gegensätzen werden zugunsten einer Ergänzung verhindert; nur dadurch kann Vollständigkeit entstehen. Diese Gedankengänge wurden zur Grundlage der meisten fernöstlichen Philosophien und sind auch ein Schlüssel zur Frage nach der Beziehung von Gebautem zu seiner Umwelt. Natur und Architektur stehen sich nicht gegenüber, sie durchdringen und ergänzen sich. Da nicht jedes Haus allein in einem grossen Garten stehen kann, beschränkt sich die Verbundenheit mit der Natur oft auf die Beziehung zwischen Innen- und Aussenraum (vgl. Abschn. 4.5.3). Wichtig ist, dass beide Gegensatzpaare vorhanden sind, nur durch die Anwesenheit des einen kann das andere voll erkannt werden (vgl. Abb. 4.8).

Abb. 4.8 **a** Die Beziehung zwischen Garten und Gebautem in China, **b** Garten des Meisters des Netzes, 1140 (18. Jh.), Suchou, China

4.5 Die Beziehung des Gebauten zur Umgebung

4.5.1 Anpassung – Kontrast – Konfrontation

Wie gestaltet sich die Beziehung eines Gebäudes, als etwas Künstlichem, zu seiner Umwelt, zu seiner natürlichen Umwelt oder im städtischen Bereich zu seiner gebauten Umwelt? Vereinfacht können wir drei grundsätzlich verschiedene Arten einer solchen Beziehung unterscheiden. Die erste Möglichkeit ist das Anpassen: Das neu zu Bauende übernimmt formal, materialtechnisch usw. die Sprache der bestehenden Umgebung. Das Gebaute kann aber auch einen Kontrast zur Umgebung bilden. Es bestehen immer noch Ähnlichkeiten mit der Umgebung, der Bau setzt sich aber bewusst ab als etwas Spezielles, Anderes. Die dritte Möglichkeit ist die der Konfrontation: Gebautes und Umgebung stehen einander als Gegensätze gegenüber, sie sind einander fremd und haben nichts miteinander zu tun (vgl. Abb. 4.9).

Durch das Anpassen an die Umgebung kann einerseits Chaos vermieden werden, andererseits wird so eine Entwicklung und Erneuerung verhindert. Strenge Baugesetze, wie vorgeschriebene Dachformen oder Farben und Materialien, wollen allzu grosse Vielfältigkeit und somit ein mögliches Chaos verhindern, können aber, infolge zu grosser Redundanz, auch zu Eintönigkeit führen. (vgl. Abb. 4.10).

Die zweite Art der Beziehung, besteht aus einem bewusstes Absetzen des Gebauten von der Umgebung. Immer bestehen aber noch minimale Ähnlichkeiten zu dieser, gewisse Elemente dieser Umgebung werden übernommen.

Die dritte Art einer Beziehung zwischen Gebautem und Umwelt ist die der Konfrontation. Das Gebaute stellt sich bewusst gegen die Umgebung, es hat keine Ähnlichkeit mehr mit dieser, weder im Bezug auf Form, Material oder Farbe (Abb. 4.11). So will sich zum Beispiel der neu Sitz einer Firma bewusst abheben von den Bauten anderer, konkurrierender Firmen in der Nachbarschaft.

Bei allen drei Möglichkeiten besteht ein mehr oder weniger grosser Einfluss des Gebauten auf seine Umgebung und umgekehrt, sowohl im urbanen wie im natürlichen Kontext. Jedes Objekt wird im Zusammenhang mit seiner Umgebung wahrgenommen, und somit beeinflusst diese Umgebung die Wahrnehmung. Der Grad der Beeinflussung ist umso grösser, je mehr sich das neu Gebaute von seiner Umgebung abhebt (vgl. Abschn. 4.1). Bei der ersten Möglichkeit, der Anpassung, ist die Umgebung dominant,

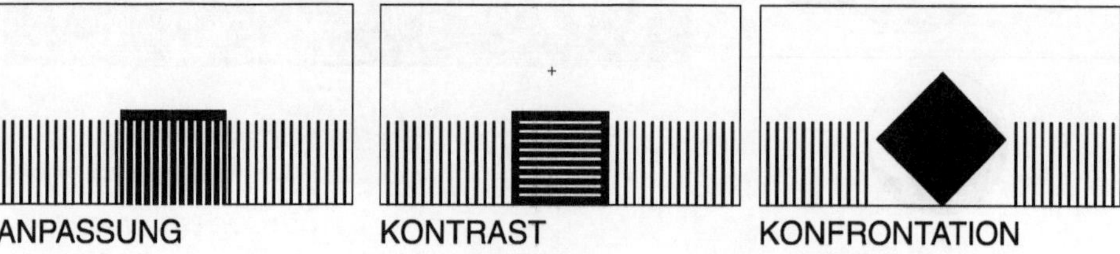

Abb. 4.9 Die Beziehung des Gebauten zur Umgebung: **a** Anpassung, **b** Kontrast, **c** Konfrontation

Abb. 4.10 Kaija und Heikki Sirén, 1973, Fabrikfassade, Tampere, Finnland (rechts Altbau, links Neubau)

Abb. 4.11 Gebäude in Pudong, Shanghai, China

das neu Gebaute ordnet sich dem Bestehenden unter, es passt sich an. Im zweiten Fall sind Umgebung und Gebautes verschieden, es besteht ein Kontrast. Beide stehen nebeneinander und keines dominiert über das andere. Im dritten Falle stehen Gebautes und Umgebung einander gegenüber. Der Einfluss, den sie gegenseitig aufeinander ausüben, ist stärker als im zweiten Fall, das neu Gebaute dominiert über seine Umgebung. Umgekehrt hat diese aber auch einen viel grösseren Einfluss auf die Wahrnehmung des Gebauten als im ersten oder zweiten Fall.

Das Errichten eines neuen Gebäudes ist immer auch ein Eingriff in das Bestehende. Zusammen mit diesem Bestehenden entsteht durch diesen Eingriff wieder ein neues Ganzes. Luigi Snozzi : „Der Begriff der Landschaft als unseres Eingriffsfeldes wird verstanden als Moment eines langen Umwandlungsprozesses, in der der Mensch die Natur in Kultur überführt". „Es handelt sich zum Beispiel nicht darum, einen Bau in die Landschaft einzufügen, sondern es geht darum, eine neue Landschaft zu bauen: es handelt sich nicht darum, sich in die geschichtliche Stadt einzufügen und sich ihr anzupassen. Es geht darum, die geschichtliche Stadt in eine Raumorganisation einzuschliessen, das heisst in die neue Stadt" (Snozzi 1978, S. 494). Snozzi negiert die Natur nicht, er betrachtet sie aber als gleichwertigen Partner: Das neu Geschaffene muss sich nicht der Umgebung anpassen, es muss sie aber in die Planung mit einbeziehen und mit ihr ein neues Ganzes schaffen.

Der Mensch als Teil der Natur wird nie ganz auf diese verzichten können. Bauen bedeutet aber auch, und dies von Anfang an, Auflehnung gegen die Natur. Sibyl Moholy-Nagy : „Selbst in ihren abstraktesten Kalkulationen entspringt Wissenschaft den Naturgesetzen; Bauen jedoch entspringt dem menschlichen Willen, sich von den zyklischen Existenzbeschränkungen der Natur und den unzulänglichen Verteidigungsmöglichkeiten der Herde unabhängig zu machen. In der Formungsphase der gesellschaftlichen Entwicklung war die Entdeckung von künstlichen Mauern, Räumen, Wärme, Licht und Nahrungsspeicherung geomorphisch orientiert" (Moholy-Nagy 1970, S. 19).

Die besprochenen drei grundsätzlichen Möglichkeiten einer Beziehung zwischen Gebautem und Umwelt sind, stark vereinfacht, ähnlich mit den drei Arten von Beziehungen zwischen Gebautem und Garten, die wir vorher betrachteten (vgl. Abb. 4.12).

Im chinesischen Garten ergänzen sich Natur und Gebautes. Die Umgebung, der Garten, und das Gebaute passen sich einander an, sie bilden zusammen ein Ganzes. Im Englischen Garten besteht ein Kontrast zwischen den freien Formen der Natur und der strengen Geometrie des Gebauten. Beide stehen sich aber als gleichwertige Teile gegenüber. Beim französischen Garten stimmt der Vergleich am wenigsten: Das Gebaute dominiert über die Natur des Gartens, welcher dem Gebauten angepasst wird

4.5.2 Die Beziehung zum Boden

Da normalerweise jedes Gebäude einen festen Standort hat, ist es immer auch auf eine bestimmte Art mit dem Grund, dem Boden verbunden. Grundsätzlich können vier verschiedene Möglichkeiten unterschieden werden (vgl. Abb. 4.13).

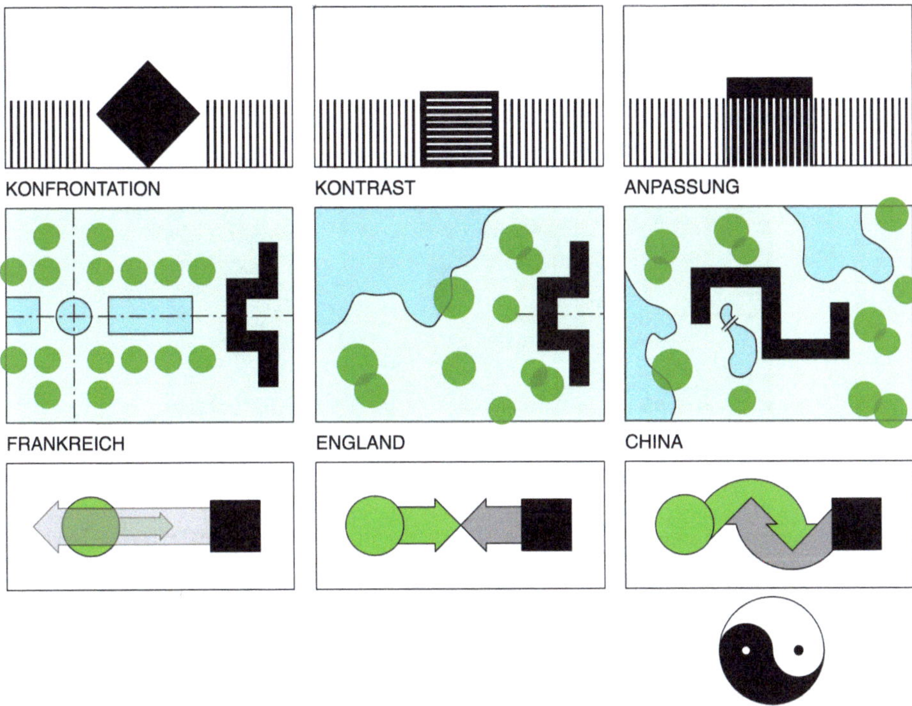

Abb. 4.12 Die drei Bezugsmöglichkeiten zwischen Gebäude und Umgebung (vgl. Abb. 4.7 und 4.8) und die drei korrespondierenden Bezugsmöglichkeiten zwischen Gebautem und Garten (vgl. Abb. 4.9)

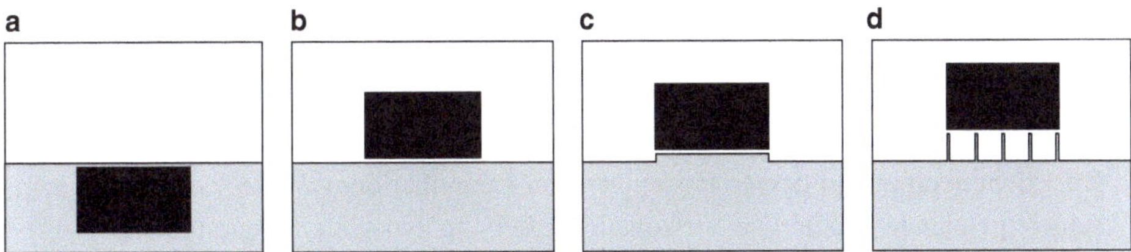

Abb. 4.13 Die Beziehung zwischen Boden und Gebautem

a) Das Haus ist im Boden vergraben und bildet so eine Art Höhle. Die natürliche Höhle diente dem Urmenschen als Schutz und Wohnstätte und entstand ohne seine Beihilfe. Höhlenartige Räume entstehen nicht primär durch das Zusammenfügen verschiedener Teile, sondern durch Entfernen von Material aus Bestehendem oder durch Nutzung von bestehenden Hohlräumen. Die Beziehung des „Gebauten" zur Umgebung ist eine unterordnende, die Umgebung dominiert. Dieser Bautyp hat keine äussere Form, seine Gestalt ist nur von innen erkennbar. (Beispiel: Suomalainen Timo, 1969, im Fels vergrabene Kirche in Helsinki, Finnland: Abb. 4.14).

Abb. 4.14   Suomalainen Timo, 1969, Kirche, Helsinki, Finnland

b) Der Gebäude steht ebenerdig auf dem gewachsenen Boden. Es besteht kein Niveau-
   unterschied zwischen Umgebung und Gebautem. Der ebenerdige Gebäudeboden ermöglicht eine intensive Beziehung zwischen innen und aussen. Die horizontale Raum-
   trennung und somit die territoriale Abgrenzung sind hier sekundär (Beispiel: Piano
   Renzo und Rogers Richard, 1977, Centre Pompidou, Paris, Frankreich: Abb. 6.6).
c) Das Gebaute steht auf einem Sockel, erhebt sich über das Erdniveau und erhält dadurch
   eine gewisse Eigenständigkeit. Der Sockel bedeutet eine klare Abgrenzung zum
   Boden. Um das Gebäude zu betreten, muss eine Stufe, eine Höhendifferenz, überwun-
   den werden. Sockel und Plattform finden wir in vielen alten Kulturen. Ihre Aufgabe
   bestand einerseits darin, ein Territorium abzugrenzen, andererseits wurde etwas Spezielles vom Profanen getrennt (Beispiel: Utzon Jørn, 1977, Sydney Opernhaus, Sydney, Australien: Abb. 6.21a).
d) Die vierte Art einer Beziehung zwischen Gebäude und Boden ist der Bau auf Stützen.
   Das Haus steht autonom, vom Gelände abgehoben und muss deshalb auch keine grosse
   Rücksicht nehmen auf dessen Form: Der Bau kann über dem Wasser oder über einem
   schiefen Gelände liegen. Die horizontale Beziehung zwischen Innenraum und Umgebung ist sehr schwach, der Wechsel von innen nach aussen bedeutet gleichzeitig auch
   eine vertikale Verschiebung (Beispiel: Niemeyer Oscar, 1992, Museum für zeitgenössische Kunst, Niteroi, Rio de Janeiro, Brasilien: Abb. 6.2 b).

Das wahrnehmungsmässige „Gewicht " eines Gebäudes, ob wir einen Bau als schwer
oder leicht empfinden, hängt zumindest teilweise auch von seiner Beziehung zum Boden
ab. Das tatsächliche physikalische Gewicht, auch wenn es dem Betrachter bekannt wäre,
stimmt nicht mit dem wahrgenommenen Gewicht überein (Arnheim 1980, S. 228). Dieses
hängt, nebst der Beziehung des Gebauten zum Boden, von verschiedenen anderen Faktoren ab: Material, Art und Anzahl der Öffnungen, Form etc. Ein Gebäude, das auf einem
Sockel steht, wirkt schwerer als dasselbe Haus auf Stützen. Durch die grössere Standflä-

che empfinden wir es eher als bodenständig und solide. Dies mag ein Grund sein, warum die meisten Monumente auf einem Sockel stehen: Dadurch erhält das Dargestellte zu seinem symbolischen Gewicht noch ein wahrnehmungsmässiges. Die Grabmäler der alten Römer waren nach einem vorgegebenen Muster aufgebaut: Der Sockel mit seinem wahrgenommenen Gewicht diente als Grabkammer. Das darüberliegende Stockwerk zeigte die Verherrlichung des Toten, und das oberste Geschoss symbolisierte die himmlischen Gefilde, in denen der Tote für alle Zeiten weiterlebt (Picard 1965, S. 179). Die Art, wie der Bau mit dem Boden verbunden ist, hat auch einem Einfluss auf die wahrgenommene Proportion des Gebäudes (vgl. Abschn. 7.3).

4.5.3 Die Beziehung zwischen innen und aussen

Der Mensch begann zu bauen, weil er sich gegen seine Umwelt schützen musste. Er musste Raum schaffen, der vom Aussen getrennt ist, er musste Innenraum schaffen.

Beim Bauen wird durch die raumdefinierenden Elemente ein Innenraum vom Um- oder Aussenraum getrennt. Der Philosoph Otto Friedrich Bollnow sagte dazu: „Diese Doppelheit von Innen- und Aussenraum ist grundlegend für den weiteren Aufbau des gesamten erlebten Raumes, ja für das menschliche Leben überhaupt" (Bollnow 1980, S. 130). Speziell auf das Wohnen bezogen meint er: „Beide in polarer Spannung aufeinander bezogenen Seiten sind gleich notwendig, und auf dem Gleichgewicht der beiden Seiten, der Arbeit in dem Aussenraum der Welt und der Ruhe in dem Innenraum des Hauses, beruht die innere Gesundheit des Menschen" (Bollnow 1980, S. 138). Der Mensch ist sowohl auf den Innen- wie auf den Aussenraum angewiesen und muss sich auch zwischen ihnen hin und her bewegen können. Deshalb kann das Innen nie ganz vom Aussen getrennt sein, zwischen ihnen muss eine mehr oder weniger intensive Beziehung besteht. Die Art dieser Beziehung wird hauptsächlich bestimmt durch die räumliche Beziehung der raumdefinierenden Elemente untereinander und durch die Art der Öffnungen in diesen Elementen. Die Anordnung und Gestaltung dieser Verbindungen zwischen innen und aussen ergibt sich aus dem Widerspruch, einerseits einen geschützten Raum von der Umwelt abzutrennen, andererseits aber zwischen den beiden Verbindungen zu schaffen, da sie beide zum Lebensraum des Menschen gehören. Dieser Widerspruch wird deutlich, wenn wir den Charakter von Innen- und Aussenraum vergleichen: Während der erste stets begrenzt und abgeschlossen ist, sei es auch nur durch ein transparentes Glas, ist der andere unendlich gross. Diese Gegensätzlichkeit wird noch deutlicher, wenn wir uns einen einfachen Raum von innen und von aussen vorstellen: zum Beispiel einen Würfel, gebildet aus sechs quadratischen Platten. Sowohl von innen wie von aussen ist der Würfel als solcher erkennbar und trotzdem ist die Wahrnehmung völlig verschieden: Im Inneren umhüllen uns die Wände, sie setzen klare Grenzen, von aussen erleben wir den Würfel als abgeschlossenen Körper oder als Skulptur, die uns gegenübersteht, als Gegenstand in seiner Umgebung. Trotz dieser Gegensätzlichkeit bestehen mehr oder weniger intensive Beziehungen zwischen innen und aussen, Die Art dieser Beziehungen ist einer der wichtigsten Aspekte der Architektur schlechthin.

Oft besteht die Trennung zwischen innen und aussen aus einer einfachen Wand, so dass die Form des Inneren auch aussen ablesbar ist. Dem ist aber nicht immer so, und die oben besprochene Gegensätzlichkeit zwischen innen und aussen macht dies verständlich. In vielen Barockkirchen stimmt die innere Gestalt bewusst nicht mit der äusseren überein. Auch bei vielen Bauten der Neuzeit ist die Form des Inneren von aussen nicht direkt ablesbar (Beispiel: Frank O. Gehry, 2002, Walt Disney Hall, Los Angeles, USA: Abb. 6.21b). Robert Venturi sagt dazu: „Der Kontrast zwischen dem Inneren und dem Äusseren kann eine der wichtigsten Erscheinungsformen des Widersprüchlichen in der Architektur sein. Eine der selbstverständlichsten und verbreitetsten Orthodoxien des zwanzigsten Jahrhunderts war jedoch die Lehrmeinung, dass gerade hier kein Bruch zugelassen sei: Das Innere sollte durch das Äussere repräsentiert werden" (Venturi 1978, S. 105). Wie wir sahen, besteht immer auch ein wahrnehmungsmässiger Gegensatz zwischen innen und aussen. Deshalb ist auch der Wunsch nach einem formalen Sichtbarmachen dieses Gegensatzes verständlich.

Ein Blick auf die Natur zeigt, dass die Verhältnisse dort ähnlich sind: Die äussere Tiergestalt unterliegt ganz anderen Gesetzmässigkeiten als die innere Organisation und zwischen innen und aussen bestehen keine direkten gestalterischen Zusammenhänge. Die inneren Organe werden im Hinblick auf eine möglichst rationale Raumausnutzung organisiert. Der Schweizer Biologe Adolf Portmann meinte : „Bei Vögeln und Säugern ist uns das Bild der eng verpackten Eingeweide so vertraut, dass es uns wie selbstverständlich geworden ist. Wir werden uns kaum mehr bewusst, dass in dieser Innenstruktur der Bauplan des Äusseren ganz aufgegeben ist" (Portmann 1960, S. 28). Das Äussere der Tiergestalt ist vielfältig und spricht unsere optische Wahrnehmung an: Symmetrie, geometrische Muster, vielfältige Formen und Farben. Das sichtbare Äussere unterliegt ganz anderen gestalterischen Gesetzen als das Innere und ist auch dementsprechend verschieden. Jedes Kind kann einen Löwen von einem Tiger unterscheiden. Eine Unterscheidung dieser Tiere nur auf Grund der Eingeweide oder des Skeletts ist aber selbst für einen Fachmann nicht ganz einfach (Portmann 1960, S. 33).

Letztlich ist die Frage, ob das Äussere eines Gebäudes das Innere spiegeln soll, ob die Innenform aussen ablesbar sein soll, eine Frage des Stils. Besteht eine direkte formale Beziehung zwischen innen und aussen, so entspricht das eher einem klaren Ordnungssystem. Eine Lösung, bei der das Innere von aussen nicht ablesbar ist, entspricht eher einer irrationalen Gestaltung, die mehr das Gefühl als den Verstand anspricht und somit eher einem Stil der dritten Stufe in der Ordnungsskala zwischen einfach und komplex entspricht (Abb. 3.6 und 3.11).

Die Ähnlichkeit von innerer und äusserer Form hängt eng mit der Art der Öffnungen zusammen: Je grösser die Öffnungen, desto grösser auch der Bezug zwischen innen und aussen und desto kleiner die Divergenz zwischen innerer und äusserer Form.

Die Geschichte des Raumes im Abendland kann vereinfacht in drei verschiedene Epochen mit drei verschiedenen Raumauffassungen aufgeteilt werden (vgl. Kap. 5.1.1). In der ersten Epoche wurde Architektur als Skulptur verstanden, und der Innenraum hatte keine Bedeutung und folglich bestand auch keine wichtige Beziehung zwischen Aussen und dem Innen. In der zweiten Epoche wurde der Innenraum zum zentralen Anliegen der

Architektur. Es gab nur ein Innen oder ein Aussen, ein „entweder/oder". Die Funktion der Öffnungen in der Aussenwand beschränkte sich auf Ein- und Ausgang sowie den notwendigen Lichteinlass. Erst in der dritten Epoche, ab dem Beginn des 20. Jahrhunderts, wurden Innen und Aussen verbunden, wurde die Verbindung intensiv und wurden die Grenzen zwischen ihnen diffus und komplex. Eine solche Verbindung zwischen innen und aussen wurde zu einem wichtigen Anliegen der Moderne. Beim Entstehen dieser dritten Raumauffassung, und damit auch beim Entstehen der neuen Beziehung zwischen innen und aussen, spielten die Einflüsse aus der Malerei eine wichtige Pionierrolle. Verschiedene Architekten versuchten, die neuen Ideen der Malerei in der Architektur umzusetzen. Die De-Stijl-Gruppe äusserte sich in ihrem „Manifest V" 1923 wie folgt: „Durch die Sprengung der Geschlossenheit (Mauern usw.) haben wir die Dualität zwischen Innen und Aussen aufgehoben" (De Stijl 1981, S. 62). Ein Jahr später, 1924, schrieb Theo van Doesburg, ein Mitglied der De-Stijl-Gruppe: „Die neue Architektur hat die Wände geöffnet und so die Trennung von Innen und Aussen aufgehoben" (Van Doesburg 1981, S. 74) (vgl. Abb. 6.15, Theo van Doesburg, 1923, Studie eines Hauses). In seinem Projekt für ein Landhaus aus Backstein von 1923 (vgl. Abb. 5.16) lässt Mies van der Rohe innere und äussere Raumzonen ineinander fliessen und hebt damit die Grenze zwischen ihnen auf. Im Barcelona Pavillon, aus dem Jahre 1929 (vgl. Abb 2.7, 6.16a und 10.26), wird der Innenraum optisch erweitert bis zur äusseren Umfassungsmauer. Die Wandscheiben führen kontinuierlich vom Innern nach aussen und auch die Deckenplatte kragt weit in den Aussenraum.

In Finnland war der Mensch schon immer besonders auf die Natur angewiesen und hatte deshalb auch eine spezielle Beziehung zu ihr. In der Villa Mairea, 1939 von Aalto erbaut, ist der grosse Wohn- und Essraum nur durch eine Glaswand vom Garten getrennt, dieser wiederum, dreiseitig gefasst von Wohnhaus, gedecktem Sitzplatz und Sauna, ist mit der weiteren Umgebung verbunden (vgl. Abb. 4.15). Durch das Verwenden verschiedener natürlicher, teilweise auch unbearbeiteter Materialien im Hausinnern lässt Aalto

Abb. 4.15 Aalto Alvar, 1939, Villa Mairea, Noormarkku, Finnland. Rechts: Blick vom gedeckten Sitzplatz in die Umgebung

umgekehrt auch die Natur ins Innere vordringen. Auch beim Rathaus von Säynätsalo (vgl. Abb. 7.9), 1952 auch von Alvar Aalto erbaut, erfolgt der Übergang von innen nach aussen über den intimen Innenhof.

Unabhängig von der Entwicklung in Europa entwickelte Frank Lloyd Wright in seinen Projekten eine ähnliche Raumbeziehung zwischen innen und aussen. In einer Fernsehsendung im Jahre 1953 äusserte sich Wright dazu wie folgt: „Das nächste war der offene Plan – statt dass ein Gebäude eine Reihe von Schachteln und Schachteln innerhalb von Schachteln war, wurde es immer offener, immer stärker des Raumes bewusst, das Aussen kam allmählich immer mehr herein, und das Innen ging immer mehr nach aussen. Das wurde immer stärker, bis wir schliesslich einen neuen Grundriss hatten" (Wright 1969, S. 295). Seine Wohnhäuser sind eng mit der Umgebung verbunden. Durch ihre Aussenform, mit verschiedenen Gebäudeflügeln, durchdringen sich Umgebung und Gebautes. Jedes Haus sollte nach Wright zusammen mit seiner Umgebung eine Einheit bilden (vgl. Abb. 4.16).

1910 schrieb er: „In der organischen Architektur ist es völlig unmöglich, das Gebäude als eine Sache zu betrachten, die Einrichtung als eine andere und Standort und Umgebung als wieder eine andere. Der Geist, in dem diese Bauten konzipiert sind, sieht all dies gemeinsam als ein Ding" (Wright 1981, S. 22). Konsequenterweise waren die Baumaterialien alles natürliche: Holz, Granit usw. Während seiner ganzen ersten Schaffensperiode in Chicago verwendete er für seine Bauten weder Stahlskelette noch Eisenbeton (Giedion 1978, S. 269). Sein organisches Konzept, das eine besonders erdnahe Architektur verlangte, und seine Auffassung über das Wohnen allgemein, erlaubten es ihm nicht, ganze Wände zu verglasen, wie zum Beispiel Mies van der Rohe. Die von ihm geschaffenen innen-aussen-Beziehungen waren differenzierter: „Dieses Gefühl für Geräumigkeit erzeugt das Bedürfnis, dass das Aussen ins Gerede kommt und das Innen hinausgeht. Garten und Haus können jetzt eins sein. In jeder guten organischen Konstruktion ist es schwer zu sagen, wo das Haus beginnt oder endet und der Garten beginnt" (Wright 1981, S. 201).

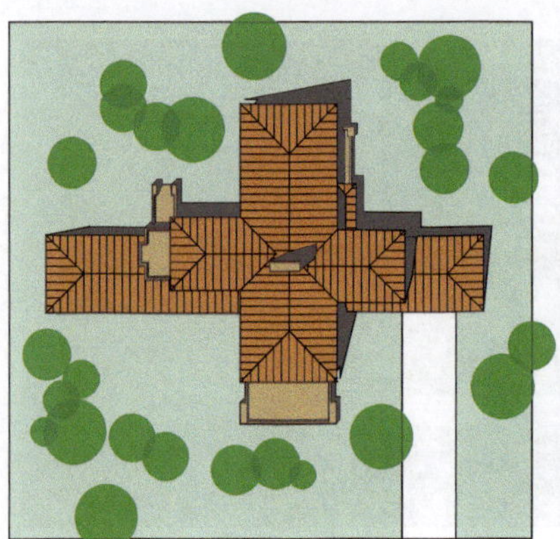

Abb. 4.16 Wright Frank Lloyd, 1902, Ward Willits Haus, Oak Park, bei Chicago, USA (vgl. Abb. 5.35)

Die Naturverbundenheit Wrights drückt sich nicht nur in der Art, wie er die Beziehung innen-aussen behandelt, aus, sondern in seiner ganzen Einstellung zum Raum, deren Ergebnis er organische Architektur nannte. Sie beschränkt sich nicht nur auf Fragen des Raumes, sondern ebenso auf solche des Materials und der Form. Die Architektur Wrights und sein Ideengut kamen 1910 zum ersten Mal in Form einer Ausstellung nach Europa, wurden dort mit grossem Interesse aufgenommen und beeinflussten die ganze europäische Architekturentwicklung massgeblich mit.

Die Idee, einen Bau durch seine Form mit der Umgebung in einen Dialog treten zu lassen, war auch in Europa nicht ganz neu. Schon Palladio entwarf im 16. Jahrhundert Villen, welche durch ihre Aussenform, ähnlich wie die Bauten von Aalto und Wright (vgl. Abb. 4.15 und 4.16), mit der Umgebung eine Verbindung eingehen. Natur und Bau stehen sich hier nicht gleichwertig gegenüber, der Bau dominiert, aber trotzdem besteht zwischen ihnen eine Verbindung. Die Form der Villa Trissino (Abb. 7.18) dringt mit ihren Arkaden weit in die Umgebung vor. Auch die äussere Form der Villa Barbaro in Maser ist vielfältig und wird durch verschiedene Gartenbauten und Stützmauern in der näheren Umgebung unterstrichen (Abb. 4.17). Dadurch entstehen verschiedene Raumzonen, die mehr oder weniger abgeschlossen sind: der Bereich unter den Arkaden, der rückwärtige Teil der Villa mit dem Nymphaeum, die durch verschiedene Niveaus voneinander getrennten Gartenbereiche usw. Der eigentliche Wohntrakt in der Mitte der Anlage springt vor, so dass das Licht von drei Seiten ins Innere gelangt und andererseits ein vielseitiger Ausblick in die Umgebung möglich wird. Die Fresken im Innern der Villa sind teilweise so gemalt, dass der Eindruck entsteht, man blicke durch eine Wandöffnung in eine Landschaft hinaus. Damit hat Palladio ein wichtiges Motiv des Barocks vorweggenommen: Mit künstlerischen Mitteln wird der Raum optisch in die Unendlichkeit der Umgebung erweitert. Nikolaus Pevsner meint dazu: „Wenn man sich eine ganze Landhaus-Komposition Palladios vorstellen will, muss man zu einem derartigen Kernbau die geschwungenen Kolonnaden und die niedrigen Aussenbauten hinzudenken, mit denen die Villa weit in das umliegende Land ausgreifen sollte. Diesem letzteren Motiv kommt in Anbetracht der

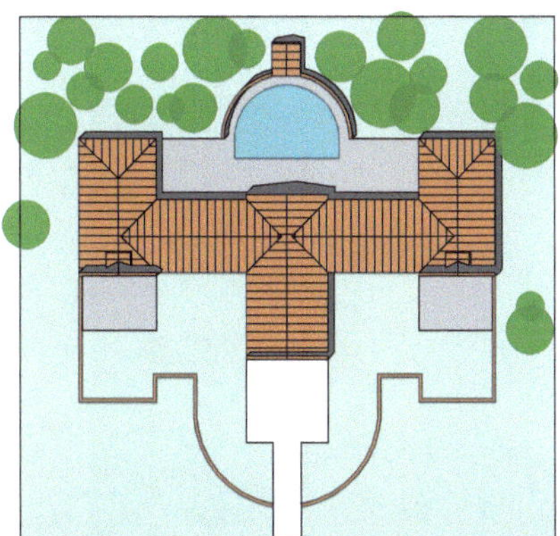

Abb. 4.17   Palladio Andrea, 1557, Villa Barbaro, Maser, Italien

künftigen Entwicklung der Baukunst eine hohe historische Bedeutung zu. In Palladios Landhäusern ist zum ersten Male die Architektur in ihrer engen Beziehung zur Landschaft verstanden und dementsprechend gestaltet worden" (Pevsner 1967, S. 225).

Auch in der traditionellen japanischen Architektur besteht eine intensive Beziehung zwischen innen und aussen. Hauptgrund für diese Einstellung ist die spezielle Beziehung der Japaner zur Natur. Wie wir sahen, besteht in fernöstlichen Kulturen eine andere Auffassung über die Beziehung zwischen Natur und Mensch (vgl. Abschn. 4.4). Der Mensch stand der Natur nicht feindlich gegenüber, er versuchte, mit ihr in Harmonie zu leben. Das Gebaute sollte zusammen mit der Natur, mit der Umgebung, ein Ganzes, eine Einheit, sein. Diese Einheit zwischen Architektur und Natur hat zur Folge, dass auch die Beziehung zwischen innen und aussen in Japan anders verstanden wird als in den westlichen Kulturen: Während in der abendländischen Kultur innen und aussen zwei gegensätzliche Begriffe sind, empfindet der Japaner sein Heim als eine Einheit von Wohnraum und Garten, von Innen- und Aussenraum. Der Übergang wird kontinuierlich gestaltet; er führt von der Tatamimatte des Innenraumes über den Holzboden der Veranda zu den Trittsteinen und dem Kies draussen im Garten, in die weitere Umgebung. Licht, Wind, Kälte, Wärme und Gerüche kommen aus dieser Umgebung und beeinflussen das Leben im Hause selbst. Oft sorgt schon die Form des Gebäudes für eine intensive Beziehung zwischen dem Gebauten und seiner Umgebung. Bei der Villa Katsura, erbaut im 17. Jahrhundert in Kyoto (Abb. 3.12a und 5.43), greifen die verschiedenen Gebäudeflügel und die Umgebung, ähnlich wie bei den Villen von Frank Lloyd Wright, ineinander (vgl. Abb. 4.16). In der Villa Katsura ist der Übergänge zwischen innen und aussen noch differenzierter. Die Lage der sogenannte Mondbetrachtungsplattform (Abb. 4.18), an einem extremen Ende der Villa, dort wo der Grundriss wie ein Schiffsbug in den Garten vorstösst, lässt darauf schliessen, dass es sich um einen in den Aussenraum vordringenden Innenraum handelt. Die Plattform hat dasselbe Niveau wie der Verandaboden und die Tatamimatten im Innern des Gebäudes, das heisst, sie gehört zumindest der Höhe nach zum Innenbereich. Das Dach des Hauses überdeckt aber nur einen kleinen Teil der Plattform, was wiederum bedeutet, dass diese eher ein Teil des Aussenbereiches ist. Auch in der Materialverarbeitung ist ein Wechsel festzustellen: Der glatt geschliffene

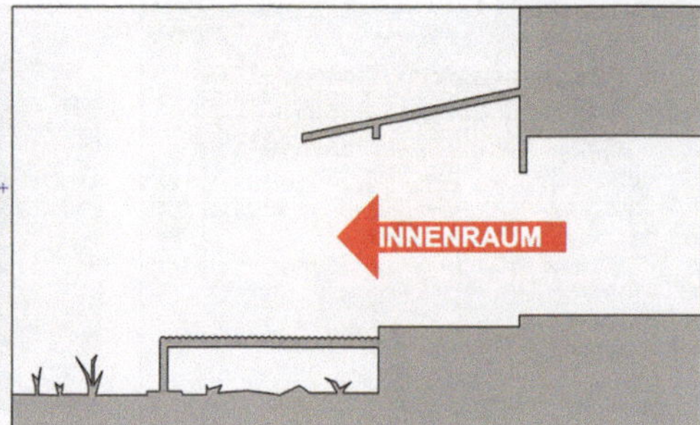

Abb. 4.18 Villa Katsura, Mondbetrachtungsplattform, 17. Jh., Kyoto, Japan

Verandaboden ist etwas Künstliches im Gegensatz zu den Bambusstäben der Plattform, die unbearbeitet sind und so eher zur Natur des Aussenraumes gehören.

Das Umgekehrte, einen Aussenraum, der in den Innenraum vordringt, finden wir in dem zur Villa gehörenden Shoi-ken-Teehaus (vgl. Abb. 4.19). Das Dach ragt hier über eine Zone, die dasselbe Niveau hat wie der Garten. Der Boden besteht aus gestampfter Erde und einer Reihe von Trittsteinen, deren Höhe gegen die Veranda zunimmt, bis sie das Niveau des Innenraumes erreichen. Die Unregelmässigkeit der Natur, durch das Material und die scheinbar willkürliche Anordnung der Trittsteine charakterisiert, dringt in die strenge Geometrie des Innenraumes ein. Dieses Eindringen der Natur in den künstlich geschaffenen Innenraum finden wir auch beim Eckpfosten des „Tokonomas", einer Bildernische, die das Zentrum jedes Wohnhauses bildet: Der Pfosten wurde in natürlicher unbearbeiteter Form belassen und bildet einen optischen Kontrast zur strengen modularen Ordnung der Stützen und Schiebewände.

Während im Westen eine Abschrankung meistens eine physisch schwer überwindbare Trennung ist, kann in Japan eine Trennung auch mehr symbolischen Charakter haben. So werden Territorien bestimmter Naturgottheiten nur durch eine aufgespannte Schnur oder eine Reihe kleiner Steine angedeutet. Der sakrale „Innenraum", der heilige Bezirk, wird symbolisch abgetrennt von der profanen Welt (Abb. 5.26a). In Ise ist das Haupheiligtum von vier Holzzäunen umgeben, die vor allem eine optische und territoriale Abgrenzung bilden. Je weiter wir nach innen gelangen, desto kleiner wird der Pfostenabstand der einzelnen Zäune. Der innerste Zaun ist praktisch eine Holzwand, die keinen Blick ins Innere mehr erlaubt. Auch die Zahl der Personen, die die Tore der verschiedenen Abschrankungen durchschreiten dürfen, wird nach innen immer kleiner: Das äusserste Tor steht für alle Besucher offen, das innerste Tor darf nur vom Kaiser und den höchsten Shinto-Priestern durchschritten werden (vgl. Abb. 4.2).

Auch im abendländischen Kulturbereich besteht heute eher ein stufenweiser Übergang zwischen innen und aussen. Vom öffentlichen Strassenraum bis zum privaten Wohnraum werden mehrere Zwischenzonen durchschritten: Vorgarten, Vorplatz, Eingangsbereich, Korridor, Wohnungsvorplatz etc. Ganz im Gegensatz dazu besteht im islamischen Kulturbereich eine strenge Trennung zwischen innen und aussen, zwischen dem öffentlichen

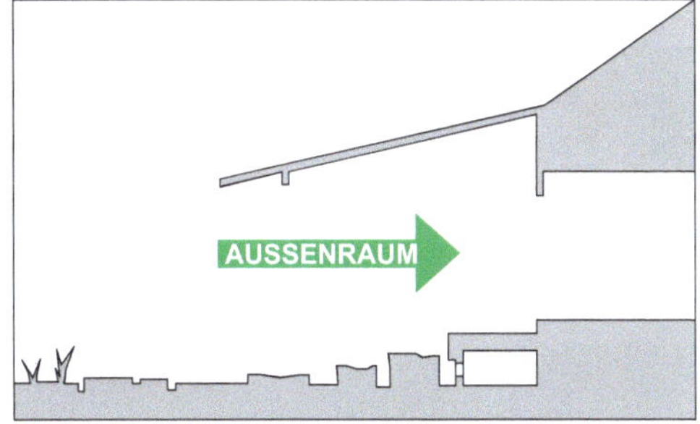

Abb. 4.19 Villa Katsura, Shoi-ken-Teehaus, 17. Jh., Kyoto, Japan

Raum und dem privaten, familiären Wohnraum. Hier ist das traditionelle Wohnhaus ein Hofhaus, die einzelnen Räume sind gegen den privaten Innenhof ausgerichtet, nicht gegen die Strasse. Der öffentliche Strassenraum ist beidseitig von Mauern begrenzt. Die einzigen Verbindungselemente zwischen Strassenraum und Hausinnerem sind die Hauseingangstüren, Fenster gibt es hier keine (Abb. 4.20). Das abendländische Wohnhaus ist heute eher extravertiert, das traditionelle islamische Wohnhaus ist introvertiert (Abb. 4.21).

Abb. 4.20   Traditionelles Hofhaus und Strasse in der Altstadt von Aleppo, Syrien

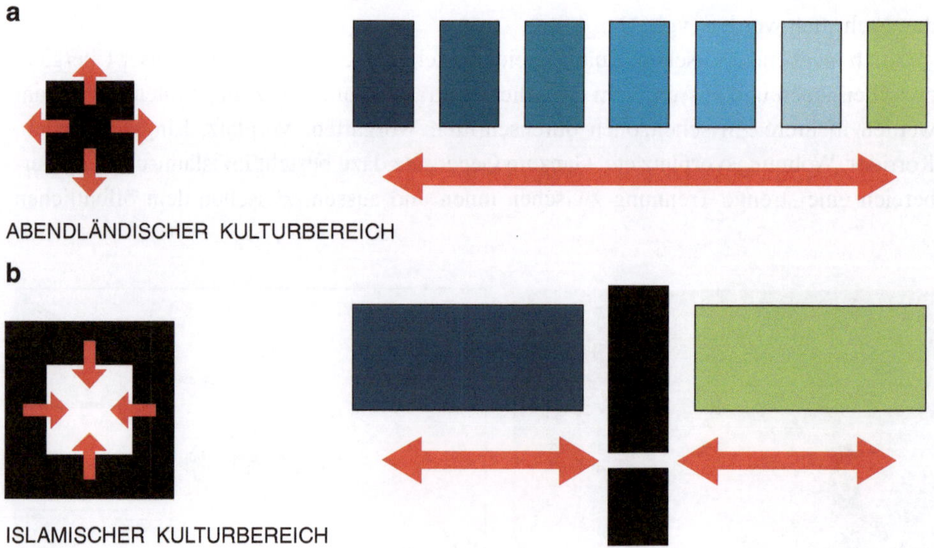

Abb. 4.21   **a** extravertiertes Haus mit stufenweisem Übergang zwischen innen und aussen, **b** introvertiertes Haus mit strenger Trennung zwischen innen und aussen

4.6   Strasse und Platz

Die Städte des abendländischen Altertums waren kleine Welten, künstlich vom Mensch geschaffen. Strassen und Plätze, Monumenten und Denkmäler für ihre Erbauer, waren die Grundelemente der Stadt. Das öffentliche Leben spielte sich in den Strassen und Plätzen ab. Sie gehören im urbanen Kontext zu der näheren Umgebung des Wohnbereiches (vgl. Abschn. 9.7). Die Strasse dient als Weg, als Bereich der Bewegung, der Platz als Zentrum, als Ort der Handlung und Begegnung. Der öffentliche Platz, als Ort der Begegnung, hat als Gegenpol zum privaten Innenraum eine zentrale Bedeutung in der Entwicklungsgeschichte des Menschen, ja, er kann als Kristallisationsort des Zusammenlebens überhaupt gewertet werden. Louis I. Kahn äusserte sich dazu wie folgt: „Er (der Mensch) erkennt, dass er nichts erreichen kann, was nur er allein haben kann. Er braucht also eine Stätte, wo das, was er will, mit dem zusammenfällt, was andere wollen, und das erlaubt ihm, zu haben, was er will, und ermöglicht auch den anderen, es zu bekommen" (Giurgola 1979, S. 96).

Die Antwort auf die Frage, bis zu welcher Grösse ein Platz noch als solcher wahrgenommen wird, hängt von seinen Dimensionen und von seinen Begrenzungen ab. Die maximale Grösse sollte auch vom territorialen Sicherheitsbedürfnis des Menschen bestimmt werden. Schon Camillo Sitte wies 1909 darauf hin, dass bei allzu grossen Plätzen „eine eigene nervöse Krankheit konstatiert worden ist: die ‚Platzscheu‘" (Sitte 1983, S. 56). Die Grösse vieler alter italienischer Plätze wurde durch die Distanz bestimmt, die notwendig ist, um ein Gesicht zu erkennen. Die erwähnte ‚Platzscheu‘ scheint aufzutreten, wenn diese Kommunikationsdistanz überschritten ist (Smith 1981, S. 137). Auch im gegenteiligen Fall, bei zu grosser Enge, kann das Gefühl der Angst auftreten. Ähnlich wie beim Tier spielt hier auch beim Menschen die Territorialität eine wichtige Rolle.

Städte, mit ihren Strassen und Plätzen, haben nicht in allen Kulturen dieselbe Bedeutung. So gibt es zum Beispiel auch hier grosse Unterschiede zwischen dem Abendland und dem islamischen Kulturbereich. Als Nomaden hatten die Araber ursprünglich keine Stadttradition, sie konnten der Idee des permanenten Seins in der Stadt nichts abgewinnen. Im Koran wird die Stadt meist in einem negativen Zusammenhang erwähnt. So wird zum Beispiel die Zerstörung von Städten durch Naturkatastrophen als Folge des göttlichen Zorns beschrieben. Die Gläubigen werden davon gewarnt, etwa stolz auf ihre Städte zu sein (Vogt-Göknil 1978, S. 33.). Strassen und Plätze hatten in diesen Städten eine ganz andere Aufgabe als im Abendland. Die Strassen sind oft Sackgassen, die nur als Zugänge zu den einzelnen Häusern dienen (vgl. Abb. 4.22). Die Plätze bilden keine Zentren, sie sind nur Freiflächen, die für Märkte genutzt werden.

Fragen (und Antworten)

4.1.   **Warum sind wir auch dann fähig unsere Umwelt zu kontrollieren, wenn sie nicht direkt wahrnehmbar ist?**

4.2.   **Was sind die Voraussetzungen damit sich ein Mensch mit seiner Umgebung identifizieren kann?**

4.3.   **Was bezeichnen wir als Nachbarschaft?**

Abb. 4.22 Altstadt von Kairo,
Ägypten (Ausschnitt)

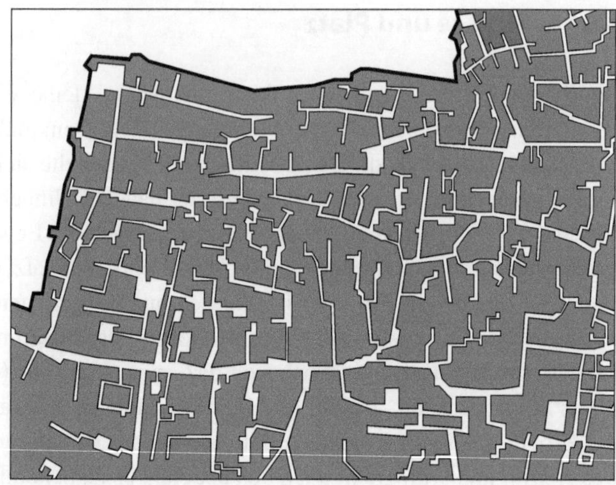

4.4.   **Was erkennen wir in unserer Umgebung einen bestimmten Ortes?**

4.5.   **Wie unterscheidet sich die Beziehung des Gebauten zur Umgebung im traditionellen französischen Garten und im traditionellen englischen Garten?**

4.6.   **Wie gestaltet sich die Beziehung eines Gebäudes, als etwas Künstliches, zu seiner Umwelt, zu seiner natürlichen Umwelt oder, im städtischen Bereich, zu seiner gebauten Umwelt?**

4.7.   **Warum stimmt das tatsächliche physikalische Gewicht eines Gebäudes nicht mit dem wahrgenommenen Gewicht überein?**

4.8.   **Was bestimmt die räumliche Beziehung zwischen dem Innen und dem Aussen?**

4.9.   **In welchem abendländischen Stilepoche wurde eine intensive Beziehung zwischen innen und aussen in der Architektur zum ersten Mal wichtig?**

4.10. **Warum bestand in der traditionellen japanischen Architektur immer eine intensive Beziehung zwischen innen und aussen?**

Die Musterlösungen zu den Fragen befinden sich im Anhang.

Literatur

Arnheim, Rudolf: Die Dynamik der architektonischen Form, Köln, 1980 (Originaltitel: The dynamics of architectural form, Los Angeles, 1977)

Bollnow, Otto F.: Mensch und Raum, Stuttgart, 1980 (1963)

Brockhaus Enzyklopädie, Wiesbaden, 1969

Canival, Jean-Louis de: Ägypten, Fribourg, 1964

Canter, David V. (Hrg.): Architekturpsychologie, Düsseldorf: Bertelsmann 1973

De Stijl: Manifest V, 1923 (in: Programme und Manifeste zur Architektur des 20. Jahrhunderts, Braunschweig, 1981)

Frampton, Kenneth: Die Architektur der Moderne, Stuttgart, 1983 (Originaltitel: Modern architecture, London, 1980)

Giedion, Siegfried: Raum, Zeit, Architektur, Zürich, 1978 (Originaltitel: Space, Time and Architecture, Cambridge, Mass., 1941)

Giurgola, Romaldo: Louis I. Kahn, Zürich, 1979

Grütter, Jörg Kurt: Traditionelle japanische Architektur (in: Bauen und Wohnen, 12/1976)

Joedicke, Jürgen: Der Einfluss der Umgebung beim Erleben von Architekur (In: Bauen und Wohnen, 9/1975)

Ladde, Ernst E.: Die engere Umwelt der Wohnung (in: Bauen und Wohnen, 4/1974)

Moholy-Nagy, Sibyl: Die Stadt als Schicksal, München, 1970 (Originaltitel: Intentions in Architecture, Oslo, 1963)

Norberg-Schultz, Christian: Genius Loci, Stuttgart, 1982 (Originaltitel: Genius Loci, Milano, 1979)

Norberg-Schulz, Christian: Meaning in western architecture, London, 1975 (Originaltitel: Significato nell' architettura occidentale, Milano, 1974)

Otto, Frei: Natürliche Konstruktionen, Stuttgart, 1982

Payne, Ifan: Pupillenreaktion auf architektonische Reize (in: Architekturpsychologie, Düsseldorf, 1973. Originaltitel: Architectural Psychology, London, 1970)

Pevsner, Nikolaus: Europäische Architektur, München, 1967

Picard, Gilbert: Imperium Romanum, Fribourg, 1965

Portmann, Adolf: Tiergestalt, Basel, 1960

Sitte, Camillo: Der Städtebau, Braunschweig, 1983 (1909)

Smith, Peter F.: Architektur und Ästhetik, Stuttgart, 1981 (Originaltitel: Architecture and the Human Dimension, London, 1979)

Snozzi, Luigi: Architektur als Formproblem (in: Werk, Bauen und Wohnen, 12/1978)

Van Doesburg, Theo: Auf dem Weg zu einer plastischen Architektur, 1924 (in: Programme und Manifeste zur Architektur des 20. Jahrhunderts, Braunschweig, 1981)

Venturi, Robert: Komplexität und Widerspruch in der Architektur, Braunschweig, 1978 (Originaltitel: Complexity and contradiction in Architecture, New York, 1966)

Vogt-Göknil, Ulya, Die Moschee, Grundformen der sakralen Baukunst, Zürich, 1978

Watanabe, Yasutada: Shinto Art: Ise and Izumo Shrines, New York, 1974 (Ursprünglich auf Japanisch, Tokyo, 1964)

Wright, Frank Lloyd: In einer Fernsehsendung, NBC, 17.5.1953 (in: Humane Architektur, Berlin, 1969)

Wright, Frank Lloyd: Organische Architektur, 1910 (in: Programme und Manifeste zur Architektur des 20. Jahrhunderts, Braunschweig, 1981)

Wright, Frank Lloyd: The Future of Architecture, New York, 1970 (1953) (Übersetzung: J.K. Grütter)

Wright, Frank Lloyd: Vortrag in London, 1939 (in: Programme und Manifeste zur Architektur des 20. Jahrhunderts, Braunschweig, 1981)

Raum

5

Inhaltsverzeichnis

Einführung

Die Auffassung, was Raum sein soll, wie Raum geformt und gestaltet werden soll, veränderte sich im Laufe der Geschichte ständig. Nebst dem gebauten Innenraum existieren auch andere Arten von Räumen. Wir bewegen uns täglich in privaten und öffentlichen Räumen, in Umräumen oder in Zwischenräumen. Je nach Situation erleben wir, und reagieren wir auf Raum ganz verschiedenen. Der Raum wird nicht nur durch seine Proportionen und Grösse bestimmt. Eine ganz entscheidende Rolle spielen auch die Art der Verbindung zwischen innen und aussen, aber auch die verbauten Materialien. Raum wird auch je nach Kultur verschieden wahrgenommen und dementsprechend auch verschieden gestalte.

© Springer Fachmedien Wiesbaden GmbH, ein Teil von Springer Nature 2019   133
J. K. Grütter, *Grundlagen der Architektur-Wahrnehmung*,
https://doi.org/10.1007/978-3-658-26785-8_5

5.1 Zur Geschichte des Raumes

Was ist Raum? – Die naheliegendste Definition besteht darin, Raum als eine Leere zu bezeichnen, die etwas aufnimmt, die gefüllt werden kann. Raum ist nichts Konkretes und trotzdem messbar: „Es ist genügend Raum vorhanden", … „Der Raum ist ausgefüllt" … Diese Auffassung entspricht derjenigen von Aristoteles, der sich in seinen Schriften als erster abendländischer Denker im 4. Jahrhundert v. Chr. mit dem Raumbegriff ausführlich beschäftigte. Er verglich den Raum mit dem Inhalt eines Gefässes, Raum als Hohlraum, der umschlossen sein muss, damit er existiert und somit auch immer endlich ist (Dessoir 1925, S. 166).

Der italienische Philosoph und Astronom Giordano Bruno entwickelte im 16. Jahrhundert eine andere Auffassung über Raum. Er machte die Idee des Unendlichen zu einem der Hauptpfeiler seiner Philosophie. Der Raum wird wahrnehmbar durch die Dinge, die sich in ihm befinden, er wird zum Umraum oder Zwischenraum. Raum ist ein System von Beziehungen zwischen den Dingen und muss nicht mehr, wie bei Aristoteles, ganz umschlossen sein. Damit ist er auch nicht mehr unbedingt endlich (Dessoir 1925, S. 387) (Abb. 5.1).

Der Mensch hat ein Bedürfnis nach Raum, der ihn vor den Einflüssen der Umwelt schützt. Dieses Bedürfnis ist so alt wie die Menschheit selbst und hat sich bis heute kaum verändert. Der schutzbietende Raum, der Wohnraum, war und ist etwas Besonderes: Er ist Ausgangspunkt der menschlichen Orientierung, er ist das Zentrum, von dem aus der Mensch seine räumlichen Beziehungen aufbauen kann. Die Gestaltung dieses Raumes hängt von den technischen Möglichkeiten ab, ist aber ebenso, und das ist viel wichtiger, der Ausdruck einer bestimmten Geisteshaltung seiner Erbauer und Bewohner. Oder mit den Worten von Louis I. Kahn: „Im Wesen des Raums lebt der Geist und der Wille zu einer bestimmten Art des Seins" (Kahn 1981, S. 162). Die Art des Seins und somit der Geist der Raumgestaltung haben sich stetig verändert, sie sind kulturabhängig.

Abb. 5.1 Die beiden Raumauffassungen: **a** von Aristoteles, Raum als Hohlraum (4. Jh. v. Chr.), **b** Giordano Bruno, Raum als das Dazwischen (16. Jh.)

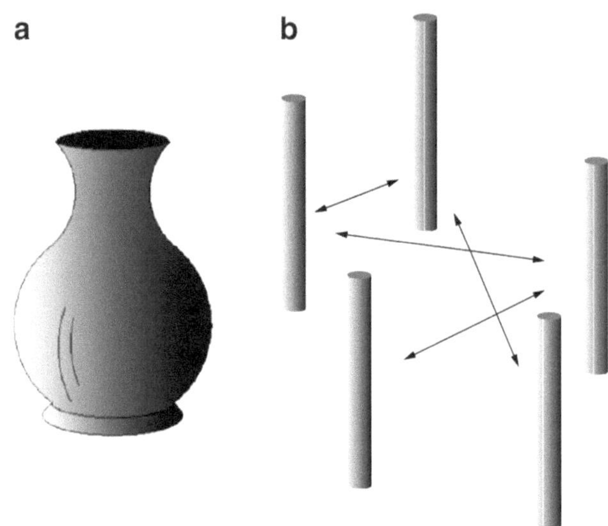

Zwischen Betrachter und Raum besteht eine Beziehung, sie stehen in einem bestimmten Ordnungsverhältnis zueinander. Für den Nutzer ist der Raum nichts Konstantes, er ist verschiedenartig erlebbar, je nach Standort oder Stimmung des Betrachters, je nach Tages- oder Jahreszeit etc. Die Umwelt, vor allem die durch den Menschen geschaffene architektonische Umwelt, besteht aus einer mehr oder weniger komplexen Beziehungskonfiguration verschiedener räumlicher Ordnungssysteme, die einander dominieren, überlagern, durchdringen, miteinander rivalisieren.

Solche Raumkonstellationen finden wir überall. Der Raum einer Stadt besteht aus einer Vielzahl solcher Raumverhältnisse: aus der Beziehung verschiedener Strassenräume untereinander, zu Plätzen, zu Gebäuden. Innerhalb eines Gebäudes können verschiedene Räume unterschieden werden, die einen Bezug zueinander und auch zum Gebäudeumraum haben. Schlussendlich wird jedes einzelne Zimmer durch die Möblierung in weitere Raumzonen unterteilt. Je geordneter diese Raumstrukturen sind, desto einfacher wird das Erfassen des Raumes als Ganzes.

5.1.1   Die drei Raumauffassungen der abendländischen Kultur

In der abendländischen Kultur können im Verlauf der Geschichte drei fundamental verschiedene Auffassungen über den Raum unterschieden werden (Abb. 5.2). Die erste fällt in die Epoche der Hochkulturen im Zweistromland, in Ägypten und in Griechenland. Architektur war in den unendlichen Raum ausstrahlende Skulptur, die eine Beziehung zum Kosmos herstellte (Abb. 5.3). Der Innenraum spielte eine sekundäre Rolle, ihm wurde wenig Bedeutung zugemessen.

Im Gegensatz zur plastischen Architektur der Griechen wird die römische oft als Raumarchitektur bezeichnet. Zum ersten Mal wurden grosse Innenräume für verschiedene Nutzungen gebaut. Der Innenraum wurde modelliert und wurde so zu einem primären Element der Architektur.

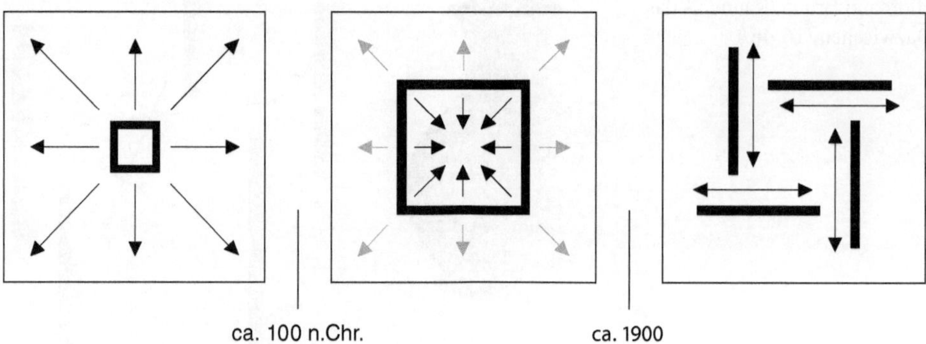

Abb. 5.2 Die drei Raumauffassungen der abendländischen Kultur

a   b

Abb. 5.3 **a** Pyramide von Huni und Snofru, Ende 3. Dyn., Medum, Ägypten, **b** Heraklestempel, 500 v. Chr., Agrigent, Sizilien, Italien

Um die vorletzte Jahrhundertwende begann die Epoche der dritten Raumauffassung. Der Raum ist nicht mehr ein abgeschlossener Behälter, sondern er wird zur Zone. Damit erfährt auch die Beziehung zwischen Innen- und Aussenraum einen Wandel. Der offene Raum, als primäres Element, als Zone, ist eine Erfindung der Moderne.

5.1.1.1 Epoche der 1. Raumauffassung

In der Architektur der alten Ägypter spielte der Innenraum eine sekundäre Rolle, Dies geschah nicht, wie oft behauptet, nur aus technischen Gründen, weil die damaligen Baumeister nicht fähig gewesen wären, solche Räume zu bauen (Canival 1964, S. 131). Die Ägypter benutzten das Rundbogengewölbe, mit dem durchaus grössere Spannweiten überbrückt werden können, schon im 18. Jahrhundert v. Chr., allerdings nur dort, wo es räumlich nicht in Erscheinung trat: zur Befestigung von Fundament und Mauerwerk. Sicher wären sie imstande gewesen, das menschliche Mass zu sprengen und damit grössere Innenräume zu schaffen. Dies war aber nicht ihre Absicht. Ihre Architektur hatte auch einen symbolischen Gehalt: Sie entwickelte sich aus dem Wunsch, den Kosmos zu repräsentieren. Die Ägypter glaubten an das Leben nach dem Tode, und die Art, wie sie den Innenraum behandelten, spiegelt die Auffassung, dass der Mensch immer unterwegs sei und nie an ein Ende kommt. Jeder Innenraum diente somit nur als Zwischenstopp einer ewigen Wanderung und konnte deswegen auch keine spezielle Bedeutung haben (vgl. Abschn. 9.6).

In der altgriechischen Sprache existiert kein eigentliches Wort für Raum. Raum wurde als „das Dazwischen" bezeichnet, die raumdefinierenden Elemente waren wichtiger als der Raum selbst. Für Aristoteles war Raum der Inhalt eines Gefässes und dieser wiederum war abhängig von den ihn definierenden Elementen. Der Innenraum hatte in der griechischen Architektur keine primäre Bedeutung (Abb. 5.1).

5.1.1.2 Epoche der 2. Raumauffassung

Die Epoche der zweiten Raumauffassung begann mit den grossen Bauten der Römer und reichte bis ins 19. Jahrhundert. Raum war Innenraum, welcher zum wichtigsten Element der Architektur wurde. Im alten Rom fand diese Entwicklung einen ersten Höhepunkt in der räumlichen Gestaltung der Thermen mit den neuartigen Bogenkonstruktionen. Ihre Konstruktion war nur dank entscheidender technischer Verbesserungen am Gewölbe möglich: Diese wurden nicht mehr aus grossen behauenen Steinen zusammengesetzt, sondern mit Hilfe einer Mischung aus einer speziellen Mörtelart und Backstein in einem Guss hergestellt (Picard 1965, S. 176). Dadurch wurde eine vorher nie gekannte Festigkeit erreicht, und das Gewicht der Konstruktion konnte beträchtlich verringert werden. Diese Bauweise kann als eine Vorstufe des heutigen Betons bezeichnet werden. Das Material konnte grosse Druckkräfte aufnehmen. Da die Römer die Armierung nicht kannten, war es ihnen aber nicht möglich, mit ihren Konstruktionen auch Biegekräfte abzuleiten.

Innerhalb der neuen Raumauffassung verwendeten die Römer zwei grundlegend verschiedene Raumformen, die in der weiteren Entwicklung eine entscheidende Rolle spielen: den Zentralraum und den Longitudinalraum.

Der reinste römische Zentralbau ist das im 2. Jahrhundert erbaute Pantheon: Eine Halbkugel mit einem Durchmesser von 43 Meter liegt auf einem Zylinder, dessen Höhe gleich dem Radius der Kugel ist, so dass dem Raum eine Kugel einbeschrieben werden kann (Abb. 5.4). Die Vorhalle passt formal nicht zum Hauptraum. sie wurde wahrscheinlich erst später hinzugefügt (Picard 1965, S. 111). Norberg-Schulz misst diesem Vorbau aber eine besondere Bedeutung zu: Die Achse des Eingangs führt durch den Zentralraum zu einer

Abb. 5.4   Pantheon, 120 n. Chr., Rom, Italien

Apsis auf der dem Eingang gegenüberliegenden Seite. Die Achse stellt den Weg der Geschichte dar, die sich im Rundbau mit der kosmischen Ordnung verbindet. Im Zentralraum ist die Achse nicht mehr spürbar. Damit gibt sie dem Menschen das Gefühl des göttlich inspirierten Eroberers, der nach einem kosmischen Plan Geschichte macht (Norberg-Schulz 1975, S. 101).

Das Vorbild der frühchristlichen Longitudinalkirche ist die römische Basilika, deren Anfang bis ins 2. Jahrhundert v. Chr. zurückreicht (Picard 1965, S. 105). Sie war ursprünglich ein rechteckiger Versammlungsraum, dessen Eingang sich entweder an einer Längsoder an einer Breitseite befand. Die Basilika wurde zur Urform der christlichen Kirche. Eines der besten Beispiele einer frühchristlichen Langkirche ist Santa Sabina in Rom (Abb. 5.5). Der Bau besteht aus einem längsgerichteten Hauptschiff mit zwei Nebenschiffen und einer Apsis, ein verkümmerter Zentralbau. Damit wurde die Idee des Weges und des Ziels symbolisiert.

Nach dem römischen Zeitalter wurde in Europa die Sakralarchitektur für Jahrhunderte zum eigentlichen Träger der Baukunst, bei derer Gestaltung jeweils von Zentral- und Longitudinalraum als Grundtypen ausgegangen wurde. Das Christentum leitete die Grundlagen seiner Architektur aus ihrem Inhalt ab: aus dem Versprechen der Erlösung und dem Weg dazu, symbolisiert durch ein Zentrum und einen Weg.

Mit der Teilung des römischen Reiches im 4. Jahrhundert gingen die Entwicklungen in Ost und West auseinander. Vereinfacht kann gesagt werden, dass die frühchristliche Architektur im Osten, unter Kaiser Konstantin, als Grundtyp das Konzept des Zentralraumes übernahm, die Baukunst im Westen den Longitudinalraum. Vielleicht kann diese Wahl mit der Tatsache begründet werden, dass in Rom das Christentum 250 Jahre um seine Existenz kämpfen musste, im Osten aber seinem Ziel mit der Gründung einer neuen Hauptstadt durch einen dem Christentum wohlgesinnten Kaiser näher gerückt war und so die Bedeutung des Weges an Wichtigkeit verlor (Abb. 5.9).

Lange Zeit bestand die Herausforderung bei der Planung von Kirchen darin, diese beiden Grundtypen zu vereinen. Einer der ersten Versuche, war die Geburtskirche in Bethlehem, 333 n. Chr. (Abb. 5.6). Die Verbindung beschränkte sich hier auf ein blosses Nebeneinander: ein Langhaus mit einem angehängten achteckigen Zentralbau. Diese Verbindung verdeutlicht aber klar die christliche Idee des Weges hin zum Ziel.

Der Höhepunkt der oströmischen oder byzantinischen Architektur war der Bau der Kirche Hagia Sophia in Konstantinopel 537 n. Chr. (Abb. 5.7). Während die Kuppel im Pantheon

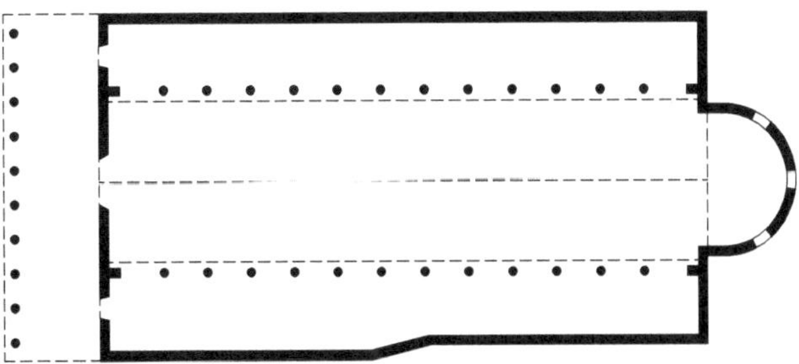

Abb. 5.5 Kirche Santa Sabina, 430, Rom, Italien

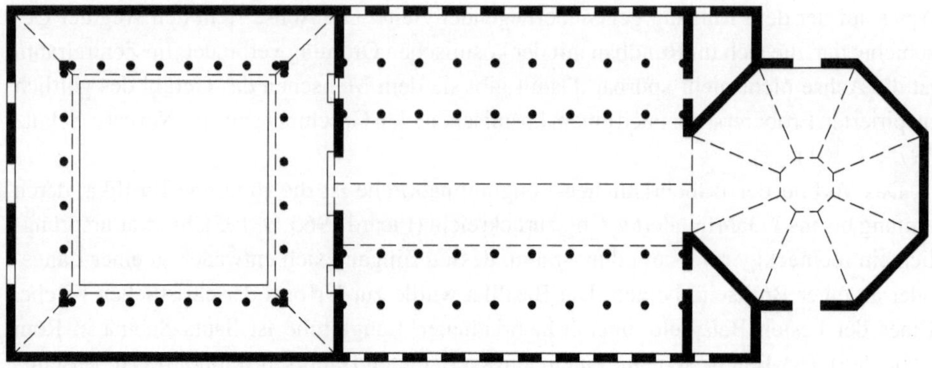

Abb. 5.6 Geburtskirche, 333, Bethlehem (Rekonstruktion)

noch gleichmässig auf der den Raum umgebenden Wand aufliegt, werden die Lasten in der Hagia Sophia teilweise über zwei Halbdome abgeleitet. Damit wird der Kirchenraum gerichtet, wird somit zu einer Mischung von Zentral- und Longitudinalraum. Dieser Gebäudetyp hatte später auch einen prägenden Einfluss auf die islamische Architektur.

Beim Bau der Hagia Sophia bestand auch die Absicht, den Himmel in den Innenraum einzubeziehen. Der Hofpoet des oströmischen Kaisers Justinian, welcher die Kirchen erbauen liess, schrieb über deren oberen Abschluss: „ … und über allem erhebt sich die grosse Kuppel in die ungreifbare Luft und umschliesst die Kirche wie ein strahlender Himmel" (Zevi 1974, S. 87). Mit einem Fensterband am unteren Rand der Hauptkuppel wird der Eindruck erweckt, dass die Kuppel schwebe. Zusätzlich werden die Querwände mit Hilfe von Öffnungen optisch aufgelöst, der Raum erhält etwas Unwirkliches, Weltabgerücktes. Damit wurde im byzantinischen Stil auch der statische Massstab gesprengt: Der Kräfteverlauf ist nicht mehr klar ablesbar. Die römische Architektur setzte den menschlichen Massstab ausser Kraft (Krautheimer 1965, S. 160). Der Zentralraum und seine Idee der Mitte wurde bei der Hagia Sophia beibehalten. Im Gegensatz zu allen vorhergegangenen Zentralbauten ist der Raum hier aber auch nach aussen gerichtet. Im Pantheon sind alle Kräfte auf die Mitte zu gerichtet, in der Hagia Sophia gehen sie vom Zentrum aus. Damit war noch kein Bezug zwischen innen und aussen geschaffen, dieses Umdrehen der Orientierungsrichtung bildete aber die Grundlage für diesen Schritt.

Die Entwicklung des kreuzförmigen Grundrisses war ein weiterer Schritt beim Versuch, Zentral- und Longitudinalraum zu verbinden. Der beste Repräsentant dieses Typs unter den heute noch existierenden Kirchen ist San Marco in Venedig aus dem 11. Jahrhundert (Abb. 5.8).

Das Konzept des kreuzförmigen Grundrisses mit fünf Kuppeln stammt aus dem 6. Jahrhundert. In der Hagia Sophia, war die Längsrichtung weniger wichtig als die Idee des Zentralen Raumes. Bei San Marco sind die beiden sich kreuzenden Schiffe genauso wichtig wie die fünf zentralen Kuppeln, die zusammen ein Kreuz bilden und die zentralistische Idee damit noch verdeutlichen (vgl. Abb. 5.9). Auch hier erhellt das durch hoch liegende

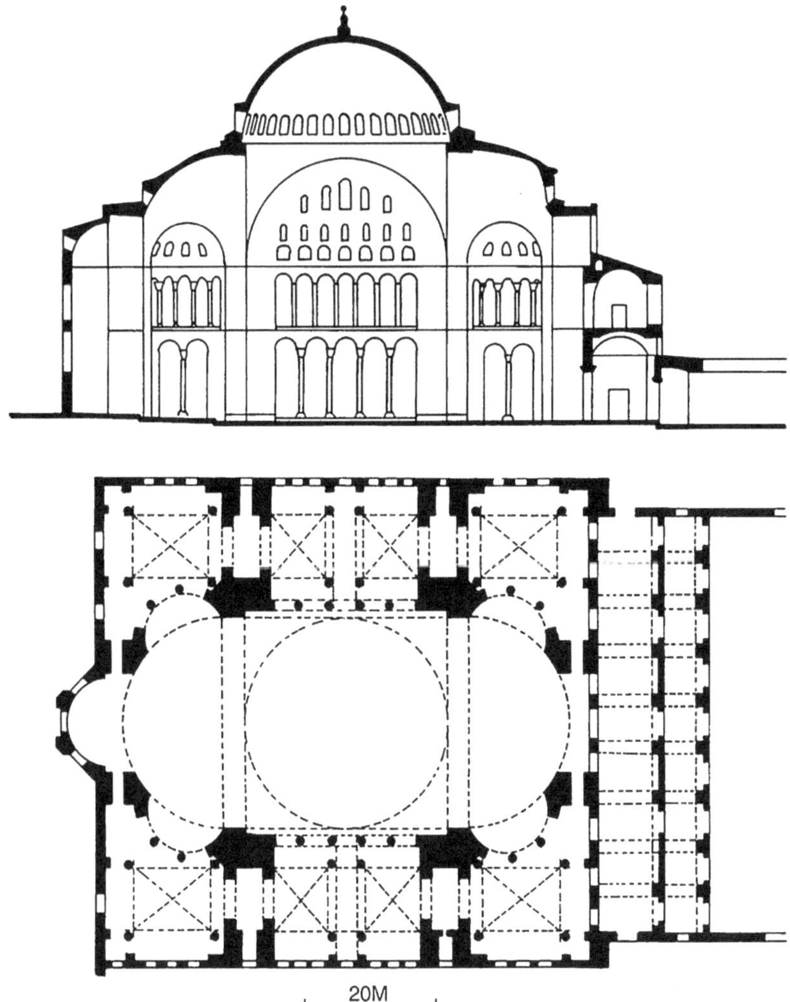

Abb. 5.7 Kirche Hagia Sophia, 537, Istanbul, Türkei

Fenster eindringende Licht den oberen Teil des Kirchenraumes, lässt den Menschen unten
im Halbdunkeln und gibt dem Ganzen eine vergeistigte Dimension.

Wie im Abschn. 3.1 besprochen, soll der Mensch in der romanischen Kirche nicht mehr
nur ein staunender Zuschauer sein, er soll mit in das Geschehen einbezogen werden und,
vereint mit Gott, ein Teil des Systems werden (vgl. Abb. 3.1). Der romanische Kirchenraum ist ein Longitudinalraum, dessen Längsrichtung durch das Hinzufügen eines Querschiffes unterbrochen wird. Dies kann zu einem kreuzförmigen Grundriss führen.

In der Romanik wird zum ersten Mal auch die Aussenseite der Kirche wichtig: Die
Aussenwand wird analog zum Innenraum strukturiert, und der Turm wird ein wichtiges
formales Element. Diese Gestaltung des Aussenbereiches ist in einer geistigen Öffnung

Abb. 5.8 Kirche San Marco, 1094, Venedig, Italien

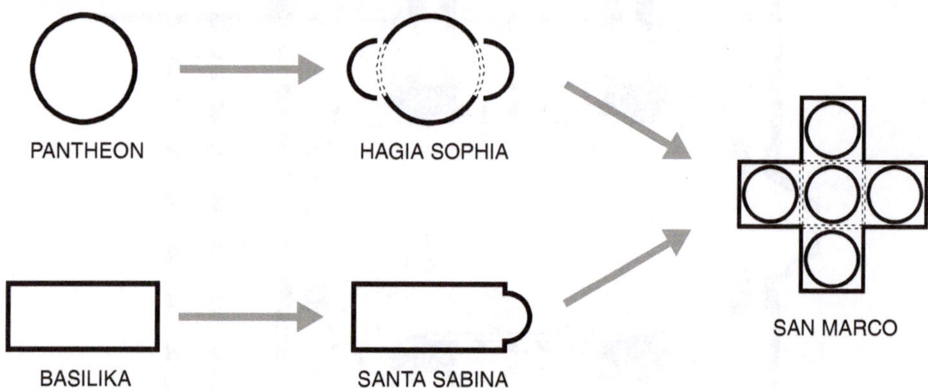

Abb. 5.9 Das Entstehen des kreuzförmigen Grundrisses als eine Mischung von Zentralraum und Longitudinalraum

begründet: Die Kirche hatte eine ausstrahlende, missionarische Aufgabe, die auch formal und räumlich unterstützt werden sollte.

In der Gotik wurde die Wand entmaterialisiert. Die Tragkonstruktion wird zu einem Skelett reduziert, das, soweit möglich, auf die Aussenseite des Baus verlegt wird (vgl. Abb. 5.10 und 2.40). Die technischen Mittel dazu, Spitzbogen, Strebebogen und Rippengewölbe, sind keine Erfindung der Gotik; in dieser Epoche wurden diese Elemente aber verbessert, vereint und in den Dienst einer einheitlichen Idee gestellt (Pevsner 1967, S. 87). Das Verlegen der Konstruktion auf die Raumaussenseite bewirkte im Innern eine starke optische Instabilität und damit eine Spannung. Im Gegensatz zur Romanik, wo der Kirchenraum durch die einzelnen Joche in Teile zerlegt wurde, wird in der Gotik die Einheit betont: Das Kirchenschiff wird trotz Kreuzgewölbe wieder zur Einheit und auch im Aussenbereich verschmelzen die Konstruktionselemente und der Turm mit der Kirche zu einer Einheit.

Abb. 5.10 Gotische
Kathedrale, 13. Jh., Beauvais,
Frankreich (Querschnitt) (vgl.
auch Abb. 2.40)

Die beiden räumlichen Grundthemen der Sakralarchitektur, Zentral- und Longitudinalraum, bestehen auch in der Gotik weiter, allerdings in abgewandelter Form. Durch das
Öffnen des Kirchenraumes nach aussen entsteht eine Beziehung zur Umgebung, das heisst
zum ganzen städtischen Organismus, und die Kirche wurde damit selbst zum Zentrum,
zum Mittelpunkt des urbanen Raumes. Der Langraum des Kirchenschiffes wird zum End-
stück eines langen Weges, der beim Altar im Chor endet. Die letzte Etappe dieses Weges
wird durch das grosse, einladende Kirchenportal signalisiert (vgl. Abb. 5.11).

Die Renaissance ist die erste Stilepoche, die sich nicht nur ausschliesslich im Sakralbau
manifestiert. Neben der Kirche traten nun die reichen Kaufleute als Bauherren auf, und so
fand der Stil auch bei profanen Bauten seinen Ausdruck. In Florenz, das als die Wiege der
Renaissance gilt, konnte sich die neue Idee beinahe ein halbes Jahrhundert entwickeln,
bevor sie sich über die Region ausbreitete. Nach der mittelalterlichen Dunkelheit besann
man sich wieder des antiken Erbes. Grösse und Harmonie des antiken Altertums wurden
wieder Ideale, der Mensch wurde wieder zum Mittelpunkt. Nikolaus Pevsner schreibt
dazu: „Es entspricht dem Wesen einer blühenden Handelsrepublik, dass sie ihre Aufmerksamkeit nicht so sehr auf transzendente als vielmehr auf weltliche Ziele richtet, nicht auf
Kontemplation und Mystik, sondern auf Aktivität und klare Vernunft " (Pevsner 1967,
S. 176). Diesem Geiste entsprechend basiert die Raumgestaltung auf den Begriffen Klarheit, Logik, Harmonie und Proportion. Der Raum wurde nach elementaren geometrischen
Prinzipien aufgebaut: Architektur wurde eine mathematische Wissenschaft, die die kosmi-
sche Ordnung darstellen sollte. Der Raum bestand aus Elementen, die mit geometrischen
Mitteln zu einem Ganzen vereint wurden (Abb. 5.12).

Abb. 5.11 Die gotische
Kathedrale im urbanen
Kontext, der Weg und die
Kirche als Zentrum

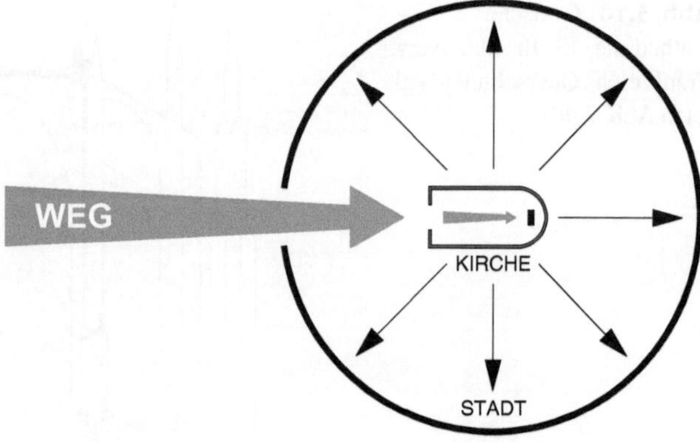

Abb. 5.12 Filippo
Brunelleschi, 1436, Kirche
Santo Spirito, Florenz, Italien
(Zeichnung: Vorprojekt)

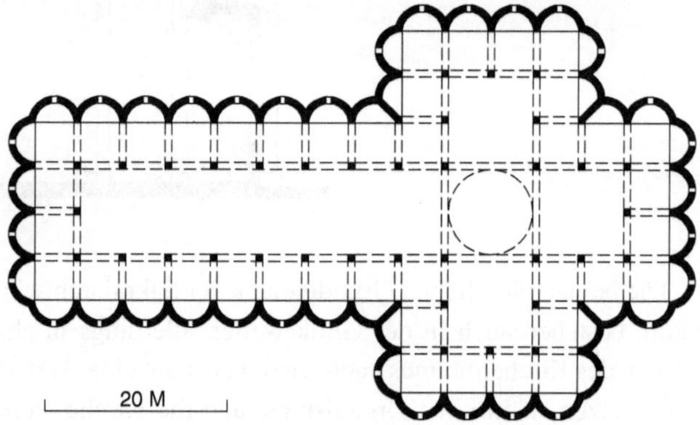

Am Anfang der Renaissance, zu Beginn des 15. Jahrhunderts, stand die Erfindung der perspektivischen Darstellung. Zum ersten Mal werden Gegenstände auf einer Fläche ähnlich dargestellt, wie sie wahrgenommen werden. Diese Darstellungsart zeigt das Objekt aber nur von einem bestimmten Blickpunkt aus, der Faktor der Bewegung ist somit ausgeklammert. Diese Erfindung, zusammen mit der neuen Auffassung über die Stellung des Menschen, macht klar, dass der Zentralbau eher der Renaissance entspricht als der Longitudinalraum. Der Mensch setzt sich selbst in den Mittelpunkt und versucht nicht mehr, sich dem überirdischen Göttlichen anzunähern. Zum ersten Mal in der Geschichte des Raumes wird der Mensch nicht mehr von diesem beherrscht, sondern die genaue Ordnung der Architektur wird für ihn sichtbar und ablesbar. Damit wurden, nach Bruno Zevi, die Fundamente zur Idee der modernen Architektur gelegt: Von nun an diktiert der Mensch die Gesetze der Architektur und nicht umgekehrt (Zevi 1974, S. 114). Göttliche Perfektion wurde nicht mehr im Jenseits gesucht, sondern sie manifestierte sich direkt in der Natur und somit im Menschen selbst.

Harmonie und Gleichgewicht sind die Hauptmerkmale der Renaissance, Spannung und Zweideutigkeit sind die der darauffolgenden Epoche, des Manierismus, der damit zum

Zwischenglied von Renaissance und Barock wurde. Der eher naive Glaube des Menschen an sich selbst und an seine Moral ging verloren, und an seine Stelle traten im 16. Jahrhundert Zweifel und Furcht.

Eines der besten Beispiele für die Widersprüchlichkeit im Manierismus ist Michelangelos Vorraum für die Bibliotheca Laurenziana in Florenz (Abb. 5.13). Die „Fenster" sind keine, sondern nur Nischen, die Säulen tragen nicht, sie stehen zwischen massiven tragenden Wandteilen. Die Funktion der einzelnen Elemente wird bewusst ad absurdum geführt, der Kräfteverlauf ist nicht mehr ablesbar.

Die Klarheit der Renaissance wird im Barock endgültig aufgegeben: Der barocke Raum ist voller Widersprüche und hat es darauf angelegt, unsere Sinne zu täuschen (Abb. 3.7 und 3.8). Warum diese Täuschungen? Nikolaus Pevsner: „Die Antwort auf diese Frage ist aufs engste mit dem religiösen Bewusstsein jener Epoche verknüpft. Die höchste Realität der christlichen Kirche ist das Wunder der göttlichen Gegenwart, wie sie sich im

Abb. 5.13 Michelangelo, 1560, Vorraum Biblioteca Laurenziana, Florenz, Italien

Mysterium der Transsubstantiation bezeugt. Im 17. und 18. Jahrhundert – einer Epoche, in welcher die katholischen Dogmen, Wunder und Mysterien nicht mehr wie einst im Mittelalter unbedingt und von allen anerkannt wurden – war diese Realität zum Gegenstand eines heissen Ringens der Kirche geworden, eines Ringens, das sich am Widerstand der allenthalben in Erscheinung tretenden Häresie und Skepsis entzündete. Um die Abgefallenen zum Glauben zurückzugewinnen, um die Zweifler zu überzeugen, wollte die barocke Sakralarchitektur die Gemüter entflammen und bezaubern; um die Realität des Oberirdischen sinnlich vor Augen zu führen, bedienten sich die Architekten des Barock der betörenden Schein- und Zauberwelt des Illusionismus" (Pevsner 1967, S. 294). Diese Erklärung scheint umso plausibler, wenn wir uns vor Augen halten, dass Galileo Galilei zu Beginn des 17. Jahrhunderts die moderne Physik begründete und damit das philosophische Gerüst der Kirche ins Wanken brachte.

Die Widersprüchlichkeit bezieht sich auch auf die beiden räumlichen Grundtypen des Sakralbaus: Zentral- und Longitudinalraum. Der Barock stellt die beiden nicht in eine Beziehung zueinander, sondern sie werden vermischt zur ovalen Form, die weder Weg noch Zentrum charakterisiert, sondern beide vereint (vgl. Abb. 6.27 und 6.28). Der ovale Raum wird zur wichtigsten räumlichen Schöpfung des Barock, seine Elemente sind nicht mehr klar erkennbar, so dass der Raum bis ins Unendliche erweitert erscheint. Kolumbus und Magellan haben die Distanzbegriffe des Mittelalters gesprengt, und Otto F. Bollnow meint, dass im Barock dieser Rausch der Unendlichkeit seine letzte Steigerung findet: „Der Innenraum löst sich auf ins Unendliche, ohne dabei aufzuhören, Innenraum zu sein" (Bollnow 1980, S. 88).

Nach dem Barockzeitalter begann eine Zeit grundlegender Umwandlungen: die Zeit der industriellen- und sozialen Revolution. Diese Umwälzungen hatten aber zunächst keine Erneuerungen in der Architektur zur Folge, im Gegenteil, die Zeit bis ca. 1890 kann als Epoche der Neo-Stile bezeichnet werden: Es entstanden neo-klassizistische bis neobarocke Bauten. Pevsner erklärt das so: „Angesichts der raschen Entfaltung von Technik und Industrie, angesichts der allenthalben aufschiessenden Fabrikschlote und des überstürzten und formlosen Wachstums der Städte lag es nahe, dass der ästhetisch Empfängliche an dem Jahrhundert verzweifelte, das so viel des Hässlichen brachte und so viel des Schönen zerstörte – dass er sich in die Vergangenheit flüchtete, um Trost vor der verödeten Gegenwart zu finden" (Pevsner 1967, S. 416) (vgl. Abschn. 3.8). Aber schon 1895 prophezeite der Architekt und Architekturtheoretiker Otto Wagner: „Wir sind nahe dem Ende dieser Bewegung. Dieses häufige Abweichen vom breiten Wege der Nachahmung und Gewöhnlichkeit, dieses ideale Streben nach Wahrheit in der Kunst, diese Sehnsucht nach Befreiung: mit gigantischer Kraft dringen sie durch, alles den bestimmten Siegeslauf Hemmende vor sich niederreissend" (Wagner 1979, S. 40).

Ein wichtiger Grund für das „Veröden der Gegenwart", wie Pevsner es nannte, war sicher der Verlust des Gesamtkunstwerkes. Die Einheit der Künste ging im 19. Jahrhundert ganz verloren, jede Kunstgattung ging ihre eigenen Wege und zwischen ihnen bestand kein direkter Zusammenhang mehr. Damit wurde ein einheitlicher Stil, der allen Kunstgattungen gemeinsam war, unmöglich.

Die Tatsache, dass sich im 19. Jahrhundert die Bauaufgaben nicht mehr nur auf Kirchen- und Palastbauten konzentrierten, unterstützte diese Entwicklung. Das Spektrum neuer Bauten, das nun vom Denkmal über Museen, Fabriken, Geschäftshäuser, Hallen, Theater bis zum Wohnhaus reichte, verlangte eine pluralistische Raumauffassung. Die Anforderungen an einen Baustil wurden dadurch grösser und vielseitiger. Die Moderne versuchte dieser neuen komplexen Aufgabe dadurch gerecht zu werden, indem sie sämtliche Ansprüche auf den kleinsten gemeinsamen Nenner brachte: Die Formenvielfalt wurde gestrafft und der Stil von allem „Unnötigen" gesäubert.

Die neuen Baumaterialien Stahl und Beton, die zunächst vor allem von den Ingenieuren für Brücken und Hallenbauten verwendet wurden, erlaubten Spannweiten, die weit über das bis dahin Bekannte hinausgingen. Stützen, die zusammen mit den Decken das Tragsystem bilden, machen eine freie Anordnung der raumtrennenden Elemente möglich. Der Kristallpalast, von Joseph Paxton für die Weltausstellung in London 1851 erbaut, nahm keinen Bezug auf irgendeinen vorhergegangenen Stil. Das Gebäude, ein hundertprozentiger Skelettbau, bestand vorwiegend aus standardisierten und vorfabrizierten Teilen aus Glas, Eisen und Holz. Paxton war kein Architekt: Ursprünglich betätigte er sich als Gärtner und befasste sich dann mit dem Bau von Gewächshäusern.

Der Skelettbau ist nichts Neues: Schon die griechischen Tempelbauten und die gotischen Kathedralen können als solche bezeichnet werden. Allerdings bestanden diese Konstruktionen aus Stein. Auch das Baumaterial Holz erlaubt schwer eine andere Bauweise, ein System aus Stützen und Trägern ist hier meist die einzige materialadäquate Bauart. Die räumlichen Möglichkeiten dieses Systems wurden aber, zumindest in der westlichen Welt, bis in die Mitte des 19. Jahrhunderts nicht ausgenutzt.

5.1.1.3 Epoche der 3. Raumauffassung

Bis hin zur Moderne entsprach die Auffassung, was Raum sein soll, weitgehend derjenigen von Aristoteles: Raum ist ein begrenzter, umschlossener und endlicher Hohlraum. Das Raumverständnis der Moderne kann mit demjenigen von Giordano Bruno verglichen werden: Raum ist Zwischen- oder Umraum, nicht mehr klar begrenzt und somit auch nicht mehr unbedingt endlich (Abb. 5.1). Während in der deutschen Sprache nur das Wort „Raum" besteht, unterscheidet die englische Sprache zwischen „room" und „space". „Room", auch das Zimmer, entspricht eher der Auffassung von Aristoteles; der in sich geschlossene Raum, das Gefäss, wie zum Beispiel der Innenraum des Pantheons (Abb. 5.4). „Space" wird verstanden als der Raum zwischen den Dingen, der Zwischenraum, so wie ihn Giordano Bruno schon im 16. Jahrhundert beschrieben hat. Räume als Zonen, die ineinander überfliessen können, wie zum Beispiel im Farnsworth-Haus, 1950 von Mies van der Rohe in Plano bei Chicago erbaut. (Abb. 5.14). Hier besteht eine intensive Beziehung zwischen innen und aussen. Diese Beziehung entsteht hier weniger durch in die Umgebung vorstossende Gebäudeteile, wie bei Bauten von Alvar Aalto und Frank Lloyd Wright (vgl. Abb. 4.15 und 4.16), sondern durch grosse verglaste Aussenwände.

Der Kristallpalast und der von Gustave Eiffel, einem Ingenieur, 1889 in Paris für die Weltausstellung errichtete Eiffelturm waren wichtige Vorzeichen in der Entwicklung hin zur dritten Raumauffassung (Abb. 5.2). Der moderne Stahlskelettbau, mit seinen Wurzeln in den frühen Industriebauten des 18. Jahrhunderts in England und den Ingenieurbauten des 19. Jahrhunderts, wurde vor allem bei den Hochhäusern der „Schule von Chicago" weiterentwickelt (Abb. 5.15a). Betonartige Baumaterialien waren schon lange bekannt, doch konnten mit diesen Materialien noch keine monolithischen Verbindungen geschaffen werden. Der Bauunternehmer Francois Hennebique patentierte 1892 dafür ein Verfahren, womit Skelettbau auch im Stahlbeton möglich wurde (Frampton 1983, S. 22) (Abb. 5.15b).

August Perret verwendete 1904 beim Haus Rue Franklin in Paris (Abb. 5.38b) zum ersten Mal im Wohnungsbau ein Betonskelett. Le Corbusier, der in seinem Büro in Paris gearbeitet hat, propagierte die Ideen 1914 mit seinem Domino-Haus (Abb. 5.39) und verband damit vor allem den „plan-libre", die freie Grundrissgestaltung. Nach Colin Rowe hat der Skelettbau nun eine Bedeutung erlangt, die derjenigen der Säule in der Antike gleichzusetzen ist (Rowe 1980, S. 25).

Der Skelettbau wurde zu einem wichtigen Katalysator des Internationalen Stils, der modernen Architektur schlechthin. Henry-Russell Hitchcock und Philip Johnson beschrieben

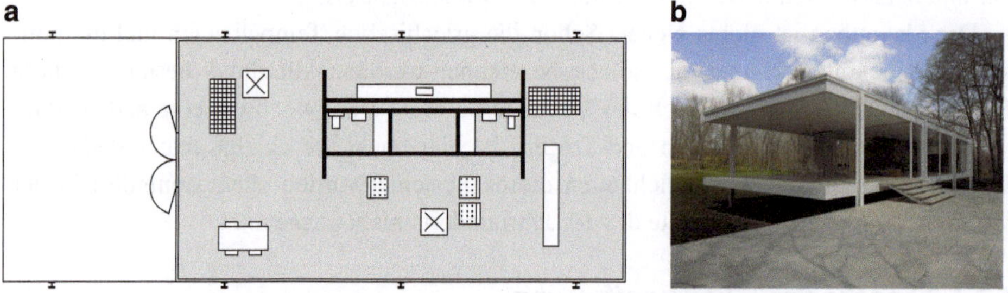

Abb. 5.14 Mies van der Rohe, 1950, Farnsworth-Haus, Plano, USA. **a** Grundriss und **b** Ansicht

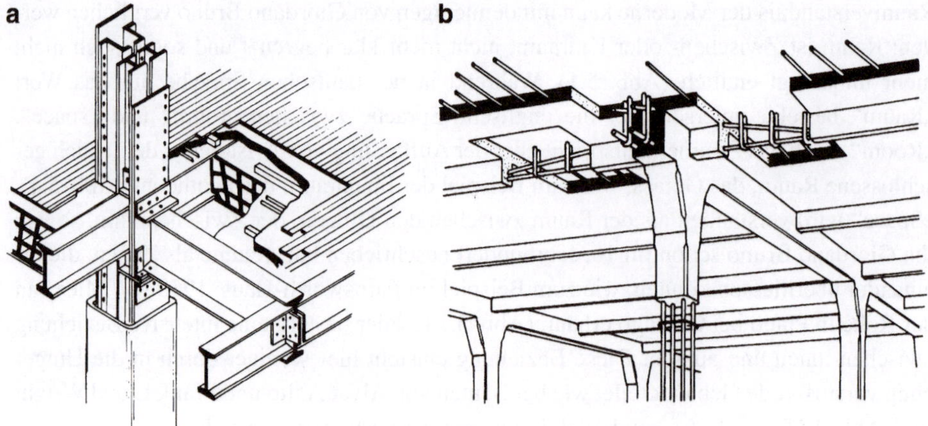

Abb. 5.15 **a** William le Baron Jenney, 1891, feuerfeste Stahlrahmenkonstruktion, Chicago, USA, **b** Francois Hennebique, 1892, monolithische Stahlbetonverbindung

die Aufgabe dieses Tragsystems und die Auswirkungen seiner Anwendung in ihrem Buch „The International Style", für die gleichnamige Ausstellung im Museum of Modern Art in New York 1932, wie folgt: „Die heutigen Bauweisen verwenden als Tragsystem den Rahmen oder das Skelett. Dieses Skelett ist so, wie es vor der Verkleidung des Baus in Erscheinung tritt, jedermann vertraut. Ob das Tragwerk aus Metall ist oder aus bewehrtem Beton, aus der Entfernung wirkt es wie ein Gitter aus Vertikalen und Horizontalen. Zum Schutz gegen die Witterung ist es notwendig, dieses Skelett in irgendeiner Weise mit Wandflächen zu schliessen. Im traditionellen Mauerwerksbau waren diese Wände selbst die tragenden Bauteile. Jetzt sind die Wände eher untergeordnete Elemente, die wie dünne Scheiben in das Tragwerk eingepasst sind oder es wie eine Haut umgeben …. Bei den Bauten der Vergangenheit übernahm die Wand aus Mauerwerk gleichzeitig sowohl die tragende Funktion als auch den Witterungsschutz" (Hitchcock und Johnson 1985, S. 41).

Wichtige Impulse für die moderne Architektur kamen auch aus der Malerei. Siegfried Giedion meint dazu: „Maler, die in ihren Ausdrucksweisen voneinander sehr verschieden waren, aber unabhängig vom Publikum arbeiteten, erschlossen langsam eine neue Raumkonzeption. Niemand kann die heutige Architektur wirklich verstehen und das Gefühl, das in ihr liegt, bevor er nicht den Geist begreift, der diese Malerei beseelte" (Giedion 1978, S. 279). Theo van Doesburg, Maler und Mitbegründer der De-Stijl-Bewegung, betätigte sich später auch als Architekt. Sein 1918 entstandenes Bild „Rhythmus eines russischen Tanzes" hat starke Ähnlichkeiten mit dem 1923 von Mies van der Rohe entworfenen „Landhaus aus Backstein" (Abb. 5.16).

Das Konzept der ineinanderfliessenden Raumzonen war schlussendlich keine total neue Erfindung, es ist auch Bestandteil der traditionellen japanischen Architektur. Die Villa Katsura, im 17. Jahrhundert in Kyoto für einen kaiserlichen Prinzen erbaut, ist ein

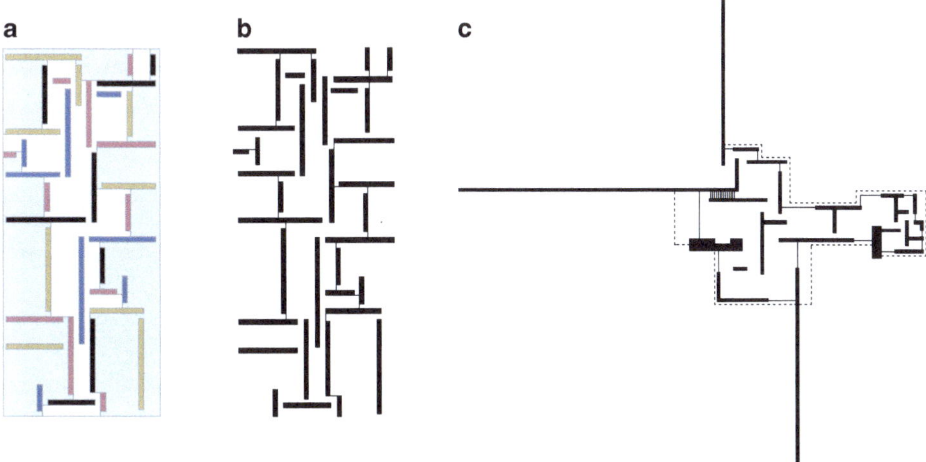

Abb. 5.16 Beispiel für den Einfluss der Malerei auf die Moderne. **a** Nachzeichnung eines Bildes von Theo van Doesburg (1918, „Rhythmus eines russischen Tanzes"), **b** vereinfachte Darstellung dieses Bildes, **c** Ludwig Mies van der Rohe, 1923, „Landhaus aus Backstein" (Projekt)

Holzskelettbau, aufgebaut auf einem Raster, welcher den Proportionen der Tatami Matte entspricht (ca. 90 cm × 180 cm). Durch verschiebbare Wände aus Holz und Papier wird eine flexible Raumunterteilung ermöglicht (Abb. 5.43).

Der 1932 in der New Yorker Ausstellung vorgestellte „Internationale Stil" erschien nur für eine kurze Zeitperiode einheitlich. Die Moderne bestand nicht aus einem einheitlichen Stil wie etwa die Romanik. Henry-Russell Hitchcock verglich 53 Jahre nach der berühmten Ausstellung die Architekturgeschichte des 20. Jahrhunderts mit einem Fluss, „der zuerst langsam floss, breit und frei, mit vielen Strudeln und Seitenarmen vor 1920, sich dann aber in den zwanziger Jahren zu einem engen Kanal zusammenzog, so dass das Wasser nach den physikalischen Gesetzen der Strömungslehre mit fast revolutionärer Gewalt vorwärtsschoss. Während der frühen dreissiger Jahre begann der Fluss sich zu verbreitern und wieder Mäander zu bilden" (Hitchcock und Johnson 1985, S. 18). Unter dem Einfluss verschiedener materialtechnischer Verbesserungen und neuer Technologien entstanden kubistische, konstruktivistische und expressionistische Strömungen. Diese Strömungen waren auch eine „Revolte gegen die Vernunft", wie Pevsner es nannte (Pevsner 1967, S. 487) (Abb. 5.17). Sie entstanden aus dem Suchen nach neuen Wegen.

Diese „Revolte gegen die Vernunft" in den 60er- und 70er-Jahren des letzten Jahrhunderts war ein Suchen nach Neuem und zugleich ein Eingeständnis, dass sich die moderne Architektur in einer Krise befand. Gründe dafür konnten die Trennung von Verstand und Gefühl sowie der Verlust des Gesamtkunstwerkes sein (vgl. Abschn. 3.8). Die sogenannte Postmoderne war eines der Zwischenergebnisse dieses Suchens. Nachdem die Moderne einen Bruch mit sämtlichen vorangegangenen Stilen bedeutete, besann man sich in der Postmoderne wieder zurück an die fundamentalen Grundsätze früherer Epochen. Architektur soll nicht mehr nur reine, abstrakte, stereometrische Raumverhältnisse schaffen, sondern über ihre Funktion hinaus eine bildhafte, symbolische Aussage machen. Robert Venturi propagierte bereits in den Sechzigerjahren des letzten Jahrhunderts eine Abkehr vom „entweder oder" hin zum „sowohl als auch". Architektur muss nicht mehr eindeutig sein, sie kann auch Zweideutigkeiten und Widersprüche enthalten. Die Zweideutigkeit des Raumes, die man schon im Barock kannte, wurde wieder aktuell (vgl. Abb. 3.3b).

Abb. 5.17 „Revolte gegen die Vernunft" (Pevsner): **a** Eero Saarinen, 1962, ehemalige TWA-Flugterminal, New York, USA (vgl. Abb. 6.20), **b** Le Corbusier, 1950, Kapelle, Ronchamp, Frankreich

5.2 Raumarten

5.2.1 Erlebter Raum

Um jeden Menschen existieren verschiedene unsichtbare Territorien und Zonen, welche immer direkt auf den jeweiligen Standort des Menschen bezogen sind. Ähnlich wie beim Tier bestehen beim Menschen unsichtbare Grenzen und Distanzen, die mithelfen, das Zusammenleben zu regeln. Der Mensch baut für den Menschen. Stellen wir ihn deshalb in den Mittelpunkt und fragen wir uns, was im Bezug auf Raum um ihn geschieht, wie er die oft unsichtbaren Räume und Zonen um ihn wahrnimmt und wie er auf sie reagiert.

Edward Hall unterscheidet vier verschiedene Raumzonen, die konzentrisch um jedes Individuum liegen: die intime Zone, die persönliche Zone, die soziale Zone und die öffentliche Zone (Hall 1976, S. 118) (Abb. 5.18). Dringt ein Mensch in die intime Zone eines anderen ein, so besteht meist Körperkontakt. Die Wahrnehmung geschieht dann nicht mehr primär über die visuellen Sinnesorgane, sondern mehr über Tast- und Geruchssinn. Es können drei verschiedene Situationen einer solchen Annäherung unterschieden werden. Bei Menschen, die sich gut kennen, sich auch im übertragenen Sinn sehr nahe sind, geschieht eine solche Begegnung freiwillig. Die zweite Möglichkeit ist der Kampf, sei es aus sportlichem Grund oder weil zwei Personen verfeindet sind, und drittens dringt auch der Arzt bei einer medizinischen Untersuchung oft in die intime Zone eines Patienten ein.

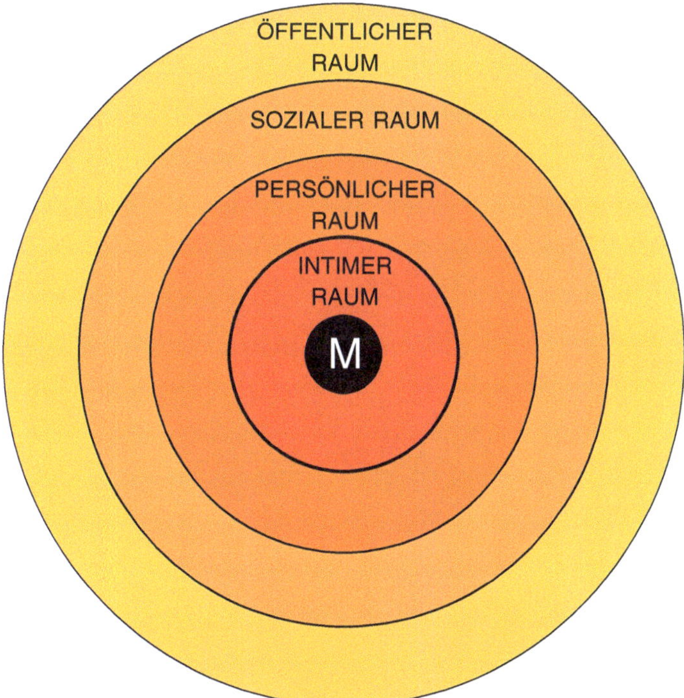

Abb. 5.18 Die 4 unsichtbaren Zonen um den Menschen (nach Edward Hall)

Menschen, welche sich freiwillig in der jeweils persönlichen Zone des Andern begegnen, haben meistens eine Beziehung zueinander, es besteht ein direkter Kontakt zwischen ihnen, sie sprechen miteinander. Aber auch hier gibt es kulturelle Unterschiede. Befindet sich zum Beispiel ein Amerikaner im selben Raum mit einer anderen Person, so gebietet ihm die Höflichkeit, mit diesem Individuum Kontakt aufzunehmen, da sich für ihn ihre beiden persönlichen Zonen überlappen. Ein Japaner hingegen kann in der gleichen Situation sein Gegenüber wie Luft behandeln. Für ihn ist die persönliche Zone viel enger und er sieht deshalb keine Notwendigkeit, mit der anderen Person zu kommunizieren (Hall 1976, S. 143).

Die soziale Zone liegt zwischen der persönlichen und der öffentlichen. Individuen in diesem Bereich haben nicht direkt miteinander zu tun, sie können sich aber auch nicht ganz ignorieren. Solche Situationen ergeben sich zum Beispiel in einem Restaurant oder in einem kleineren Laden.

Im öffentlichen Bereich besteht kein direkter Zusammenhang mehr zwischen den einzelnen Personen, sie haben nichts mehr miteinander zu tun und ihr Zusammentreffen ist rein zufällig.

Wir können uns die verschiedenen Zonen wie konzentrische Kreise um jeden Menschen vorstellen. Die Radien der verschiedenen Kreise können variieren, sie sind, wie oben erwähnt, kulturbedingt und situationsabhängig, sie hängen eng mit dem Verhältnis von Körper und Ego zusammen (Hall 1976, S. 159).

Die räumlichen zwischenmenschlichen Beziehungen bewirken ein kompliziertes System von sich nähern, fliehen, ausweichen, umgehen usw. Der gebaute architektonische Raum darf deshalb nicht nur auf ein mathematisch festgelegtes Nutzungsprogramm Rücksicht nehmen, sondern er muss alle Arten dieser sozio-psychologischen Beziehungen berücksichtigen. Aufgabe der Architektur ist es auch, Voraussetzungen zu schaffen, unter denen verschiedene Arten von Begegnungen, sprich Überschneidungen der Zonen, möglich sind (Abb. 5.19).

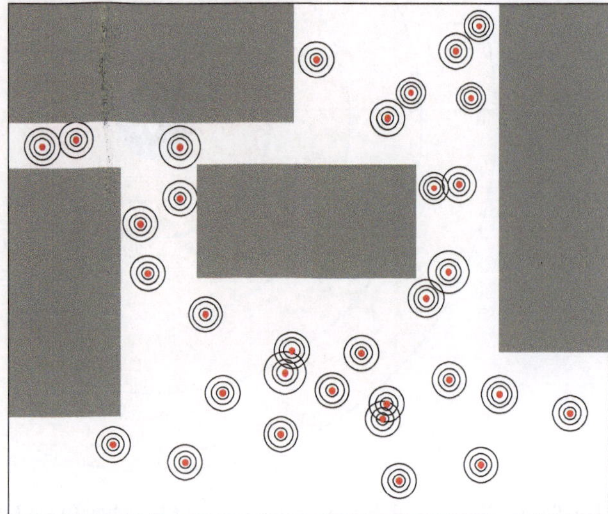

Abb. 5.19 Die Menschen (Punkte, vgl. Abb. 5.18) mit ihren verschiedenen unsichtbaren Zonen in der gebauten Umwelt

Der erlebte Raum hat immer ein Zentrum, den Standort des Betrachters, und eine Achse, die mit der Körperhaltung des Betrachters zusammenhängt. Im erlebten Raum stehen die einzelnen Elemente in einer Beziehung zueinander: hinten, vorn, links, rechts usw. Diese Beziehung ist gegliedert und hängt wiederum vor allem vom Standort des Betrachters ab, ist also subjektiv. Der erlebte Raum ist somit stark an den Betrachter gebunden und wird so von verschiedenen Menschen ungleich wahrgenommen, ja, vom selben Betrachter, je nach seiner momentanen psychischen Verfassung, verschieden empfunden. Die sozio-psychologischen Aspekte spielen hier eine entscheidende Rolle (vgl. Abschn. 1.4).

5.2.2 Privater Raum und öffentlicher Raum

Für den Menschen ist eine Unterscheidung zwischen privatem und öffentlichem Raum lebenswichtig. Der Mensch als „Herdentier" ist einerseits auf die Gemeinschaft angewiesen, der Kontakt mit seinen Mitmenschen ist die Voraussetzung für jede gesellschaftliche Beziehung, anderseits braucht das Individuum aber auch private Abgeschlossenheit, Ruhe zur Besinnung und Erholung. Privater und öffentlicher Raum stehen in enger Beziehung zueinander, wobei die Polarität stets erhalten bleibt. Es besteht eine proportionale Beziehung zwischen der Stärke der Wechselbeziehungen von privatem und öffentlichem Raum einerseits und dem städtischen Charakter eines Wohnquartiers andererseits: je intensiver diese Wechselbeziehung, desto städtischer der Umraum (Bahrdt 1961, S. 38). Die Beziehung zwischen privat und öffentlich hängt auch stark zusammen mit der Beziehung zwischen innen und aussen, zwischen Innen- und Aussenraum (vgl. Abschn. 4.5.3).

Das Wohnhaus als privater Raum bildet den festen Bezugspunkt des Menschen, es ist die subjektiv erlebte Mitte, der Ort, von dem der Mensch weggeht und wohin er immer wieder zurückkehrt. Wohnen bedeutet mehr als nur sich irgendwo aufhalten, wohnen heisst, zu Hause sein.

Das Haus, in dem man geboren wurde, aufwuchs, lebte und starb, war lange Zeit der menschliche Urort von Anfang bis Ende. Bei vielen Völkern wurden den Toten kleine Tonmodelle von Häusern mit ins Grab gegeben, um die Kontinuität zu wahren, als Zuhause nach dem Tod (Rykwert 1983, S. 151).

5.2.3 Zwischenraum

Giordano Bruno definierte Raum als ein System von Beziehungen zwischen den Dingen (Abb. 5.1). Raum ist Umraum oder Zwischenraum. Zwischenräume sind für das Erkennen von Objekten eine Notwendigkeit, ohne sie könnten wir keine eigenständigen Gegenstände wahrnehmen. Sie spielen eine entscheidende Rolle für die Beziehung der einzelnen Elemente untereinander.

Sobald sich in unserem Blickfeld mehrere Gebäude befinden, besteht über ihren Zwischenraum eine Beziehung zwischen ihnen. Berühren sich die beiden, so wirkt das eine nur noch als Teil des anderen, sind sie zu weit auseinander, so besteht keine Beziehung mehr.

Der Zwischenraum sorgt für ein Verhältnis der einzelnen Gebäude zueinander und hat so auf die architektonisch gestaltete Umwelt einen entscheidenden Einfluss. Die Art des Zwischenraums wird primär von drei Faktoren bestimmt: von der Grösse der Teile, die den Zwischenraum begrenzen, von ihrer Proportion und ihrem Abstand sowie der Form dieser Teile. (Abb. 5.20). Für das Erleben der Zwischenräume, von Räumen generell, sind aber nicht nur diese Faktoren ausschlaggebend, auch hier sind sozio-psychologische Aspekte und die an diesen Orten herrschende Stimmung oder Atmosphäre wichtig (Abb. 5.21).

Der augenfälligste Zwischenraum im urbanen Bereich ist die Strasse. Sie muss mehr sein als nur ein Verkehrsraum. Die Fassaden der angrenzenden Gebäude, welche den Zwischenraum „Strasse" bilden, müssen sich gewissen Gestaltungsregeln unterwerfen, damit der Strassenraum einheitlich wahrgenommen werden kann. Die Strassenräume drängten die Selbstständigkeit der anschliessenden Gebäude zurück. Die Fassaden dieser Bauten bleiben aber Teil der Gebäude und nicht der Strasse. im Gegensatz zum Platzraum ist der Raum der Strasse ein exzentrischer Raum. Er hat keinen Mittelpunkt, er ist ein Longitudinalraum mit einer Achse.

Für die Gestaltung des Platzes, als zweite Art städtischen Zwischenraumes, gelten ähnliche Regeln wie für die Strasse. Im Barock wurde der Raum zumindest optisch bis ins Unendliche erweitert. So war es naheliegend, auch die Umgebung eines Bauwerkes in dessen Raumkonzept mit einzubeziehen (vgl. Abb. 6.18). Der Platz wurde mehr als nur ein notwendiger Nutzraum, er wurde als vollwertiges dreidimensionales Element akzeptiert und seine Gestaltung wurde ein primäres Anliegen der Architektur.

In der Neuzeit wertete die Postmoderne die Strasse und den Platz als öffentliche Freiräume wieder auf. Das städtische Leben sollte wieder mehr Bedeutung erlangen, und dazu war die Nachbarschaft, der öffentliche Raum, der geeignete Rahmen. Er wurde wieder zu einem Hauptanliegen der Planer. Charles Jencks meint dazu: „Im Grunde ist dies eine

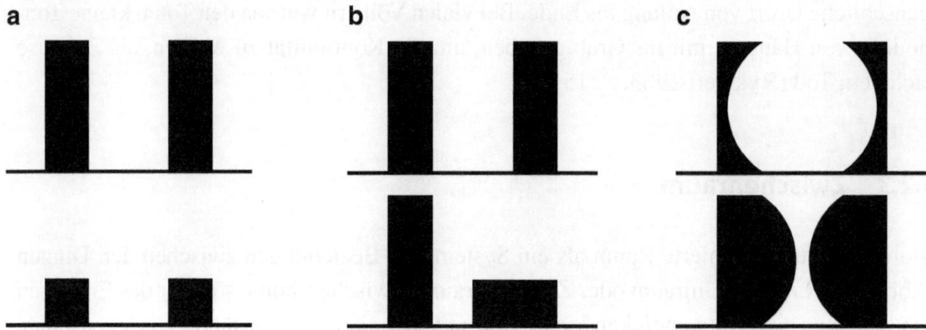

Abb. 5.20 Die 3 Faktoren, die die Art der Zwischenräume bestimmen: **a** Grösse, **b** Proportion und **c** Abstand sowie Form der begrenzenden Teile

Abb. 5.21 Für das Erleben von Raum sind auch Stimmung und Atmosphäre wichtig. 2 formal ähnliche Zwischenräume. **a** Altstadt von Ibiza, Spanien, **b** Ando Tadao, 1993, Tagungszentrum, Weil am Rhein, Deutschland (vgl. Abb. 7.3)

Rückkehr zu einer alten und niemals perfekten Institution, dem öffentlichen Bereich – der Agora, dem Versammlungsplatz, der Moschee oder der Sporthalle, die den Raum für das Volk darstellen, wo es seine unterschiedlichen Ansichten über das Leben diskutieren und seine Gemeinschaft geltend machen konnte" (Jencks 1978, S. 108).

Die Bedeutung des Freiraumes vor einem Gebäude wurde von grossen Architekten nie unterschätzt. So unterscheiden sich zum Beispiel die Fassaden der Stadtpaläste von Palladio grundlegend, je nachdem, ob sie an einer engen Strasse liegen oder an einem Platz, ob vor ihnen ein grösserer Freiraum vorhanden ist oder nicht (Abb. 5.22). Die Fassaden der an engen Strassen liegenden Paläste sind nach dem Prinzip der Reihung aufgebaut, nach dem System der translativen Symmetrie (vgl. Abschn. 7.4.2), welches die Kontinuität der Strasse betont. Seine Bauten an offenen Plätzen lassen sich eher mit Palladios Villen vergleichen als mit den Palästen an engen Strassen. Ihre Fassaden sind axialsymmetrisch (vgl. Abschn. 7.4.1) gestaltet. Der offene Platz oder das offene Feld bei den Villen erlaubt eine ganz andere Betrachtungsweise. Die Proportionen der Fassade sind aus einiger Entfernung besser zu erkennen.

Im Palazzo Chiericati in Vicenza wird die axiale Symmetrie durch die vertikale Dreiteilung der Fassade und die damit verbundene Betonung der Mitte noch unterstützt (vgl.

Abb. 5.22 Palladio Andrea, **a** 1542, Palazzo Thiene, Vicenza, Italien, **b** 1550, Palazzo Chiericati, Vicenza, Italien (vgl. Abb. 7.7)

Abschn. 7.4). Die überdeckte Veranda und die sie abschliessende Säulenreihe verleiht der Fassade Tiefe. Damit greift der Freiraum des Platzes in den architektonischen Raum des Gebäudes und umgekehrt, Palast und Platz stehen einander nicht mehr anonym gegenüber, es besteht ein Dialog zwischen ihnen. Mit dieser Komposition hat Palladio bereits eine Grundidee des Barock vorweggenommen.

Ludwig Mies van der Rohe hat die Bedeutung des Freiraumes auch bei der Planung des Seagram-Gebäudes in New York berücksichtigt. Durch das Zurücksetzen des Gebäudes von der Strassenfront entsteht ein Platz. Der Strassenraum weitet sich vor dem Gebäude zu einem grossen Freiraum aus und ermöglicht dem Besucher eine frontale Annäherung an das Gebäude. Damit fügt sich der Bau nicht einfach in die Reihe der anderen Hochhäuser entlang der Strasse ein, sondern erhält durch seinen Vorplatz eine spezielle Stellung, die ihn von der Masse der anderen Gebäude unterscheidet. Der Bau wird nicht mehr nur tangential erlebt wie die meisten anderen Häuser in Manhattan, sondern der Besucher hat die Möglichkeit, frontal auf das Gebäude zuzugehen und so seine Grösse voll zu erleben.

5.2.4 Leere

Wo endet der Zwischenraum, wo beginnt die Leere? Wie wir im Abschn. 5.2.3 sahen, hängt die Art des Zwischenraums primär von drei Faktoren ab: von der Grösse der Teile, die ihn begrenzen, von ihrer Proportion und ihrem Abstand sowie der Form dieser Teile. Haben diese drei Faktoren keinen Einfluss mehr auf den Raum zwischen zwei Objekten, so kann dieser als Leere bezeichnet werden. Extreme Leere erleben wir dort, wo überhaupt keine Objekte mehr erkennbar sind, wie zum Beispiel bei kompletter Dunkelheit oder auf offenem Meer bei wolkenlosem Himmel. In Kap. 1 wurde dargelegt, dass beim Menschen Störungen auftreten können, wenn er keinen Wahrnehmungsreizen mehr ausgesetzt ist.

Eintönigkeit bedeutet noch nicht Leere, aber auch hier fehlen weitgehend Wahrnehmungsreize. In anonymen Wohnquartieren vieler Grossstädte sind die einzelnen Gebäude oft so gestaltet und angeordnet, dass Gleichförmigkeit vorherrscht und der Informationsgehalt der Umgebung sehr gering ist, so dass nur wenige oder keine Wahrnehmungsreize mehr vorhanden sind. Da ein wirkungsvolles Bezugssystem fehlt, ist keine Raumkoordination mehr möglich. Der Mensch verspürt ein Gefühl von Eintönigkeit, von Verlassensein, von Leere.

Stadtmodelle der Moderne, wie etwa der „plan voisin" von Le Corbusier, waren deshalb im Voraus zum Scheitern verurteilt (Abb. 5.23). Die Bauten dieser Städte waren eigenständige Objekte, oft mit gleichförmigen Fassaden, die raumverdrängend wirkten und so im Widerspruch zur Idee der traditionellen Stadt standen.

Durch das Schaffen eines Kräftefeldes im fast leeren Raum kann mit sehr wenig Aufwand Spannung erzeugt werden. Ein gutes Beispiel dafür ist der Zen-Steingarten des Ryoan-ji-Tempels in Kyoto, Japan (Abb. 5.24). In einem rechteckigen Feld von 9 Meter Breite und 23 Meter Länge liegen unregelmässig verteilt einige Natursteine. Der Boden ist eben und mit Kies überdeckt. Das Feld wird dreiseitig von einer Mauer umschlossen. Der Hof ohne Steine wäre eintönig und leer. Durch die Formen der Steine und ihre Beziehung

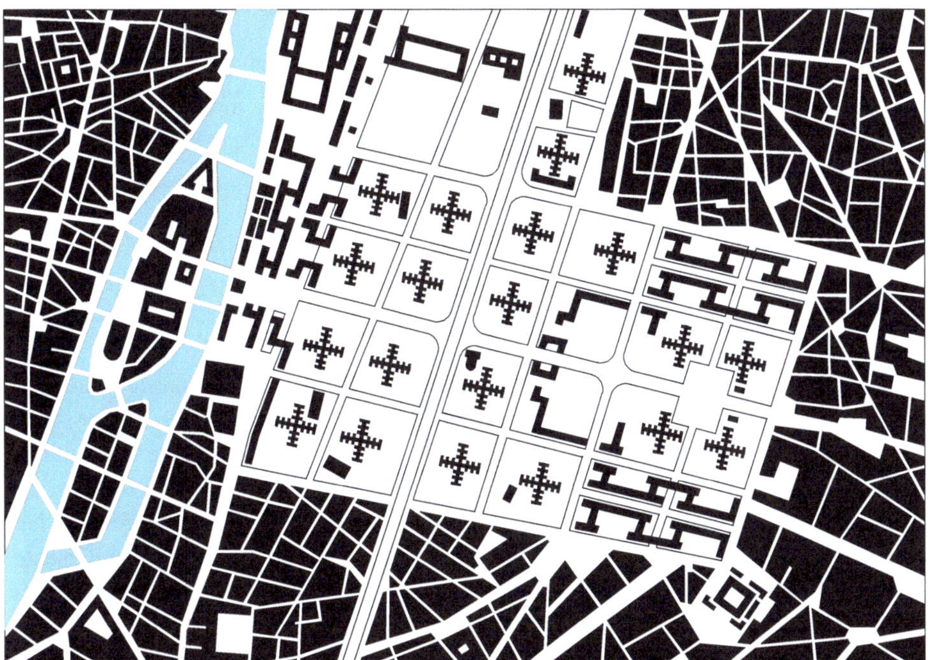

Abb. 5.23 Le Corbusier, „plan voisin", 1925, Paris, Frankreich. Die eigenständigen Neubauten im zusammenhängenden Stadtkern von Paris

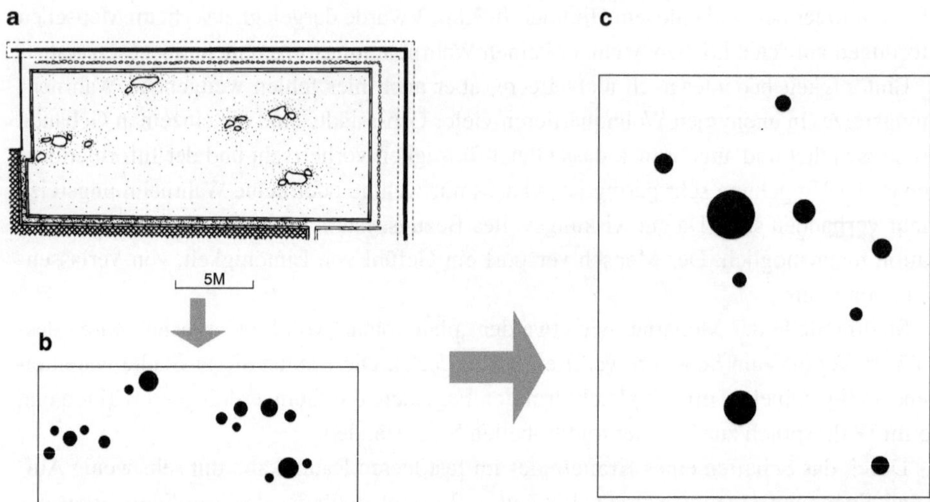

Abb. 5.24 **a** Zen-Steingarten des Ryoan-ji-Tempels, 1473, Kyoto, Japan, **b** schematische Darstellung der Steinanordnung, **c** schematische Darstellung des Bildes „9 aufsteigende Punkte", 1926, von Wassily Kandinsky (Nachzeichnung)

untereinander entstehen Kontraste und Ausgeglichenheit, die gleichzeitig Ruhe und Schönheit ausstrahlen, andererseits aber auch Spannung erzeugen. Obwohl der Garten über 500 Jahre alt ist, kann sein Konzept mit dem der abstrakten Malerei verglichen werden. Wassily Kandinsky malte 1926 das Bild „9 aufsteigende Punkte". Auch hier stehen die Punkte in einer gewissen räumlichen Beziehung zueinander und erzeugen so eine wahrnehmungsmässige Spannung.

5.2.5 Tagraum und Nachtraum

Beim erlebten Raum unterscheidet Bollnow zwischen Tag- und Nachtraum, zwischen der Art, wie der Betrachter einen Raum am Tag oder nachts erlebt: „Der Tagraum hat für die Erfahrung des Raums einen Vorrang. Unsere geläufigen Raumvorstellungen sind dem Tagraum entnommen, und wenn wir den Nachtraum in seinem Eigenwesen erkennen wollen, müssen wir ihn zunächst vom Tagraum abheben" (Bollnow 1980, S. 217). Der Tagraum ist übersichtlich, Zwischenräume und Abgrenzungen sind erkennbar, der Raum hat, je nach Standort des Betrachters, eine Richtung, er erscheint dreidimensional. Der Nachtraum hat weder Ausdehnung noch erkennbare Tiefe oder Richtung, oft sind die einzelnen Objekte schwer als solche erkennbar. Der Nachtraum wirkt unbestimmt. Tag- und Nachtraum sind zwei Extreme, die sich durch die Art der Beleuchtung unterscheiden: Der Tagraum ist mit Licht erfüllt, im Nachtraum herrscht mehr oder weniger Dunkelheit (Abb. 5.25). Neben diesen Extremen gibt es unzählige Zwischenstufen, abhängig von einer eventuellen künstlichen Beleuchtung, von der Tageszeit oder von Witterungsbedingungen.

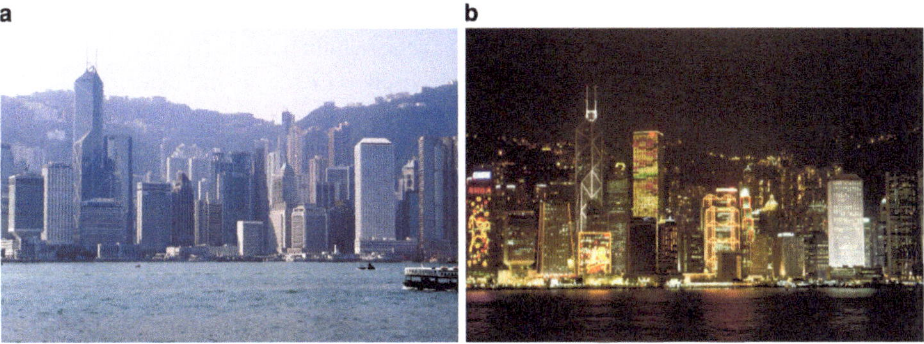

Abb. 5.25 **a** Tagraum und **b** Nachtraum, am Beispiel von Hongkong

5.2.6 Mathematischer Raum

Häuser werden heute meistens mit Hilfe von Plänen gebaut. Der Architekt setzt seine räumlichen Ideen in eine zweidimensionale Planzeichnung um. Der Bauunternehmer wiederum baut nach diesen Plänen einen dreidimensionalen, materiellen Raum, der als solcher von jedem Betrachter direkt erlebt werden kann (vgl. Abb. 1.14). Der auf den Plänen dargestellte Raum, der sogenannte mathematische Raum, und der erlebte Raum unterscheiden sich grundsätzlich, sie sind keineswegs identisch. Ihren Zusammenhang beschreibt Bollnow wie folgt: „Dabei ergibt sich der mathematische Raum aus dem erlebten Raum, indem man von den verschiedenen konkreten Lebensbezügen absieht und das Leben auf ein blosses Verstandessubjekt reduziert" (Bollnow 1980, S. 23). Der mathematische Raum unterscheidet nicht zwischen privat und öffentlich alle Punkte sind gleichwertig. Ein grosser Unterschied zwischen mathematischem und erlebtem Raum besteht bei den Entfernungen: Der empfundene Abstand zweier Punkte stimmt meistens nicht mit der gemessenen Distanz überein. So können zwei Zimmer verschiedener Wohnungen auf dem Plan nur durch eine Wand getrennt sein, empfindungsmässig liegen sie aber meilenweit auseinander. Auch hier sind die sozio-psychologischen Aspekte entscheidend. Wie bereits zuvor gesagt, werden Distanzen in Richtung Stadtmitte kürzer empfunden als solche vom Zentrum weg, auch wenn sie mathematisch gemessen gleich lang sind (vgl. Abschn. 1.3.8).

5.3 Elemente des Raumes

Jede menschliche Handlung hat einen räumlichen Aspekt. „Action takes place", eine Handlung findet statt, sie braucht Raum. Architektonischer Innenraum ist vom Menschen geschaffener Raum, der primär zum Schutz vor Natureinflüssen dient. Das heisst, aus der Umwelt wird ein Raum abgetrennt, so dass dieser vom Menschen besser kontrolliert werden kann, es entsteht Innenraum.

Raum wird erkennbar durch die ihn begrenzenden Elemente, und sein Charakter hängt von der Art und der Organisation dieser Elemente ab. Charles Moore meint: „Wenn sie aus einer Decke, vier Wänden und einem Boden ein Zimmer (room) machen, so haben sie neben diesen sechs Elementen noch eine siebte Sache, nämlich Raum (space), eine Sache, die auf sie mehr Einfluss haben wird als die physischen Elemente, mit denen sie diesen Raum schufen" (Moore 1979, S. 149).

Dieser Raum wird bestimmt durch die folgenden Kriterien:

a) Grösse, Form und Proportion der raumdefinierenden Elemente
b) Anordnung dieser Elemente
c) Art der Elemente: Material, Oberfläche, Textur und Farbe
d) Öffnungen in und zwischen den Elementen, welche die Beziehungen der Räume untereinander und zur Umgebung regeln.

Aus technischen und ökonomischen Gründen bestehen die meisten Raumbegrenzungen aus horizontalen und vertikalen Elementen, aus Boden und Decke sowie senkrechten Wänden. Aus praktischen Gründen ist der Boden, als unterer Raumabschluss, meist horizontal. Variationen sind nur beschränkt möglich: Niveauunterschiede, Texturveränderungen, Materialwechsel. Die Beziehung der Bodenebene verschiedener Räume zueinander hat einen entscheidenden Einfluss auf den Charakter einer Raumkomposition. Oft ist der Boden das kontinuierliche Element, das in einer Raumfolge hilft, die einzelnen Räume miteinander zu verbinden. Umgekehrt können mit Niveauunterschieden verschiedene Bereiche gebildet werden: So wird zum Beispiel in vielen Kirchen der Chorraum durch einige Stufen vom übrigen Kirchenraum getrennt. Eine Bodenfläche allein kann dann bereits eine Art Raum definieren: ein Territorium, einen Bezirk, eine Zone. Bei verschiedenen Religionen, zum Beispiel im japanischen Shintoismus, besteht ein heiliger Bezirk nur aus einer gekennzeichneten Bodenfläche, die durch einen symbolischen Inhalt eine spezielle Bedeutung erlangt (Abb. 5.26a).

Die Decke oder das Dach bildet den Raumabschluss nach oben. In einem mehrgeschossigen Gebäude ist die Decke auch Boden des darüberliegenden Raumes und muss deshalb horizontal sein. Ansonsten sind heute der formalen Art der Überdachung keine

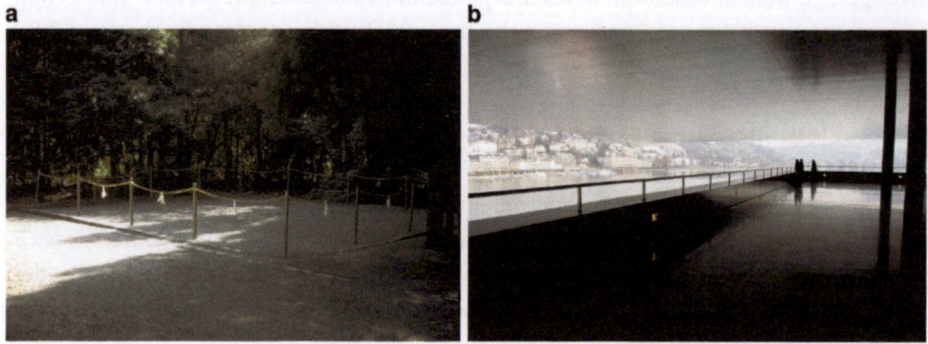

Abb. 5.26 Raumabschlüsse oben und unten: **a** heiliger Bezirk in Ise, Japan, **b** Nouvel Jean, 2000, Kongresszentrum KKL, Luzern, Schweiz

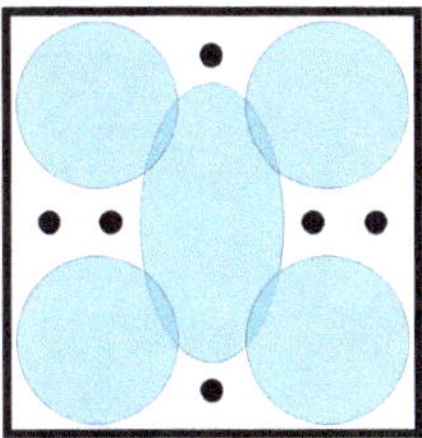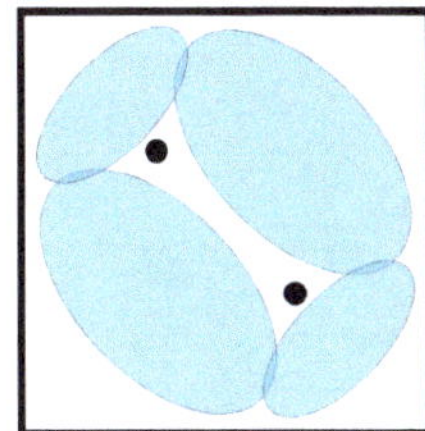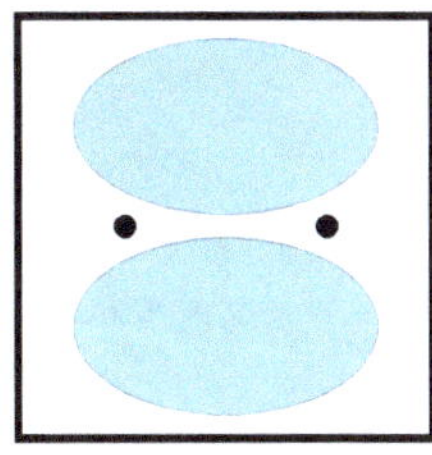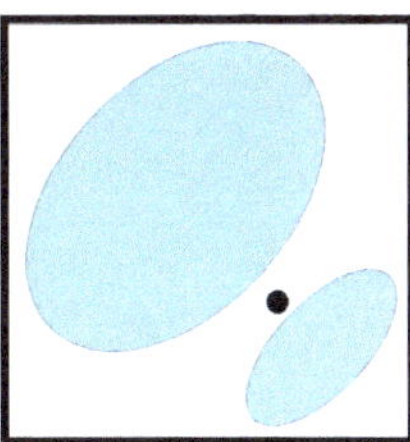

Abb. 5.27   In einem Raum können Stützen verschiedene Zonen definieren

Grenzen gesetzt. Ihre Form, aber auch ihre Konstruktion und ihre Materialität, haben einen entscheidenden Einfluss auf den Gesamtcharakter eines Raumes (Abb. 5.26b). Ähnlich wie beim Boden kann mit Niveauunterschieden in der Decke der Raum in verschiedene Zonen unterteilt werden.

Wände bilden den vertikalen Raumabschluss. Sie können je nach Art der Beziehung des Raumes zu seiner Umgebung verschieden ausgebildet sein und verleihen so dem Raum einen unterschiedlichen Charakter. Im Regelfall haben Räume Böden, brauchen aber nicht mittelbar Wände. Fallen diese weg, so sind die einzigen vertikalen Elemente die deckentragenden Stützen. Die Offenheit zwischen den Stützen kann sich auf die Blickfreiheit beschränken: Die Flächen zwischen den Stützen können verglast und somit transparent sein. Klimatisch ist der Innenraum getrennt, optisch fliesst er über in seine Umgebung. Je mehr der Innenraum vom Aussenraum getrennt ist, desto mehr ist er unabhängig von dessen Verhältnissen. Beim Farnsworth-Haus von Mies van der Rohe (Abb. 5.14) wirken nebst den nichttragenden Einbauten vor allem die horizontalen Elemente, Boden und Decke, raumdefinierend. Obwohl Stützen keine flächigen Elemente sind, können sie raumdefinierend wirken, können sie verschiedene Zonen bilden. Ausschlaggebend ist dabei ihre Stellung im Raum (Abb. 5.27).

5.3.1   Material und Oberfläche

Das Material der raumdefinierenden Elemente hat einen oft unterschätzten Einfluss auf die Wirkung dieses Raumes. In einem Aufsatz über „Baukunst", den Goethe 1795 verfasst hat, bezeichnete er Material, vor Zweck und ästhetischer Wirkung, als wichtigstes Element bei der Beurteilung von Architektur (Kruft 1982). Die Konstruktionen der beiden Überdachungen in Abb. 5.28 sind ähnlich, es sind beides Seilkonstruktionen. Die verschiedenen Materialien der Dacheindeckung bewirken aber die grundsätzlich verschiedenen Charaktere der beiden Räume.

Bevor die moderne Technik fast alles möglich machte, wurden Formen durch die Möglichkeiten der jeweils verwendeten Baumaterialien bestimmt. Die verschiedenen Materialien erlauben bestimmte formale Gestaltungen. So kann eine filigrane Architektur eher mit schlanken Stützen und Trägern aus Stahl verwirklicht werden, eine massive, schwere

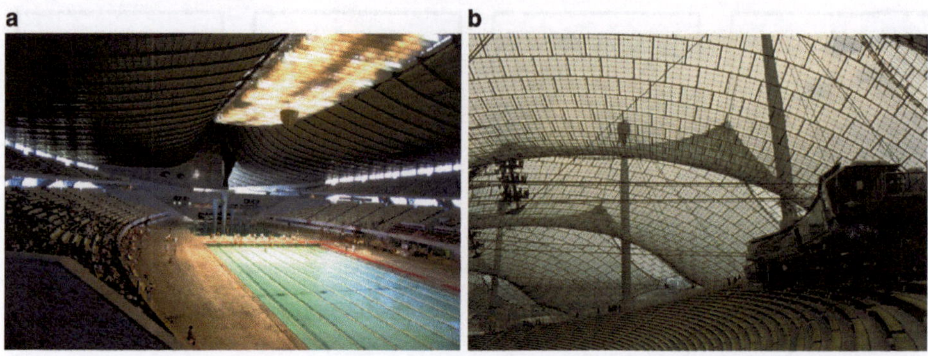

Abb. 5.28 2 ähnliche Dachkonstruktionen, verschiedene Materialien. **a** Kenzo Tange, 1964, Sporthalle, Tokyo, Japan, **b** Behnisch Günter, 1972, Stadionüberdachung, München, Deutschland

eher mit Beton. Louis I. Kahn legte besonderen Wert auf die richtige Verwendung von Materialien: „Wenn Sie einen Backstein fragen, was er will, so wird er Ihnen sagen: ich liebe Bögen" … „Wenn Sie Backstein verwenden, so brauchen Sie ihn nicht, weil Sie gerade nichts anderes haben oder weil es billiger ist. Nein, Sie müssen ihn so verwenden, dass er seine absolute Pracht entfalten kann, dies ist die einzige Verwendungsart, die er verdient" (Kahn 1975, S. 281).

Oft hatten Materialien auch über ihre technischen Eigenschaften hinaus verschiedene symbolische Bedeutungen. Im Bewusstsein, dass Persönlichkeit nur wenig gilt und dass das Leben vergänglich ist, bestanden die einfachen Wohnhäuser in China aus, vergänglichen Materialien wie Holz und Lehm. Im Gegensatz zur europäischen Auffassung wurde in China ein Herrscher nicht primär als Einzelperson geehrt, sondern als Glied einer Dynastie. Der Gedanke der Dauerhaftigkeit eines solchen Herrschergeschlechts kam in den unterirdischen Grabanlagen zum Ausdruck (vgl. Abb. 6.25). Diese bestanden aus massiven Steingewölben und waren für die Ewigkeit gebaut. Die oberirdischen Palast- und Tempel- anlagen repräsentierten wohl die Macht des Kaisers, waren aber ähnlich wie die einzelnen Herrscher vergänglich und bestanden deshalb aus ähnlichen Materialien wie die einfachen Wohnhäuser (Thilo 1978, S. 223). Eine ähnliche Auffassung bestand im alten Ägypten. Auch hier bestanden ausschliesslich Gräber und die damit verbundenen Tempelanlagen aus massivem Stein. Durch ihren Glauben an ein Weiterleben nach dem Tode war alles mit dem irdischen Leben Verbundene vergänglich. Die riesigen Grabanlagen hingegen waren der Rahmen für das weitere Leben und wurden deshalb möglichst dauerhaft gebaut (vgl. Abb. 5.3a).

Baumaterial ist nicht nur Mittel zum Zweck: Die Schönheit seiner Oberfläche wurde immer auch als dekoratives Mittel verwendet (vgl. Abb. 5.29). So sah Adolf Loos im edlen Material einen Ersatz für das Ornament: „Man bedenke, dass edles material und gute arbeit fehlende ornamentik nicht etwa bloss aufwiegen, sondern dass sie ihr an köstlichkeit weit überlegen sind" (Loos 1982, S. 134). Das Material bestimmt die Art und die Erscheinung der Oberfläche mit.

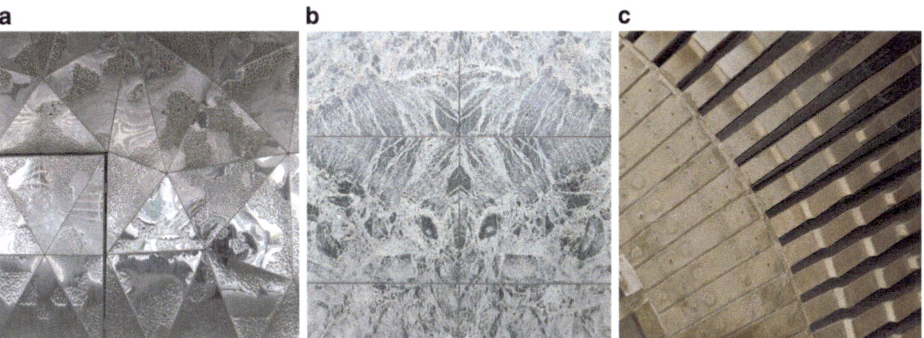

Abb. 5.29 Baumaterial und Oberfläche als dekoratives Mittel. **a** Herzog & de Meuron, 2004, Forum, Barcelona, Spanien, **b** Mies van der Rohe, 1929, Barcelona Pavillon, Barcelona, Spanien, **c** Jørn Utzon, 1973, Opera House, Sydney, Australien

Der Tastsinn ist nach dem Sehen die wichtigste Wahrnehmungsart beim Erleben von Architektur. Beim Berühren kommen wir direkt mit der Oberfläche in Kontakt und können so die Materialien auch haptisch erleben. So hinterlässt zum Beispiel das Begehen eines Marmorbodens einen ganz anderen Eindruck als der direkte Fusskontakt mit einem Teppich. Weiter spielt die Oberflächenstrukturierung bei der Raumakustik eine wichtige Rolle: Glatte Flächen reflektieren Schall eher, weiche, poröse Materialien absorbieren ihn.

5.3.2 Öffnungen

Für Le Corbusier waren die Öffnungen ein zentrales Element der Architektur: „Die gesamte Geschichte der Architektur dreht sich ausschliesslich um die Maueröffnungen" (Le Corbusier 1981, S. 94). Das Mass der Offenheit eines Raumes oder eines Gebäudes bestimmt den Grad seiner Beziehung zum Nebenraum oder zur Umgebung. Die Art der Öffnungen bestimmt die Beziehung zwischen innen und aussen wesentlich mit. Je grösser die Öffnungen, desto mehr ist das Innere den Einflüssen von aussen ausgesetzt.

Das Wesen von offen und geschlossen hängt mit zwei grundsätzlich verschiedenen Konzepten des Bauens zusammen: Ein Raum wird als Gefäss konzipiert, entsprechend der Auffassung von Aristoteles, aus dessen Wänden nach Bedarf Öffnungen herausgeschnitten werden, oder der zu bildende Raum ist offen und wird nur dort geschlossen, wo ein Bedürfnis danach besteht. Dieser zweite Raumtyp entspricht eher der Auffassung von Giordano Bruno (Abb. 5.1). Ein aus tragenden Wänden bestehendes System, ein sogenannter Massivbau, ist grundsätzlich geschlossen und wird nach Bedarf mit Öffnungen versehen. Beim zweiten Typ, dem Skelettbau, besteht das Tragsystem aus Stützen. Das System ist grundsätzlich offen und wird nach Bedarf geschlossen. Jedes Gebäudekonzept liegt irgendwo zwischen diesen beiden Extremen, die den Charakter eines Gebäudes wesentlich mitbestimmen (Abb. 5.30). Der erste Typ wird oft mit einem massiven Betonbau charakterisiert, der zweite mit einem leichten Stahl-Glas-Gebäude. Die Unterscheidung ist aber

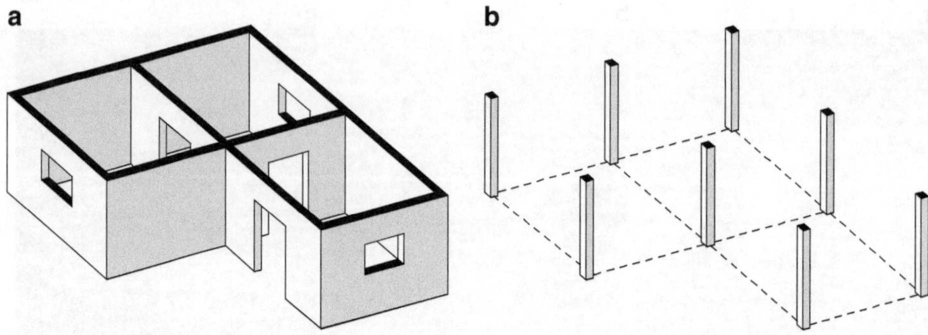

Abb. 5.30 **a** Massiv- und **b** Skelettbau

viel älter. Die Architektur der alten Römer ist eine Massivarchitektur: Wände und Gewölbe bestehen aus Backstein und einem Mörtel, die Öffnungen wurden je nach Bedarf ausgespart. Die alte griechische Architektur ist eine Skelettarchitektur, Säulen und Balken dominieren, ihre Zwischenräume bilden die Öffnungen (vgl. Abb. 5.3b und 5.4).

Architektur schafft Innenraum, das heisst, spezieller Raum wird von der Umwelt abgetrennt. Die Stärke dieser Trennung hängt von der Art der Öffnungen ab. Damit der Raum als solcher erkennbar wird, ist eine minimale Trennung notwendig. Andererseits ist aber auch eine totale Trennung meist nicht sinnvoll. Ist der Innenraum vom Aussenraum klimatisch getrennt, so bestehen die Öffnungen aus Türen und Fenstern. Die Tür erlaubt dem Befugten, einen Raum zu betreten und zu verlassen, ermöglicht es aber auch, Unbefugten den Zutritt zu verwehren. Die Türschwelle hat über ihre rein konstruktive Funktion hinaus eine symbolische Bedeutung: Sie ist die Trennlinie zwischen innen und aussen, zwischen privat und öffentlich. Beim Überschreiten einer Schwelle wird ein anderer Bereich betreten. Der symbolische Gehalt einer Tür wird auch klar durch die Tatsache, dass sie vom Gebäude losgelöst wurde und als Triumphbogen autonom existieren konnte. In China bringt das Betreten der Schwelle Unglück, da man sich damit in einer unbestimmten Situation befindet, man ist weder drinnen noch draussen.

Der Grad der Öffnung hängt von Grösse, Lage und Form der raumdefinierenden Elemente ab. (Abb. 5.31). Damit ein Raum minimal definiert ist, sind keine vertikalen Elemente nötig: eine abgegrenzte Bodenfläche, wie zum Beispiel in Ise (Abb. 5.26a), oder eine Decke genügen. Durch das Fehlen vertikaler Trennelemente besteht eine maximale Verbindung zwischen dem Raum und seiner Umgebung, zwischen innen und aussen (Abb. 5.31a). Stützen wirken weniger trennend als Wandscheiben. Sie werden als unabhängige Elemente wahrgenommen (Abb. 5.31b). Wandscheiben werden eher als Verbindungselemente zwischen Boden und Decke erlebt und wirken deshalb trennender als Stützen, auch wenn sie klein sind (Abb. 5.31c). Öffnungen zwischen einzelnen umschliessenden Flächen trennen diese voneinander und betonen dadurch deren Eigenständigkeit. Die Öffnungen wirken stärker, wenn sie sich in Wandecken befinden (Abb. 5.31d), dann ist die Ecke als raumdefinierendes Element nicht mehr klar erkennbar. Am schwächsten

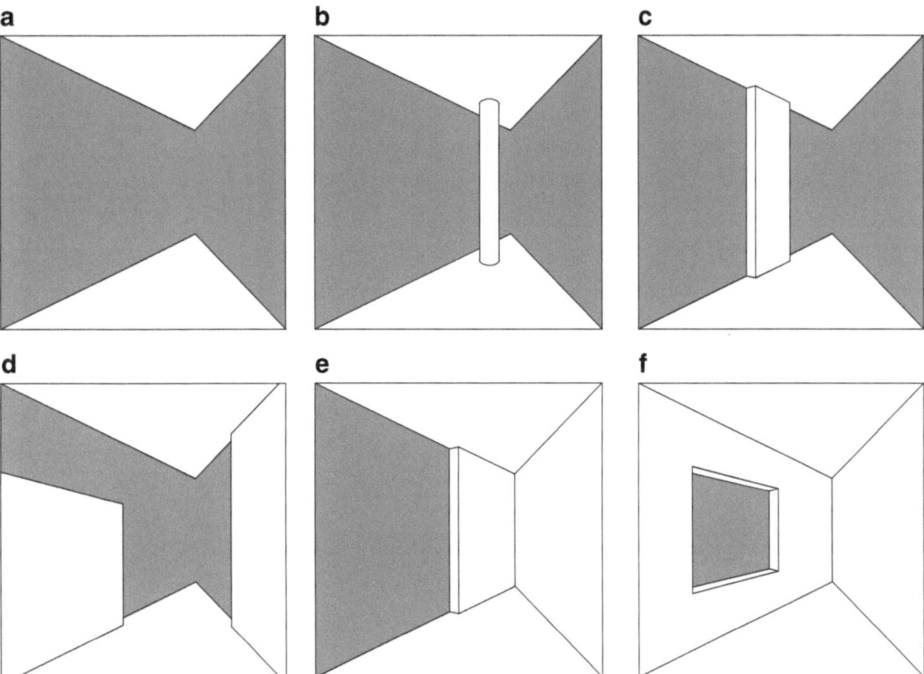

Abb. 5.31 Der Öffnungsgrad hängt von Grösse, Lage und Form der raumdefinierenden Elemente ab

wird die Beziehung zwischen innen und aussen, wenn die Öffnung aus einem ganzen raumabschliessenden Element herausgeschnitten wird, wenn sie ein Loch bildet (Abb. 5.31f).

5.4 Raumorganisation

5.4.1 Die Beziehung zwischen verschiedenen Räumen

Ein Raum existiert selten allein, oder wenn dem so ist, so bestehen innerhalb des Raumes oft verschiedene Zonen (vgl. Abb. 5.27). Die Beziehung der Räume untereinander kann ganz verschieden sein. Grundsätzlich können vier verschiedene Arten unterscheiden werden (Abb. 5.32).

Ein kleinerer Raum befindet sich vollständig innerhalb eines grösseren Raumes (Abb. 5.32a und 5.33). Der innere Raum ist abhängig von dem ihn umgebenden Volumen und kann keine direkte Verbindung zum eigentlichen Aussenraum haben. Der Innenbereich des grösseren Raumes bildet gleichzeitig das Umfeld des kleineren. Beide Räume müssen sich hinsichtlich Grösse deutlich unterscheiden. Wird der Grössenunterschied zu klein, kann der umschliessende Raum nur noch schwer als solcher erkannt werden. Durch

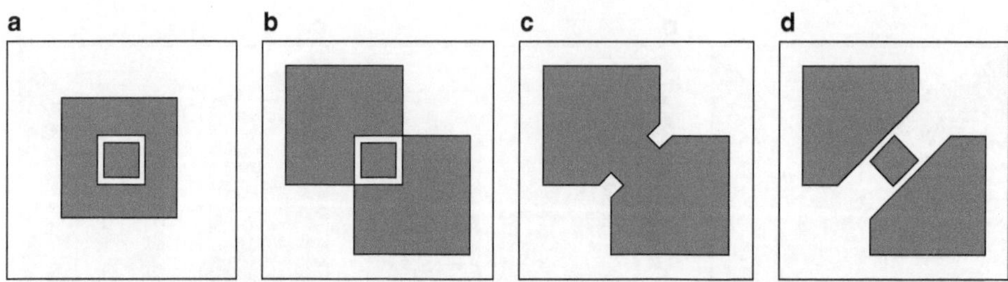

Abb. 5.32 Verschiedene Möglichkeiten der Beziehungen verschiedener Räume zueinander

Abb. 5.33 Ungers Oswald Mathias, 1984, Deutsches Architekturmuseum, Frankfurt, Deutschland

Andersartigkeit, von Form und Orientierung wird die Eigenständigkeit des kleineren Raumes betont. Diese Raumverbindung finden wir in verschiedenen Varianten schon in der griechischen und römischen Baukunst. In der christlichen Sakralarchitektur wurde der Altar oft mit einem Baldachin überdacht, so dass ein kleiner Raum im grossen Kirchenraum definiert wurde und damit der besondere Ort des Altars betont wurde.

Die zweite Gruppe ist die der sich überschneidenden oder durchdringenden Räume (Abb. 5.32b und 5.34). Die verschiedenen Volumen haben gemeinsame Bereiche, behalten

Abb. 5.34 Pei I.M., 1978, National Gallery of Art, Washington D.C., USA (vgl. Abb. 6.2c und 6.30)

aber im Übrigen ihre Eigenständigkeit mehr oder weniger bei. Die Raumdurchdringung kann sowohl horizontal als auch vertikal erfolgen. Raumdurchdringungen wurden im Verlauf der Geschichte immer wieder zu wichtigen Entwurfsfaktoren: Zum Beispiel ist die Durchdringung von Zentral- und Longitudinalraum ein Hauptthema der christlichen Sakralarchitektur (Abb. 5.9).

Die dritte Art von Raumbeziehung ist die Nachbarsbeziehung (Abb. 5.32c). Die Räume liegen nebeneinander und behalten ihre volle Autonomie, räumlich und optisch besteht aber eine Verbindung zwischen ihnen. Die Art der Verbindung hängt von der Gestaltung der die beiden Räume trennenden Elemente ab: je grösser die Trennung, desto mehr behält jeder Raum seine Eigenständigkeit. Eine Zwischenwand mit Öffnung erlaubt eine Verbindung, macht diese aber nicht zwingend. Die Trennung kann aber auch nur aus Stützen bestehen, welche verschiedene Raumzonen unterteilen (Abb. 5.27).

Die vierte Art ist die Verbindung über einen Drittraum (Abb. 5.32d). Die beiden Räume haben keinen direkten Kontakt mehr, ihre Beziehung wird durch einen Drittraum, einen Verbindungsraum, geprägt. Im Willits Haus von Frank Lloyd Wright sind die Haupträume nicht direkt miteinander verbunden, sie sind nur über einen kleineren Verbindungsraum erreichbar (Abb. 5.35). Dieser Drittraum kann zum Beispiel auch ein Korridor sein, von dem aus die verschiedenen Räume erschlossen werden.

Treppen und Rampen Der Treppe und der Rampe kommen als vertikale Raumverbindungen eine grosse Bedeutung zu. Beim Hinauf- oder Hinabsteigen wird der Raum aus einer sich ständig verändernden Perspektive gesehen (Abb. 9.11). Die Treppe hatte oft, wie die Tür, über ihre funktionelle Aufgabe hinaus schon im Altertum auch einen starken

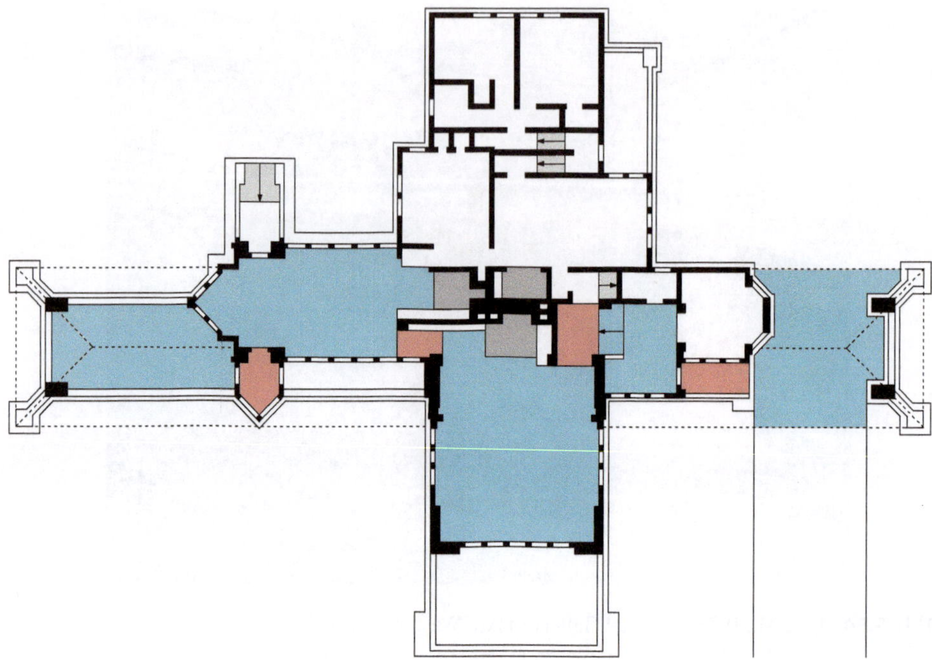

Abb. 5.35 Frank Lloyd Wright, 1902, Ward Willits Haus, Oak Park, bei Chicago, USA (vgl. Abb. 4.16) Die Haupträume (blau) sind jeweils über einen kleinen Verbindungsraum (rot) miteinander verbunden

psychologischen und symbolischen Stellenwert: Sie führt hinauf zu etwas Höherem, weg vom Profanen. Gute Beispiele dafür sind etwa die Treppenanlagen der Maya Kultur in Zentralamerika oder im alten Persien (Abb. 5.36 a).

Im Mittelalter hatten Treppen meist nur die Funktion vertikaler Verkehrsverbindungen, sie waren keine räumlichen Elemente und befanden sich deshalb meistens an einem unwichtigen Ort innerhalb des Gebäudes. Auch in der Renaissance kam ihnen im Gebäudeinnern als dynamischem Element in der Regel keine grosse Bedeutung zu (Pevsner 1967, S. 303). Bramante verwendete Treppenanlagen wieder zur Modellierung des Aussenraumes. Auch Palladios Aufmerksamkeit galt nur der Aussentreppe. Da die Innentreppen meist vorwiegend von Bediensteten benutzt wurden, waren sie in Nebenräumen untergebracht. Erst im Barock, wo die vertikale Raumdurchdringung äusserst wichtig wurde, erlangte die Innentreppe als Element der Raumgestaltung grosse Bedeutung.

Die Rampe (Abb. 5.36 b), als Variante der Treppe, erlaubt eine sanftere Überwindung des Höhenunterschiedes und wurde schon von den Ägyptern und Persern im grossen Stil verwendet. Le Corbusier plante Rampen überall dort, wo es die Platzverhältnisse erlaubten. In Wrights Guggenheim Museum wurde der ganze Hauptausstellungsraum zu einer grossen Rampe (Abb. 6.26). Dadurch wird das Betrachten der Kunstgegenstände zu einem kontinuierlichen Erlebnis und ist nicht mehr aufgeteilt in Etappen, gebildet durch Räume und Geschosse.

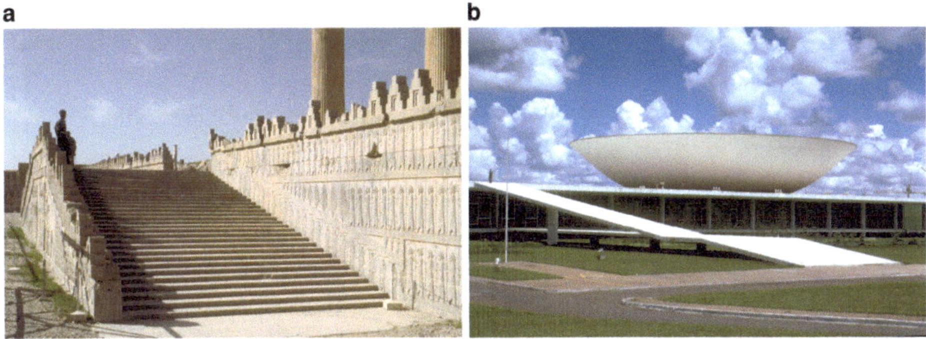

Abb. 5.36 Treppen und Rampen. **a** Persepolis, 5./4. Jh. v. Chr., Iran, **b** Niemeyer O., 1960, Parlamentsgebäude, Brasilia, Brasilien

5.4.2 Raumflexibilität und Raumpolyvalenz

Architektonischer Raum ist meist etwas fest Bestimmtes. Aus verschiedenen Gründen kann aber das Bedürfnis bestehen, Raum so zu konzipieren, dass er verändert werden kann: vergrössert oder verkleinert, dass er, je nach Bedürfnis, mit anderen Räumen verbunden werden kann. Besteht innerhalb eines Systems die Möglichkeit, Raum zu verändern, ihn verschiedenen Anforderungen anzupassen, ohne dabei das System oder seine Grundelemente zu verändern, so hat der Raum die Eigenschaft der Flexibilität. Wir beschränken uns hier auf die Raumflexibilität, obwohl sie nicht die einzige Art von Flexibilität beim Bauen ist.

Da der Raum durch die ihn definierenden Elemente gebildet wird, müssen vor allem diese Elemente flexibel sein. Technisch bedeutet das, dass die beiden Funktionen Tragen und Trennen separat behandelt werden müssen. Die Grundstruktur des tragenden Primärsystems muss so sein, dass die raumtrennenden Elemente verschoben werden können.

Totale Flexibilität ist nicht möglich, da ein System und seine Grundstruktur beibehalten werden müssen, gewisse Grenzen sind somit gesetzt.

Da eine Voraussetzung für Flexibilität die separate Behandlung von tragenden und trennenden Elementen ist, ist die Geschichte der Flexibilität in Europa eng mit der Entwicklung des Skelettbaus in der Neuzeit verbunden. In den grossen englischen Spinnereien wurden die massiven Innenwände im 18. Jahrhundert durch gusseiserne Stützen ersetzt und damit der Anfang gemacht für eine Entwicklung, die zu den heutigen Skelettbauten mit nichttragenden Leichtfassaden führte (Abb. 5.37).

Viele Wohnhäuser in Chicago wurden bereits Ende des 19. Jahrhunderts ohne raumtrennende Elemente geplant, so dass diese später den Wünschen der Bewohner angepasst werden konnten (Abb. 5.38a). August Perret baute 1904 als Erster in Europa in Paris ein Wohnhaus mit einem Eisenbetonskelett, das eine freie Grundrissgestaltung erlaubte (Abb. 5.38b). Die Trennwände bestanden aus Backsteinen oder Gips und konnten mit verhältnismässig geringem Aufwand entfernt werden, ohne dass dadurch die Tragstruktur des Hauses verändert werden musste.

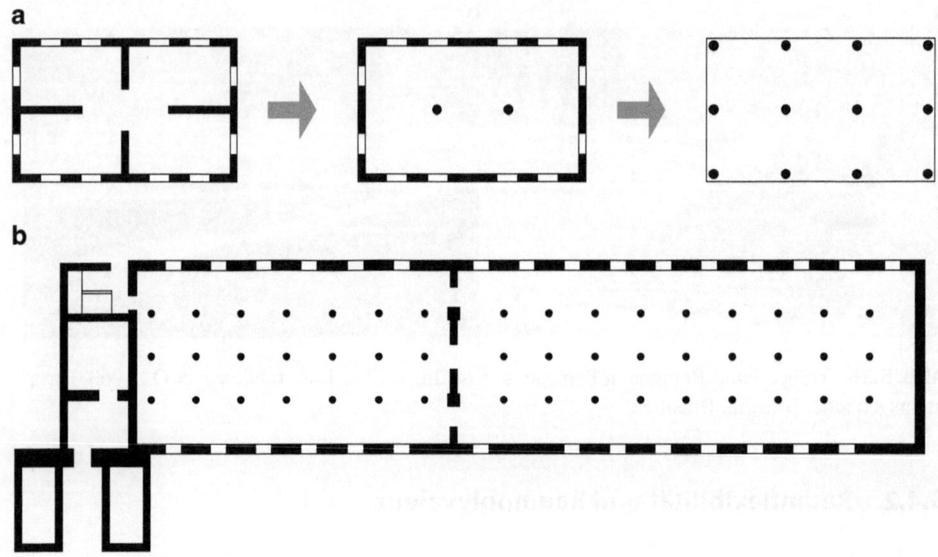

Abb. 5.37 **a** Entwicklung des Skelettbaus aus dem Massivbau im 18. Jahrhundert, **b** Charles Bage, Spinnereigebäude, 1797, Shrewsbury, Grossbritannien

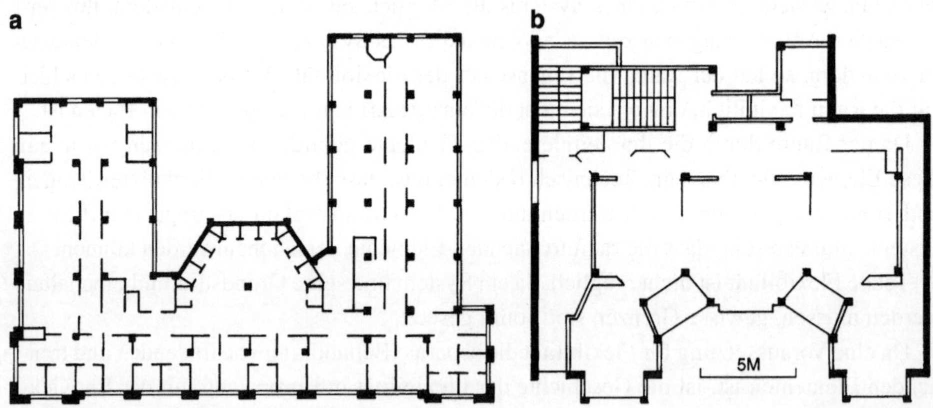

Abb. 5.38 **a** Holabird und Roche, Marquette Gebäude, 1894, Chicago, USA, **b** Auguste Perret, Wohnhaus Rue Franklin, 1904, Paris, Frankreich

Le Corbusier, der im Büro von Perret gearbeitet hatte, übernahm 1914 die Idee für sein sogenanntes „Domino-Haus" (Abb. 5.39) mit dem sogenannten „plan libre", dem freien Plan. Die Geschossdecken und das Dach werden ausschliesslich von Stützen getragen. Es gibt keine tragenden Wände. Die nichttragenden Zwischenwände können nach Bedarf angeordnet werden.

Diese Idee wurde in den folgenden Jahren von verschiedenen Architekten übernommen und verbreitet, so auch 1924 von Theo van Doesburg für seine Theorie der elementaren

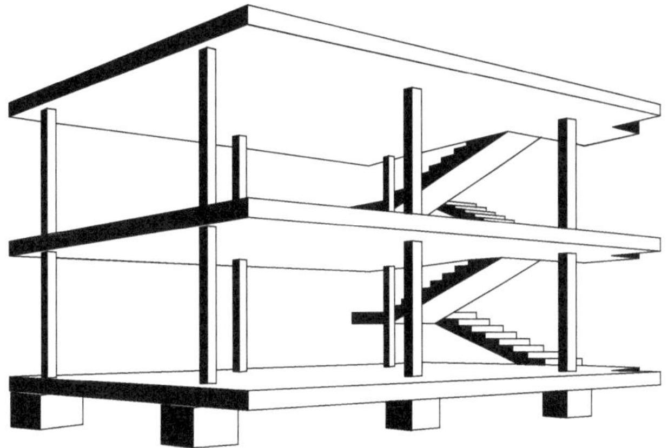

Abb. 5.39 Le Corbusier, Domino-Haus (Projekt), 1914

Gestaltung: „Die neue Architektur ist offen. Das Ganze besteht aus einem Raum, der entsprechend den verschiedenen Funktionsforderungen unterteilt ist. Diese Unterteilung geschieht mittels Trennflächen (im Innern) oder Schutzflächen (aussen). Erstere, die die verschiedenen Funktionsräume voneinander trennen, können beweglich sein, das heisst, die Trennflächen (früher die Innenwände) können durch verstellbare Zwischenflächen oder -tafeln ersetzt werden" (Van Doesburg 1981, S. 74). Ludwig Mies van der Rohe ging 1927 bei seinen Wohnhäusern für die Weissenhofsiedlung in Stuttgart noch einen Schritt weiter: Sperrholzwände, die mit Schraubenanzügen an die Decke gepresst werden konnten, ermöglichten es den Bewohnern selbst, durch Verschieben von Wänden die Räume beliebig zu verändern (Giedion 1978, S. 364). Damit war die Entwicklung fast dort angelangt, wo sie heute steht: Für das Problem des Einfügens der Einzelteile wurden bessere Lösungen entwickelt und die Wandelemente, die heute auf dem Markt angeboten werden, haben bessere bauphysikalische Eigenschaften.

Der Skelettbau, der zu einem Katalysator der Moderne schlechthin wurde, ermöglichte Raumflexibilität im grossen Stil. Henry-Russell Hitchcock und Philip Johnson schrieben 1932: „Grundrisse können jetzt mit weit grösserer Freiheit behandelt werden als in der Vergangenheit. Die Stützen sind bei modernen Konstruktionen so gering im Durchmesser, dass sie keine ernsthafte Behinderung darstellen" (Hitchcock und Johnson 1985, S. 41–42).

Die mit beweglichen Elementen erreichte Raumflexibilität war stets umstritten. Die flexible Bauweise ist relativ teuer und, da viele Teile beweglich sein müssen, entstehen oft zusätzliche technische Probleme. Manchmal wurden flexible Räume geschaffen, wo gar kein Bedürfnis nach solchen bestand. So zeigte sich auch, dass in Wohnbauten mit flexiblen Wänden diese praktisch nie von den Bewohnern selbst verschoben werden, auch wenn das System dies vorsieht.

Das Ziel jeder flexiblen Bauweise ist es, die Möglichkeit zu schaffen, Räume sich verändernden Nutzungen anzupassen. Die bis dahin besprochene Flexibilität besteht im Anpassen der raumdefinierenden Elemente an die neue Nutzungssituation.

Eine andere Art, auf dieses Problem zu reagieren, kann das Schaffen multifunktionaler, sogenannter polyvalenter, Räume sein: Räume, die ohne Veränderung mehrere verschiedene

Nutzungen zulassen. Robert Venturi: „Der multifunktionale Raum ist möglicherweise eine überzeugende Antwort auf die Bemühungen der modernen Architektur um Flexibilität. Räume, die für eine Art von Zwecken, nicht für einen speziellen Zweck bestimmt und mit beweglicher Einrichtung, nicht mit beweglichen Trennwänden versehen sind, fördern auch eher eine Flexibilität der Wahrnehmung als eine nur physische Verfügbarkeit; sie vermitteln uns auch ein Gefühl von Verlässlichkeit, auf das wir im Umgang mit unseren Bauten nicht verzichten können. Echte Mehrdeutigkeit kann auch nützliche Flexibilität bedeuten" (Venturi 1978, S. 50). Der Typ des multifunktionalen Raumes mag mehrere Ursprünge haben, einer davon ist im alten amerikanischen Wohnhaus zu suchen: Das Zentrum dieses Hauses bildete der Kamin, um den alle Haupträume angeordnet waren. Dank Schiebetüren liessen sich die Räume untereinander verbinden (Abb. 5.40).

Frank Lloyd Wright knüpfte an diese Tradition an und strebte in seinen Wohnhäusern möglichst grosse Polyvalenz an, indem er den Grundriss nicht mit Wänden in einzelne Räume unterteilte, sondern verschiedene Raumzonen schuf, die frei ineinander übergehen.

Das Projekt für ein Totaltheater in Berlin von Walter Gropius aus dem Jahre 1927 erlaubte den Ablauf verschiedener Arten von Vorführungen, ohne dass der Theaterraum mit baulichen Massnahmen verändert werden musste. Die einzige Veränderung bestand aus dem Drehen des mittleren Tribünenteils mit der kleinen Bühne um 180 Grad (Abb. 5.41).

Hermann Hertzberger ist einer der bekannten Vertreter einer polyvalenten Architektur. Nach ihm ist es unmöglich, für jedes Individuum spezifisch zu planen, und deshalb muss Raum so geschaffen werden, dass Interpretationen möglich sind. Das von ihm geplante Verwaltungsgebäude einer Versicherungsgesellschaft in Apeldoorn, Niederlande, verdeutlicht dieses Konzept. Das Gebäude besteht aus quadratischen Plattformen, die mehrstöckig übereinander geschichtet sind und seitlich durch Lichtschächte voneinander getrennt sind. Die Plattformen bilden ein Netz verschiedener Zonen, die je nach Bedürfnis miteinander kombiniert werden können (Abb. 5.42).

Das traditionelle japanische Wohnhaus ist eine Mischung aus polyvalentem Raum und flexiblen raumdefinierenden Elementen. Wie schon im Abschn. 4.4 beschrieben, bestand in Japan immer eine besonders intensive Beziehung zwischen innen und aussen. Dementsprechend sind auch die einzelnen Räume untereinander nicht fest getrennt.

Abb. 5.40 G. Woodward, 1873, Projekt für ein Landhaus

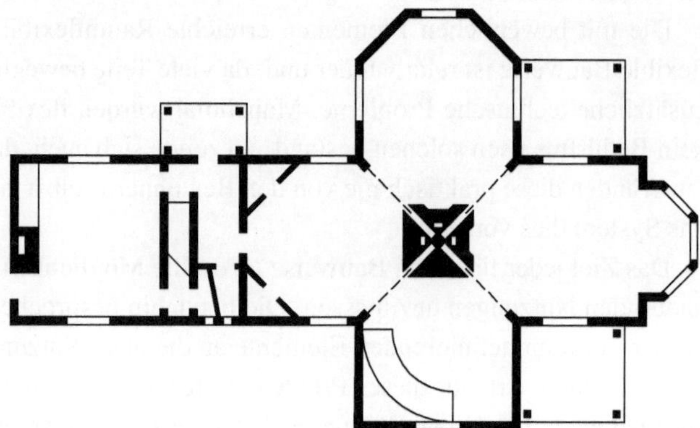

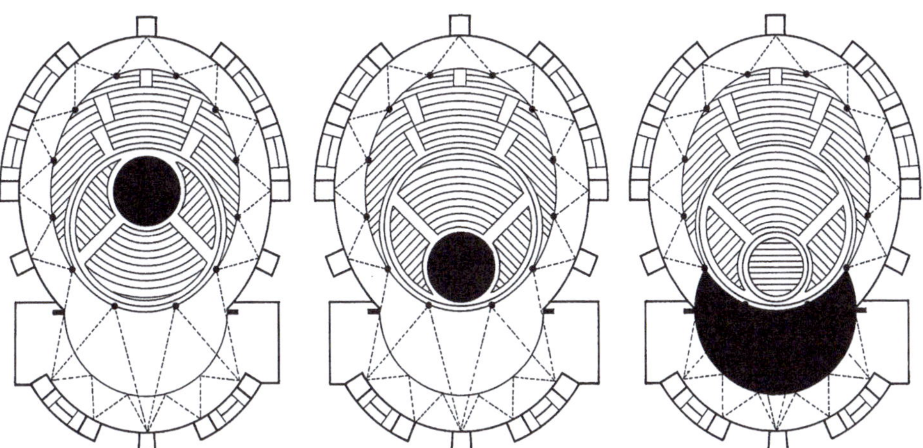

Abb. 5.41 Walter Gropius, Totaltheater für Berlin (Projekt), 1927 (3 verschiedene Anordnungen von Bühne und Zuschauerraum)

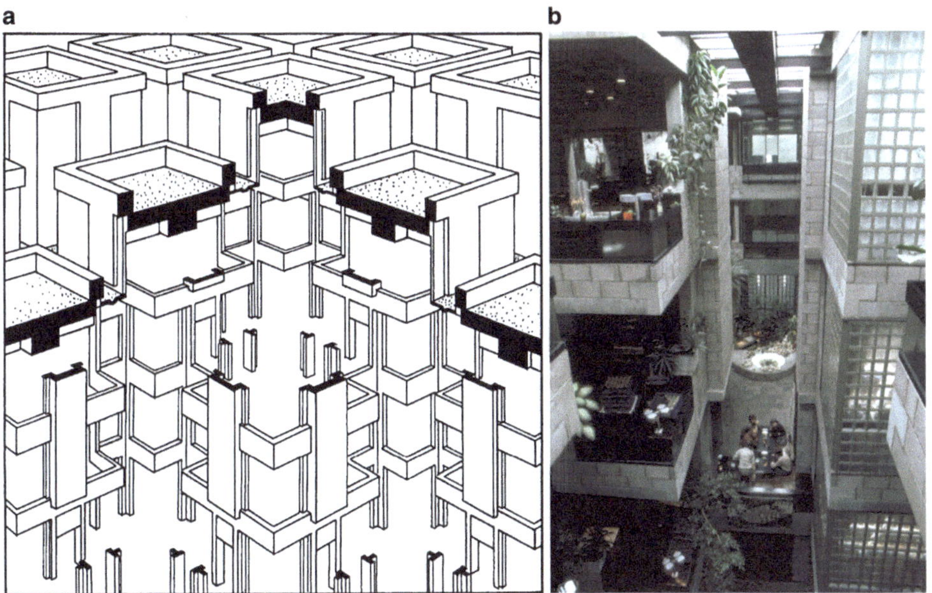

Abb. 5.42 Hermann Hertzberger, 1974, Bürohaus, Apeldoorn, Niederlande

Die Wände zwischen den Stützen bestanden nie aus permanenten Elementen. Im alten Shinden-Stil wurden als Trennung Bambusvorhänge, die nach oben aufgerollt werden konnten, zwischen die Stützen gehängt. Im 14. Jahrhundert wurde der Shinden-Stil vom Shoin-Stil abgelöst und damit kamen die noch heute gebräuchlichen Schiebewände auf, die die Räume untereinander und gegen die Veranda trennen (Yoshida 1951, S. 139). Da

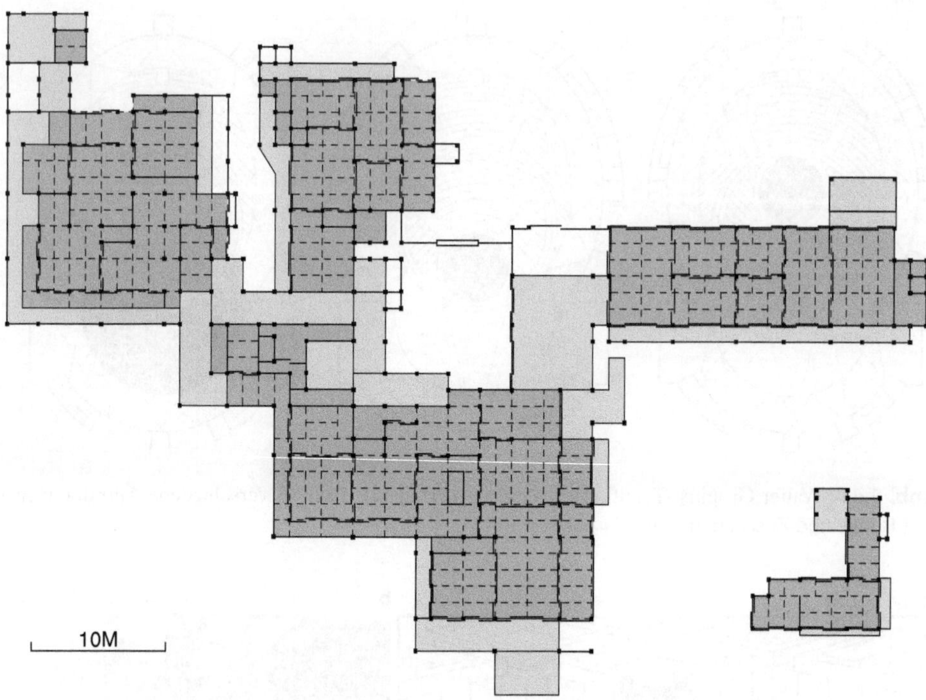

Abb. 5.43 Katsura Villa, 17. Jahrhundert, Kyoto, Japan (vgl. Abb. 3.12a)

den meisten Räumen keine feste Nutzung zugeschrieben wird und da in einem japanischen Haus nur sehr wenige Möbelstücke stehen, entsteht ein polyvalentes Raumsystem, wo die Räume je nach Bedarf geöffnet, geschlossen oder miteinander verbunden werden können (Abb. 5.43).

5.4.3 Kulturbedingte Arten der Orientierung im Raum

Raum wird je nach Kultur verschieden wahrgenommen und dementsprechend auch verschieden gestaltet (vgl. Kap. 3 Kultur und Stil). Zum Beispiel wurde im islamischen Kulturbereich, und wird teilweise noch heute, Raum anders wahrgenommen als in der westlichen Welt. In den beiden Kulturbereichen bestanden verschiedene Auffassungen über Raum und Orientierung.

Bis zur vorletzten Jahrhundertwende war der Raum im Abendland ein geschlossener, gegen aussen abgegrenzter Bereich (vgl. Abschn. 5.1.1). Der Mensch bewegte sich gerichtet, auf einer Achse, auf einen bestimmten Punkt zu. Sein Ziel konnte eine Stadt sein, das Ende einer Strasse, ein wichtiges Gebäude oder auch der Altar, den er durch das Kirchenschiff erreichen konnte. Die Orientierung richtete sich in eine bestimmte Richtung, oft ausgedrückt durch einen auf einen bestimmten Punkt weisenden Pfeil (Abb. 5.44).

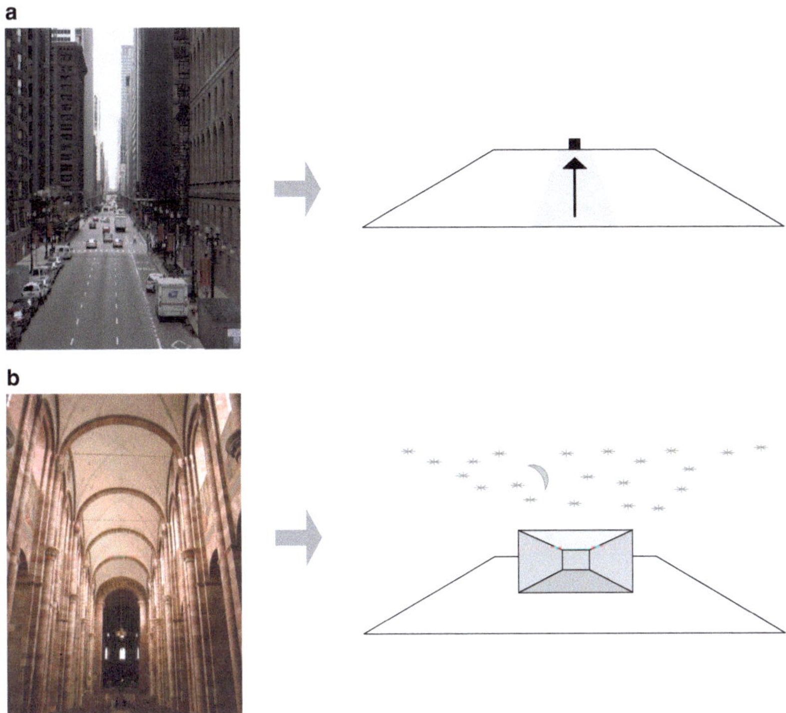

Abb. 5.44 Die Orientierung im abendländischen Kulturbereich auf einen Punkt zu. **a** links: Strasse in Chicago, USA, **b** links: Dom, 11. Jh. Speyer, Deutschland

Der Islam ging von einem Wüstenvolk aus. Die meisten Araber waren Nomaden, die keine Bautradition kannten. Sie zogen nachts durch die Wüste und der Raum, in dem sie lebten, war nur begrenzt durch den Boden und das Himmelszelt, dessen Sterne nachts wie ein Dach wirkten. Der Raum ist somit nicht streng definiert, er wirkt unendlich und dynamisch. „Dienet ihm, der euch die Erde zu einem Teppich und den Himmel zu einem Bau gemacht hat" (Sure 2,20). Dieses Zitat aus dem Koran unterstreicht diese Auffassung. Die Menschen orientierten sich am Horizont, nach der Linie, die Boden und Himmel trennt. Für sie als Nomaden ist der Ort kein festes Element, er ist fliessend. Damit ist auch keine Richtung dominant (Stierlin 1979, S. 82) (Abb. 5.45).

Der älteste Bautyp der traditionellen islamischen Sakralarchitektur ist die sogenannte Stützenmoschee. Sie wurde mehr oder weniger direkt vom Hofhaus Mohammeds abgeleitet, wo sich seine Anhänger versammelt haben. Im Gegensatz zu den meisten seiner Anhänger war er kein Nomade, sondern Kaufmann in Medina.

Die Moschee von Cordoba (in Abb. 5.45b), welche nur 155 Jahre nach dem Tod Mohammeds errichtet wurde, entspricht dem Typ der Stützenmoschee. In ihr ist die ursprüngliche Raumauffassung der arabischen Nomaden klar umgesetzt. Der Raum ist weder

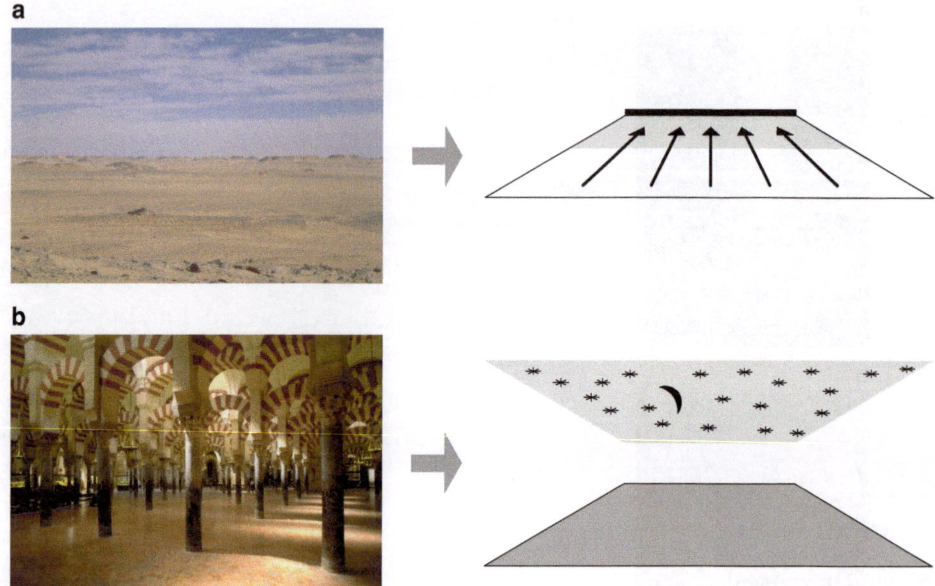

Abb. 5.45   Die Orientierung im islamischen Kulturbereich auf eine Linie zu. **a** nubische Wüste, Ägypten, **b** Moschee (heute Kathedrale) ab 8. Jh., Cordoba, Spanien (vgl. Abb. 6.35a)

streng definiert noch sind die abschliessenden Wände klar erkennbar, wodurch der Eindruck des Unendlichen entsteht. Es gibt keine klare Gliederung oder gar räumliche Hierarchie. Die relativ kleine Raumhöhe bewirkt, dass das Horizontale betont wird, es entsteht der Eindruck einer endlosen Weite. Das einzige räumlich verbindende Element ist hier der Boden.

Ein gutes Beispiel für die verschiedenen Auffassungen über die Orientierung im Raum ist die Umayyaden-Moschee in Damaskus und die Kirche, welche vorher an diesem Standort stand. An Stelle der heutigen Moschee, auf einem Grundstück von 160 Meter Länge und 100 Meter Breite, stand ursprünglich ein antikes Heiligtum. Im 1. Jahrhundert bauten die Römer innerhalb der alten Mauern einen Jupitertempel, an dessen Stelle der römische Kaiser Theodosius eine dem Johannes dem Täufer geweihte fünfschiffige Basilika errichten liess (379–395). Zwischen 706 und 715 lies Kalif al-Walid die Kirche durch eine Moschee ersetzen. Die Kirche wurde nicht zerstört, sondern abgetragen. Die einzelnen Elemente, so zum Beispiel die 40 sechs Meter hohen monolithischen antiken Säulen, wurden wieder für den Bau der Moschee verwendet. Der auf einen Punkt gerichtete Raum der Kirche wurde nicht übernommen, sondern mit ihren Bausteinen wurde ein neuer, auf eine Linie ausgerichteter Raum erstellt. Der Raum wird nicht an einem einzigen Ort betreten, durch ein Portal wie bei der vorherigen Kirche. Die ganze Längsfront ist geöffnet, so dass der Zugang vom ganzen Innenhof her möglich ist (Abb. 5.46 und 5.47).

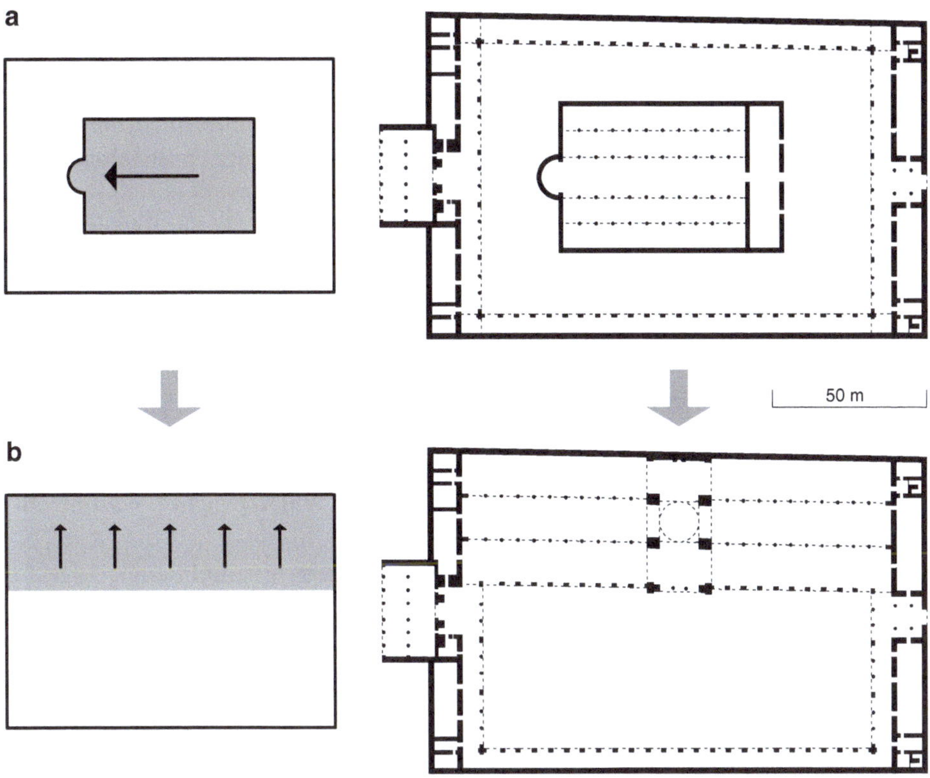

a

b

Abb. 5.46 **a** Kirche innerhalb der alten Mauern des römischen Jupitertempels, **b** Umbau der Anlage zur Umayyaden-Moschee, 708–714, Damaskus, Syrien (links schematische Darstellung, rechts Grundrisse)

Abb. 5.47 Umayyaden-Moschee, 708–714, Damaskus, Syrien

5.1.   **Was sind die Unterschiede bei den verschiedenen Raumauffassungen von Aristoteles und Giordano Bruno?**

5.2.   **Welches sind die zwei grundlegend verschiedenen Raumformen, die beiden räumlichen Grundtypen im alten Rom und in der mittelalterlichen Sakralarchitektur?**

5.3.   **Was sind die Hauptmerkmale bei der Raumgestaltung in der Renaissance?**

5.4.   **Was ist das grundlegend Neue bei der Raumauffassung der Moderne?**

5.5.   **Was ist der Unterschied zwischen Raumflexibilität und Raumpolyvalenz?**

5.6.   **Was ist der Unterschied zwischen Massiv- und Skelettbau?**

5.7.   **Nennen Sie einen Unterschied zwischen erlebtem Raum und mathematischem Raum.**

5.8.   **Warum muss sich der Menschen zwischen privatem und öffentlichem Raum hin und her bewegen können?**

5.9.   **Warum ist der barocke Kirchenraum voller Widersprüche? Warum will er unsere Sinne täuschen?**

5.10. **Warum dürfen beim Entwerfen von Raum nicht nur funktionale Aspekte berücksichtigt werden?**

Die Musterlösungen zu den Fragen befinden sich im Anhang.

Literatur

Bahrdt, H.P.: Die moderne Großstadt, Hamburg, 1961

Bollnow, Otto F.: Mensch und Raum, Stuttgart, 1980 (1963)

Canival, Jean-Louis de: Aegypten, Fribourg, 1964

Dessoir, Max: Die Geschichte der Philosophie, Wiesbaden, 1925

Frampton, Kenneth: Die Architektur der Moderne, Stuttgart, 1983 (Originaltitel: Modern architecture, London, 1980)

Giedion, Siegfried: Raum, Zeit, Architektur, Zürich, 1978 (Originaltitel: Space, Time and Architecture, Cambridge, Mass., 1941)

Hall, Edward T.: Die Sprache des Raumes, Düsseldorf, 1976 (Originaltitel: The Hidden Dimension, 1966)

Hitchcock, Henry-Russell und Johnson, Philip: Der Internationale Stil, Braunschweig, 1985 (Originaltitel: The International Style, New York, 1932)

Jencks, Charles: Die Sprache der Postmodernen Architektur, Stuttgart, 1978 (Originaltitel: The Language of Post-Modern Architecture, London, 1978)

Kahn, I. Louis: I love Beginnings, Vortrag an der Aspen Design Conference, 1973 (in: Louis I. Kahn, Tokyo, 1975. Übersetzung: Jörg Kurt Grütter)

Kahn, I. Louis: Werkbundziele, Ordnung ist, 1960 (in: Programme und Manifeste zur Architektur des 20. Jahrhunderts, Braunschweig, 1981)

Krautheimer, Richard: Early Christian and Byzantine Architecture, Hermondsworth, 1965 (Übersetzung: Jörg Kurt Grütter)

Kruft, H.W.: Goethe und die Architektur (in Neue Zürcher Zeitung, 20. März 1982)

Le Corbusier: Fünf Punkte zu einer neuen Architektur, 1926 (in: Programme und Manifeste zur Architektur des 20. Jahrhunderts, Braunschweig, 1981)

Loos, Adolf: Trotzdem, Wien, 1982 (1931)

Moore, Charles: The place of houses, New York, 1979 (1974) (Übersetzung: Jörg Kurt Grütter)

Norberg-Schulz, Christian: Meaning in western architecture, London, 1975 (Originaltitel: Significato nell' architettura occidentale, Milano, 1974)

Pevsner, Nikolaus: Europäische Architektur, München, 1967

Picard, Gilbert: Imperium Romanum, Fribourg, 1965

Stierlin Henri: Architektur des Islam, Zürich, 1979

Rowe, Colin: Chicago frame (in: Archithese, 4/1980 (Ursprünglich in: Architectural Review 1956))

Rykwert, Joseph: Ornament ist kein Verbrechen, Köln, 1983 (Originaltitel: The Necessity of Artifice, London, 1982)

Thilo, Thomas: Klassische chinesische Baukunst, Zürich, 1978 (1977)

Van Doesburg, Theo: Auf dem Wege zu einer plastischen Architektur, 1924 (in: Programme und Manifeste zur Architektur des 20. Jahrhunderts, Braunschweig, 1981)

Venturi, Robert: Komplexität und Widerspruch in der Architektur, Braunschweig, 1978 (Originaltitel: Complexity and contradiction in Architecture, New York, 1966)

Wagner, Otto: Die Baukunst unserer Zeit, Wien, 1979 (1895)

Yoshida, Tetsuro: Japanische Architektur, Tübingen, 1951

Zevi, Bruno: Architecture as Space, New York, 1974 (1957)

Form

6

Inhaltsverzeichnis

Einführung

Ähnlich wie die gesprochene Sprache gibt es auch eine Formensprache. Die Formensprache setzt sich aus verschiedenen Grundmustern oder elementaren Formen zusammen. Jeder Stil macht einen geistigen Inhalt mit formalen Mitteln sichtbar, wobei er solche Formen bevorzugt, deren Struktur am ehesten diesem geistigen Inhalt entspricht. Die Formensprache visualisiert die geistige Grundhaltung einer Kultur. Die Form als solches steht nicht im Vordergrund, sonst würden wir von Formalismus sprechen, sie ist nur das

© Springer Fachmedien Wiesbaden GmbH, ein Teil von Springer Nature 2019   179
J. K. Grütter, *Grundlagen der Architektur-Wahrnehmung*,
https://doi.org/10.1007/978-3-658-26785-8_6

Medium für eine geistige Aussage. Jede Form hat für den Betrachter eine wahrnehmungsmässige, teilweise auch eine symbolische Bedeutung. Wie können die verschiedenen Formen interpretiert werden? Was sind ihre aussagen? Die Wahl der Formen war in den verschiedenen Zeitepochen und Kulturen auch abhängig von den zur Verfügung stehenden
Baumaterialien und der jeweiligen technischen Möglichkeiten. So galt zum Beispiel in der
ersten Hälfte des 20. Jahrhunderts, in Anbetracht der Industrialisierung, der Slogan „Form
folgt der Funktion".

6.1   Form und Kultur

Philip Drew vergleicht die Form mit einer Sprache: „Geradeso wie der Gedanke durch
das Medium Sprache formuliert wird, so ist auch die Erschaffung physischer Formen von
geistigen Vorstellungen und Urformen abhängig" (Drew 1972, S. 21). So wie die Sprache
aus Wörtern besteht, setzt sich auch jede Formensprache aus verschiedenen Grundmustern
oder elementaren Formen zusammen. Im Abschn. 1.2.5 wurde gezeigt, dass jede Nachricht eine gewisse Redundanz hat, das heisst, ein Teil ihrer Zeichen ist nicht informativ,
sondern „Verschwendung". Diese Redundanz besteht auch in jeder Formensprache. Eine
sehr geringe Redundanz bedeutet, dass an der Gestalt nur wenige formale Teile überflüssig
sind, dass und alles neu erscheint. Viele Ingenieurbauten des 19. Jahrhunderts haben eine
sehr geringe Redundanz, ihre Form wird hauptsächlich durch statische Erfordernisse bestimmt (Abb. 6.4 und 2.41).

Formensprachen entstehen durch eine lange Evolution. Der Erfolg und die Stabilität
einer Kultur basieren auch auf dem Besitz einer gültigen Formensprache. Die Formen, als
visueller Ausdruck eines geistigen Inhaltes, dienen als semantische Zeichen. Die Formensprache ist der Ausdruck dieser Zeichen insgesamt, sie visualisiert die geistige Grundhaltung einer Kultur. Die Form ist bedingt durch ihren Inhalt. Theodor W. Adorno: „Ästhetisches Gelingen richtet sich wesentlich danach, ob das Geformte den in der Form
niedergeschlagenen Inhalt zu erwecken vermag" (Adorno 1974, S. 329). Jedes Gebäude
ist mit seiner Formensprache auch ein Gradmesser für die jeweilige Kultur, es hilft, abstrakte Ideen sichtbar zu machen.

Die Entwicklung einer Formensprache bis zur Reife, das heisst, bis ihr Spektrum breit
genug ist, um eine ganze Kultur zu repräsentieren, braucht Zeit und Reibungsfläche, um
sich einzuschleifen. Ein zu schnelles Verändern der Formensprache hat einen Verlust an
Kultur zur Folge.

6.2   Wahl der Form

Im Abschn. 3.1 haben wir gesehen, dass die Architektur auch die Aufgabe hat, die abstrakten Ideen einer Gesellschaft, ihrer Kultur, mit konkreten Formen zu verdeutlichen.
Während Jahrtausenden entwickelten sich die Kulturen langsam genug, dass die Baukunst
genügend Zeit hatte, sich stilmässig den Veränderungen anzupassen (vgl. Abb. 3.1).

Je nach Region war die Auswahl der zur Verfügung stehenden Baumaterialien begrenzt. Die formale Sprache, die mit diesen Materialien, ihrem technischen und konstruktiven Potenzial möglich war, war somit innerhalb enger Grenzen vorgegeben. Die aus Holz erstellten Stabkirchen etwa, erbaut zwischen dem 12. und 15. Jahrhundert in Skandinavien (Abb. 6.1), haben eine andere Form als beispielsweise die steinernen gotischen Kirchen, die ungefähr zur selben Zeit entstanden.

Das 19. Jahrhundert war die Zeit der Neo-Stile. Ein grosser Teil der neu gebauten Architektur entstand in einem alten Stil, oder es wurden zumindest alte Stilsegmente verwendet (vgl. Abschn. 3.3).

Die Industrialisierung, welche am Ende des 18. Jahrhunderts begann, brachte hier die entscheidende Wende. Die neue Formensprache war auch bedingt durch die grossen soziokulturelle Umwälzungen, welche die Industrialisierung zur Folge hatte. In Anlehnung an die neue rationale, industrielle Fertigung von Autos, Schiffen, Flugzeugen und Konsumgütern wurde auch in der Architektur eine Veränderung gefordert. Hermann Muthesius, der erste Programmatiker des Deutschen Werkbundes, schrieb 1911: „Der Form wieder zu ihrem Recht verhelfen, muss die fundamentale Aufgabe unserer Zeit, muss der Inhalt namentlich jeder künstlerischen Reformarbeit sein, um die es sich heute handeln kann" (Muthesius 1981, S. 23). Obwohl diese Forderungen nicht direkt auf die Architektur bezogen waren, sondern auf das Kunstgewerbe und das Bauhandwerk generell, hatten sie auf die ganze Architekturentwicklung einen starken Einfluss. Der belgische Architekt und Designer Henry van de Velde meinte 1938: „Die wirklichen Formen der Dinge waren alle

Abb. 6.1 Stabkirche, 13. Jahrhundert, Hedal, Norwegen

überdeckt. Zu jener Zeit war die Revolte gegen die Verfälschung der Formen und der Vergangenheit eine moralische Revolte" (Giedion 1978, S. 206). Mit dem Weglassen der Ornamente und Dekorationen kam die Einfachheit der Form, die Form selber, wieder zur Geltung. Früher schränkten auch die zur Verfügung stehenden Materialien die formalen Möglichkeiten stark ein. Mit den neuen Baumethoden, Materialien und Techniken wurde im 20. Jahrhundert formal fast alles möglich. Die Formen wurden fortan oft beliebig gewählt und verloren so häufig ihre semantische Aussagekraft. Damit wurde sie oft von der breiten Bevölkerung nicht mehr verstanden. Die Frage, wer oder was bestimmt nun die Form, und damit das Aussehen eines Gebäudes, wurde neu gestellt (Abb. 6.2).

Die berühmte Aussage „Form folgt der Funktion" wird Louis Sullivan zugesprochen (Frampton 1983, S. 49), ob sie allerdings wirklich von ihm stammt, wird angezweifelt (Blake 1977, S. 16). Das Zitat wurde zum Leitspruch der Funktionalisten. Einer seiner wichtigsten Exponenten, vor allem in den zwanziger Jahren des letzten Jahrhunderts, war Walter Gropius, der sich von Anfang an zu dieser Strömung bekannte. Er äusserte sich 1923 wie folgt: „Wir wollen eine Architektur, die unserer Welt der Maschinen, Radios und schnellen Autos angepasst ist. Eine Architektur, deren Funktion klar in ihrer Beziehung zur Form erkennbar ist" (Jencks 1973, S. 109). Die Funktionalisten vertraten die Meinung, dass bei einem Bauen, geplant nach den strikten praktischen, funktionalen Erfordernissen, automatisch eine ästhetisch befriedigende Lösung resultieren müsse. Der Zweck führt direkt zur Schönheit.

Als Vorbild für den Zusammenhang zwischen praktischen Erfordernissen und Ästhetik wurde oft die Natur genannt. Frank Lloyd Wright war der Ansicht, dass in der Natur alles seinen Platz habe, nichts überflüssig und alles wohl geordnet sei. Er setzte sich für eine ähnliche Einstellung in der Architektur ein (Wright 1969, S. 190) und meinte: „Die Natur wurde mir zur Bibel" (Wright 1969, S. 17). Heute wissen wir allerdings, dass in der Natur die Form keineswegs immer aus der Funktion abgeleitet ist (vgl. Abschn. 4.4).

Auch Le Corbusier war, zumindest in seinem Frühwerk, Funktionalist, auch für ihn war die Technik des frühen 20. Jahrhunderts Vorbild. Er war der Meinung, dass die Formgebung letztendlich der entscheidende Punkt der Architektur ist: „Die Durchbildung der

Abb. 6.2 Gebäude mit derselben Funktion (Museen) aber verschiedenen Formen. **a** Piano Renzo, 2004, Zentrum Paul Klee, Bern, Schweiz, **b** Niemeyer Oscar, 1992, Museum für zeitgenössische Kunst, Niteroi, Rio de Janeiro, Brasilien, **c** Pei I.M., 1978, National Gallery of Art, Washington D.C., USA (vgl. Abb. 5.34)

Form ist der Prüfstein für den Architekten; an der Durchbildung entscheidet sich, ob er Künstler ist oder nicht" (Le Corbusier 1969, S. 157). Auch Ludwig Mies van der Rohe wurde oft als Funktionalist bezeichnet. Er meinte: „Die Form ist nicht das Ziel, sondern das Resultat unserer Arbeit. Es gibt keine Form an sich. Form als Ziel ist Formalismus; und den lehnen wir ab." (Mies van der Rohe 1987, S. 40). Die von ihm 1956 erbaute Kapelle am Illinois Institute of Technology (IIT)in Chicago sieht aus wie eine kleine Industriehalle, sie gleicht allen von ihm errichteten Bauten an dieser Schule (Abb. 6.3). Die Funktion des Baus kann nicht direkt von seiner Form abgelesen werden, seine Erscheinung lässt nicht auf einen sakralen Bau schliessen. War hier vielleicht nicht doch die Form das Ziel und nicht das Resultat?

Der Architekturhistoriker August Choisy beschreibt 1899 in seinem Buch „Histoire de l'Architecture" Form als logische Folge der Technik, also der Konstruktion (Banham 1964, S. 16). Die beiden russischen Bildhauer Naum Gabo und Antoine Pevsner veröffentlichten 1920 in Moskau das „Realistische Manifest": „Wir lehnen die dekorative Linie ab. Wir fordern von jeder Linie im Kunstwerk, dass sie lediglich zur Präzisierung der inneren Kraft-Richtung im darzustellenden Körper dient" (Gabo und Pevsner 1981, S. 53). Damit haben sie das Grundprinzip des Konstruktivismus beschrieben und hatten damit einen grossen Einfluss auf die Bauten der russischen Architekten El Lissitzky, der Gebrüder Wesnin und Wladimir Tatlin , die heute als Begründer des neueren Konstruktivismus gelten. Diese Entwicklung wäre nicht möglich gewesen ohne die Pionierleistungen einiger Ingenieure, welche die damalig neuen Bahnhöfe und Gewächshäuser planten (vgl. Abb. 2.41 und 6.4). Der Eiffelturm war vorwiegend eine konstruktive Aufgabe und auch beim Kristallpalast in London, 1851 von Joseph Paxton erbaut, diktierten Fabrikations- und Konstruktionsmethoden die Form.

Auch Louis I. Kahn differenzierte: „Man könnte sagen, dass die Form der Funktion folgt, wenn man sie als Wesen betrachtet, und dass der ihrem Wesen entsprechende Teil das ist, was auf bestimmte Weise funktionieren soll. Die Erwägung, wie ein Gebäude den einzelnen Menschen beeinflussen wird, ist keine Frage der Funktion. Ich glaube eben, dass

Abb. 6.3 Ludwig Mies van der Rohe, 1956, Kapelle am Illinois Institute of Technology (IIT), Chicago, USA (Aussen- und Innenansicht)

Abb. 6.4 Burton + Turner, 1884, Palm House, Kew bei London, Grossbritannien (vgl. Abb. 2.41)

sich das Wort ‚Funktion', auf das Technische bezieht" (Klotz und Cook 1974, S. 239). Kahn meint damit, dass die Form auch von der Art der Konstruktion abhängt, und dass dem entsprechend mehrere formale Lösungen möglich sind, die alle funktional befriedigen (vgl. Abb. 6.2). Eine bestimmte Funktion lässt meistens nicht nur eine einzige Form zu. Was Kahn verlangt, ist Ehrlichkeit und Mut, die Art zu zeigen, wie konstruiert wurde. Dies ist nichts Neues: Die grossen Ingenieurbauten des 19. Jahrhunderts haben genau das getan (Abb. 6.4).

Bauten mit extremen Dimensionen, grossen Höhen oder Spannweiten, verlangen oft extreme Konstruktionen, welche dann auch die Form der Gebäude mitprägen. Dann gilt eher „Form folgt der Konstruktion" (vgl. Abb. 6.4). Schon der griechische Tempel kann als konstruktivistischer Bau bezeichnet werden, zeigt er doch klar ablesbar das Prinzip von Lasten und Tragen. Auch der römische Bogen macht das Konstruktionsprinzip der sich gegenseitig abstützenden Steine klar ablesbar. Der griechische Tempel wird von einer anderen Formsprache geprägt als der römische Backsteinbau: Während die Erscheinung des ersten auf einem orthogonalen Raster basiert, wird die zweite von der Rundheit des Bogens dominiert. Die beiden formalen Ausdrücke entsprechen auch zwei verschiedenen statischen Systemen. Der Balken beim griechischen Tempel wird stark von Biegekräften beansprucht, im Bogen treten fast ausschliesslich Druckkräfte auf. Formen werden hier von statischen Gegebenheiten geprägt (Abb. 6.5).

Wie oben erwähnt, stand im russischen Konstruktivismus der 20er- und 30er-Jahre des letzten Jahrhunderts die Konstruktion im Vordergrund, sie prägte das Aussehen der Bauten. Auch später entstanden immer wieder Bauten, deren Erscheinung von ihrer Konstruktion geprägt wird. Ein Beispiel ist das „Centre Georges Pompidou" in Paris, 1977 fertig

Abb. 6.5 **a** Parthenon, ca. 480 v. Chr., Akropolis, Athen, Griechenland, **b** Maxentius Basilika, 320, Forum Romanum, Rom, Italien

gestellt von Renzo Piano und Richard Rogers (Abb. 6.6). Die Forderung von Louis I. Kahn , die Art des Tragens und des Zusammenfügens zu zeigen, ist hier erfüllt, darüber hinaus wird aber aus der Konstruktion ein Ereignis gemacht, welches den Bau prägt und ihm einen speziellen Charakter verleiht.

Wahrnehmungsmässig hat das „Centre Georges Pompidou" einen hohen Originalitätsgrad: Verglichen mit seiner Umgebung ist das Gebäude etwas komplett Neues, Unvorhersehbares. Trotz der grossen Informationsmenge ist eine Superzeichenbildung , das heisst, eine Schematisierung, gut möglich (vgl. Abschn. 1.3.3). Die Fassade des Baus besteht aus mehreren Ebenen – Verkehrswege, Traggerüst, Fassadenhaut, Installationen – die wahrnehmungsmässig gut getrennt werden können. Die Anteile an semantischer und ästhetischer Information sind ausgeglichen (vgl. Abschn. 1.2.4). Die ganze Konstruktion, die sichtbaren Installationen und die Rolltreppen, sprechen eher den Verstand an, während die filigrane Geometrie, die Farben und die Hell-Dunkel-Kontraste unser Unterbewusstsein berühren. Das Gebäude stillt unsere Neugierde und spricht gleichzeitig unser Gefühl an. Trotz seines grossen Volumens steht der Bau dem Besucher nicht abweisend gegenüber. Die Konstruktion löst die grosse Aussenwand optisch auf und erlaubt einen intensiven Bezug zwischen innen und aussen. Dadurch erhält die grosse Front des Gebäudes eine Tiefe, die es dem Beobachter besser ermöglicht, das Ganze zu ermessen. Zwischen dem Bauvolumen und dem vorgelagerten freien Platz besteht eine Spannung, die das ganze Wahrnehmungserlebnis verstärkt.

Abb. 6.6 Piano Renzo und Rogers Richard, 1977, Centre Pompidou, Paris, Frankreich

Auch bei Bauten, deren Aussehen von der Konstruktion geprägt wird, hat der Architekt in einem eng definierten Rahmen gestalterische Möglichkeiten. Philip Johnson warnt vor einem nicht Nutzen dieser Möglichkeiten: „Konstruktion ist gefährlich, wenn man sich daran festhält. Das kann einen dazu führen zu glauben, dass eine klare Konstruktion, klar ausgedrückt, am Ende von selbst zur Architektur wird" (Johnson 1982, S. 72). Für ihn ist zum Beispiel der Kuppelbau des amerikanischen Pavillon für die Weltausstellung 1967 in Montreal, geplant von Buckminster Fuller, (Abb. 6.7) keine Architektur, weil die Konstruktion hier alles dominiert. „Ich habe auch nichts gegen freitragende Kuppeln, aber um Himmels willen, nennen wir das doch nicht Architektur. Haben Sie mal gesehen, wenn Bucky versucht, eine Tür in eines seiner Kuppelgebäude einzubauen? Er hat das nie fertiggebracht, und klugerweise hat er auch nie eine Abdeckung darauf gemacht, so bleiben sie herrliche Musterstücke reiner Skulptur. Blosse Skulptur ergibt aber keine Architektur, weil Architektur Probleme zu lösen hat, die Bucky Fuller einfach nicht zu lösen versucht hat, zum Beispiel wie man rein- und rausgeht". (Johnson 1982, S. 72).

Die Aussage „Form folgt der Funktion" wurde mehrfach abgewandelt und auch bestritten. Die Gebrüder Krier haben sie umgekehrt zu: „Funktion folgt der Form" (Frampton 1983, S. 246), eine Behauptung, die auf den ersten Blick verwirrt, die aber bei näherer Betrachtung durchaus ihre Richtigkeit haben kann. Heute wird zwar nicht mehr „für die Ewigkeit" gebaut, bei den meisten Gebäuden wird aber immer noch mit einer Lebensdauer von mehr als einem halben Jahrhundert gerechnet. Im Gegensatz dazu können ihre Nutzungen heute jedoch sehr viel schneller ändern. Extrem ist dieser Wechsel bei der Industrie: Durch die sich immer schneller entwickelnden Technologien werden ganze Industriezweige in wenigen Jahren umgestellt. Industriebauten sind heute oft nur noch

Abb. 6.7 Buckminster Fuller, 1967, amerikanischer Pavillon für die Weltausstellung 1967 in Montreal, Kanada (vgl. Abb. 6.31a)

Hüllen, die möglichst polyvalent sein müssen. Hier folgt die Funktion der Form: Industriegebäude werden auf dem Markt angeboten wie Gebrauchswagen, je polyvalenter sie sind, desto besser (vgl. Abschn. 5.4.2).

Das Schlagwort Recycling hat auch in der Architektur Einzug gehalten. Diese Wiederverwendung alter Gebäude wurde von Peter Blake in seinem Buch „Form follows fiasco" beschrieben (Blake 1977). Darin kommt er zum Schluss, dass durch das Umfunktionieren oft die räumliche und ästhetische Qualität solcher Gebäude sogar noch verbessert wird. Wie der Titel seines Buches sagt, geht er noch einen Schritt weiter: „Die Form folgt nicht nur nicht unbedingt der Funktion, sie kann sogar ihr tödlicher Feind sein" („Form not only does not necessarily follow function, but that it may, in fact, be the mortal enemy of the latter" (Blake 1977, S. 16)). Ein Raum, dessen Form speziell und ausschliesslich einer bestimmten Nutzung angepasst ist, eignet sich wahrscheinlich später nicht mehr für eine andere Funktion.

Nach welchen Gesichtspunkten erfolgt nun die Wahl der Form? – Jeder Stil macht einen geistigen Inhalt mit formalen Mitteln sichtbar, wobei er solche Formen bevorzugt, deren Struktur am ehesten diesem geistigen Inhalt entspricht. Die Form als solches steht nicht im Vordergrund, sonst würden wir von Formalismus sprechen, sie ist nur das Medium für eine geistige Aussage. Ein Beispiel: Die Form des Kreises ist allseitig gleich und beinhaltet keine Richtung, signalisiert Ruhe und deutet auf ein Zentrum, auf einen Mittelpunkt hin (vgl. Abschn. 6.5.6). Die Ideologie der Renaissance entsprach diesen Eigenschaften und deshalb wurde diese Form damals oft als Grundmuster benutzt. Mit dem Verändern der geistigen Grundhaltung veränderte sich auch der gültige Architekturstil und damit auch das Spektrum der bevorzugten Formen. Formen sind deshalb auch stilspezifisch.

Dieser Zusammenhang zwischen Inhalt und Form gilt für alle Arten der visuellen Kunst. Auch ein abstraktes Gemälde will eine Aussage machen, es hat einen geistigen Inhalt. Die verwendeten Formen und Farben sind die Medien für die Übermittlung dieser Nachricht. Der Kunstpsychologe Rudolf Arnheim behauptet, „dass die individuelle Reizkonfiguration nur insofern in den Wahrnehmungsprozess eintritt, als sie ein spezifisches Muster allgemeiner Sinneskategorien hervorruft, das den Reiz in ganz ähnlicher Weise vertritt, wie eine wissenschaftliche Beschreibung eines Netzwerkes von allgemeinen Begriffen als Entsprechung einer Erscheinung der Wirklichkeit dargeboten wird" (Arnheim 1980, S. 32). Das, was die Zahlen und Buchstaben einer chemischen Formel sind, bedeutet die Form für die visuelle Wahrnehmung. Jede abstrakte Darstellung eines geistigen Inhaltes, das heisst, auch jedes architektonische Werk, ist eine Darstellung ihrer strukturellen Eigenschaften, ausgedrückt durch spezifische Formen, organisiert nach einem vorgegebenen Muster. Dies bedeutet umgekehrt, dass für jede Aussage eine adäquate visuell wahrnehmbare Form gefunden werden muss, es wird eine Formensprache benötigt (vgl. Abschn. 6.1).

6.3   Gestalt und Form

Der Begriff der Form ist eng verbunden mit dem der Gestalt. Beide Wörter stammen vom lateinischen „forma" ab und sind folgendermassen definiert: „Gestalt bezeichnet die anschauliche, umgrenzte, mehr oder weniger gegliederte und in sich abgeschlossene Einheit der Erscheinung eines Gegenstandes" (Brockhaus Enzyklopädie 1969a, S. 37). „In der Ästhetik ist die Form die sinnlich-anschauliche Erscheinung eines Gegenstandes und die der ästhetischen Wahrnehmung sich darbietende Art seiner Darstellung" (Brockhaus Enzyklopädie 1969b, S. 411). Beide Begriffe stehen für die Erscheinung eines Gegenstandes und trotzdem sind sie nicht identisch.

Versuchen wir, das Problem durch die Brille eines Architekten zu betrachten. Louis I. Kahn meinte: „Form ist nicht Gestalt. Gestalt ist eine Sache des Entwurfs, aber Form ist eine Veranschaulichung untrennbarer Komponenten. Entwurf verwirklicht, was diese Veranschaulichung, diese Form, uns sagt. Man kann auch sagen, dass die Form die Natur einer Sache ist und ein Entwurf danach strebt, zu einem bestimmten Zeitpunkt, die Gesetze dieser Natur anzuwenden" (Kahn 1975, S. 281). Form liegt in der Natur der Sache, das heisst, sie ist bedingt durch ihren Inhalt, ist also vorgegeben und nicht beliebig manipulierbar. Gestalten heisst entwerfen; das bedeutet, die Form so wählen, dass sie der Idee des Entwurfes entspricht.

Die formale Gestaltung hängt demnach von verschiedenen Faktoren ab. So wird zum Beispiel die Form einer Wandöffnung auch mitbestimmt durch das verwendete Material und durch die Konstruktion der Wand: Eine Öffnung in einer Backsteinwand verlangt einen Bogen, die Öffnung in einer Stahl-Glas-Konstruktion ist eher eckig. Die Form ist bedingt durch ihren Inhalt. Der deutsche Philosoph Theodor W. Adorno meinte: „Ästhetisches Gelingen richtet sich wesentlich danach, ob das Geformte den in der Form niedergeschlagenen Inhalt zu erwecken vermag" (Adorno 1974, S. 210).

Gestalt bezeichnet die Art, wie die Formen angewandt werden und wie sie zueinander stehen. Die beiden Begriffe sind so eng miteinander verbunden, dass sie nur theoretisch getrennt werden können: Jede Form ist gestaltet, und die Gestalt eines Objektes beinhaltet immer auch eine Form.

6.4 Gestalt und wahrnehmungsmässiges Gewicht

Jede Gestalt hat, unabhängig von einem eventuellen physikalischen Gewicht, ein wahrnehmungsmässiges Gewicht. Das wahrnehmungsmässige Gewicht wird von verschiedenen Faktoren beeinflusst wie etwa Grösse, Form, Lage, Helligkeit, Material und Farbe (vgl. Abb. 6.8). Ein kompaktes, verschlossenes Volumen erscheint dem Betrachter eventuell „schwerer" als eine offene, strukturierte Konstruktion (vgl. Abb. 5.28). Ein heller Gegenstand kann leichter erscheinen als ein dunkler, ein kleiner leichter als ein grosser. Auch zwischen der Art der Gestalt eines Gegenstandes, regelmässig oder unregelmässig, und seinem wahrgenommenen „Gewicht" besteht ein enger Zusammenhang. So scheinen regelmässige, einfache Formen schwerer als komplexe (Abb. 6.8a), senkrecht ausgerichtete schwerer als schräge (Abb. 6.8b) (vgl. Abb. 7.2). Auch die Lage einer Figur innerhalb einer ganzen Komposition kann ihr „Gewicht " mitbestimmen: ist sie nicht irgendwo isoliert, sondern in einen geometrischen Verband eingebunden, erscheint sie schwerer (Abb. 6.8c).

Der deutsche Philosoph Arthur Schopenhauer sah im Spiel zwischen den verschiedenen wahrnehmungsmässigen „Gewichten" den eigentlichen Stoff der Bauästhetik. Das Sichtbarmachen der verschiedenen statisch-technischen Eigenschaften der Materialien

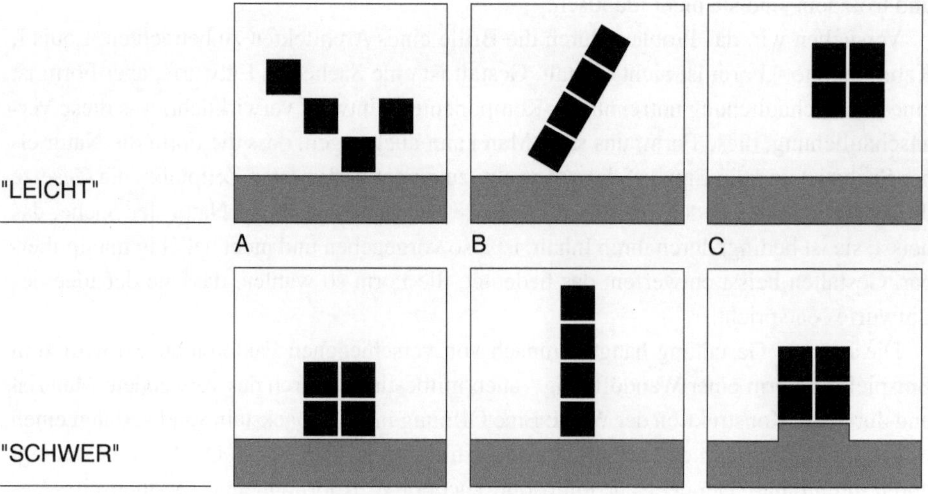

Abb. 6.8 Gestalt und ihr wahrnehmungsmässiges „Gewicht"

Abb. 6.9 Grab von Kyros dem Grossen (6. Jh. vor Chr.), Achämeniden-Herrscher, bei Pasargad, Iran

und Formen ist für ihn die eigentliche Aufgabe der Architektur (Sörgel 1918, S. 40) (vgl. Abschn. 7.1). Auch das Gleichgewicht kann von der Art der Gestalt abhängen: So erscheinen einfache Formen, vor allem symmetrische, ausgeglichener als andere.

Auch die inhaltliche Bedeutung eines Baus, welche wiederum stark von soziopsychologischen Aspekten abhängig ist, hat einen Einfluss auf sein wahrgenommenes Gewicht. Ein Grabmal oder ein Denkmal kann wahrnehmungsmässig „schwerer" erscheinen als eine Lagerhalle. Es weckt die Aufmerksamkeit des Betrachters stärker und hat für ihn mehr Bedeutung. Das Grab des Achämeniden-Herrschers Kyros dem Grossen, der über ein Weltreich herrschte, wirkt auf den ersten Blick eher bescheiden. Ist man sich aber bewusst, wer hier begraben liegt, so gewinnen die aufeinander geschichteten Steine unweigerlich an wahrnehmungsmässigem Gewicht (Abb. 6.9).

6.5   Art der Formen

Form als Begriff ist abstrakt. Eine Form muss mit einem Medium eine Symbiose eingehen, um zu existieren. Form wird sichtbar an einem Gebilde, an einem Gegenstand, an einem Raum. Sprechen wir über Formarten, so müssen wir uns zuerst fragen, wie sie erkennbar werden. Jeder Raum ist ein dreidimensionales Gebilde und hat dementsprechend eine dreidimensionale Gestalt. Die Elemente, die den Raum definieren, sind wahrnehmungsmässig meistens zweidimensionale Flächen, die wiederum von Linien bestimmt werden.

6.5.1   Unregelmässige und regelmässige Form

Der erste Schritt beim Versuch, den unendlichen Formenreichtum zu ordnen, wird eine Unterteilung in unregelmässige und regelmässige Formen sein. Je nach Epoche dominieren eher die unregelmässigen oder die regelmässigen Formen.

Die unregelmässige Form unterliegt keinen geometrischen Gesetzen, ist nicht vorhersehbar und hat kein Strukturgerüst (Abb. 6.10). Damit ist ihre Nachricht sehr originell, sie

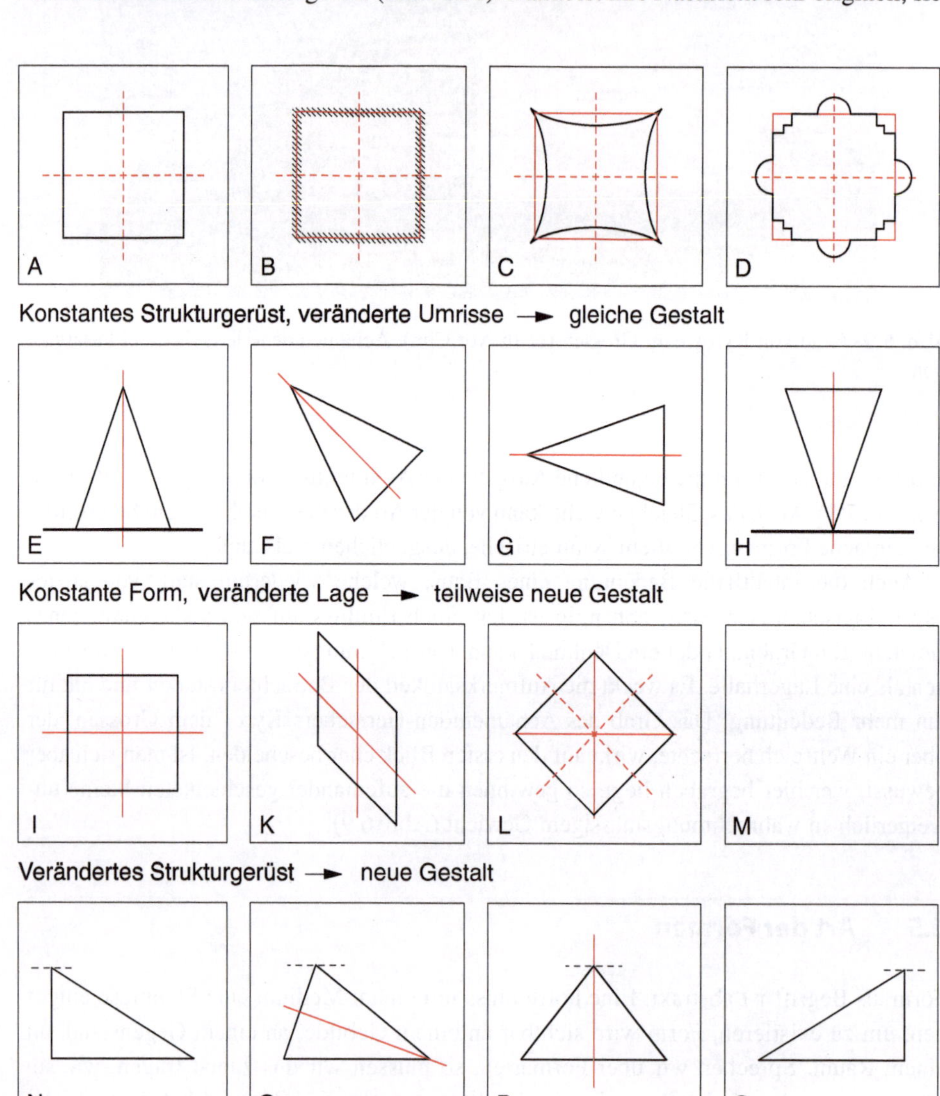

Abb. 6.10 Form und Strukturgerüst

enthält sehr viel Information und sie hat wenig bis keine Redundanz. Wie wir im Abschn. 1.2.3 gesehen haben, muss aber auch die originelle Nachricht einen minimalen Zusammenhang mit dem Vorhergegangenen haben. Ist dem nicht so, so ist sie für uns nicht mehr verständlich. Unregelmässige Formen bringen wir, gemäss dem Gesetz der Erfahrung, mit einer uns bekannten Figur in Verbindung, das heisst, sie wecken Assoziationen. (vgl. Abschn. 1.3.4.3). Unregelmässige Formen wecken Assoziationen, der Betrachter sucht in seiner Erinnerungswelt nach ähnlichen Objekten, er versucht sie mit einer ihm bekannten Figur in Verbindung zu bringen. Damit sprechen unregelmässige Formen auch eher unser Gefühl, weniger den Verstand an, sie enthalten mehr ästhetische, weniger semantische Informationen (vgl. Abschn. 1.2.4).

Das Planen von Gebäuden mit unregelmässigen Formen ist heute mit Hilfe der Computer einfacher als früher. Die industrielle Fertigung solcher Teile, vor allem von Einzelteilen, ist aber aufwendiger als die Herstellung von Teilen mit regelmässigern Formen.

Die regelmässigen Formen unterliegen, im Gegensatz zu den unregelmässigen Formen, bestimmten Gesetzen der Geometrie. Ihre Nachricht besitzt eine grosse Redundanz , das heisst, die Vorhersehbarkeit ist gross, die Form kann auf Grund weniger Informationen vervollständigt und rekonstruiert werden (vgl. Abb. 1.4). Die regelmässigen Formen haben ein Strukturgerüst   : formale Regeln, welche die Beziehung der einzelnen Teile untereinander ordnen (Moles 1971, S. 99). Die Gestaltwahrnehmung (Abschn. 1.3.4) beginnt mit dem Suchen eines solchen Strukturgerüstes, welches zum Beispiel aus einer Symmetrieachse, ähnlichen Seitenlängen oder Winkeln, Brennpunkten etc. bestehen kann (Abb. 6.10). Das Strukturgerüst fällt selten mit den Umrisslinien einer Gestalt zusammen und kann sehr oft nicht direkt gesehen werden, da es meistens nicht durch Linien oder Punkte gekennzeichnet ist. Trotzdem kann das Strukturgerüst bei der Wahrnehmung einer Gestalt wichtiger sein als der gesamte Verlauf der Umrisslinien (Abb. 6.10A–D). Solange beim Verändern der Lage eines Objektes dessen Strukturgerüst diese Veränderungen mitmacht, erkennen wir dieselbe Gestalt (Abb. 6.10E–G). Drehen wir das Dreieck allerdings um 180° (Abb. 6.10H), so verändert sich die wahrnehmungsmässige Gestalt: Die Standfläche wird zum „Dach", die Figur wechselt von einem stabilen zu einem unstabilen Zustand. Beim Verändern des Strukturgerüstes entsteht auch eine neue Gestalt, das Quadrat wird zum Rhomboid (Abb. 6.10K). Ist beim Verschieben einer Figur in eine neue Lage das Erkennen eines neuen Strukturgerüstes möglich, so verändert sich wahrnehmungsmässig auch die Gestalt. Drehen wir zum Beispiel das Quadrat von Abb. 6.10I um 45°, so kann das alte Strukturgerüst, ohne seine Lage zu verändern, zu einem neuen Strukturgerüst werden: Die beiden Achsen werden zu Diagonalen. Damit verändert sich auch die wahrnehmungsmässige Gestalt: Die Ecken werden betont, die Seiten werden sekundär (Abb. 6.10L). Manchmal kann schon eine geringe Veränderung der Form zu einem neuen Strukturgerüst führen. In den Abb. 6.10N–Q haben die Dreiecke gleich lange Grundlinien und Höhen, nur die Lage der Scheitelpunkte wird jeweils leicht verändert. Diese Verschiebung genügt aber, um ein neues Strukturgerüst zu erreichen. Beim Bilden von Superzeichen schematisieren wir, das heisst, unter Beibehaltung des Strukturgerüstes wird die

Form vereinfacht (vgl. Abb. 1.12). Auch das Abstrahieren ist eine Vereinfachung, ein Reduzieren der Formen, bis letztlich nicht viel mehr als das Strukturgerüst übrig bleibt.

Auf der Suche nach der „reinen"; Form setzten die Revolutionsarchitekten , sowohl die französischen wie auch die russischen , die Architektur gleich mit der Geometrie, mit der regelmässigen Form (vgl. Abb. 3.14). Diese Entwicklung beinhaltete bereits einige der wichtigsten Dogmen der Moderne und war deshalb später auch wegweisend für diese. Hans Sedlmayr nennt als ihre primären Eigenschaften: „Die Tendenz zur Loslösung von der Erdbasis. Die Möglichkeit, unten und oben zu vertauschen, womit die Vorliebe für das flache Dach zusammenhängt. Die Neigung zu homogenen glatten Flächen ohne Durchbrechung, ohne plastische Elemente, ohne Profil. Die Verwandlung der Wände in abstrakte Grenzflächen; daraus folgt später das Ideal einer Raumhaut aus purem Glas" (Sedlmayr 1983, S. 97).

Die regelmässigen Formen erlauben eine Vereinfachung, während die unregelmässigen eher Assoziationen hervorrufen. Die erste enthält mehr semantische, die zweite mehr ästhetische Information. Welche Art von Form, abgesehen von funktionalen und technischen Einflüssen, eher verwendet werden sollte, ist Sache des Stils und eine der Grundfragen der Architektur.

Zu Beginn des 20. Jahrhunderts, als versucht wurde, einige Aspekte der Industrialisierung auch in der Bauwirtschaft nutzbar zu machen, setzten sich verschiedene Leute für eine strenge, regelmässige Form ein. El Lissitzky, einer der Hauptexponenten des Konstruktivismus, meinte 1929: „Unsere Zeit verlangt Gestaltungen, die aus elementaren Formen (Geometrie) entstehen. Der Kampf mit der Ästhetik des Chaotischen nimmt seinen Verlauf" (El Lissizky 1981, S. 113). Diese Einstellung resultierte vorwiegend aus dem Verlangen, die strenge, einfache Ästhetik der damals bewunderten Technik, die den damaligen Zeitgeist mitprägte, auch in der Architektur zum Ausdruck zu bringen. Siegfried Giedion schreibt zu dieser Entwicklung bei Mies van der Rohe : „Was folgte, war ein kontinuierlicher Drang zur Eroberung der reinen Form, begleitet von einem zunehmenden Verzicht auf alles, was dem Architekten unwesentlich schien. Diese Forderung nach dem Absoluten liegt hinter Mies van der Rohes oft absichtlich missverstandener Aussage ‚Weniger ist mehr'" (Giedion 1978, S. 370).

6.5.2   Horizontal und vertikal

Im Abschn. 1.3.8 wurde dargelegt, welche Bedeutung die horizontale und die vertikale Bezugsebene bei der Orientierung im Raum haben. Anschliessend soll nun deren Einfluss auf die Erscheinung der Form besprochen werden.

Bei jeder optischen Wahrnehmung werden senkrechte und waagerechte Linien allen Schrägen vorgezogen, da sie die schwächste Reizkonfiguration ergeben. Für eine Auf/ab-Bewegung werden doppelt so viele Augenmuskeln bewegt wie bei einem Links/Rechts-Blick. Dies ist einer der Hauptgründe, warum sich die Optik des Menschen vorwiegend in der Breite, entlang der Horizontalen, orientiert. „Liegende" Formen, also solche, die sich

Abb. 6.11 Frank Lloyd Wright, 1906, F.+L. Robie House, Chicago, USA

in der Horizontalen erstrecken, werden einfacher wahrgenommen und enthalten so aber auch weniger Originelles als die „stehenden" Formen. Die unterschiedliche Bedeutung dieser beiden Richtungen ergibt auch ein unterschiedliches Distanzgefühl: Der gleiche Abstand erscheint uns in der Höhe viel grösser als in der Breite. Frank Lloyd Wright: „Schauen Sie doch selbst, wie jede Einzelheit in der Vertikalen ungemein bedeutsam wird und wie horizontale Andeutungen gar keine Rolle spielen!" (Wright 1969, S. 139). Bei vielen der in seiner ersten Schaffensperiode, dem sogenannten „first golden Age", entstandenen Villen bei Chicago umschliessen horizontal organisierte Bänder das Volumen, als bewusster Kontrast zum vertikal aufragenden Kamin (Abb. 6.11).

6.5.3 Die Linie

Eine Linie ist in einer Zeichnung ein zweidimensionales Gebilde. In der Architektur treten Linien als Begrenzungen von Flächen auf. In dieser Eigenschaft können sie mehr oder weniger expressiv in Erscheinung treten: Beim griechischen Tempel ist die Linie klar lesbar, als scharfe Begrenzung, im Barock tritt sie in den Hintergrund, sie ist oft sogar schwer auszumachen (Abb. 6.12). Linien und Flächen ergänzen sich: Wird das eine stark betont, tritt das andere eher in den Hintergrund und umgekehrt. Paul Klee bezeichnete die erste als „aktive" Linien, sie bewirken „passive" Flächen, die zweite als „passive" Linien, die „aktive" Flächen erzeugen (Klee 1985, S. 11).

Im Gegensatz zur gebogenen Linie wirkt die Gerade starr und bestimmt. Eine Gerade muss nicht direkt sichtbar sein: Oft werden markante Punkte in unserer Vorstellung mit Linien verbunden. Die Verbindungen zwischen städtebaulichen Elementen, zum Beispiel speziell markante Gebäude, bilden Achsen, die wir in unserer räumlichen Vorstellung als Linien wahrnehmen. Eine Gerade kann eine Richtung weisen, sie kann verbinden, aber

Abb. 6.12 Die Linie im griechischen Tempel und im Barock. **a** Propyläen, 437–32 v. Chr., Akropolis, Athen, Griechenland, **b** Peter Thumb, 1746–50, Klosterkirche, Birnau, Deutschland

auch abgrenzen oder trennen. Eine schräge Gerade hat im Gegensatz zu einer Horizontalen oder Vertikalen eine gewisse Dynamik: Sie läuft von unten links nach oben rechts oder von links oben nach rechts unten. Jeder Architekturstil drückt formal-räumlich einen geistigen Inhalt aus. Je nach Art dieser Aussage wurden Vertikale und Horizontale mehr oder weniger in den Architekturentwurf miteinbezogen. Die Renaissance , die sich durch Klarheit und Logik auszeichnet, wird von einer starken Senkrecht-Waagerecht-Gliederung geprägt, während im Barock gerade diese Richtungen zugunsten von Schrägen und Kurven vermieden wurden. Eine schräge Linie wird immer im Bezug auf die Senkrechte oder Waagerechte beurteilt. Verläuft sie von links unten nach rechts oben, so erweckt sie den Eindruck einer Steigung, umgekehrt den eines Gefälles.

Im Gegensatz zur geraden Linie vermittelt die gekurvte, gebogene Linie immer einen dynamischen Eindruck. Bei der Kurve können wir zwei Haupttypen unterscheiden: die regelmässige geometrische Kurve, zum Beispiel eine Parabel oder ein Kreisausschnitt, und die zufällige, unregelmässige Kurve. Auch hier nimmt die Redundanz von der geraden Linie über die regelmässige geometrische Kurve hin zur unregelmässigen gebogenen Linie ständig ab.

In der traditionellen japanischen und auch chinesischen Architektur sind oft die Dachvorsprünge leicht nach oben gebogen, so dass die Dachlinie leicht geschwungen ist, was besonders in den Ecken sichtbar wird (Abb. 6.13). Konstruktiv hat diese Form zwei Gründe: Um während der Regenzeit genügend Schutz zu bieten, muss das Vordach relativ weit auskragen. Durch das Aufbiegen wird, trotz der Grösse des Vordaches, der Lichteinfall ins Gebäudeinnere nicht verhindert. Der zweite Grund ist das Konsolensystem der Tragkonstruktion: Das Gewicht des Daches wird über eine Anzahl Konsolen in die Stützen abgeleitet. Diese Konstruktion erfordert relativ viel Höhe, die durch das Aufbiegen des

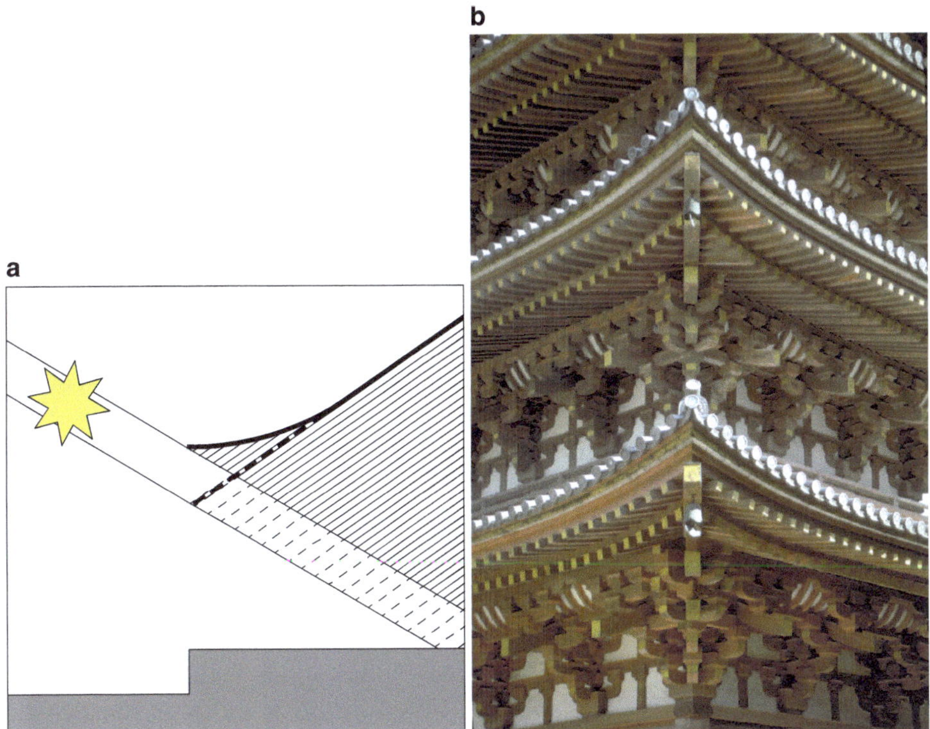

Abb. 6.13 **a** Die nach oben gebogene Dachlinie im japanischen und chinesischen Haus, **b** Ecke der Pagode des Daigo-ji Tempels, 951, Kyoto, Japan

Daches verringert werden kann. Die Kurve hat aber auch eine ästhetische Bedeutung: Die japanische Baukunst ist eine Skelettarchitektur, die vom Vertikalen der Säulen und den Horizontalen von Dach, Sockel und Balken dominiert wird. Die gekurvte Linie des Daches vermittelt zwischen diesen beiden Extremen und nimmt durch ihre Dynamik dem Bau seine Schwere.

6.5.4 Die ebene Fläche

Linien können eine Figur begrenzen, sie werden dann zu Umrisslinien einer Fläche. Die Fläche spielt in der Architektur eine entscheidende Rolle, ist sie doch als Wandfläche oft das abschliessende Element eines Raumes. Sie gehört zu den Grundelementen des Baukastens, aus dem Architektur zusammengesetzt wird. Die äussere Erscheinung eines Gebäudes wird durch die es abschliessenden Flächen, durch seine Fassaden geprägt. Als Abschlüsse, als Trennung zwischen innen und aussen , sind diese immer flächig, nicht aber zwingend so gestaltet, dass uns jeder Bau als geschlossenes Volumen erscheint (Abb. 6.14).

Abb. 6.14 Verschiedene Erscheinungen von raumabschliessenden Flächen. **a** Childs and SOM, 2003, Time Warner Center, New York, **b** LAB architecture studio, 2003, Federation Square, Melbourne, Australien

Jede Architektur ist sowohl auf Flächen angewiesen, nur sie trennen einen gebauten Innenraum vom Umraum, als auch auf Linien, welche die Flächen begrenzen. Eine Erscheinung kann, je nach Stil , mehr von der Linie oder mehr von der Fläche geprägt sein; Heinrich Wölfflin nennt das zweite „das Malerische". Durch das Betonen des einen oder des anderen entstehen ganz verschiedene Wirkungen: „das eine ist eine Kunst des Seins, das andere eine Kunst des Scheins" (Wölfflin 1984, S. 36). Wie wir sahen, unterschied Klee „aktive" und „passive" Linien und Flächen. Die Linie kann durch eine spezielle Form oder durch ihre spezielle Lage betont werden, so dass sie Grenzen setzt, isoliert und Klarheit schafft. Durch das Verwischen oder Verstecken der Begrenzung wird Unklarheit geschaffen, durch den Schein der Veränderung entsteht Spannung und Dynamik. Die Baukunst der Renaissance ist, wie die der alten Griechen , auch eine Architektur der klaren Linien, während der Barock die Linie als Grenze entwertet (Abb. 6.12).

Die reine Fläche als expressives architektonisches Element und ihr ästhetischer Wert waren lange Zeit in Vergessenheit geraten und wurden erst um die vorletzte Jahrhundertwende wiederentdeckt (Giedion 1978, S. 31). Otto Wagner prophezeite schon 1894: „Die neue Architektur wird von plattenähnlichen, tafelförmigen Flächen und durch den bevorstehenden Gebrauch von Materialien im ursprünglichen Zustand beherrscht werden" (Wagner 1979, S. 136). In der Raumauffassung der Moderne zu Beginn des letzten Jahrhunderts (vgl. Abschn. 5.1.1.3) wurde die genau begrenzte, flächige Wandscheibe zum primären raumdefinierenden Element. Im Projekt für ein Landhaus aus dem Jahre 1923 von Ludwig Mies van der Rohe (vgl. Abb. 5.16) wird der Raum nur durch rechteckige Wandscheiben abgegrenzt. Die Studie von Theo van Doesburg für ein Haus, aus demselben Jahr (Abb. 6.15), zeigt etwas Ähnliches, diesmal zweigeschossig. 1929 entstand mit dem Barcelona-Pavillon von Mies van der Rohe (Abb. 6.16a und 2.7) das erste Haus nach diesem Konzept.

Auch bei dieser Entwicklung spielte die Malerei eine wegbereitende Rolle. Der Kubismus experimentierte schon zu Beginn des letzten Jahrhunderts mit sich durchdringenden

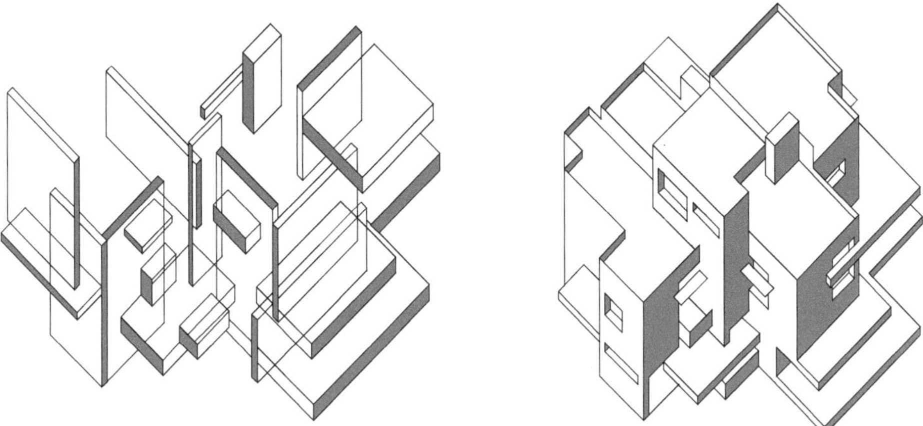

Abb. 6.15 Theo van Doesburg, 1923, Studie eines Hauses (Nachzeichnung)

Flächen. Siegfried Giedion meinte: „Die Fläche, der früher keine Ausdruckskraft inne-
wohnte und die höchstens dekorative Verwendung fand, wird nun Grundlage des Bildauf-
baus, wie die Perspektive seit der Renaissance die Grundlage war, die alle Stilwandlungen
gemeinsam hatten. Mit der neuen Eroberung des Raumes durch die Kubisten und mit dem
damit verbundenen Wegfall des einseitigen Blickpunktes gewinnt die Fläche eine Bedeutung wie nie zuvor" (Giedion 1978, S. 297).

Ludwig Mies van der Rohe verwendete die Flächen anfänglich als raumbegrenzende
Wand- und Dachscheiben. Bei seinen späteren Bauten sind vor allem horizontale Flächen
die das Bild prägenden Elemente. Beim Baccardi-Gebäude in Mexico-City, beendet 1961,
ist das ganze Obergeschoss als vertikale Scheibe ausgebildet, während bei seinem letzten
Bau, der Neuen Nationalgalerie in Berlin, eröffnet im Jahre 1968, die Sockelplattform und
eine auf acht Stützen liegende horizontale Dachplatte dominieren. Die Autonomie des
Daches wird durch die Lage der Stützen noch verstärkt: Sie stehen nicht in den Ecken des
Gebäudes, sondern sie sind so nach innen versetzt, dass die Dachplatte weit vorkragt und
die Dachkante kontinuierlich weiterläuft (Abb. 6.16b).

Auch die Plätze im urbanen Bereich sind horizontale Flächen, die den räumlichen
Charakter einer Stadt entscheidend mitprägen (vgl. Abschn. 4.6).

6.5.5 Die gekrümmte Fläche

Eine Fläche kann entweder eine gerade oder eine gekrümmte Ebene sein. Je nach Art der
Krümmung entstehen verschiedene konvexe oder konkave Flächen und Formen. Die
Krümmung vermittelt eine gewisse Dynamik , sie tritt in einen Dialog mit dem sie umgebenden Raum: Je nachdem, ob sie konvex oder konkav ist, stellt sie sich gegen die Umgebung oder sie umschliesst diese, sie ist abweisend oder einladend. Im ersten Fall dominiert

Abb. 6.16 Ludwig Mies van der Rohe. **a** 1929, Barcelona-Pavillon, Barcelona, Spanien (vgl. Abb. 2.7 und 10.26), **b** 1968, Neue Nationalgalerie, Berlin, Deutschland

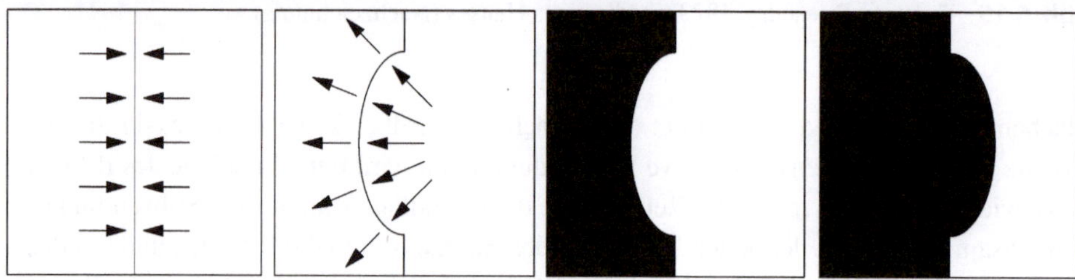

Abb. 6.17 Die Dynamik der konvexen und konkaven Form

eher der Körper, im zweiten eher der Umraum. Die konvexe Form ist über die konkave dominant: Das heisst, wenn zwischen konvexer oder konkaver Form gewählt werden muss, entscheidet sich der Betrachter eher für die erste, die konkave Form wird zur Figur, die konvexe zum Hintergrund (Arnheim 1978, S. 221). Eine gerade Wand erscheint neutral zu den angrenzenden Räumen, eine konkave Wand bildet eine Einbuchtung, in die der Raum eindringen kann (Abb. 6.17).

Die konkave Form ist einladend und eignet sich deshalb vorzüglich zum Betonen eines Einganges: Die beiden „Flügel" öffnen sich wie Arme und nehmen den Besucher in Empfang, sie heissen ihn willkommen. Francesco Borromini verwendete diese Form, um die Eingänge seiner Kirchen zu akzentuieren (Abb. 6.18).

Werden an einem Objekt konkave und konvexe Formen überlagert, entsteht Spannung: Der Betrachter ist ständig hin- und hergerissen zwischen dem einladenden Konkaven und dem eher abstossenden Konvexen. Der Effekt solcher „Überlagerungen" beruht auf dem Prinzip der widersprüchlichen Reizkonfiguration (vgl. Abschn. 1.2.7).

Sowohl Le Corbusier wie auch Frank Lloyd Wright gelangten von einer orthogonalen Geometrie am Anfang ihrer Schaffenszeit zu eher gekurvten, runden Formen in ihren späteren Werken. Le Corbusier verwendete die gekurvte Aussenwand erstmals beim Schweizer Studentenheim in der „Cité Universitaire" in Paris (1931–1933) (Abb. 6.19a). Nach Siegfried Giedion ist dies das erste Mal in der Geschichte der modernen Architektur, dass

Abb. 6.18 Francesco Borromini, 1652, Kirche Sant'Agnese, Rom, Italien

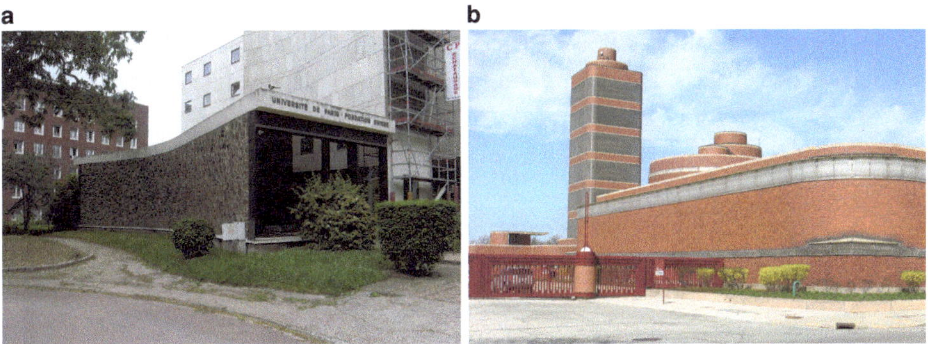

Abb. 6.19 **a** Le Corbusier, 1933, Maison Suisse, Cité Universitaire, Paris, Frankreich, **b** Frank Lloyd Wright, 1939, S. C. Johnson & Son, Racine, Wisconsin, USA

eine gekurvte Aussenwand gebaut wurde (Giedion 1978, S. 338). Bei der Kirche von Ronchamp, die knapp 20 Jahre später entstand (1950), wird erstmals bei Le Corbusier das ganze Gebäude eher von gekurvten als von eckigen Formen geprägt (vgl. Abb. 5.17b). Während im Studentenheim von Paris die konkave Form noch keine spezielle Aufgabe hatte, sind die gekurvten Wände in Ronchamp, ähnlich wie bei Borrominis Kirchen (Abb. 6.18), die einladenden Elemente, die den Besucher empfangen. Das konvex geformte Dach bildet eine Art Gegenform zur konkaven Wand: das eine abweisend, das andere einladend. Diese Dualität, die Synthese von Einladen und Abweisen, liegt dem Wesen dieser Kirche zugrunde und ist letztlich eine Grundeigenschaft jedes christlichen

Sakralbaus: die Kirche als „Festung Gottes", die für jeden, der guten Willens ist, offensteht. Die gegensätzlichen Formen konvex und konkav sind geeignet, um diese Grundidee formal auszudrücken.

Wright benutzte die runde Form zum ersten Mal beim Verwaltungsgebäude der S. C. Johnson & Son in Racine, Wisconsin (1936–1939): Die meisten Gebäudeecken sind hier mehr oder weniger abgerundet (Abb. 6.19b). Beim Solomon-R.-Guggenheim-Museum in New York (1946–1959) wird die Kurve zur dominierenden Form. Auch hier finden wir das Wechselspiel von konkav und konvex (Abb. 6.26).

Der ehemalige Terminal der Fluggesellschaft TWA auf dem JFK Flughafen von New York, von Eero Saarinen 1956 bis 1962 erbaut, ist ein weiteres Gebäude, bei dem die gekrümmten Formen dominieren (Abb. 6.20 und 5.17a). Hier waren die Gründe weder funktionaler noch konstruktiver Art: Der Bau ist eine Metapher, ein Zeichen des Startens, des Abfliegens, des Fliegens überhaupt und sollte so der Fluggesellschaft als grosses Werbezeichen dienen.

Es wurde schon früher darauf hingewiesen, dass unregelmässige Formen nach dem Gesetz der Erfahrung Assoziationen hervorrufen. Je ungewöhnlicher eine Form dem Betrachter erscheint, desto eher wird er in seiner Erinnerungswelt Objekte suchen, die mit dieser Form vergleichbar sind. Im Fall des Gebäudes von Saarinen ist der naheliegendste Vergleich der eines Vogels, der seine Flügel zum Abflug ausbreitet. Nebst ihrer metaphorischen Bedeutung unterstützt die Form auch den Funktionsablauf des Gebäudes. Die konkave Vorfahrt führt den Besucher zum Eingang, der zusätzlich mit einem riesigen Vordach, dem Schwanz des Vogels, betont wird. Im Innern betritt er über einige Stufen die grosse

Abb. 6.20 Eero Saarinen, 1962, ehemaliger TWA-Flugterminal, New York, USA (vgl. Abb. 5.17)

Wartehalle, von der er eine Rundsicht auf das Rollfeld hat. Die runden Formen der Innengestaltung drücken Bewegung aus und weisen so direkt auf die eigentliche Natur des Gebäudes hin.

Die besprochenen Beispiele zeigen, dass die gekrümmte Form aus ganz verschiedenen Gründen gewählt werden kann. Le Corbusiers Kirche in Ronchamp drückt mit ihren konkaven und konvexen Kurven eine Grundhaltung des christlichen Sakralbaus aus: das gleichzeitig Abwehrende, Schützende und das Einladende. Die spiralförmige Rampe im Guggenheim Museum von Frank Lloyd Wright (Abb. 6.26) ermöglichte einerseits ein neues Ausstellungskonzept und erlaubte anderseits, das Gebäude deutlich von seiner Umgebung abzusetzen. Saarinens TWA-Gebäude übernimmt die gekrümmte Form aus metaphorischen Gründen: Der abfliegende Vogel ist ein Werbezeichen der Fluggesellschaft.

Eero Saarinen spielte eine wichtige Rolle beim Entstehen des sogenannten Opera Haus von Sydney, das 1977 fertiggestellt wurde (Abb. 6.21a). Er war beim Wettbewerb für diesen Bau eines der Jurymitglieder und er war es, der Dank seiner Erfahrung beim Bau des TWA-Terminals, seine skeptischen Kollegen überzeugen konnte, dass man den Entwurf von Jørn Utzon auch tatsächlich bauen konnte. Der Gebäudekomplex, der nicht nur ein Opernhaus, sondern ein ganzes Kulturzentrum ist, liegt in prominenter Lage auf einer dem Stadtzentrum vorgelagerten Halbinsel im Hafen der Stadt. Die Form der gekrümmten Schalen soll an Schiffssegel erinnern. Dank der neuen Möglichkeiten, Gebäude mit dem Computer zu planen, wurde auch das Realisieren spezieller, unregelmässig geformter Bauten einfacher. Die Kreationen von Frank O. Gehry sind heute wohl die bekanntesten Beispiele dafür (Abb. 6.21b). Er will, dass seine Gebäude als unfertige Provisorien erscheinen. Sie sollen den Eindruck erwecken, dass ihre Form improvisiert, schnell, hingeworfen, provisorisch und ungeordnet entstanden ist. Er sagt: „Ich mag es nun einmal nicht, wenn die Dinge abgeschlossen und endgültig und fertig sind". Und: „Ich mag es, wenn man ein Haus auf sieben Millionen Arten interpretieren kann. Dafür darf es aber nicht so stumpf und steif dastehen wie das Partheon oder sonst ein griechischer Tempel" (Rauterberg 2008, S. 63–60 umgekehrt: S. 60-63).

Abb. 6.21 **a** Jørn Utzon, 1977, Sydney Opernhaus, Sydney, Australien, **b** Frank O. Gehry, 2002, Walt Disney Hall, Los Angeles, USA

6.5.6   Der Kreis

Die Form ist allseitig gleichwertig, das heisst, sie ist ungerichtet, es wird keine Richtung bevorzugt. Beim Kreis kann nur die Grösse verändert werden, nicht aber seine Form. (Abb. 6.29). Carl Gustav Jung hat festgestellt, dass Kreis und Quadrat in vielen Träumen als Grundformen für Ganzheits- und Einfachheitssymbole auftreten (Jung 1976, S. 240). Ein Punkt auf der Umrisslinie des Kreises dreht sich mit konstantem Abstand um einen genau bestimmbaren, aber meist unsichtbaren Mittelpunkt. Der Kreis hat weder Anfang noch Ende, er steht für eine unendliche Bewegung, die immer wieder zum Ausgangspunkt zurückführt. Eine Tatsache, die beim Rad, als Hilfsmittel zur Fortbewegung, genutzt wird. Der Kreis ist auch das Abbild von Sonne und Mond und hatte somit immer auch eine starke symbolische Bedeutung. Die Kreisform spielte auch in der Antike, nebst ihrer symbolischen Bedeutung, eine wichtige Rolle bei der Festlegung von Proportionen. In der Architektur der alten Griechen ist die Kreisform relativ selten. Die griechischen Theater haben die Form von Kreissegmenten. (Abb. 6.22a). Diese Anlagen waren aber keine eigentlichen Bauten: Auf einem abfallenden Gelände wurde das Erdreich so entfernt, dass eine halbkreisförmige, in den Hang eingebettete Arena entstand. Hier wurde die runde Form aus funktionalen Gründen gewählt. Sie eignet sich für verschiedenste Arten von Anlässen und wird deshalb bis in die Neuzeit für solche Funktionen gewählt (Abb. 6.22b).

Eine Bauweise aus Stützen und Balken verlangt eher ein orthogonales Raster, das heisst, die runde Form ist für solche Konstruktionen weniger geeignet. Trotzdem finden wir in der griechischen Architektur auch Tempel mit runden Grundrissen. Warum dieser scheinbare Widerspruch? Tholos, wie der Rundtempel allgemein genannt wird, bedeutet im ursprünglichen Wortsinn: Grube, Feuergrube, Herd (Abb. 6.23a). Die griechischen Götter waren in der frühen Mythologie Haus- und Familiengötter, die am Herdfeuer beim täglichen Mahl mit einem Opfer geehrt wurden. Gleichzeitig wurde mit diesen Opfergaben auch der Ahnen gedacht. Diese Funktion, als häuslicher Herd, Treffpunkt und Opferstelle, konnte mit der Kreisform am besten dargestellt werden. Diese formale Anordnung

Abb. 6.22 **a** Theater, 4. Jh.v. Chr., Delphi, Griechenland, **b** Joaquín Rucoba, 1874, Stierkampfarena, Malaga, Spanien

Abb. 6.23   **a** Rundtempel, 390 v. Chr., Delphi, Griechenland, **b** Himmelstempel, 1420, Peking, China

wurde, sozusagen stellvertretend für alle ehemaligen Funktionen der Feuerstelle, immer wieder auch für Tempelformen übernommen (Gradmann 1968, S. 12).

Ein ähnliches Phänomen findet sich in der traditionellen chinesischen Architektur. Auch hier sind die meisten Gebäude Skelettbauten, bestehend aus Stützen und Balken. Als Folge sind fast alle Gebäude auf einem rechteckigen Grundriss aufgebaut. Die traditionelle chinesische Architektur ist ein gebautes Abbild des damals gültigen Weltbildes (vgl. Abb. 3.10). Wie in Abschn. 3.5 beschrieben, stellte der Kreis das Himmlische dar, das Quadrat das Irdische. Der Himmelstempel in Peking (Abb. 6.23b), erbaut 1420, ist folglich auf einem runden Grundriss aufgebaut. Dies obwohl er aus Stützen und Balken besteht. Die Tatsache, dass die Anlage ein symbolisches Abbild des chinesischen Weltbildes sein muss, war hier wichtiger als eventuelle konstruktive Schwierigkeiten mit den geraden Balken. Dies galt bei den alten Griechen wie auch in der traditionellen chinesischen Architektur.

In der altrömischen Architektur ist der Kreis das dominierende formale Element. Dies weniger im Grundriss als vielmehr in der Vertikalen als Bogen (Abb. 6.24). Der Bogen, und somit das Gewölbe, war keine römische Erfindung. Dank einer neuen Bauweise aus Backstein und Mörtel wurde es für die Römer aber möglich, eine vorher nie gekannte Festigkeit bei relativ geringem Gewicht zu erreichen, was wiederum grosse Spannweiten ermöglichte. Der Triumphbogen ist der Urtyp des römischen Bogens, sein Anfang geht zurück bis ins 2. Jahrhundert vor Christus (Picard 1965, S. 174). Die meisten römischen Bauformen lassen sich vom einfachen Bogen ableiten. Eine Reihung dieses Grundelementes führt zur durchbrochenen Wand, welche, mehrmals aufeinandergestellt, den Aquädukt bildet. Dieser, statt gerade in elliptischer Form, führte zum Amphitheater. Letztlich ergibt ein um die eigene vertikale Achse rotierender Bogen eine Kuppel.

Kuppel und Tonnen wurden vor allem in den Thermen gebaut, wo sie die Holzdecken ersetzten und die Gefahr von Feuersbrünsten bannten. Der bedeutendste Kuppelbau jener Zeit, das Pantheon (Abb. 5.4), war in der Geschichte des Raumes für die nächsten anderthalb Jahrtausende wegweisend: Der Zentralraum, basierend auf der Form des Kreises, wurde mit dem Longitudinalraum das Hauptthema der Sakralarchitektur. Die römische Basilika wurde zum Vorbild für die frühchristliche Kirche , wobei hier das Gewölbe durch ein Gebälk ersetzt wurde (vgl. Abschn. 5.1).

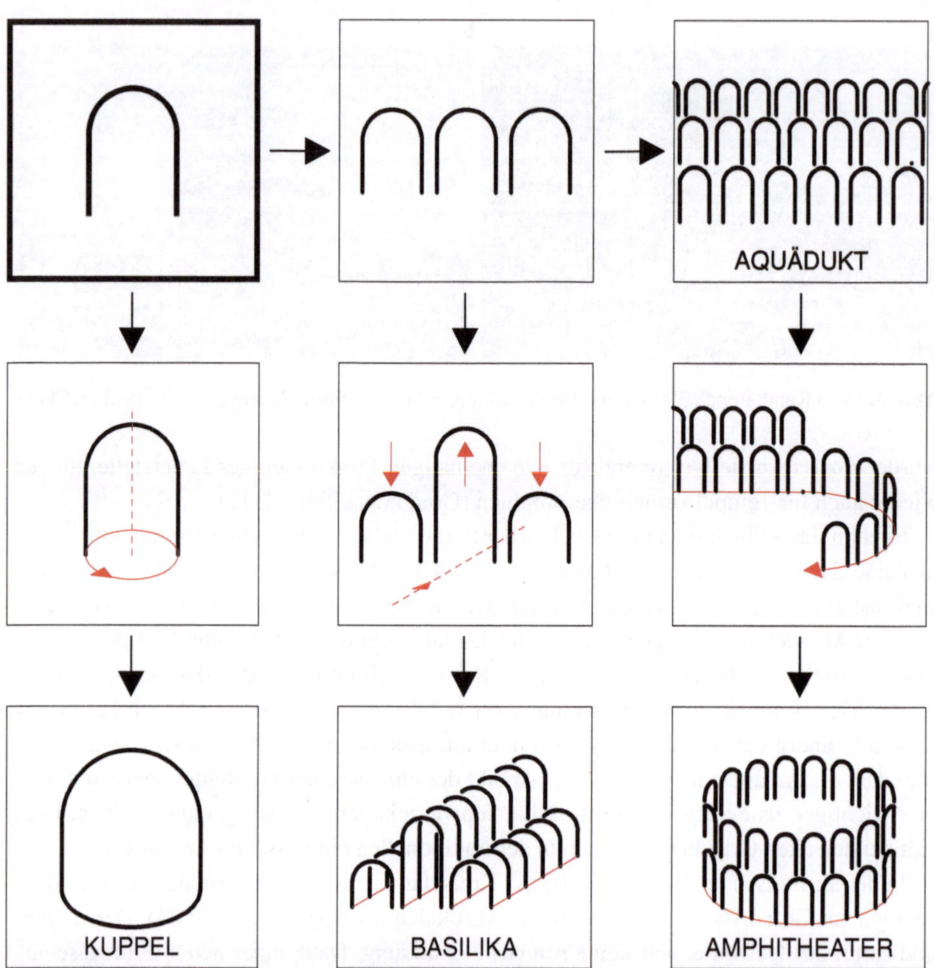

Abb. 6.24   Der Bogen als Grundelement der römischen Architektur

Auch in der Romanik war der Bogen ein wichtiges formales Element. Seine halbrunde Form unterstützte das Konzept jener Zeit: ein gegliederter Raum mit einer klaren Ordnung (vgl. Abb. 3.1). In der Gotik wurde die Form des Kreises nur noch vereinzelt, für einige wenige Elemente verwendet, wie zum Beispiel für die Rosettenfenster. Die Funktion dieser runden Öffnungen, die sich oft über dem Haupteingang befinden, ist vielschichtig: einerseits helfen sie mit, das notwendige Licht ins Innere zu bringen, die Beleuchtung durch das Rundfenster unterstützt die Richtung des Hauptschiffes und hilft so mit, den Weg , die Bewegung , hin zum Altar zu weisen. Andererseits haben sie auch eine symbolische Bedeutung: die runde Form wurde als Zeichen der Sonne oder der Rose, ein Mariensymbol, verstanden (Hofstätter 1968, S. 50).

In der Renaissance wurde der Kreis wieder zu einem primären Element der Architektur. Durch die Tatsache, dass der Mensch wieder im Mittelpunkt stand, war die Idee, des

Weges hin zum Göttlichen weniger wichtig. Der Kreis, als allseitig gleichwertige statische Form mit einem klaren Zentrum, war das Ausdrucksmittel jener Zeit.

Andrea Palladio schreibt im zweiten Kapitel des vierten Buches über die Tempelformen der Griechen und folgert dann für die Zeit der Renaissance : „Und so suchen auch wir, die wir keine solchen falschen Götter besitzen, das Vollkommenste und Hervorragendste aus, um dem schicklichen Schmuck hinsichtlich der Tempelform zu genügen. Und weil dies die Kreisform ist, da sie von allen Formen einfach, gleichförmig, gleichmässig, kräftig und umfassend ist, so machen wir unsere Tempel rund. Zu ihnen passt diese Gestalt vor allem deshalb, da sie nur von einer einzigen Linie begrenzt wird, bei der man weder Anfang noch Ende feststellen kann – das eine lässt sich hier von dem anderen nicht unterscheiden –, und da diese Gestalt aus Teilen besteht, die unter sich gleich sind und alle diese Teile an der Figur als Ganzes teilhaben. Schliesslich findet man in allen ihren Teilen die äussersten Punkte gleichweit von der Mitte entfernt" (Palladio 1983, S. 274).

Wie schon vorher besprochen (vgl. Abschn. 3.5), stellte der Kreis in der traditionellen chinesischen Architektur das Himmlische dar, das Quadrat das Irdische. Auch das Grab des Kaisers Wan-li, gebaut 1592 in Ting-ling, bei Peking, ist formal genau nach diesem Muster gebaut. Um zur eigentlichen Grabkammer zu gelangen, müssen mehrere rechteckige Innenhöfe durchschritten werden. Die Zäsur zwischen den Höfen wird jeweils durch ein gebäudeartiges Tor betont. Die Höfe stellen das irdische Leben des Kaisers dar, aufgeteilt in verschiedene Lebensetappen. Die Grabkammer befindet sich unter einem runden Hügel, der das Himmlische darstellt. Auch im Himmel wird der Kaiser in einem ähnlichen Palast wohnen wie während seines irdischen Lebens. Deshalb sind die Räume des eigentlichen Grabes unter dem runden Hügel wieder rechteckig konzipiert (Abb. 6.25).

Das Guggenheim Museum in New York, 1959 von Frank Lloyd Wright erbaut, eröffnete mit seiner runden Spiralrampe eine neue Epoche im Museumsbau: Anstelle einer unüberblickbaren Anzahl aneinandergereihter Räume trat jetzt ein überschaubarer und kontrollierbarer Weg, der dem Besucher zu jedem Zeitpunkt eine genaue Orientierung im Raum ermöglicht. Mit der runden Form, die auch am Gebäudeäusseren ablesbar ist, setzt sich der Bau auch deutlich von der Umgebung ab (Abb. 6.26). In den Spätwerken Wrights wurde die runde Form immer mehr zu einem rein dekorativen Element seiner Entwürfe, was ihm letztendlich auch starke Kritik einbrachte (Jencks 1973, S. 140).

6.5.7 Die Ellipse

Die Ellipse kann als Spezialform des Kreises bezeichnet werden, sie entsteht zum Beispiel, wenn ein Kreis auf eine schiefe Ebene projiziert wird. Im Gegensatz zum Kreis hat die Ellipse zwei Richtungen, wobei die eine dominiert. Die Proportion der Ellipse kann verändert werden (Abb. 6.29). Beim römischen Amphitheater wurde diese Form zum ersten Mal im grossen Massstab angewendet. Dort entstand sie aus dem Bedürfnis heraus, einerseits möglichst viele Zuschauer zentral, das heisst, kreisförmig um das Geschehen anzuordnen, anderseits aber eignet sich eine längliche Form der „Bühne" für die verschiedenen Arten von Vorführungen besser als eine runde.

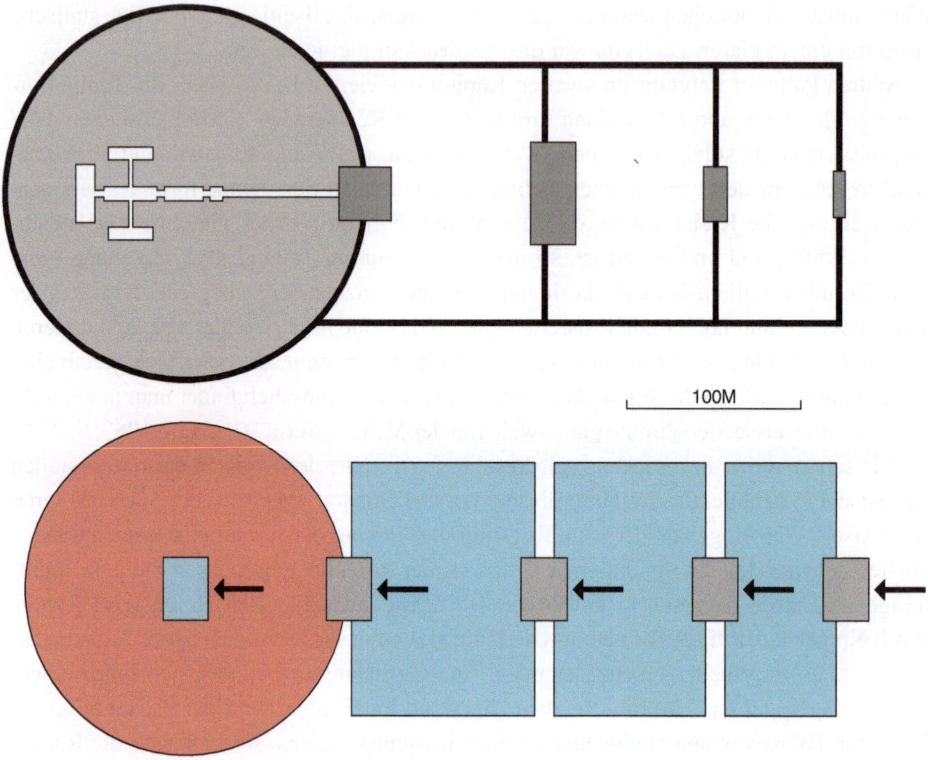

Abb. 6.25 Grab des Kaisers Wan-li, 1592, Ting-ling, bei Peking, China. Der rechteckige irdische Bereich und der Runde himmlische Bereich (oben: Grundriss. Unten schematische Darstellung der Räume)

Abb. 6.26 Frank Lloyd Wright, 1959, Solomon-R.-Guggenheim-Museum, New York, USA

In der christlichen Sakralarchitektur bestehen zwei Grundmotive, die sich räumlich nur schwer verbinden lassen: der Weg und das Zentrum. Im Barock wurden das Rechteck, als formaler Ausdruck der Wegidee, und der Kreis, als Manifestation des Zentralen, zur Ellipse vereint, die dann auch zum bevorzugten formalen Thema dieser Architekturepoche wurde (Abb. 6.27 und 6.28).

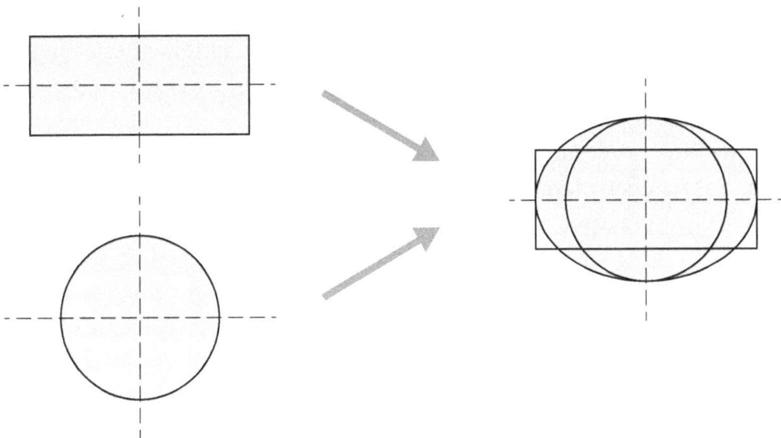

Abb. 6.27 Die Ellipse als Kombination von Rechteck (Weg) und Kreis (Zentrum)

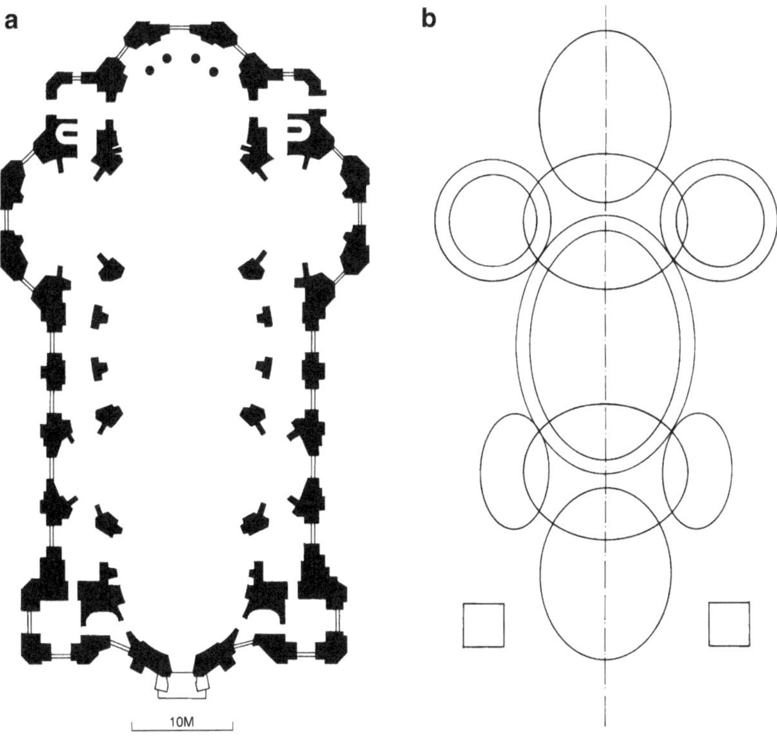

Abb. 6.28 Balthasar Neumann, 1772, Kirche Vierzehnheiligen, Bamberg, Deutschland. **a** Grundriss, **b** geometrischer Aufbau auf der Form der Ellipse

Die elliptische Form hat eine Dynamik, die dem Kreis fehlt. Konvexe oder konkave Kurven, die oft Segmente einer Ellipse sind, wurden benutzt, um eine Beziehung zur Umgebung herzustellen (vgl. Abschn. 6.5.5). Bei Platzgestaltungen wurde ihre Dynamik auch auf Freiräume übertragen. Bernini fasste den Platz vor dem St. Petersdom mit einer riesigen elliptischen Kolonnade, deren Mittelpunkt und Brennpunkte er mit einem Obelisk und zwei Brunnen akzentuierte (Abb. 2.30 und 9.21). In der modernen Architektur finden wir die Form der Ellipse praktisch nur bei Sportanlagen, analog ihrem Vorbild, dem römischen Amphitheater.

6.5.8   Die Kugel

Die Kugel ist die räumliche Variante des Kreises oder umgekehrt ist der Kreis eine Projektion der Kugel (vgl. Abb. 2.6). Schon Plato vertrat die Meinung, dass die Kugel als vollkommenster Körper in allen regelmässigen Körpern, aus denen das Universum besteht, enthalten sei (Rykwert 1983, S. 97). Diese Idee wurde von der mittelalterlichen Philosophie übernommen und erlebte in der Renaissance mit der Erkenntnis, dass auch die Erde die Form einer Kugel hat, einen neuen Aufschwung.

Die Werke der französischen Revolutionsarchitekten Etienne-Louis Boullée (1728–1799) und Claude-Nicolas Ledoux (1736–1806) bestehen vorwiegend aus unausgeführten Projekten. Auch wegen damals fehlender materialtechnischer und konstruktiver Möglichkeiten wurden sie nicht realisiert. Boullées utopische Bauten setzen sich aus streng geometrischen Grundformen zusammen: „Von der stummen Sterilität der unregelmässigen Körper erschöpft, ging ich zu den regelmässigen über" (Boulleé 1983, S. 118). Und über die Kugel sagt er: „Der Kugelkörper ist in jeder Beziehung das Ebenbild der Perfektion. Er vereinigt in sich die exakte Symmetrie, die perfekteste Regelmässigkeit, die grösste Mannigfaltigkeit, seine Form ist die einfachste, seine Aussenlinie die wohltuendste, und schliesslich ist er der Liebling der Lichteffekte" (Boulleé 1983, S. 118). Die Form der Kugel wurde sowohl bei der französischen wie auch bei der russischen Revolution zum Extremtypus in der progressiven Phase der Architekturästhetik (Vogt 1974, S. 93) (vgl. Abb. 3.13). Die Tendenz, die Formensprache auf einige wenige geometrische Grundformen zu reduzieren, war eines ihrer Hauptanliegen.

Auch Le Corbusier bezeichnete die Kugel als eine der fünf elementaren Grundformen eines Körpers. Die Kugel ist der einzige elementare Körper, der die physikalischen Gesetze der Schwerkraft leugnet und die Erde als Basis negiert. Da sie keine ebene Fläche hat, eignet sich die Kugel vom funktionalen Standpunkt aus schlecht zum Bilden architektonischer Räume, ja, sie ist, im Gegensatz zu den anderen von Le Corbusier bezeichneten Formen, wie Würfel, Zylinder, Pyramide der Kegel, eine antiarchitektonische Form.

Buckminster Fullers geodätische Kugel für den amerikanischen Pavillon der Weltausstellung in Montreal 1967 kann im weitesten Sinne als Verwirklichung der Idee von Boulleé betrachtet werden. Die Kugel mit einem Durchmesser von 76 Metern sollte den Weltraum darstellen (Abb. 6.7 und 6.31a).

Die Kugelform als Ganzes wurde in der Architektur nur selten verwendet. Teile einer Kugel sind aber oft gebrauchte architektonische Element. Die meist gebrauchte Form, die der Kugel entspricht, ist die Kuppel. Sie war, zusammen mit dem Gewölbe, lange Zeit die einzige Möglichkeit, grössere Räume konstruktiv stützenlos zu überdachen. Durch ihre absolute Form erweckt sie den Eindruck eines allumfassenden räumlichen Abschlusses (vgl. Abb. 5.4 und 5.7). Dem Pantheon in Rom kann eine Kugel einbeschrieben werden: Die maximale Höhe des Innenraumes, ungefähr 43 Meter, entspricht genau dessen Durchmesser im Grundriss. Die halbkugelförmige Kuppel stellt das Himmelsgewölbe dar, oder, wie Palladio schreibt, das „Abbild der Welt" (Palladio 1983, S. 358). Die absolute Form der Kugel eignet sich vorzüglich für jede Art von Verherrlichung. Louis I. Kahn: „Das Pantheon ist ein sehr schönes Beispiel eines Raumes, der aus dem Wunsch entstanden ist, einen Platz für alle Arten von Kult zu schaffen" (Kahn 1969, S. 15). So wie das Pantheon die Welt des römischen Imperiums mit all seinen Göttern verherrlichte, war Boullées Denkmal für Isaac Newton, eine Kugel mit einer Höhe von 150 Metern, eine Lobeshymne auf das Genie Newton (vgl. Abb. 3.13a). Boullée schreib über dieses Denkmal: „Erhabener Geist! Umfassendes und tiefes Genie! Göttliches Wesen! Newton, ich bitte dich diese Huldigung meiner schwachen Begabung anzunehmen" (Boullée 1983, S. 120). Auch Fullers Kuppel in Montreal diente einer Verherrlichung, nämlich der der Eroberung des Alls.

Auch die Schalen des Opernhauses in Sydney von Jørn Utzon sind Kugelsegmente. Hier wurde allerdings ganz bewusst vermieden, dass die typischen Eigenschaften der Kugel, nämlich das Abgeschlossene, Ungerichtete und Ruhende, zum Ausdruck kommen (Abb. 6.21a). Die Kugelform wurde hier aus anderen Gründen gewählt: Durch die Tatsache, dass sämtliche Schalenteile denselben Radius haben, alle Punkte der Schalenoberfläche also gleich weit entfernt sind von einem imaginären Mittelpunkt, haben alle Teile dieselbe Krümmung, wodurch eine relativ einfache Vorfabrikation ermöglicht wurde und sich eine sehr teure Schalung an Ort erübrigte. Utzon meinte dazu: „Ich komme so zu einer Lösung, die so einfach ist, wie die Operation, die Sie vornehmen, wenn Sie eine Orange in kleine, ähnliche Schnitze zerteilen" (Giedion 1978, S. 411).

6.5.9 Das Quadrat und der Würfel

Ähnlich wie der Kreis, hatte das Quadrat immer auch symbolische Bedeutung: Die Zahl vier bezeichnet die vier Himmelsrichtungen, die vier Jahreszeiten und gilt deshalb als die Zahl des Kosmos (Naredi-Rainer 1982, S. 67). Der Symbolgehalt dieser Zahl ist sehr alt und wurde auch vom Christentum übernommen: vier Evangelisten, die Vierteiligkeit des Kreuzes. Mit der Form des Kreuzes hatte die Zahl vier auch ihren Einfluss auf den Sakralbau und damit auf das Hauptthema der Architektur überhaupt, zumindest bis zur Renaissance.

Im Gegensatz zum Kreis ist das Quadrat gerichtet, es hat mindestens zwei Richtungen: die der beiden Mittelachsen oder die der beiden Diagonalen (vgl. Abb. 6.10l). Die das Quadrat begrenzende Linie besteht aus vier gleich langen Seiten. Seine Ecken sind rechtwinklig, das heisst, die Seiten treffen sich in einem Winkel von 90°. Dieser Winkel ist wahrnehmungsmässig der einfachste, er deutet die beiden Richtungen horizontal und vertikal. Die Präferenz des Rechtwinkligen wurde auch geprägt durch die Gravitationsgesetze.

Der Würfel ist die dreidimensionale Variante des Quadrats: ein Körper mit sechs quadratischen Seiten, mit acht rechteckigen Ecken (Abb. 2.29). Wahrnehmungsmässig bestehen aber verschiedene Einschränkungen: Schon das Quadrat erleben wir im Alltag oft als verzogenes Viereck. Im Abschn. 1.3.8 haben wir gesehen, dass wir in einem Sehfeld Teile rechts oben eher grösser wahrnehmen als sie in Wirklichkeit sind (vgl. Abb. 1.35). Auch erfordert eine Augenbewegung in der Vertikalen mehr Energie als eine solche in der Horizontalen. Dies bedeutet, dass uns ein Würfel leicht höher erscheint als breit, dies trotz der gleichen Länge aller Seiten. Zusätzlich können auch die Ausbildung und Gestaltung der einzelnen Seiten und ihre Materialisierung einen Einfluss auf die wahrgenommene Grösse haben.

Die Ausbildung der Ecken von Bauten schafft stets spezielle architektonische Probleme. Schon beim griechischen Tempel entstanden in den Ecken durch den Richtungswechsel der auf den Säulen aufgelagerten Steinquader Proportionsprobleme, die noch heute Anlass zu Diskussionen geben. Philip Johnson glaubte, dass die Ecken einer der empfindlichsten Teile des Entwurfs seien: „In gewissem Sinne könnte man jede Architektur nach der Eckengestaltung beurteilen" (Johnson 1982, S. 93).

6.5.10 Das Rechteck

Das Rechteck hat ähnliche Eigenschaften wie das Quadrat , unterscheidet sich aber in einigen wesentlichen Punkten. So sind nicht alle vier, sondern immer nur zwei gegenüberliegende Seiten gleich lang. Die beiden Hauptrichtungen sind nicht gleichwertig. Das Rechteck hat somit eine Länge und eine Breite. Beim Rechteck kann die Proportion verändert werden, dies im Gegensatz zum Quadrat. Die Winkelgrösse bleibt bei beiden Grundformen immer gleich, nämlich 90 Grad (Abb. 6.29). Das Quadrat kann auch als eine

PROPORTION	konstant	variabel	konstant	variabel	variabel
STRUKTURGERÜST	konstant	konstant	variabel	variabel	variabel
WINKELGRÖSSE	konstant	konstant	konstant	konstant	variabel
ANZAHL SEITEN	konstant	konstant	konstant	konstant	konstant

Abb. 6.29 Variable und Konstante der verschiedenen Grundformen

Sonderform des Rechtecks bezeichnet werden oder umgekehrt. Für die optische Wahrnehmung ist ein Rechteck ideal, dessen Länge 1,63 mal länger ist als die Breite, was dem Verhältnis des Goldenen Schnittes entspricht (Schuster und Beisl 1978, S. 33) (vgl. Abb. 7.5). Ist das Verhältnis kleiner, so erscheint uns die Form als „ungenaues" Quadrat, ist sie grösser, empfinden wir sie als zu lange Form. Wird die Länge mehr als das Zweifache der Breite, so erkennen wir eher ein stabförmiges Element als ein Rechteck.

Das Rechteck ist die meistgebrauchte Form in der Architektur. Runde, quadratische und unregelmässige Formen bildeten eher Ausnahmen. In gewissen Stilepochen, so zum Beispiel im Barock, war das Rechteck allerdings weniger vertreten als in anderen Epochen. Die ganze griechische Baukunst basiert, analog zum Stützen-Balken-System, fast ausschliesslich auf dem orthogonalen Raster. Die Römer gebrauchten zwar ausgiebig Bogen und runde Formen, ihre Weltordnung stützte sich aber auf zwei senkrecht zueinander stehende Achsen (vgl. Abb. 4.5). Die römischen Stadtgründungen erfolgten auf einem rechtwinkligen Rasternetz, und demzufolge war die städtische Masseinheit das Rechteck (Abb. 2.17).

6.5.11 Das Dreieck und die Pyramide

Wie bereits gezeigt, hängt die Wahrnehmung des Dreieckes stark von seinem Strukturgerüst ab (vgl. Abschn. 6.5.1). Während beim Kreis und beim Quadrat die Proportion und die Form immer gleich bleiben, kann sich beim Rechteck auch die Proportion von Länge zu Breite, das heisst die Form, ändern. Was bleibt sind die vier rechtwinkligen Ecken. Beim Dreieck kann sich sowohl die Proportion, und somit die Form, wie auch die Grösse der drei Eckwinkel ändern. Das einzig Gemeinsame zweier extrem verschiedener Dreiecke ist die Anzahl der Seiten und Ecken sowie die Summe aller drei Winkel von 180°. Von allen bis dahin besprochenen regelmässigen Formen ist das Dreieck diejenige mit den meisten Variablen. Deshalb spielt bei seiner Wahrnehmung das Strukturgerüst eine so wichtige Rolle (Abb. 6.10 und 6.29). Kreis, Quadrat und Dreieck sind die drei einfachsten Formen. Bereits in der Frühzeit menschlicher Kultur trifft man sie weltweit als Ornament am Kunsthandwerk. Während der Kreis ein Zeichen für Abgeschlossenheit und Vollendung ist, bedeutet das Dreieck Aufbau, ja, sogar Aggression. Der Kreis ist introvertiert und statisch, das Dreieck extrovertiert und dynamisch.

Eine Dreiecksform kann aus verschiedenen Gründen gewählt werden. Der Erweiterungsbau der National Galerie in Washington D.C. von I. M. Pei steht auf einem dreieckigen Grundstück an sehr exponierter Lage in Sichtweite des Kapitols. Das Gebäude übernimmt die Form des Grundstückes, das dann auch die ganze innere Raumorganisation diktiert (Abb. 6.2c, 6.30 und 5.34).

Im Gegensatz zu Quadrat und Rechteck ist das Dreieck eine statisch bestimmte Form. Aus Dreiecken zusammengesetzte Körper sind in sich stabil, eine Eigenschaft, die vor allem bei Fachwerkkonstruktionen ausgenützt wird. Alexander Graham Bell (1874–1922), den wir als Erfinder des Telefons kennen, leistete auch bei der Entwicklung räumlicher

Abb. 6.30 I.M. Pei, 1978,
National Gallery of Art,
Washington D.C., USA (vgl.
Abb. 6.2c und 5.34)

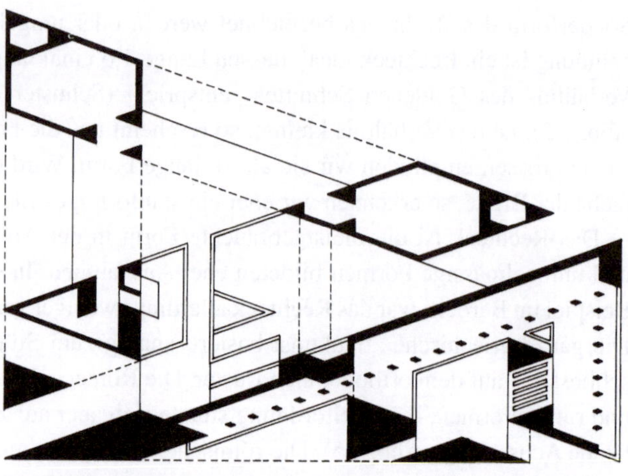

Abb. 6.31 Auf der Form des Dreiecks aufgebaute Konstruktionen. **a** Fuller Buckminster, 1967,
US-Pavillon, EXPO, Montreal, Canada (vgl. Abb. 6.7), **b** Foster Norman, 2006, Hearst Tower,
New York, USA

Tragwerke auf der Basis des Dreieckes Pionierarbeit (Wachsmann 1959, S. 29). Er plante
schon um die vorletzte Jahrhundertwende Tetraederkonstruktionen , die er aus Metallstä-
ben vorfabrizieren liess, und deren ausserordentliche Stabilität er erkannte. Die heute verwendeten räumlichen Flächentragwerke wären ohne diese Pionierleistungen Bells undenkbar. So basiert zum Beispiel auch die Kugelkonstruktion des 1967 erstellten
amerikanischen Pavillons für die Weltausstellung in Montreal, von Buckminster Fuller ,
auf diesem Prinzip des statisch stabilen Dreieckes (Abb. 6.7 und 6.31a). Fuller versuchte,
mit möglichst geringem Materialaufwand grosse, statisch stabile Gebilde zu konstruieren.
Sein berühmter Äusserung „Don't fight forces, use them" verdeutlicht das.

Auch beim Hearst Tower in New York, 2006 von Norman Foster fertiggestellt, ist die Tragkonstruktion im Bereich der Fassade auf der Dreiecksform aufgebaut, was wesentlich zur Stabilität des Gebäudes beiträgt (Abb. 6.31b).

Das Tetraeder ist eine Pyramide mit dreieckigem Grundriss. Die Pyramide, auf quadratischem Grundriss aufgebaut, ist mit dem Tetraeder eng verwandt, kann doch auch das Quadrat mit einem Diagonalstab in zwei Dreiecke unterteilt werden, wodurch die Pyramidenform als Ganzes wieder „stabil" wird. Die Pyramide als kubische Form ist eine wahrnehmungsmässige Grunderscheinung. Durch die perspektivische Verzerrung laufen zwei im euklidischen Raum parallele Linien in unserer Wahrnehmung zusammen, um sich schliesslich zu treffen. Jede in Wirklichkeit kubische Form sehen wir als eine sich der Pyramide angleichende Form, mit zusammenlaufenden Kanten.

Das Phänomen ist am besten bei einer geraden Strasse mit beidseitig gleichen Fassadenabschlüssen zu beobachten. Obwohl die Breite der Strasse wie auch die Höhe der Gebäude von vorne nach hinten konstant gross bleiben, laufen die Linien gegen hinten zusammen (Abb. 6.32).

Die Pyramidenform beinhaltet eine wahrnehmungsmässige Dualität : Einerseits spüren wir das nach unten ziehende Gewicht der von oben nach unten grösser werdenden Masse, andererseits streben die sich verjüngenden Seitenflächen nach oben. Diese komplementären Kräfte führen zu einer Spannung , die die Pyramide zu einer äusserst dynamischen Form macht. Nur wenige Gebäude der modernen Architektur haben die Form einer Pyramide, wobei sich auch dort die Form meist auf das äussere Erscheinungsbild beschränkt (Abb. 6.33).

Abb. 6.32 Carlo Rossi, 1828–34, Rossi Strasse, St. Petersburg, Russland (vgl. Abb. 1.32)

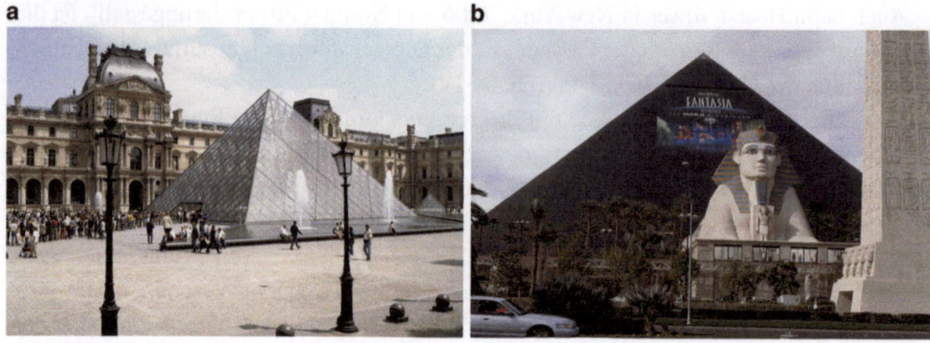

Abb. 6.33 Die Pyramide. **a** I.M. Pei, 1989, Erweiterung des Louvre, Paris, Frankreich (vgl. Abb. 2.1 und 2.31), **b** Veldon Simpson, 1993, Hotel Luxor, Las Vegas, USA

6.5.12 Das Sechseck und das Achteck

Der Kreis kann als Vieleck mit unendlich vielen Ecken bezeichnet werden. Je mehr Ecken ein regelmässiges Vieleck hat, desto mehr gleicht seine Form der des Kreises.

Das regelmässige Sechseck lässt sich in sechs gleichseitige Dreiecke aufteilen, die wiederum drei gleiche Winkel von je 60° haben. Dank dieser geometrischen Eigenschaften lässt sich das Sechseck besser ineinanderschachteln und so zu einer grösseren Struktur erweitern als etwa der Kreis. Die Bienenwabe ist dafür ein gutes Beispiel. Auch viele natürliche Kristalle sind auf dem 60°-Winkel aufgebaut. Beim frontalen Betrachten eines Gebäudes mit quadratischem oder rechteckigem Grundriss geht die Tiefendimension verloren, das heisst, wir sehen nur die Frontseite als eine Fläche. Bei einem zylindrischen Körper ist zwar die kubische Form wahrnehmbar, da der Kreis aber ungerichtet ist, hat der Körper keine eigentliche Front mehr. Ist der Grundriss sechs- oder achteckig, so sieht der Betrachter einerseits eine Front, anderseits aber auch eine räumliche Tiefe des Körpers (Abb. 6.34).

Wenn ein quadratischer Grundriss von einer runden Kuppel überdacht wird, geschieht das oft über mehrere übereinanderliegende Vielecke, deren Eckenzahl nach oben zunimmt (Abb. 6.35a). Das Achteck war auch die bevorzugte Grundrissform vieler Baptisterien in Italien. Dies hatte vor allem symbolische Gründe, war doch der achte Tag der der Auferstehung Christi und somit der des ewigen Lebens (Abb. 6.35b) (Reinle 1976, S. 126).

6.6 Formaler Widerspruch

Die Gestalt eines Gebäudes, seine optische Erscheinung, wird sehr selten nur von einer einzigen geometrischen Form dominiert (vgl. Abb. 2.6 und 2.29). Eine solche Form kann die Grundform sein, welche das Aussehen eines Gebäudes prägt, meist sind aber zusätzlich verschiedene weitere Formen oder Formsegmente zu erkennen. Diese können

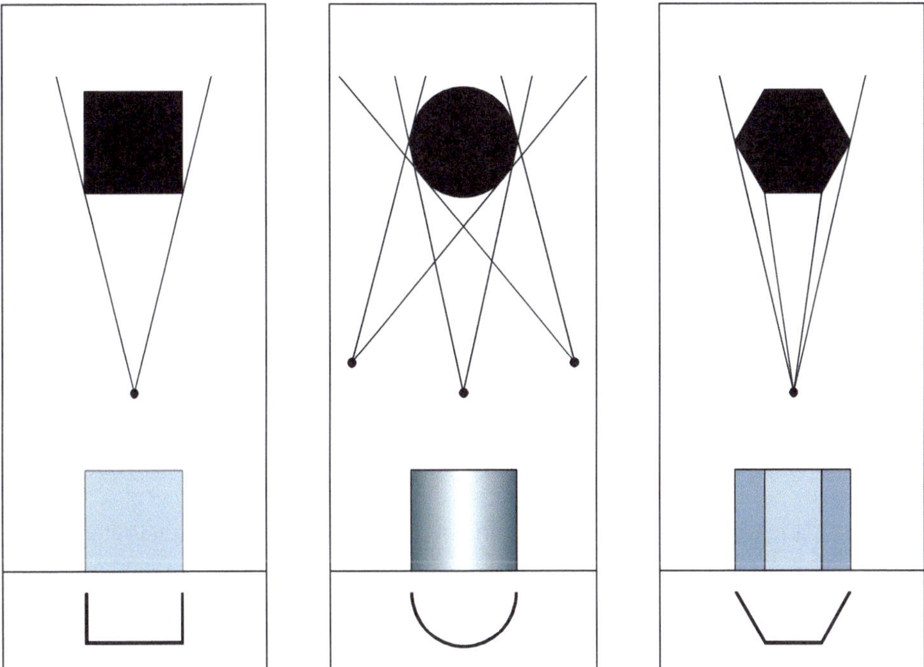

Abb. 6.34 Die Wahrnehmung der Tiefendimension bei quadratischem, rundem und sechseckigem Grundriss

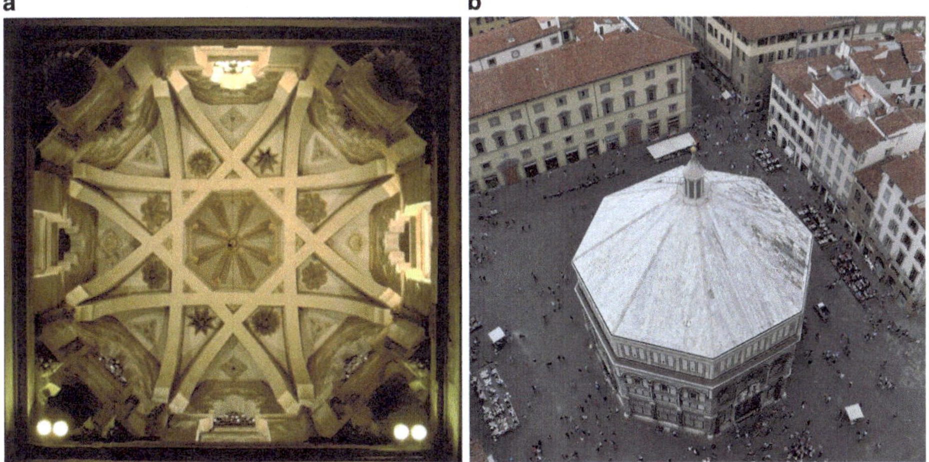

Abb. 6.35 **a** Moschee (heute Kathedrale), ab 8. Jh., Cordoba, Spanien (vgl. Abb. 5.45b), **b** Baptisterium, ab 1059, Florenz, Italien

einander unterstützen, so dass ein harmonisches, einheitliches Bild entsteht, oder sie können sich widersprechen. Ein Widerspruch ist eine Behauptung des Gegenteils, eine das Gegenteil aussagende Entgegnung, ein unvereinbares Verhältnis zweier Gegebenheiten (Das Wörterbuch der deutschen Sprache 1978). Widersprüchliches bedeutet auch Unerwartetes, es erzeugt Spannung, nicht Harmonie (Abb. 6.36).

Der Grundriss des Tageszentrums von Tadao Ando in Weil am Rhein (vgl. Abb. 5.21b und 7.3) ist auf drei Grundformen aufgebaut, auf Kreis, Quadrat und Rechteck. Diese sind so ineinander verschachtelt, dass höchst vielschichtige Raumfolgen entstehen. Die Einfachheit der Grundformen, unterstützt durch die konsequente Verwendung von Sichtbeton, widerspricht der Komplexität der entstandenen Räume.

Auch die Stützenanordnung im Schulgebäude in Montagnola von Livio Vacchini ist widersprüchlich (vgl. Abb. 7.22). Der Betrachter erwartet im Erdgeschoss, wo die grösseren Lasten anfallen, mehr Stützen als im Obergeschoss. Dieser Widerspruch schafft Spannung und macht das Erleben des einfachen geometrischen Innenhofs zu einem interessanten Erlebnis.

Diese Dualität beschreibt Robert Venturi in seinem Buch „Komplexität und Widerspruch in der Architektur" wie folgt: „Ich bevorzuge das ‚Beide-zusammen' vor dem ‚Entweder-oder', das Schwarz und Weiss und manchmal auch Grau, vor dem ‚Schwarz oder Weiss'. Gute Architektur spricht viele Bedeutungsebenen an" (Venturi 1978, S. 24).

Auf den ersten Blick sieht das Ausstellungsgebäude in Weil am Rhein, erbaut 2011 von Herzog & de Meuron, aus wie willkürlich aufeinander getürmte kleine Häuser (Abb. 6.37). Diese wollen mit ihrer Form eigenständige Gebäude sein. Der Betrachter sieht nicht ein Ganzes, sondern eher mehrere, zufällig aufeinandergestellte selbstständige Häuser, ähnlich wie Bauklötze eines Kindes. Dieser Widerspruch ist verwirrend, aus den eher monotonen

Abb. 6.36   Unregelmässige Formen: Eric O. Moss, 1998, „Umbrella", Westside, Los Angeles, USA

Abb. 6.37 Herzog & de Meuron, 2011, Ausstellungshaus, Weil am Rhein, Deutschland

Einzelteilen entsteht ein spannendes Gebilde. Auch im Inneren ist die Form der einzelnen Häuser teilweise noch ablesbar. Durch die Überschneidungen und Verschachtelungen ergeben sich aber immer wieder neue, spannende Raumfolgen, welche den konventionellen Aussenformen der einzelnen Häuser widersprechen. Dazu noch einmal Robert Venturi: „Die gleichzeitige Wahrnehmung interdependenter Bedeutungsebenen zwingt den Betrachter in einen Konflikt der Wertung, lässt ihn zögern und seine ganze Betrachtungsweise lebendiger werden" (Venturi 1978, S. 38).

Fragen (und Antworten)

6.1.	**Was ist eine Formensprache?**
6.2.	**Was bedeutet die Aussage „Form folgt der Funktion"?**
6.3.	**Nach welchen Gesichtspunkten erfolgt die Wahl der Form?**
6.4.	**Was unterscheidet regelmässige Formen von unregelmässigen Formen?**
6.5.	**Der Mensch nimmt bei verschiedenen Gestalten ein „Gewicht" wahr. Die einen erscheinen „schwerer" als andere und umgekehrt. Was beeinflusst dieses wahrgenommene Gewicht?**
6.6.	**Warum werden bei jeder optischen Wahrnehmung senkrechte und waagerechte Linien allen Schrägen vorgezogen?**
6.7.	**Was sind die Unterschiede zwischen konvexen und konkaven Formen?**
6.8.	**Warum ist der Kreis eine der einfachsten Reizkonfigurationen?**
6.9.	**Was unterscheidet die Ellipse vom Kreis?**
6.10.	**Warum ist ein Rechteck, dessen Verhältnis von Länge zu Breite dem Goldenen Schnitt entspricht, für die optische Wahrnehmung ideal?**

Die Musterlösungen zu den Fragen befinden sich im Anhang.

Literatur

Adorno, Theodor W.: Ästhetische Theorie, Frankfurt am Main, 1974 (1970)
Arnheim, Rudolf: Wahrnehmungsabstraktion und Kunst, Psychological Review 54/1947 (in: Zur Psychologie der Kunst, Frankfurt am Main, 1980)

Arnheim, Rudolf: Kunst und Sehen, Berlin, 1978 (Originaltitel: Art and Visual Perzeption, Berkeley, 1954)

Banham, Reyner: Die Revolution der Architektur, 1964, München

Blake, Peter: Form Follows Fiasco, 1977, Boston

Boulleé, Etienne-Louis: Architecture, Essai sur l'Art, 1793 (in: Der Hang zum Gesamtkunstwerk, Aarau, 1983)

Brockhaus Enzyklopädie, Wiesbaden, 1969a, Band 6

Brockhaus Enzyklopädie, Wiesbaden, 1969b, Band 7

Das Wörterbuch der deutschen Sprache, dtv, München, 1978

Drew, Philip: Die dritte Generation, Teufen, 1972

Frampton, Kenneth: Die Architektur der Moderne, Stuttgart, 1983 (Originaltitel: Modern architecture, London, 1980)

Gabo, Naum und Pevsner, Antoine: Grundprinzipien des Konstruktivismus, 1920 (in: Programme und Manifeste zur Architektur des 20. Jahrhunderts, Braunschweig, 1981)

Giedion, Siegfried: Raum, Zeit, Architektur, Zürich, 1978 (Originaltitel: Space, Time and Architecture, Cambridge, Mass., 1941)

Gradmann, Erwin: Aufsätze zur Architektur, Basel, 1968

Hofstätter, Hans: Gotik, Fribourg, 1968

Jencks, Charles: Modern Movements in Architecture, New York, 1973 (Übersetzung: J.K.Grütter)

Johnson, Philip: Texte zur Architektur, Stuttgart, 1982 (Originaltitel: Philip Johnson Writings, Oxford, 1979)

Jung, Karl Gustav: Aion, Olten, 1976

Kahn, Louis I., Space and the Inspirations, Vortrag am New England Conservatory, 14. Nov. 1967 (in: L'architecture d'aujourd'hui, 2/1969) (Übersetzung: J.K.Grütter)

Kahn, Louis I., I love Beginnings, Vortrag an der Aspen Design Conference, 1973 (in: Louis I. Kahn,Tokyo, 1975 (Übersetzung: J.K.Grütter))

Klee, Paul: Pädagogisches Skizzenbuch, Mainz, 1985 (1925)

Klotz, Heinrich und Cook, John W.: Architektur im Widerspruch, Zürich, 1974 (Originaltitel: Conversations with Architects, New York, 1973)

Le Corbusier Ausblick auf eine Architektur, 1969, Berlin (Originaltitel: Vers une architecture, Paris, 1923)

Lissizky, El: Ideologischer Überbau, 1929 (in: Programme und Manifeste zur Architektur des 20. Jahrhunderts, Braunschweig, 1981)

Mies van der Rohe, Ludwig: Nr. 2 der Zeitschrift „G", September 1923 (in: Klotz, Heinrich (Herausgeber), Mies van der Rohe, 1987, Stuttgart)

Moles, Abraham A.: Informationstheorie und ästhetische Wahrnehmung, Köln, 1971 (1958)

Muthesius, Herrmann: Werkbundziele, 1911 (in: Programme und Manifeste zur Architektur des 20. Jahrhunderts, Braunschweig, 1981)

Naredi-Rainer, Paul von: Architektur und Harmonie, Köln, 1982

Palladio, Andrea: Die vier Bücher zur Architektur, Zürich, 1983 (1570)

Picard, Gilbert: Imperium Romanum, Fribourg, 1965

Rauterberg, Hanno: Worauf wir bauen, München, 2008

Reinle, Adolf: Zeichensprache der Architektur, Zürich, 1976

Rykwert, Joseph: Ornament ist kein Verbrechen, Köln, 1983 (Originaltitel: The Nessecity of Artifice, London, 1982)

Schuster, Martin und Beisl, Horst: Kunstpsychologie – wodurch Kunstwerke wirken, Köln, 1978

Sedlmayr, Hans: Verlust der Mitte, Frankfurt am Main, 1983 (1948)

Sörgel, Herman: Einführung in die Architektur-Ästhetik, München, 1918

Venturi, Robert: Komplexität und Widerspruch in der Architektur, 1978, Braunschweig (Complexity and Contradiction in Architecture, 1966, New York)

Vogt, Adolf Max: Revolutions Architektur, Köln, 1974

Wachsmann, Konrad: Wendepunkt des Bauens, Wiesbaden, 1959

Wagner, Otto: Die Baukunst unserer Zeit, Wien, 1979 (1895)

Wölfflin, Heinrich: Kunstgeschichtliche Grundbegriffe, Basel, 1984 (1915)

Wright, Frank Lloyd: Im Reich der Ideen, Vorlesung am Chicago Art Institute, 1931 (in: Humane Architektur, Berlin, 1969)

Wright, Frank Lloyd: Vortrag in London, 1939 (in: Humane Architektur, Berlin, 1969)

Harmonie

Inhaltsverzeichnis

Einführung

Harmonie bezeichnet eine Ordnung und Übereinstimmung aller Teile einer Erscheinung. In der optischen Wahrnehmung verlangt Harmonie visuelle Ausgewogenheit. Jede Wahrnehmung ist auch ein Wechselspiel zwischen gerichteten Spannungen. Spannung entsteht meistens dort, wo vom Gewöhnlichen abgewichen wird. Eine niedrige Spannung bedeutet meist eine strenge Ordnung und umgekehrt. Proportion ist ein wichtiger Faktor der Harmonie. Es wird unterschieden zwischen arithmetischer und geometrischer Proportionen. Auch Symmetrie und Rhythmus sind Eigenschaften, welche die Wahrnehmung der Architektur stark beeinflussen. In der Architektur werden zwei verschiedene Arten von Symmetrie unterscheiden: die bilaterale und die translative Symmetrie. Rhythmus entsteht auch bei der Repetition gleicher Teile oder Elementgruppen.

© Springer Fachmedien Wiesbaden GmbH, ein Teil von Springer Nature 2019

J. K. Grütter, *Grundlagen der Architektur-Wahrnehmung*,

https://doi.org/10.1007/978-3-658-26785-8_7

7.1 Harmonie und Gleichgewicht

Den Begriff der Harmonie finden wir in den meisten Geistes- und Naturwissenschaften. In der Ästhetik bezeichnet Harmonie eine Ordnung und Übereinstimmung aller Teile einer Erscheinung (Brockhaus Enzyklopädie 1969, S. 180). In der frühen griechischen Mythologie war Harmonia die Tochter des Kriegsgottes Ares und der Schönheits- und Liebesgöttin Aphrodite (Grimal 1977, S. 212). Harmonie entsteht aus der Verbindung zweier Gegensätze.

Jede Wahrnehmung ist nur im Zusammenhang mit einem Kontrast möglich: Eine Figur kann nur dann gesehen werden, wenn sie sich von ihrem Hintergrund abhebt, wenn gleichzeitig auch Gegensätze vorhanden sind.

Jede Wahrnehmung wird nach bestimmten Prinzipien geordnet, wobei diese Ordnung begrifflich-logischer Art oder aber eher gestalterischer Art sein kann. Das erste Prinzip führt zu einer eher wissenschaftlichen Interpretation, das zweite zu einer eher künstlerischen (Frey 1976, S. 236).

Harmonie ist ein wichtiger Aspekt der Architekturästhetik, sie beschränkt sich nicht nur auf die Dimension des Raumes: Auch Material, Farbe und Oberflächenstruktur müssen übereinstimmen und sich einer allgemeinen, höheren Ordnung unterordnen. Alle physikalischen und psychologischen Systeme tendieren dazu, einen Zustand zu erreichen, der möglichst im Gleichgewicht ist und möglichst wenig Spannung aufweist (Arnheim 1978, S. 18). Harmonie in der optischen Wahrnehmung verlangt visuelle Ausgewogenheit. Bei jeder Reizkonfiguration wird versucht, ein optisches Gleichgewicht zu finden. So passt zum Beispiel der Wahrnehmungsmechanismus eine nicht ganz rechtwinklige Ecke „automatisch" dem 90-Grad-Winkel an.

Bei einer ausgewogenen Komposition sind alle Teile so angeordnet, dass der Eindruck entsteht, „alles sei am richtigen Platz" und jede Veränderung würde Unordnung bedeuten. Unausgeglichenheit führt zu widersprüchlichen Reizkonfigurationen und somit zu Spannung und Unsicherheit. Nicht immer ist das Ziel Ausgeglichenheit, manchmal ist es gerade die Absicht des Architekten, mit formaler Widersprüchlichkeit Spannung zu erzeugt (vgl. Abb. 7.1).

7.2 Spannung

Jede Wahrnehmung ist ein Wechselspiel zwischen gerichteten Spannungen. Die sogenannten Gestaltgesetze (vgl. Abschn. 1.3.4.1) basieren auf der Tatsache, dass jede Reizkonfiguration so interpretiert wird, dass die daraus resultierende Struktur möglichst einfach ist. Dies bedeutet Spannungsabbau. Auch das Bilden von Superzeichen (vgl. Abschn. 1.3.3) bedeutet eine Reduktion der Informationsmenge und damit weniger Spannung.

Einerseits versucht der Mensch bei jeder Wahrnehmung, eine Ordnung zu finden, eine Struktur festzustellen, also Spannung abzubauen, andererseits hat er aber auch das Bedürfnis,

Abb. 7.1 Gehry F.O., 1989, Stuhlmuseum, Weil am Rhein, Deutschland

Spannung zu erleben. Spannungslosigkeit kann zu Langeweile führen. Der menschliche Geist ist hin- und hergerissen zwischen spannungssteigernden und spannungsmindernden Bestrebungen.

Spannung bedeutet nicht einfach Unordnung, doch besteht zwischen Spannung und Ordnung ein enger Zusammenhang. Eine strenge Ordnung bedeutet meist auch niedrige Spannung und umgekehrt.

Im Abschn. 3.4 wurde gezeigt, dass im Laufe der Geschichte eine periodische Entwicklung von einer einfachen hin zu einer komplexeren Ordnung feststellbar ist (vgl. Abb. 3.6). Diese Tendenz ist somit auch mit einer Zunahme der Spannungen verbunden: Je komplexer die Ordnung, desto grösser die Spannung. Wir wiesen auch darauf hin, dass eine komplexe Ordnung, und somit mehr Spannung, eher das Gefühl als den Verstand anspricht (vgl. Abb. 3.11). Ein Mensch mit eher extrovertierter Persönlichkeitsstruktur wird deshalb mehr Spannung brauchen als ein introvertierter Mensch. Eine mit Spannung geladene Wahrnehmung wird eher ästhetische als semantische Informationen enthalten (vgl. Abschn. 1.2.4).

Spannung kann auf verschiedene Arten erzeugt werden. Grundsätzlich gilt: je grösser die Komplexität, je zahlreicher die Widersprüche und je weniger Ordnung, desto mehr Spannung.

Spannung entsteht meistens dort, wo vom Gewöhnlichen abgewichen wird. Bei der Schräge oder bei einer Kurve besteht der Wunsch, sie dem orthogonalen horizontal-vertikalen System oder der Geraden anzugleichen (Abb. 7.2). Damit kann auch der Informationsgehalt der Nachricht verringert werden. Beim Tiefensehen wird die perspektivische Schräge als Horizontale wahrgenommen. Es wird dasjenige Wahrnehmungsbild bevorzugt, das weniger Spannung enthält (vgl. Abschn. 1.3.6).

Abb. 7.2 Johnson P., 1990, Torres KIO (Puerta de Europa) Madrid, Spanien

Schon die Ellipse und das Rechteck sind Abweichungen der klar definierten Formen von Kreis und Quadrat und haben so etwas Unbestimmtes (vgl. Abschn. 6.5.7 und 6.5.10). Auch mit einer ungewohnten, gegensätzlichen oder widersprüchlichen Anordnung oder Gegenüberstellung verschiedener Elemente kann Spannung erzeugt werden.

Im Vorraum der Bibliotheca Laurenziana in Florenz von Michelangelo stehen die Säulen in Wandnischen (vgl. Abb. 5.13). Tragen hier die Wände oder die Säulen? Die Beziehung zwischen Tragen und Lasten wird verschleiert, es entsteht Spannung.

Beim Tageszentrum von Tadao Ando , 1993 gebaut in Weil am Rhein, Deutschland, wird Spannung erzeugt durch den Gegensatz zweier verschiedener, den Eindruck des Gebäudes prägender Faktoren. Einerseits die Strenge und Kargheit des Sichtbetons, das einzige für Decken und Wände verwendete Material, und andererseits die komplexe räumlichen Unterteilung. Auch diese ist aus einfachen Elementen entstanden. Als Grundelemente dienten ein Rechteck, ein Quadrat und ein Kreis (Abb. 7.3). Diese Grundformen wurden in Teile zerlegt und dann gegeneinander verdreht und ineinander verschachtelt.

7.3 Proportion und Massstäblichkeit

Proportion ist ein wichtiger Faktor der Harmonie. Sie ist ein abstrakter Wert, der nur mit Hilfe der Gestalt veranschaulicht werden kann. Der Begriff der Proportion wurde verschieden definiert, je nach Anwendungsgebiet. In der Architektur bezeichnet sie das Verhältnis, die Beziehung zweier oder mehrerer Grössen zueinander.

Grundsätzlich können zwei Arten von Proportionen unterschieden werden: arithmetische und geometrische. Die arithmetische Proportion beruht, ausgehend von einer Grundeinheit,

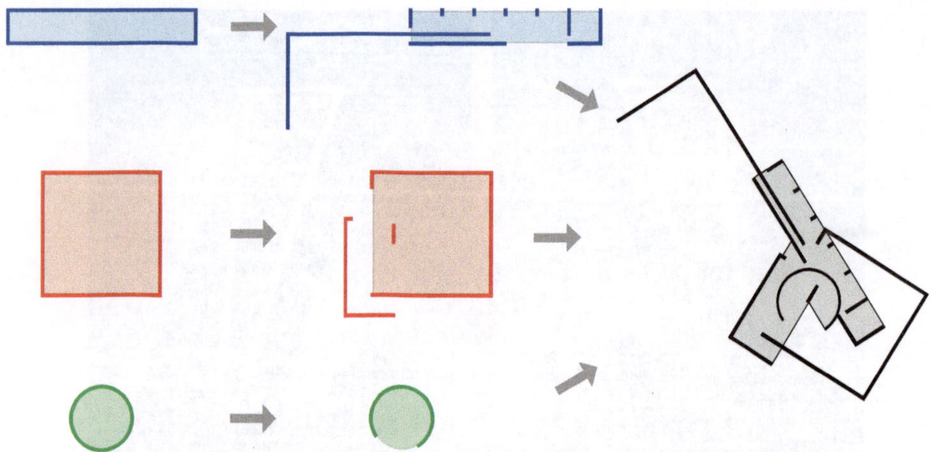

Abb. 7.3 Ando Tadao, 1993, Tagungszentrum, Weil am Rhein, Deutschland (vgl. Abb. 5.21b)

auf einfachen Zahlenverhältnissen. So ist zum Beispiel das Grössenverhältnis der Teile eines griechischen Tempels auf einer Moduleinheit, dem dorisch-pheidonischen Fuss, aufgebaut (Abb. 7.4).

Der Goldene Schnitt, der auch dem Modulor von Le Corbusier zugrunde liegt, ist eine geometrische Proportion. Das Grössenverhältnis der Teile untereinander wird nicht mathematisch, sondern mit Hilfe einer geometrischen Operation ermittelt. Dieses, von Euklid erstmals beschriebene Verhältnis, teilt eine Strecke in zwei ungleiche Teile, deren kleinerer sich zum grösseren so verhält wie der grössere zur ganzen Strecke. Als algebraische Formel: *B:A = A:(A + B)* (Abb. 7.5). Experimentell wurde nachgewiesen, dass ein Rechteck, dessen Seitenlängen im Verhältnis des Goldenen Schnittes zueinander stehen, als ideal proportioniert empfunden wird, das heisst, am ehesten dem Schönheitsempfinden eines Durchschnittsmenschen entspricht (Fechner 1876, S. 184).

Warum empfinden wir bestimmte Proportionen, zum Beispiel den Goldenen Schnitt, als angenehm? Im Abschn. 1.3.4.1 wurde dargelegt, dass nach dem Gesetz der guten Gestalt die Wahrnehmung unvollständiger Gestalten vervollständigt und verbessert wird. Die Proportion des Rechteckes kann vom gleichseitigen Rechteck, sprich Quadrat, bis zu einer Form, deren Länge sehr viel grösser ist als dessen Breite, reichen. Ein Rechteck, mit einem Seitenverhältnis nach dem Goldenen Schnitt, ist weder ein schlecht proportioniertes Quadrat noch ein eindeutig gerichteter Balken: Es hat eine gute Gestalt.

Dies heisst nun nicht, dass alle Rechtecke möglichst dem Goldenen Schnitt entsprechen sollen. Im Barock wurden zum Beispiel gerade solche Rechtecke vermieden, da bewusst Spannung geschaffen werden sollte. Der Mensch braucht einerseits Klarheit und Einfachheit, um sich zu orientieren und auch um seiner inneren Ruhe willen, andererseits sind aber auch Vielfalt und Spannung lebensnotwendig.

Die Form als solche ist stilunabhängig, ihre Verwendung ist jedoch zeitgebunden, die Proportionen dagegen sind universell und zeitlos. Ein Beispiel dafür ist die von Colin

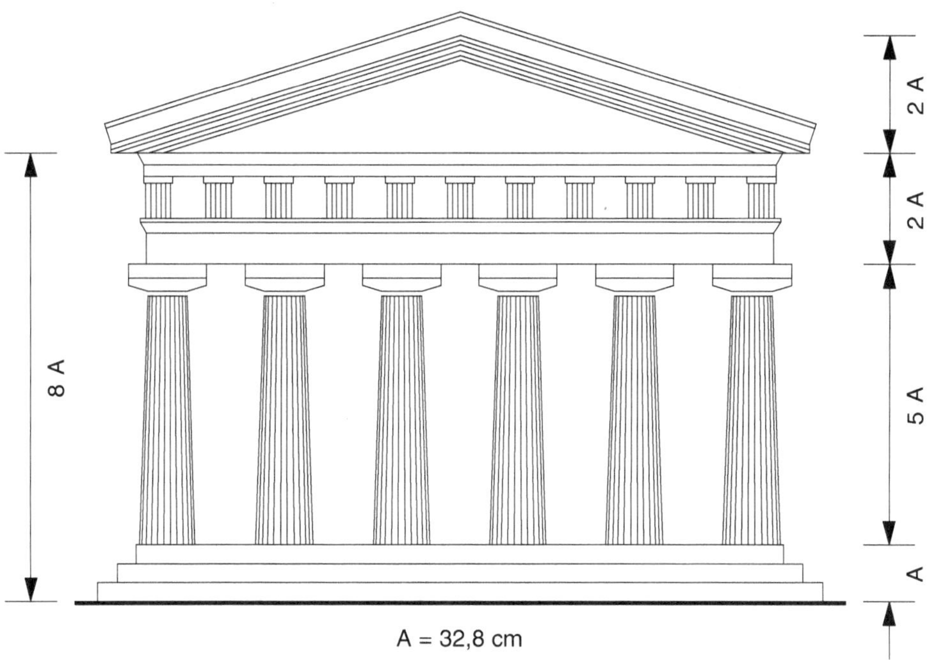

Abb. 7.4 Arithmetische Proportion. Athenatempel (früher Cerestetempel), 510 v. Chr. Peastum, Italien (nach Friedrich Krauss). Massangaben in dorisch-pheidonischen Fuss (A = 32,8 cm)

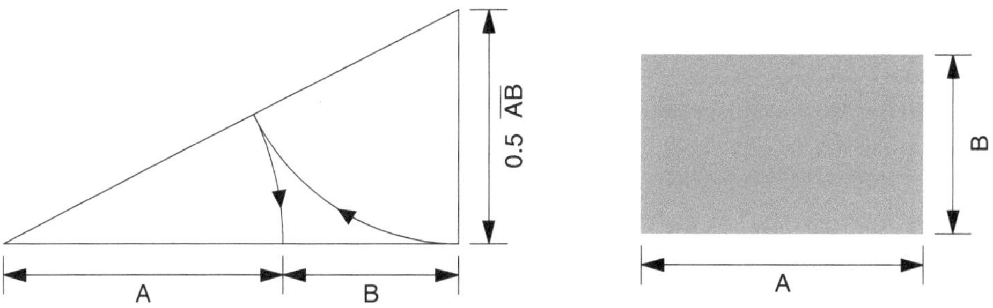

Abb. 7.5 Der Goldene Schnitt: $B{:}A = A{:}(A + B)$

Rowe aufgezeigte Ähnlichkeit der Proportionen zweier Villen, von Andrea Palladio und Le Corbusier (Frampton 1983, S. 136) (Abb. 7.6). Die Villa von Palladio für einen venezianischen Adligen, erbaut Mitte des 16. Jh. in Malcontenta bei Venedig, ist ein streng symmetrischer Massivbau. Die Räume gruppieren sich um einen grossen kreuzförmigen Zentralraum, und der ganze Grundriss kann in der Längsrichtung in einem Rhythmus von 2:1:2:1:2 unterteilt werden. In der Querrichtung ist eine ähnliche Aufteilung möglich. Das Haus von Le Corbusier entstand 1927 in Garches, westlich von Paris. Formal haben die beiden Häuser kaum Ähnlichkeit: Die Villa in Garches, ist ein Skelettbau mit einigen zu-

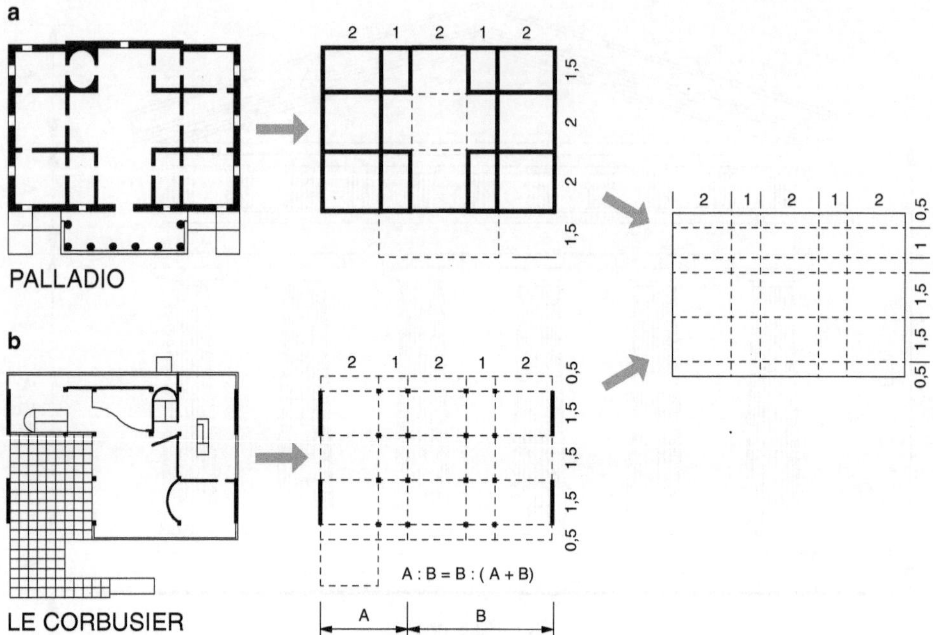

Abb. 7.6 Vergleich der Proportionen der Villa in Malcontenta von Andrea Palladio (16. Jh.) (**a**) und der Villa in Garches von Le Corbusier (1927) (**b**) (nach C. Rowe)

sätzlich tragenden Wänden, ihr Grundriss ist asymmetrisch. Trotzdem lässt sich der Raster von Palladios Villa auch über diesen Grundriss legen.

Während Palladio die massiven Wände auf die Rasterlinien stellt und somit die Proportion auch formal zum Ausdruck bringt, liegen bei Le Corbusier nur die Stützen im Raster. Die nichttragenden Wände sind so gestellt, dass sich eine ganz andere Form der Räume ergibt. Die Proportion des Tragsystems ist bewusst versteckt, zugunsten einer anderen formalen Aussage. Le Corbusier arbeitete aus statischen Gründen mit einer arithmetischen Proportion, stützte aber das Formale auf eine geometrische Proportion: Das Verhältnis der offenen Terrasse zum geschlossenen Gebäudeteil beträgt nämlich 3:5, was beinahe der Aufteilung des Goldenen Schnittes entspricht.

Sowohl Palladio wie auch Le Corbusier verwendeten die Verhältnisse 3:4, 4:4 und 4:6 (anders ausgedrückt: $1{:}1\frac{1}{3}$, 1:1, $1{:}1\frac{1}{2}$), welche als Zeitsequenzen in der Musik zu einem angenehmen Takt führen (Rasmussen 1980, S. 112). Auf den Zusammenhang von Musik und Architektur machte schon Vitruv aufmerksam. Am Anfang seines ersten Buches, über die Ausbildung des Architekten, weist er ausdrücklich darauf hin: „Von Musik muss er (der Architekt) etwas verstehen, damit er über die Theorie des Klanges und die mathematischen Verhältnisse der Töne Bescheid weiss" (Vitruv 1981, S. 29). Palladio verwendete besonders in seiner Frühzeit musikalische Proportionen für seine Entwürfe (Ackerman 1980, S. 141). Die Villa in Malcontenta ist hier keine Ausnahme. Auch Le Corbusier war eng mit Musik verbunden: Seine Mutter und sein Bruder waren Musiker. Viele berühmte

Architekten bekennen freimütig, dass ihre Entwürfe oft von akustischen Klangkompositionen beeinflusst waren. So ist zum Beispiel von Erich Mendelsohn bekannt, dass er beim Entwerfen immer Bachmusik hörte (Rasmussen 1980, S. 136).

Der Zusammenhang zwischen Architektur und Musik war nicht nur einigen wenigen Architekten wichtig. Nikolaus Pevsner meint dazu bezogen auf den Barock: „Die Parallele zwischen barocker Architektur und Musik ist in der Tat schlagend, nicht nur hinsichtlich der verwandten geistigen Struktur, sondern auch in Betreff der künstlerischen Qualität" (Pevsner 1967, S. 283). Der Einfluss ist aber nicht nur einseitig: Steen Rasmussen weist, gestützt auf den britischen Architekturtheoretiker Hope Bagenal, nach, dass die frühchristliche Chormusik der damaligen Architektur angepasst wurde. Die „Vorgängerin" der heutigen St. Peterskirche in Rom war eine fünfschiffige Basilika. Form und Grösse dieser Kirche führten beim normalen Sprechen und Singen zu Widerhallwirkungen, die das Verstehen des Textes unmöglich machten. Deshalb wurde der Takt der Psalme und Gebete genau auf die Länge des Echos abgestimmt, was den Text auch im hinteren Teil der Kirche verständlich machte. Der gregorianische Kirchengesang wurde für die Form und Grösse der alten St. Peterskirche geschaffen (Rasmussen 1980, S. 211).

Proportionen als Grössenverhältnis sind nicht nur auf Flächen, wie etwa Fassaden und Grundrisse, beschränkt. Auch Palladios Proportionen beschränken sich nicht nur auf den Grundriss. Im 23. Kapitel seines ersten Buches über „die Höhe der Zimmer" beschreibt er genau, wie die Höhe der Räume von ihren Grundrissmassen abhängen muss (Palladio 1983, S. 86). Er ging aber noch weiter und setzte ganze Raumfolgen und Körperkompositionen in ein harmonisches Verhältnis.

Im Palazzo Chiericati in Vicenza (Abb. 7.7 und 5.22b) nimmt die Grösse der Räume von den kleinsten Räumen in den Gebäudeflügeln hin zu dem mittleren, zentralen Hauptraum schrittweise zu. Der kleinste Raum misst 12×18 vicentinische Fuss, der nächste 18×18, dann 18×30. Da der grosse, zentrale Hauptraum auf beiden Breitseiten je durch eine halbkreisförmige Nische abgeschlossen ist, wird wahrnehmungsmässig seine Gesamtlänge verkleinert. Eine reduzierte Grösse von 16×48 Fuss ergibt zwei, von der Symmetrieachse getrennte Raumhälften von 16×24 Fuss Grösse. Das Verhältnis von Breite zu Länge beträgt in den Räumen dann 2:3, 3:3, 3:5 und 1:3 (3:9), was wiederum musikalischen Harmonien entspricht (Vitruv 1981, S. 137). Die Proportionen der drei kleineren Räume entsprechen auch den Raumtypen, die Palladio zu den „sieben der schönsten und am besten proportionierten Zimmerarten" zählt. Es sind dies die folgenden: der runde Raum und rechteckige Räume mit folgenden Längenverhältnissen: 1:1, $1:\sqrt{2}$, $1:1\frac{1}{3}$, $1:1\frac{1}{2}$, $1:1\frac{2}{3}$, 1:2 (Weyl 1981, S. 11).

Durch das Aneinanderreihen von Räumen, deren Grösse in einem harmonischen Verhältnis zueinander stehen, bezieht Palladio die Zeitdimension in seine Architekturkomposition mit ein, denn das Erleben dieser Verhältnisfolge verlangt eine Bewegung und somit Zeit.

Für die Wahrnehmung einer Proportion sind nicht nur die gemessenen absoluten Grössenverhältnisse zuständig; sie kann von verschiedenen anderen Faktoren beeinflusst werden. So kann zum Beispiel die Farbgebung die optische Wahrnehmung einer Proportion

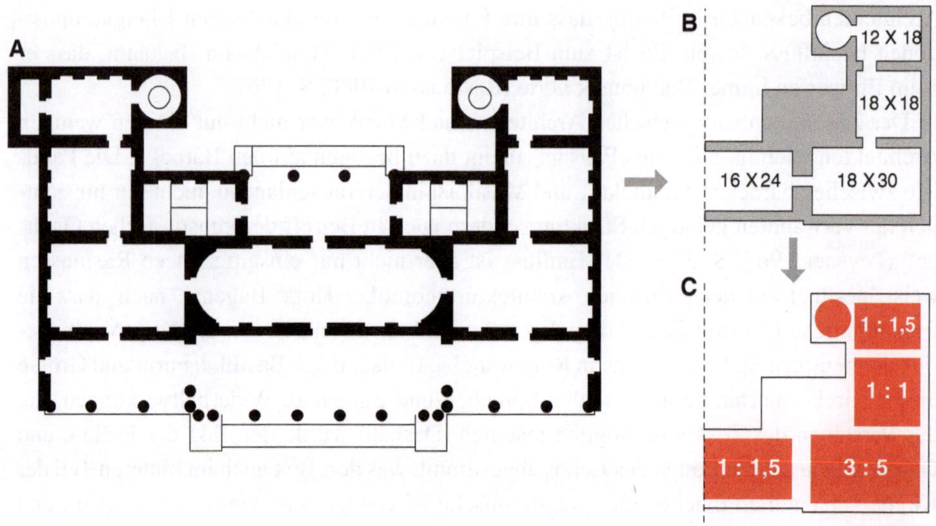

Abb. 7.7 **a** Andrea Palladio, 1550, Palazzo Chiericati, Vicenza, Italien, **b** Grösse der Räume in vicentinischen Fuss, **c** Verhältnis Länge zu Breite (vgl. Abb. 5.22b)

verändern (vgl. Abschn. 10.2.2). Wir müssen heute annehmen, dass die alte ägyptische Architektur früher anders erlebt wurde als heute, da sie zumindest teilweise bemalt war (Canival 1964, S. 142). Die Proportion kann auch durch andere Randbedingungen beeinflusst werden. So wird zum Beispiel die Gesamtproportion eines Gebäudes, das auf einem Sockel steht, anders wahrgenommen, als wenn dasselbe Gebäude direkt auf dem Boden steht. Der Sockel trennt den Baukörper vom Grund und lässt ihn als Ganzes, Abgeschlossenes erscheinen. Besteht keine klare optische Trennung zwischen Grund und Baukörper, so kann der Eindruck entstehen, dass das Gebäude viel grösser ist, teilweise im Boden „versunken" ist und deshalb eine andere Proportion hat als die gesehene (Abb. 7.8).

Ähnlich wie die Proportion hat auch die effektive Grösse einen Einfluss auf die Wahrnehmung: Bestimmte Formen können je nach Grösse auch ihre semantische Bedeutung verändern. Ein kugelförmiger Innenraum in einem menschlichen Massstab, mit einem Durchmesser von einigen Metern, kann das Gefühl von Schutz und Geborgenheit vermitteln. Steigert man seine Grösse ins Gigantische, so wird das Gefühl der Geborgenheit verloren gehen. Trotz der Beibehaltung der Form hat der Raum jetzt eine gegenteilige Wirkung: Der Besucher fühlt sich überwältigt.

Die sogenannte Grössenkonstanz (vgl. Abschn. 1.3.6) bewirkt, dass der Beobachter ein Gebäude auch aus grösserer Distanz in der annähernd richtigen Dimension wahrnimmt. Trotzdem ist das Erleben von Architektur nichts Statisches. Wir nehmen aus einer gewissen Entfernung an einem Gebäude andere Eigenschaften wahr als aus der Nähe. Es ist aber wichtig, dass Architektur sowohl aus der Distanz als auch aus der Nähe gelesen und verstanden werden kann. Robert Venturi beklagte die Tatsache, dass in der Moderne kein Nebeneinander verschiedener Massstäbe mehr zu finden sei (Venturi 1978, S. 100). Unter

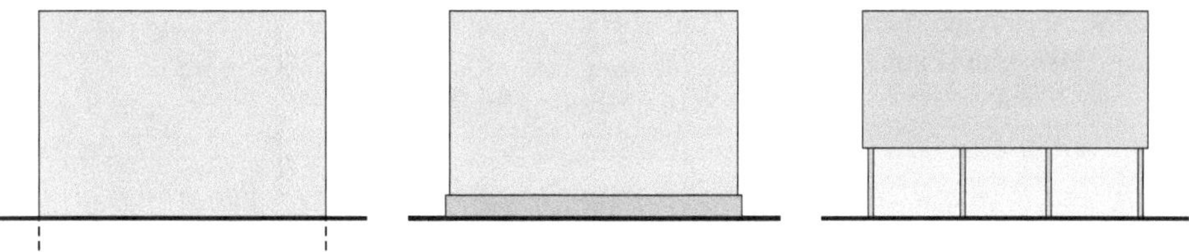

Abb. 7.8 Wahrgenommene Proportion eines Gebäudes bei verschiedener Ausbildung

verschiedenen Massstäben verstand er verschiedene Wahrnehmungsebenen. Gerade diese
Koexistenz verschiedener Massstäbe am selben Gebäude ermöglicht aber eine einwand-
freie Wahrnehmung sowohl aus grösserer als auch aus kleinerer Entfernung. Während die
Gestalt eines ganzen Gebäudes und seine strukturierenden Eigenschaften nur aus einer
bestimmten Entfernung lesbar sind, sind Details Reizkonfigurationen, die nur aus der
Nähe erkennbar werden. Im Abschn. 1.3.3 haben wir gesehen, dass auf den ersten Blick,
beim Sehen aus Distanz, ähnliche Zeichen oder Organisationsstrukturen automatisch zu
einem Superzeichen zusammengefasst werden (vgl. Abb. 1.12). Nach und nach „entdeckt" der Betrachter Details auf einer anderen Stufe, in einem anderen Massstab.

Beim Rathaus von Säynätsalo (Abb. 7.9) gruppierte Alvar Aalto die Räume um einen
Hof, in dem Bürgerversammlungen stattfinden können. Der Hof hat intimen Charakter,
seine Grösse ist dem menschlichen Mass angepasst, er bildet deshalb einen wohltuenden
Gegensatz zum endlosen „Meer" von Bäumen in der Umgebung. Das Niveau des Innenhofes liegt ein Geschoss höher als die Umgebung des Gebäudes. Dadurch wird der Hof
von eingeschossigen Fassaden umrahmt. Das Gebäude erscheint hier massstäblich proportional zur Grösse des Hofes, während das Gebäude nach aussen, gegen die Umgebung,
dank der zusätzlichen Dachschräge, dreistöckig erscheint und dadurch den Massstab der
Bäume des umliegenden Waldes übernimmt. Somit entsprechen die verschieden wahrgenommenen Grössen des Gebäudes den jeweiligen räumlichen Verhältnissen.

Monumentalität wurde immer auch zur Demonstration von Macht benutzt. Das be-
wusste Absetzen von der gängigen Norm des Menschlichen auch in der Grösse bewirkt
etwas Besonderes. Die Form der Pyramide lässt deren wirkliche Grösse nur schwer schätzen: Die nach oben zusammenlaufenden Linien verstärken die perspektivische Wirkung
und lassen den Körper unendlich hoch erscheinen. Dadurch verliert er scheinbar den
menschlichen Massstab und wirkt in seiner Monumentalität als Symbol; im alten Ägypten
als Symbol der Macht der Götter und der Pharaonen.

Auch im barocken Raum wurde versucht, jede Massstäblichkeit aufzugeben, die
wahre Grösse zu vertuschen. Mit den Deckengemälden sollte eine optische Verlängerung
des Raumes bis ins Unendliche erreicht werden, und damit die Existenz des Überirdischen
dargestellt werden.

Die filigrane Architektur des Kristallpalastes in London erzielte eine ähnliche Wirkung.
Ein zeitgenössischer Kritiker schrieb damals: „Wir wissen nicht, ob das Gewebe hundert
oder tausend Fuss über uns schwebt, ob die Decke flach oder durch eine Menge kleiner

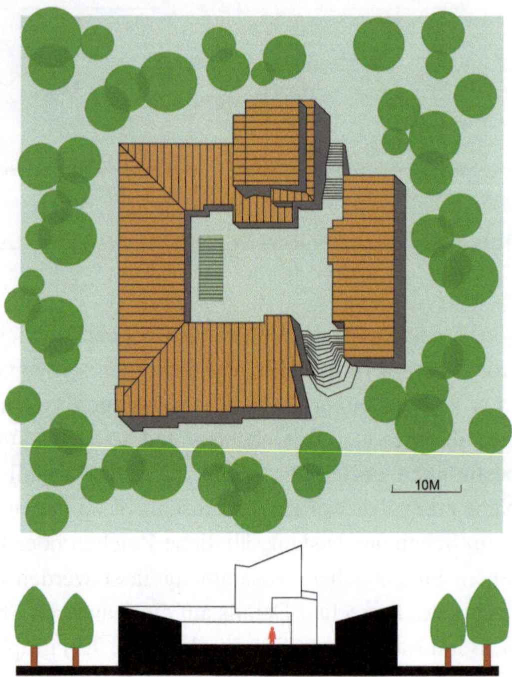

Abb. 7.9 Alvar Aalto, 1952, Rathaus, Säynätsalo, Finnland

Dächer gebildet ist, denn es fehlt ganz an dem Schattenwurf, der sonst der Seele die Eindrücke des Sehnervs verstehen hilft" (Bucher 1851, S. 174). Diese Wirkung war beabsichtigt, der Bau sprengte bewusst alle üblichen Massstäbe. Monumentalität sollte einerseits Glanz und Glorie des damaligen britischen Weltreiches demonstrieren, andererseits auch die „grenzenlosen" Möglichkeiten der damals neuen Industrialisierung aufzeigen.

Eng verbunden mit dem „Massstablosen" ist der Begriff des Erhabenen. Der Innenraum einer gotischen Kirche ermöglicht weder einen Grössenvergleich mit dem Alltäglichen noch mit dem Beobachter selbst. Solche Innenräume haben ihren eigenen Massstab, den „absoluten Massstab", wie Kant ihn nannte, der keinen Vergleich zulässt. Friedrich von Schiller schrieb in seinem Aufsatz „Über das Erhabene": „Das Gefühl des Erhabenen ist ein gemischtes Gefühl. Es ist eine Zusammensetzung von Wehsein, das sich in seinem höchsten Grad als ein Schauer äussert, und von Frohsein, das bis zum Entzücken steigen kann und, ob es gleich nicht eigentlich Lust ist, von feinen Seelen aller Lust doch weit vorgezogen wird" (Schiller 1844, S. 383).

7.4 Symmetrie und Rhythmus

Das Wort Symmetrie stammt aus dem Griechischen und bedeutet ursprünglich anmutig, harmonisch, wohlgestaltet. Der Begriff der Symmetrie war nicht immer so eng gefasst wie heute. Vitruv schrieb im 1. Jahrhundert v. Chr.: „Die Formgebung des Tempels beruht auf Symmetrie, an deren Gesetze sich die Architekten peinlichst genau halten müssen. Diese aber wird von der Proportion erzeugt, die die Griechen Analogia nennen. Proportion liegt vor, wenn den Gliedern am ganzen Bau und dem Gesamtbau ein berechneter Teil (modulus) als gemeinsames Grundmass zugrunde gelegt ist. Aus ihr ergibt sich das System der Symmetrien" (Vitruv 1981, S. 137). Unter Symmetrie verstand Vitruv das Verhältnis der Teile untereinander und zum Ganzen, aufgebaut auf einer Grundeinheit. Symmetrie war eng verbunden mit dem Begriff der Proportion und der Schönheit schlechthin (Weyl 1981, S. 11). Heute ist der Begriff der Symmetrie enger gefasst, er bedeutet ein statisch-räumliches Ordnungssystem. Diese Ordnung kann wiederum ein Beitrag an eine harmonische Wahrnehmung sein und so im alten Sinne mitverantwortlich für das Empfinden von Schönheit sein. Mathematik und Physik unterscheiden verschiedene Arten von Symmetrie: Spiegelsymmetrie, Drehsymmetrie, Translationssymmetrie, Permutationssymmetrie etc.

Der Mathematiker George Pólya hat 1924 mathematisch nachgewiesen, dass für zweidimensionale Ornamente 17 verschiedene Symmetriearten möglich sind (Pólya Pólya (auch im Literaturverzeichnis unten ändern) 1924, S. 278). Erstaunlicherweise haben schon die alten Ägypter in ihrer Ornamentik sämtliche dieser 17 Arten verwendet.

Symmetrie beschränkt sich in der Architektur meist auf zwei bestimmte Arten: die bilaterale und die translative Symmetrie. Bei der ersten, die auch Axialsymmetrie genannt wird, wird eine Figur um eine Achse gespiegelt. Dadurch erhalten wir beidseits der Achse je eine Figur, deren entsprechende Punkte im Bezug auf die Achse gleich liegen. Die translative Symmetrie bedeutet eine Wiederholung gleicher Teile, eine Reihung.

7.4.1 Bilaterale Symmetrie

Wie oben gesagt, wird bei der bilateralen Symmetrie eine Figur um eine Achse gespiegelt. Bilaterale Symmetrie finden wir auch in der Natur. Auf den ersten Blick sind sowohl der Mensch wie auch die meisten Tiere, was ihr Äusseres betrifft, symmetrisch aufgebaut. Beim Menschen und bei den Tieren beschränkt sich die Symmetrie meistens nur auf das Äussere, die Organisation der inneren Organe ist oft asymmetrisch. Die äussere Form – und die damit verbundene Gewichtsverteilung – ist verantwortlich für ein physikalisches Gleichgewicht. Tiere, die auch in ihrer äusseren Gestalt überhaupt keine Symmetrie aufweisen, sind äusserst selten. Der Zoologe Adolf Portmann machte die interessante Beobachtung, dass bei völlig transparenten Tieren auch die inneren Organe symmetrisch angeordnet sind. Alles was nicht symmetrisch angeordnet werden kann, wird unter einer undurchsichtigen Hülle verborgen (Portmann 1960, S. 61).

Die räumliche Beziehung zwischen Objekt und Betrachter spielt bei der optischen Wahrnehmung eine entscheidende Rolle. Die Symmetrie eines Objektes wird, je nach dem räumlichen Bezug zum Betrachter, verschieden erlebt; entsprechend den drei Bewegungsrichtungen in der Breitendimension, der Höhendimension und der Tiefendimension (Abb. 7.10).

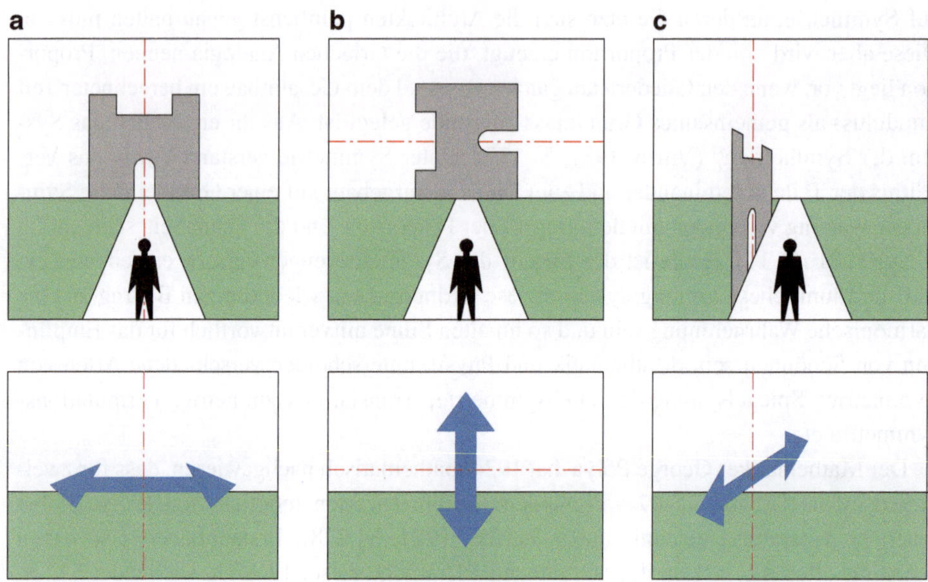

Abb. 7.10 Das Erleben der bilateralen Symmetrie der Bewegungsrichtung entsprechend. **a** Breitendimension, **b** Höhendimension, **c** Tiefendimension

Streng genommen kann die bilaterale Symmetrie nur in der Breitendimension erlebt werden. Das heisst, der Beobachter muss frontal auf der Achse vor dem Objekt stehen. (Abb. 7.10a). So ist das Gleichgewicht am ehesten erkennbar, die Wahrnehmung ist geordnet und spannungsarm. Oft sollte aber gerade diese Spannung auch bei symmetrischen Bauten erhalten bleiben. Dies kann mit sekundären baulichen Massnahmen erreicht werden, zum Beispiel mit einem Wasserbecken, das auf der Mittelachse liegt und somit verhindert, dass der Besucher einen Standort auf der Achse einnehmen kann. Die Höhendimension und die Tiefendimension unterscheiden sich von der Breitendimension grundsätzlich durch die Verschiedenartigkeit der Richtungen beidseits der Achse. Bei einer Symmetrie in der Höhendimension erleben wir die Richtung nach oben anders als die nach unten und dementsprechend werten wir sie auch verschieden. Bei einer Symmetrie in der Tiefendimension erlebt der Beobachter diese nur dank des Phänomens der Grössenkonstanz (vgl. Abschn. 1.3.6).

Eine Symmetrie in der Breitendimension betont das Frontale, Flächige und unterdrückt eine Tiefenwahrnehmung. Andererseits verstärkt eine Symmetrie in der Tiefendimension durch ihre rhythmische Aufteilung das Erleben von Tiefe. Die Frage, ob bei Spiegelbildlichkeit in der Tiefendimension noch von wahrnehmungsmässiger bilateraler Symmetrie gesprochen werden kann, ist berechtigt: Tiefe beinhaltet Weg und Bewegung, Symmetrie aber Ruhe und Ausgeglichenheit. Auch die bilaterale Symmetrie in der Breitendimension ist letztlich keine absolute Spiegelbildlichkeit, denn wir wissen bereits, dass bei der Orientierung im Raum, nur vom mathematischen Standpunkt aus kein Unterschied zwischen links und rechts besteht (vgl. Abschn. 5.2.6). Bei der optischen Wahrnehmung und bei ihrer sozio-psychologischen Interpretation sind die beiden Seiten nicht gleichwertig. Diesen Unterschied nehmen wir aber nicht bewusst wahr, er beeinflusst unsere Wahrnehmung im Unterbewusstsein.

Bis zu Beginn des 20. Jahrhunderts war in der Architektur die Symmetrie eines der wichtigsten Gestaltungselemente. Andrea Palladio meinte: „Man muss darauf achten, dass der rechte Teil dem linken entspreche und ihm gleich ist, damit das Gebäude in dem einen wie in dem anderen identisch gestaltet ist …" und: „Auch müssen die Fenster auf der rechten Seite denen auf der linken entsprechen" (Palladio 1983, S. 84, 91). An der Fassade der 1542 von ihm erbauten Villa Godi in Lonedo sind mehrere symmetrische Unterteilungen erkennbar (Abb. 7.11). Auch die einzelnen Teile sind jeweils wieder symmetrisch gestaltet.

Teile der Fassade des Palazzo Ca' d' Oro, 1421–40 von Matteo Raverti in Venedig erbaut, sind symmetrisch geordnet, andere widersprechen dieser Anordnung. Diese Unregelmässigkeit hat etwas Irritierendes und erzeugt Spannung. Durch verliert die Fassade etwas von ihrem Statischen und wirkt so dynamisch und teilweise widersprüchlich (Abb. 7.12).

Der Mensch findet an der Asymmetrie ebenso viel Gefallen wie am Symmetrischen. Das Verlangen nach Spannung wird in einer unregelmässigen Anordnung aber eher gestillt.

Je nach Stilepoche wurde das Gestaltungselement der Symmetrie verschieden häufig angewendet.

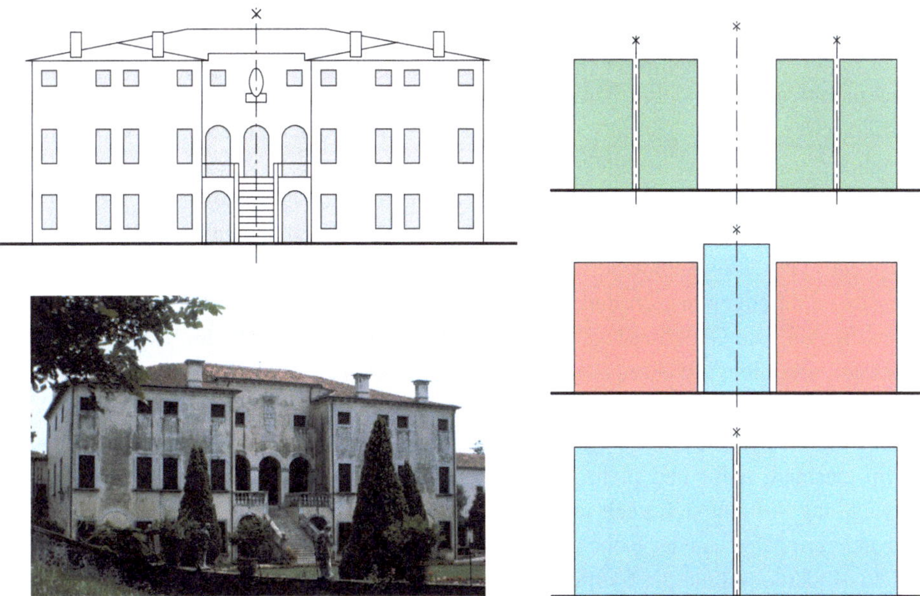

Abb. 7.11 Andrea Palladio, 1542, Villa Godi, Lonedo, Italien. Verschiedene Ebenen der Symmetrie

Abb. 7.12 Matteo Raverti, 1421–40, Palazzo Ca' d' Oro, Venedig, Italien

Gottfried Semper bezeichnete „drei Gestaltungsmomente" als Grundlage schöner und einheitlicher Formen: Symmetrie, Proportionalität und Bewegungsfreiheit (zitiert in Rykwert 1983, S. 220). Auch Otto Wagner war 1895 ganz gegen alles Unsymmetrische: „Das Nachäffen unsymmetrischer Bauwerke oder ein absichtlich unsymmetrisches Komponieren, um eine angeblich malerische Wirkung zu erzielen, ist ganz verwerflich." (Wagner 1979, S. 51).

Zu Beginn des 20. Jahrhunderts wurden viele der bis dahin üblichen Elemente des Architekturentwurfes abgelehnt. Mit dem geschlossenen Raumkonzept wurde auch die Symmetrie verworfen. Theo van Doesburg schrieb 1924 in seiner „Theorie der elementaren Gestaltung" : „Die neue Architektur hat sowohl die eintönige Wiederholung als auch die steife Gleichmässigkeit zweier Hälften – das Spiegelbild, die Symmetrie – ausgeschaltet" (Van Doesburg 1981, S. 74). „An Stelle der Symmetrie bietet die neue Architektur ein ausgewogenes Verhältnis ungleicher Teile, das heisst solcher Teile, die auf Grund ihrer Funktionseigentümlichkeiten sich durch Position, Grösse, Proportion und Lage voneinander unterscheiden. Die Gleichwertigkeit dieser Teile beruht auf dem Gleichgewicht ihrer Ungleichheit und nicht auf ihrer Gleichheit" (Van Doesburg 1981, S. 75) (vgl. Abb. 6.15). Ludwig Mies van der Rohe lehnte in seinem Frühwerk die Symmetrie ab (vgl. Abb. 2.7), machte sie dann aber, ab 1933, als das Wettbewerbsprojekt für die neue Reichsbank in Berlin entstand, mehr und mehr zu einem seiner wichtigsten Entwurfselemente. Diese Entwicklung vollzog sich auch unter dem Einfluss Karl Friedrich Schinkels, zu dessen Bewunderern Mies van der Rohe gehörte (Abb. 7.13).

Die Moderne lehnte die Symmetrie nicht generell ab, doch wurde sie nicht mehr mit der gleichen Strenge und Dominanz angewandt wie etwa in der Antike oder während der Renaissance. Gleichseitigkeit und Gleichgewicht dienten fortan eher zur Auflockerung.

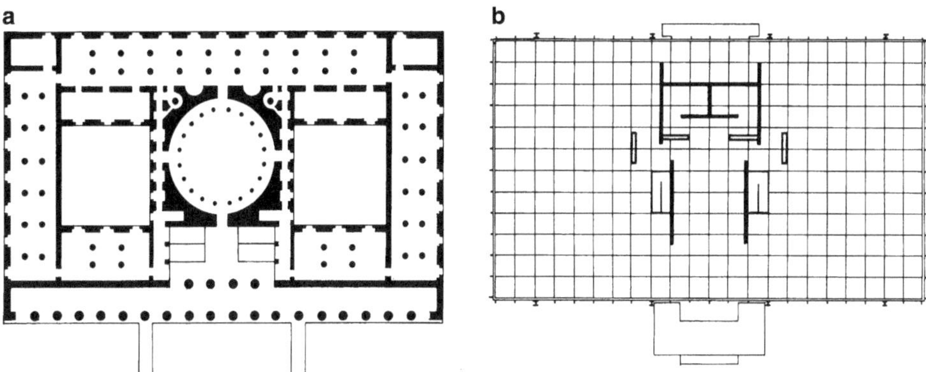

Abb. 7.13 **a** Karl Friedrich Schinkel, 1830, Altes Museum, Berlin, Deutschland, **b** Ludwig Mies van der Rohe, 1956, Crown Hall, Chicago, USA (vgl. Abb. 7.16b)

Die Öffnungen in den beiden Längsfassaden der Casa Polloni, 1981 vom Büro Campi Pessina in Origlio erbaut, sind teilweise symmetrisch angeordnet (Abb. 7.14).

Ähnlich wie beim Palazzo Ca' d' Oro (Abb. 7.15) gibt es aber auch hier Abweichungen. So sind auf der Strassenseite (Abb. 7.14 oben) die beiden kleinen Fenster im Obergeschoss asymmetrisch angeordnet. Diese Ausnahme in der Anordnung wirkt auf den ersten Blick irritierend, schafft aber auch Spannung und macht so den Anblick der eher monotonen Wand spannend. Auf der Gartenseite (Abb. 7.14 unten) sind die Öffnungen im Mittelbereich symmetrisch. Die anderen Öffnungen sind links und rechts ungleich weit entfernt von der Mittelachse. Da sie aber verschieden gross sind, erscheint das Ganze mehr oder weniger wieder im Gleichgewicht: links mehr Fenster, aber direkt an den Mittelbereich anschliessend, rechts weniger Öffnungen dafür weiter entfernt von der Mittelachse.

An Stelle der Symmetrie als ordnendes Gestaltungsmittel wurde in der Moderne eine modulare Regelmässigkeit vorgezogen. Henry-Russell Hitchcock und Philip Johnson meinten 1932: „Moderne Standardisierung ergibt von selbst einen hohen Grad von Stimmigkeit der einzelnen Teile. Darum benötigen moderne Architekten nicht die Disziplin der Spiegelgleichheit oder Axialsymmetrie, um ästhetische Ordnung zu erzielen" (Hitchcock und Johnson 1985, S. 54). Und Frank Lloyd Wright sagte: „Symmetrie und Rhythmus wünschten wir uns, weil beide Leben sind, doch die Symmetrie verdeckt, anmutig, den Rhythmus durchwegs so anmutig wie nur möglich: Doch niemals sollten diese beiden irgendwann und irgendwo um ihrer selbst willen anmassend auftreten" (Wright 1969, S. 199). Paul Rudolph vertrat eine ähnliche Meinung: „Die Symmetrie ist vielleicht als Orientierungshilfe am zweckmässigsten, wenn es um grössere Menschenmassen geht, wie zum Beispiel in einem Flughafengebäude; aber sogar dort weigert sich die Sonne, symmetrisch zu scheinen. Die offene Qualität der Architektur dieses Jahrhunderts macht reine Symmetrie in den meisten Fällen unbrauchbar" (Klotz und Cook 1974, S. 108). Rudolph bezeichnete das von ihm entworfene Kunst- und Architekturgebäude der Yale-Universität als einen asymmetrischen Bau und stellte weiter fest, dass er sich in einer solchen Ecksituation überhaupt kein symmetrisches Gebäude vorstellen könne (Klotz und Cook 1974, S. 108). Ge-

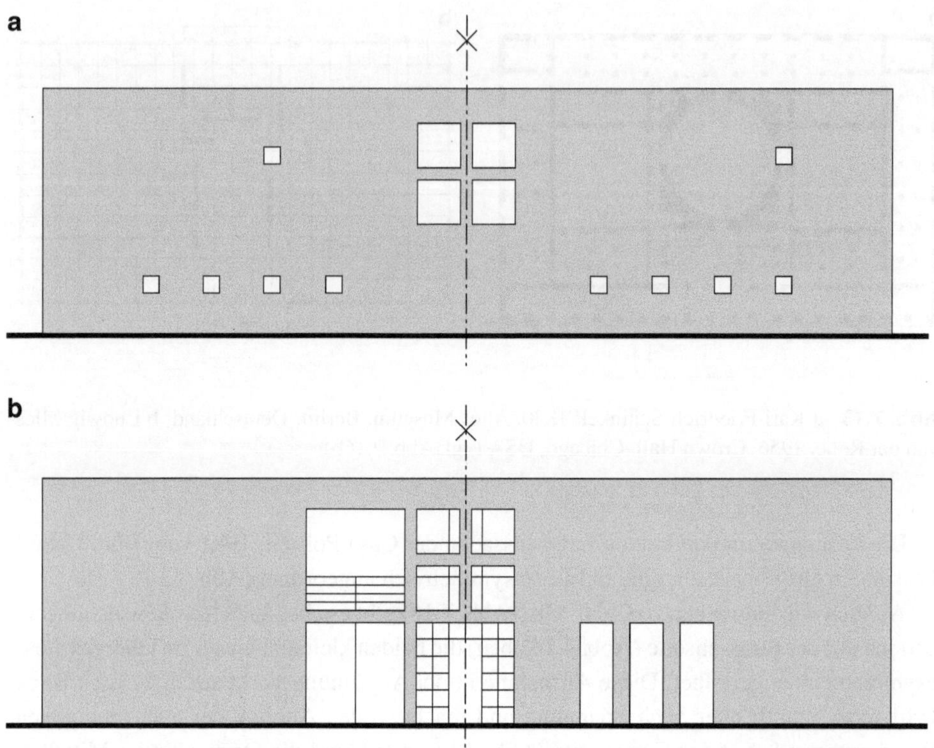

Abb. 7.14 Campi Pessina, 1981, Casa Polloni, Origlio, Schweiz. **a** Strassenfassade, **b** Gartenfassade

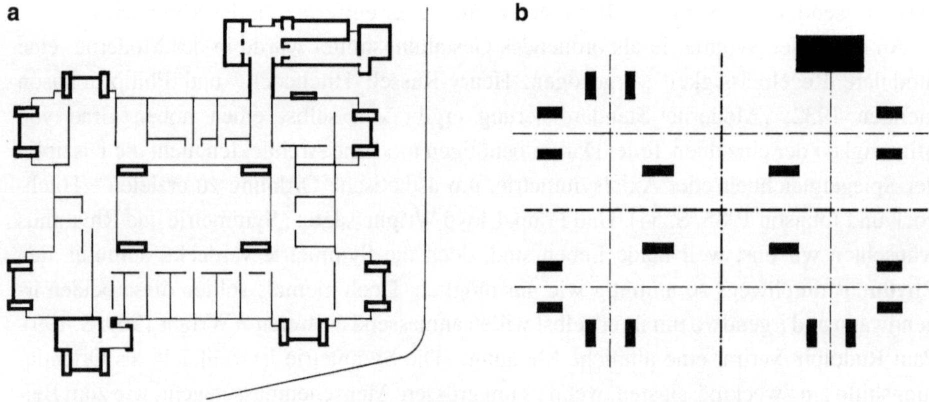

Abb. 7.15 Paul Rudolf, 1963, Kunst- und Architekturgebäude, New Haven, USA. **a** 2. Obergeschoss, **b** Prinzipschema mit tragenden Elementen und Achsen

rade dieser Bau ist aber ein gutes Beispiel für die „verdeckte Symmetrie" der Moderne, wie Frank Lloyd Wright sie nannte. Bedingt durch die Tragstruktur entsteht ein gleichmässiger Raster, der sich auf zwei Symmetrieachsen spiegeln lässt (Abb. 7.15).

7.4.2 Translative Symmetrie

Unter Translation verstehen wir die Wiederholung kongruenter, das heisst deckungsgleicher, Teile. Das Prinzip der Reihung finden wir überall. Im Abschn. 1.2.5 wurde erläutert, dass jede Regelmässigkeit Erwartungen auslöst. Je regelmässiger, desto grösser die Vorhersehbarkeit und somit desto grösser die Redundanz. Schon bei einer drei- bis vierfachen Wiederholung entsteht eine Erwartung nach weiterer Regelmässigkeit (Schuster und Beisl 1978, S. 49). Der Mensch ist auf solche Regelmässigkeiten angewiesen, da er so seine Umwelt mit weniger Speicheraufwand wahrnehmen kann. Andererseits führt die häufige Wiederholung eines Elementes zur Verminderung seines ästhetischen Wertes. Bei einer Wiederholung verliert jedes einzelne Element seine Autonomie zugunsten des Ganzen.

In der Architektur kann das Prinzip der Reihung von zwei Standpunkten aus betrachtet werden: vom ästhetischen – und somit vom informationstheoretischen der Wahrnehmung – und vom technisch-konstruktiven.

Das Aneinanderreihen gleicher Elemente ist ein Grundprinzip des Bauens, wir finden es in allen Stilepochen (Abb. 7.16). Die Anwendung dieses Prinzips erfolgt nicht immer aus den gleichen Beweggründen. So meint Charles Jencks: „Der Effekt extremer Repetition mag Monotonie oder hypnotische Trance sein, andererseits kann sie aber auch Gefühle der Grossartigkeit und des Unvermeidlichen hervorrufen" (Jencks 1980, S. 62).

7.4.3 Rhythmus

Regelmässigkeit führt zu Rhythmus. Rhythmus bedingt nicht nur Wiederholung, gleiche Elemente, Rhythmus entsteht auch bei der Repetition gleicher Elementgruppen, bei sogenannten Perioden. Die Wahrnehmung von Perioden ist zeitlich begrenzt: Erfolgt die Wiederholung in einem kürzeren Abstand als in 1/10 Sekunde, wird sie zur Kontinuität. Dauert eine Zeitperiode länger als fünf bis zehn Sekunden, so wird sie nicht mehr als

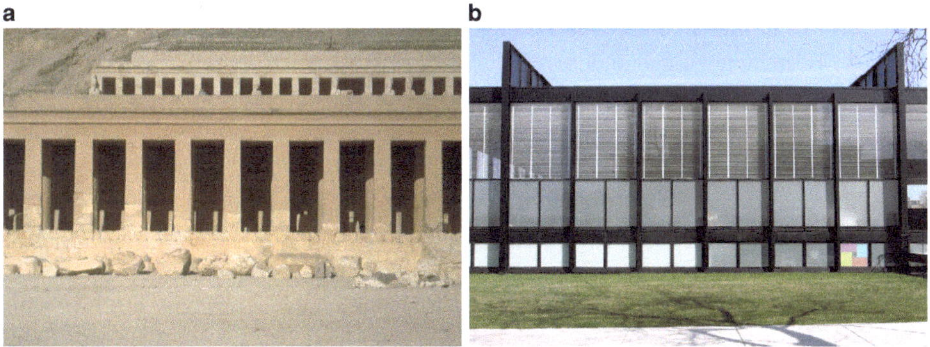

Abb. 7.16 Reihung von Elementen. **a** Tempel der Hatschepsut, 18. Dyn., Theben West, Ägypten, **b** Ludwig Mies van der Rohe, 1956, Crown Hall, ITT, Chicago, USA (vgl. Abb. 7.13b)

solche wahrgenommen, da keine Wiederholung erwartet wird. Bei der Wahrnehmung liegt die optimale Länge einer Periode bei einer Sekunde (Moles 1971, S. 107). Der wichtigste Aspekt der Periodizitätswahrnehmung ist die Regelmässigkeit der Elementengruppe: Eine zu grosse Abweichung vom Vorhergehenden oder ein zu komplexer Aufbau einer Elementengruppe kann die Wahrnehmung als Periode, und somit den Rhythmus, zerstören. Rhythmus allein bewirkt noch keine Ordnung. Er kann aber wesentlich dazu beitragen, ein vorhandenes Ordnungsprinzip zu verstärken. Dabei kann eine regelmässige Wiederholung so diskret auftreten, dass sie gar nicht bewusst als solche wahrgenommen wird. Rhythmus gehört zu den wesentlichen Eigenschaften jeder Art von Wahrnehmung. Le Corbusier : „Während der Mensch die wechselseitigen Abstände zwischen den Dingen festlegte, führte er gleichzeitig Rhythmen ein: dem Auge sinnlich fassbare und in ihren Beziehungen untereinander offenbare Rhythmen. Und diese Rhythmen sind der Ursprung alles menschlichen Handelns" (Le Corbusier 1969, S. 65). Der Rhythmus ist kein auf die Architektur beschränktes Phänomen, denken wir nur an Musik und Tanz. Wiederholungen in regelmässigen Zeitabständen sind für den Menschen lebensnotwendig; seine fundamentalen Bedürfnisse, wie Schlafen und Essen, müssen in einem bestimmten Rhythmus befriedigt werden.

7.5 Hierarchie

Meist treten mehrere Elemente, zum Beispiel Bauteile oder Gebäude, zusammen auf. Dann wird ihre Beziehung untereinander durch eine gewisse Ordnung bestimmt. Die Elemente können untereinander absolut gleichwertig sein, oder es besteht eine Rangordnung. In der Architektur ist absolute Gleichwertigkeit sehr selten anzutreffen: Auch wenn zwei Räume auf einem Plan gleich sind, in Grösse und Form übereinstimmen, sind sie in Wirklichkeit durch ihre Lage und Erschliessung leicht verschieden.

Hierarchie kann nach verschiedenen Gesichtspunkten entstehen: Wir können zwischen visuellen und geistigen Faktoren unterscheiden. Die visuellen Faktoren sind Grösse, Form und Lage (Abb. 7.17). Ein Element kann sich in der Grösse von den anderen abheben, seine Form kann ihm eine besondere Rangordnung verleihen oder es hat eine spezielle räumliche Beziehung zu den anderen Elementen; es wird durch seine Lage hervorgehoben. Auch eine besondere Oberfläche, ein spezielles Baumaterial, kann einem Gebäude oder einem Teil von ihm, eine besondere Stellung innerhalb des Ganzen verschaffen.

Rangordnung kann aber auch infolge rein geistiger Faktoren entstehen: zum Beispiel durch die symbolische Bedeutung eines Elementes oder durch besondere kulturelle oder persönliche Massstäbe. Oft wird eine geistige Hierarchie mit visuell wahrnehmbaren Mitteln, das heisst, mittels visueller Hierarchie, noch zusätzlich unterstrichen.

Die meisten Bauten von Andrea Palladio weisen eine strenge Hierarchie auf. Im zweiten Kapitel seines ersten Buches, geschrieben 1570, vergleicht er das Haus mit dem menschlichen Körper: „Aber Gott der Herr hat die Teile, die am schönsten sind, an jene Stellen gesetzt, auf die der Blick zuerst fällt, die weniger ehrenvollen Teile an versteckte

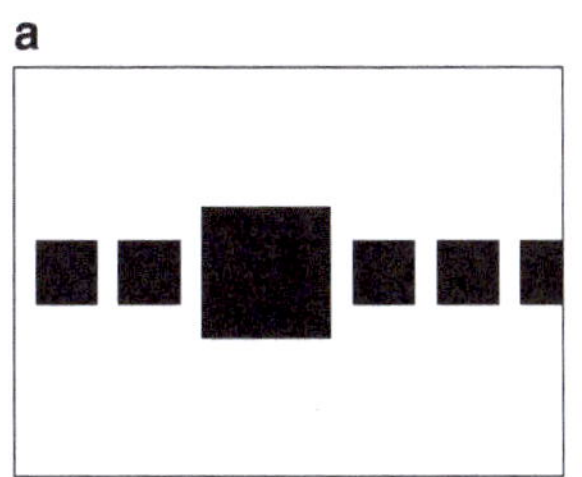 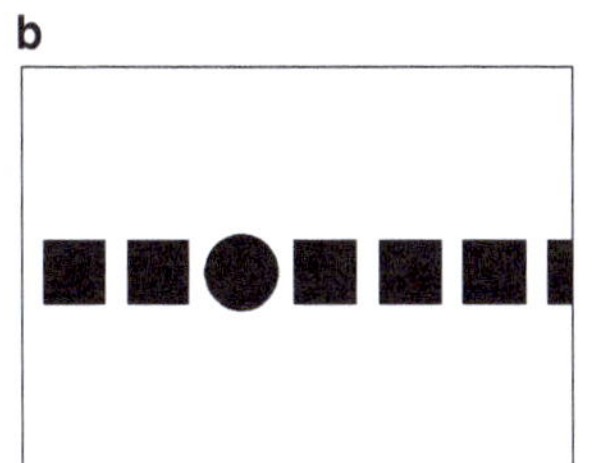 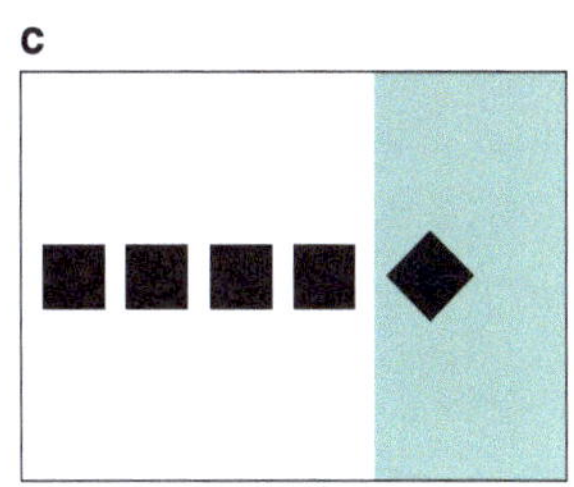

Abb. 7.17 Visuelle Faktoren, die Hierarchie bestimmen können: **a** Grösse, **b** Form und **c** Lage

Orte. Und so ordnen auch wir beim Bauen die hauptsächlichen und ansehnlichsten Gebäudeteile offen und die weniger schönen an den unseren Augen am verborgensten liegenden Stellen an, damit so alle Hässlichkeiten des Hauses und all jene Dinge, die einen in Verlegenheit bringen und die die schönen Teile hässlich machen würden, untergebracht werden können" (Palladio 1983, S. 114). Palladio ordnete die Räume hierarchisch, entsprechend ihren Funktionen und drückte diese Rangordnung mit visuell wahrnehmbaren Mitteln aus. Symmetrie war für ihn ein solches Mittel: Die wichtigsten Gebäudeteile liegen in der Mitte auf der Symmetrieachse, die anderen Räume werden, je nach Rangordnung, seitlich angeordnet (vgl. Abb. 7.7 und 7.18).

Im Abschn. 5.2.3 wurde beschrieben, dass Palladio bei der Gestaltung der Aussenfassaden unterschieden hat, ob sich ein Gebäude an einem offenen Platz oder an einer engen Strasse befindet (vgl. Abb. 5.22). Der erste Typ weist eine strenge bilaterale Symmetrie und somit auch eine klar ablesbare Hierarchie der Teile auf, während für den zweiten Typ eher mit einer translativen Symmetrie, mit dem Prinzip der Reihung, gearbeitet wurde.

Das Gleiche gilt für die Villa Trissino in Meledo (Abb. 7.18). Die Ansicht des Gebäudes zeigt eine klare Gliederung. Es gibt einen optischen Höhepunkt in der Mitte, auf der Symmetrieachse, auf der sich der Besucher auf das Gebäude zubewegen soll.

Entlang diesem Weg wird der Raum seitlich zunehmend gefasst durch symmetrisch angeordnete Nebentrakte. Dadurch entsteht eine räumliche Hierarchie, die sich bis zum runden Zentralraum des Gebäudes steigert.

Wahrnehmungsmässige Hierarchien dienten immer auch zur Darstellung von weltlicher Macht. Im alten China war Architektur ein Mittel zur Verdeutlichung der strengen Gesellschaftsstruktur. Dies geschah mit verschiedenen Mitteln. Auch hier bestand ein Zusammenhang zwischen Rangordnung und Symmetrie: Je grösser der Stellenwert eines Gebäudes, seiner Funktion, desto zwingender wurde die Gleichseitigkeit (Thilo 1978, S. 14).

Die Symmetrieachse impliziert einen Weg und damit eine Bewegung. Der Zeitfaktor hilft das Zugehen auf einen Höhepunkt zu verdeutlichen. Tempel, kulturelle Bauten und Paläste wurden meist streng symmetrisch gebaut. Das Hauptgebäude lag oft erhöht auf einer Terrasse (Abb. 7.19 und 7.20). Im alten China war die Art der Dachausbildung: Material, Farbe und Schmuck des Daches, ein weiteres Mittel zur Betonung der Rangordnung der Gebäude. Sie verdeutlichten auch eine Hierarchie. Die Bauten wurden mit

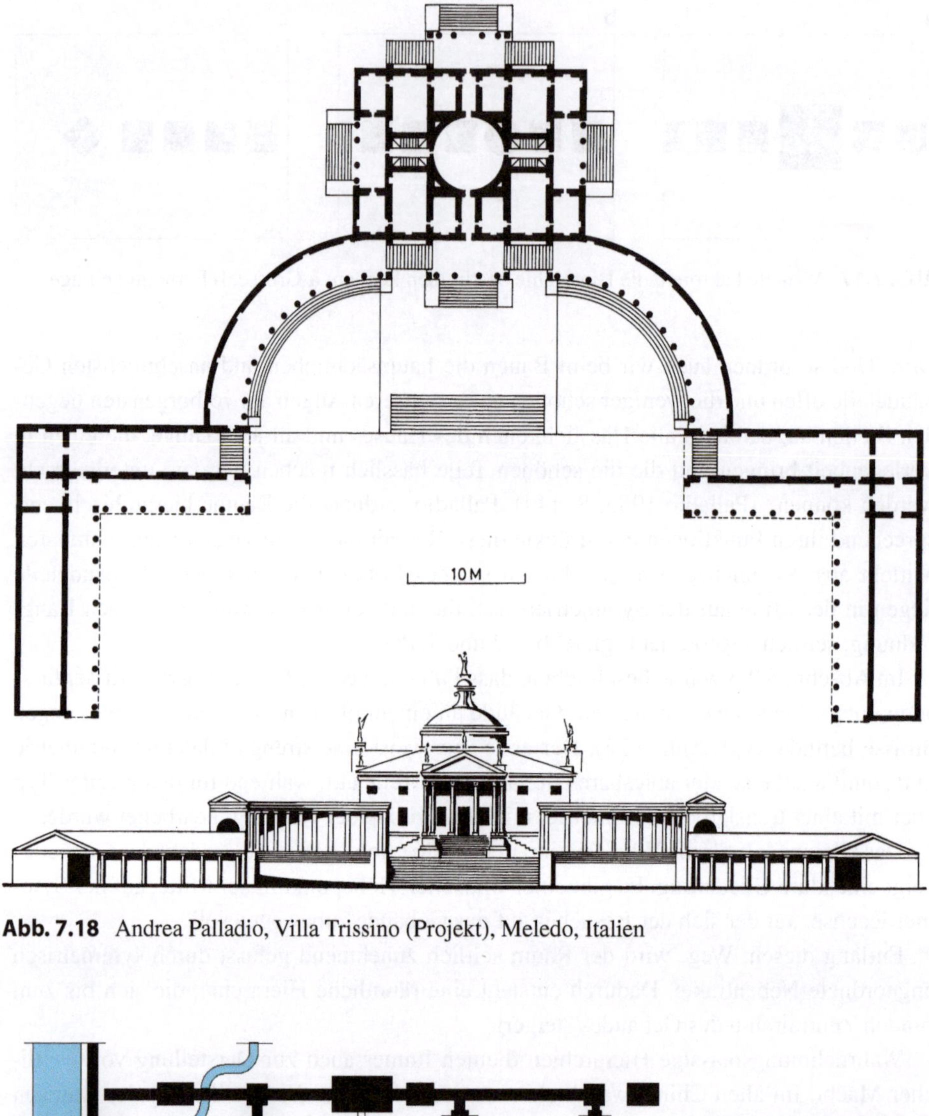

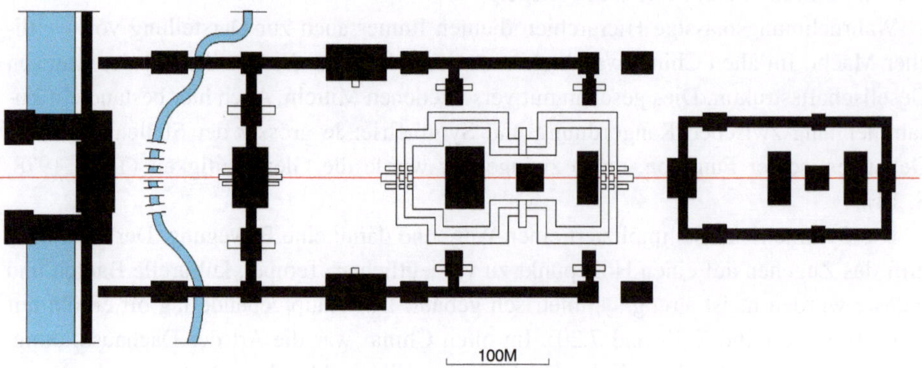

Abb. 7.18 Andrea Palladio, Villa Trissino (Projekt), Meledo, Italien

Abb. 7.19 Mittelteil des Kaiserpalastes, 15. Jh., Peking, China (verbotenen Stadt)

Abb. 7.20 Kaiserpalast (verbotene Stadt), Halle der höchsten Harmonie (Thronsaal), 15. Jh., Peking, China

Ziegeln, Stroh oder Lehm eingedeckt. Die Bedachung der wichtigsten Gebäude bestand aus farbigen, gebrannten und glasierten Ziegeln, wobei auch ihr Farbton je nach Gebäudeart streng vorgeschrieben war (Thilo 1978, S. 67). Auch die Art des Dachschmuckes, der Firstabschluss und die unterste Ziegelreihe waren entsprechend einer Rangordnung amtlich geregelt.

Überall wo Teile zusammengefügt werden – seien dies Häuser, Räume oder einzelne Bauteile – kann eine Rangordnung, kann Hierarchie entstehen. Im grossen Massstab wird die Rangordnung oft vom geistigen Inhalt diktiert, das heisst, ein Bau muss eine bereits bestehende geistige Hierarchie sichtbar machen: Das Kirchengebäude muss zum Beispiel die allumfassende Dominanz des Göttlichen ausdrücken.

Auch im kleineren Bereich können durch unterschiedliche Arten des Zusammenfügens von Elementen verschiedene Aspekte betont werden, also Hierarchien geschaffen werden.

Dies soll an einem Beispiel aufgezeigt werden (Abb. 7.21). Gegeben sind vier Felder, die in zwei Reihen übereinander liegen. Diese Felder können eine Fassadenaufteilung darstellen, die begrenzt werden durch stabförmige Elemente. Grundsätzlich bestehen verschiedene Möglichkeiten des Zusammenbauens, jede dieser Möglichkeiten führt zu einem anderen Erscheinungsbild und macht somit auch eine andere Aussage. Im Fall A dominiert das Horizontale über das Vertikale, die beiden unteren und die beiden oberen Einheiten sind jeweils zusammengefasst. Im Fall B ist es umgekehrt: Die Vertikale erscheint wichtiger, die rechten Einheiten gehören zusammen und die linken auch. Im Fall C ist die Trennung zwischen links und rechts noch stärker. Das Ganze besteht nun aus zwei voneinander unabhängigen vertikalen „Grosseinheiten", die je einmal horizontal unterteilt sind. Im Fall E wird die Autonomie der vier Einheiten betont. Im Fall F vollzieht sich das Gegenteil: Die Eigenständigkeit der einzelnen Elemente tritt zugunsten der Einheit zurück. Damit das Nebeneinander der vier Einheiten so wie gewünscht gesehen werden kann (Fall A bis F),

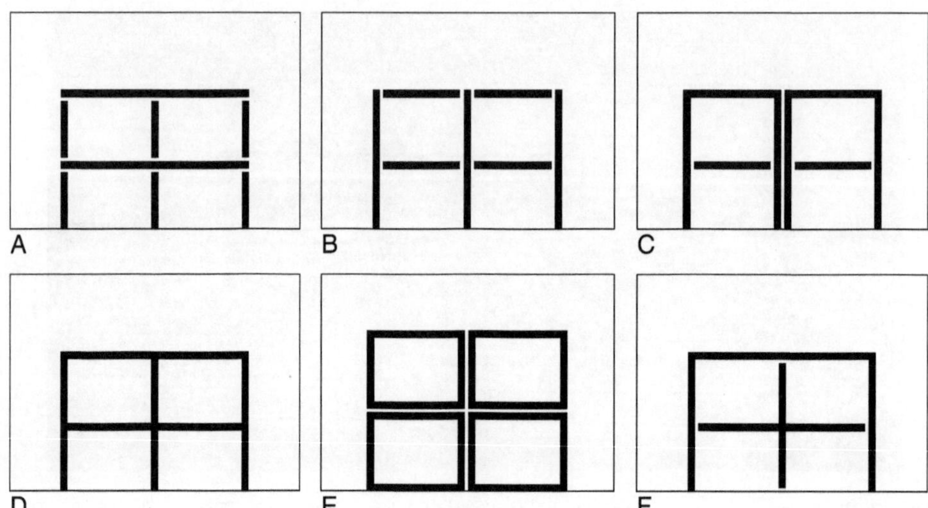

Abb. 7.21 Möglichkeiten der Bildung von Hierarchie bei verschiedenen Anordnungen von Elementen (zum Beispiel bei der Gestaltung einer Fassade)

müssen die Teile dementsprechend zusammengefügt werden. So muss zum Beispiel für Fall D, wo weder die vertikalen noch die horizontalen Elemente dominieren, eine richtungsneutrale Konstruktion des Fügens gefunden werden. Jeder konstruktive Entscheid, hin bis zum Detail, hat einen Einfluss auf die Hierarchie der Teile untereinander und somit auf das gesamte Erscheinungsbild eines Gebäudes. Eine Trennung zwischen Entwurf und Konstruktion ist somit falsch: Jeder Entwurf beinhaltet auch Konstruktion und umgekehrt.

Hierarchie kann bewusst ad absurdum geführt werden und damit Spannung erzeugen. Im Schulgebäude von Livio Vacchini in Montagnola lastet das Dach auf der Querseite des zweistöckigen Innenhofes auf fünf Stützen, während die gesamte Gebäudelast im Erdgeschoss nur noch von zwei Eckstützen abgetragen wird (Abb. 7.22a). Der Verstand sagt uns, dass das untere Geschoss mehr tragen muss und deshalb mehr Stützen haben sollte. Die Hierarchie der Lastverteilung stimmt nicht mehr, sie wurde „umgedreht“. Dies wurde mit einem technischen Trick möglich: Die Brüstung im Obergeschoss ist als tragender Balken ausgebildet, der die Last aufnehmen kann. Die Widersprüchlichkeit in der optischen Wahrnehmung wird noch durch die Tatsache verstärkt, dass die Stützen im oberen Geschoss statisch überdimensioniert sind. Das Funktionieren des statischen Systems ist nur einem Fachmann verständlich und auch bei ihm sträubt sich sein Gefühl gegen eine solche Lösung. Laien ahnen, dass der Zusammenhang zwischen Lasten und Tragen ad absurdum geführt wurde. Dadurch entsteht im Gebäudehof trotz der strengen und einfachen Geometrie eine starkeSpannung . Eine ähnliche Situation finden wir im Bereich des Haupteinganges vor: Im Erdgeschoss steht eine Säule inmitten des Verkehrsweges (Abb. 7.22b). Sie „muss“ nicht etwa dort stehen, um eine Last von oben aufzunehmen, ganz im Gegenteil: Im Obergeschoss stehen die Stützen an der Stelle, wo man sie logischerweise im Erdgeschoss vorfände, damit der Verkehrsweg frei bleiben würde.

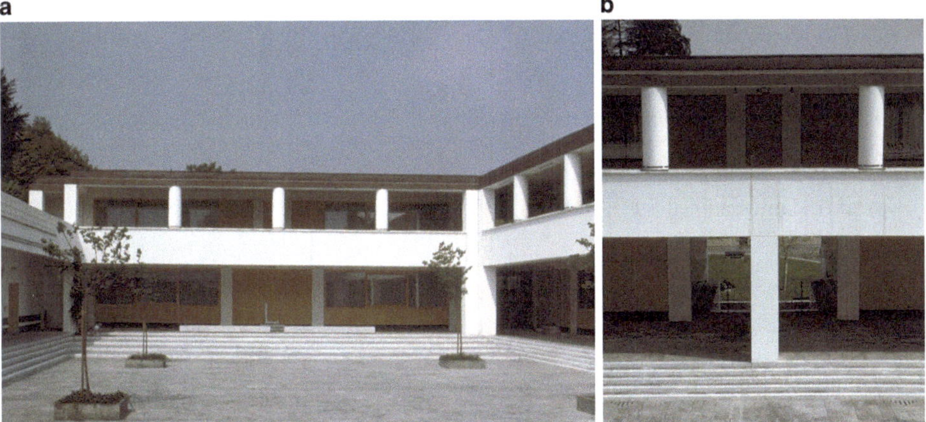

Abb. 7.22 Livio Vacchini, 1984, Schulgebäude, Montagnola, Schweiz. Die „unlogische" Anordnung der Stutzen führt zu Spannung **a** Ansicht des Innenhofes, **b** Detail im Bereich des Zuganges in den Hof

Fragen (und Antworten)

7.1. **Was bedeutet Harmonie für den Menschen?**

7.2. **Wie kann Spannung erzeugt werden?**

7.3. **Was ist der Unterschied zwischen arithmetischer und geometrischer Proportion?**

7.4. **Nebst dem gemessenen Grössenverhältnis beeinflussen auch anderen Faktoren die Wahrnehmung von Proportionen. Welches sind diese?**

7.5. **Was ist der Unterschied zwischen bilateraler und translativer Symmetrie?**

7.6. **Wo besteht ein Zusammenhang zwischen Architektur und Musik?**

7.7. **Was ist der sogenannte goldene Schnitt?**

7.8. **Was bewirkt die Wiederholung kongruenter, deckungsgleicher, Elemente für die Wahrnehmung?**

7.9. **Wann nehmen wir Rhythmus wahr?**

7.10. **Wie kann Hierarchie entstehen?**

Die Musterlösungen zu den Fragen befinden sich im Anhang.

Literatur

Ackerman, James S.: Palladio, Stuttgart, 1980 (Originaltitel: Palladio, Harmondsworth, 1966)

Arnheim, Rudolf: Kunst und Sehen, Berlin, 1978 (Originaltitel: Art and Visual Perseption, Berkeley, 1954)

Brockhaus Enzyklopädie, Wiesbaden, 1969, Band 8

Bucher, I.: Kulturhistorische Skizzen, Frankfurt am Main, 1851

Canival, Jean-Louis de: Aegypten, Fribourg, 1964

Fechner, Gustav: Vorschule der Ästhetik, Leipzig, 1876

Frampton, Kenneth: Die Architektur der Moderne, Stuttgart, 1983 (Originaltitel: Modern architecture, London, 1980)

Frey, Dagobert.: Bausteine zu einer Philosophie der Kunst, Darmstadt, 1976

Grimal, Pierre: Mythen der Völker, Band 1, Frankfurt am Main, 1977 (1967) (Originaltitel: Mythologies, Paris, 1963)

Hitchcock, Henry-Russell und Johnson, Philip: Der Internationale Stil, Braunschweig, 1985 (Originaltitel: The International Style, New York, 1932)

Jencks, Charles: Late-Modern Architecture, London, 1980 (Übersetzung: J. K. Grütter)

Klotz, Heinrich und Cook, John W.: Architektur im Widerspruch, Zürich, 1974 (Originaltitel: Conversations with Architects, New York, 1973)

Le Corbusier: Ausblick auf eine Architektur, Berlin, 1969 (Originaltitel: Vers une architecture, Paris, 1923)

Moles, Abraham A.: Informationstheorie und ästhetische Wahrnehmung, Köln, 1971 (1958)

Palladio Andrea, Die vier Bücher der Architektur, Zürich, (1570) 1983

Pevsner, Nikolaus: Europäische Architektur, München, 1967

Pölya, G.: Über die Analogie der Kristallsymmetrie in der Ebene (in: Zeitschrift für Kristallographie, 1924 Nr. 60)

Portmann, Adolf: Die Tiergestalt, Basel, 1960

Rasmussen, Steen E.: Architektur Erlebnis, Stuttgart, 1980 (Originaltitel: Om at opleve arkitektur, Kopenhagen, 1959)

Rykwert, Joseph: Ornament ist kein Verbrechen, Köln, 1983 (Originaltitel: The Necessity of Artifice, London, 1982)

Schiller, Friedrich von: Sämtliche Werke, Band 10, Stuttgart, 1844

Schuster, Martin und Beisl, Horst: Kunstpsychologie – wodurch Kunstwerke wirken, Köln, 1978

Thilo, Thomas: Klassische chinesische Baukunst, Zürich, 1978 (1977)

Van Doesburg, Theo: Auf dem Wege zu einer plastischen Architektur, 1924 (in: Programme und Manifeste zur Architektur des 20. Jahrhunderts, Braunschweig, 1981)

Venturi, Robert: Komplexität und Widerspruch in der Architektur, Braunschweig, 1978 (Originaltitel: Complexity and contradiction in Architecture, New York, 1966)

Vitruv: 10 Bücher über Architektur, Darmstadt, 1981 (ca. 30 v. Chr.)

Wagner, Otto: Die Baukunst unserer Zeit, Wien, 1979 (1895)

Weyl, Hermann: Symmetrie, Basel, 1981 (1955)

Wright, Frank Lloyd: Vortrag in London, 1939 (in: Humane Architektur, Berlin, 1969)

Ästhetik und Schönheit

Inhaltsverzeichnis

Einführung

Das Wort Ästhetik stammt aus dem Griechischen und bedeutet Wahrnehmung. Es können drei verschiedene Ebenen der ästhetischen Werte unterschieden werden: Die ästhetischen Grundwerte, Stile und Moden. Was ist Schönheit? Was sind die Gründe beim Suchen nach Schönheit? Schönheit wird nicht direkt sinnlich wahrgenommen, wie etwa Kälte oder Lärm. Das Erleben von Schönheit hängt einerseits vom gesehenen Objekt ab, andererseits auch vom Betrachter, von seinen sozio-psychologischen Aspekten. Neben der Persönlichkeitsstruktur hat der Geschmack einen wesentlichen Einfluss auf das Schönheitsempfinden. Der ästhetische Ausdruck eines Ganzen wird geprägt von der Art der Anordnung der wahrgenommenen Elemente dieses Ganzen und der Komplexität dieser Elemente.

© Springer Fachmedien Wiesbaden GmbH, ein Teil von Springer Nature 2019 247
J. K. Grütter, *Grundlagen der Architektur-Wahrnehmung*,
https://doi.org/10.1007/978-3-658-26785-8_8

8.1   Ästhetik und Architektur

Das Wort Ästhetik stammt aus dem Griechischen und bedeutet ursprünglich „Wahrneh-mung". Die Ästhetik untersucht, im weitesten Sinne, die Art und Weise, wie die Umwelt empfunden wird und die Stellung des Individuums innerhalb dieser Umwelt.

Ein Bild entsteht meistens im Atelier eines Malers. Die Freiheit, was er malen kann, wird höchstens durch die Grösse der Leinwand eingeschränkt. Anschliessend kann das Bild zum Verkauf angeboten werden, gekauft wird von jemandem, dem das Bild gefällt und der mit dem Kaufpreis einverstanden ist. Gesehen wird es dann meistens nur von Leuten, die es sehen wollen: vom Besitzer oder von den Besuchern eines Museums oder einer Ausstellung.

Anders bei der Architektur: Verschiedene Faktoren wie Nutzung, Konstruktion, Statik, Finanzen, Ökonomie und Baugesetze schränken hier die Freiheit ein. Im Gegensatz zur Malerei ist in der Architektur die Ästhetik nicht der einzige Aspekt, der zu berücksichtigen ist, trotzdem spielt sie eine Hauptrolle. Beim Entwerfen müssen sämtliche Einflussfakto-ren gegeneinander abgewogen werden und das Resultat wird ein Kompromiss sein. Das fertige Gebäude steht meistens im öffentlichen Raum und wird dann gezwungenermassen von jedem Passanten oder Besucher gesehen.

Architektur entsteht nicht im stillen Kämmerlein, geplant wird im Auftrag einer Bau-herrschaft, unter Beizug verschiedener Spezialisten und unter Berücksichtigung rechtli-cher und physikalischer Gesetze. Oft wird deshalb die Klage laut, vor lauter Einschrän-kungen sei „gutes" Bauen heute nur noch schwer möglich. Sicher können wir aber der Auffassung Piere Luigi Nervis beipflichten, dass trotz all dieser Zwänge „immer so viel Freiheit bleiben wird, dass die Persönlichkeit dessen, der den Bau geschaffen hat, durch-scheint und dass seine Schöpfung, falls er ein Künstler ist, bei allen technischen Zwängen zu einem wirklichen und echten Kunstwerk werden kann" (Nervi 1965, S. 187). Ob aus jedem Bauwerk ein Kunstwerk wird, sei dahingestellt. Sicher ist aber die Absicht jedes „guten" Architekten, auch „gute" Architektur zu schaffen. Unter „gut" verstehen wir ei-nerseits das Einhalten aller Regeln von Bauphysik, Ökonomie, Nutzung usw., anderseits aber auch eine befriedigende ästhetische Gestaltung.

Peter F. Smith unterscheidet drei verschiedene Ebenen der ästhetischen Werte : „Die Entwicklung der Ästhetik besitzt eine besondere Struktur, die dem Kräftespiel der Ozeane gleicht. An der Oberfläche gibt es Wellen mit recht hoher Frequenz und kleinen Amplitu-den, die von wesentlich längeren und tieferen Wellen getragen werden. Unterhalb dieser Oberflächenbewegung liegen dann die tiefen Strömungen der grossen Wassermassen, die kaum davon berührt werden, was oben vor sich geht. Die kleinen Wellen veranschaulichen die Änderungen der Mode, während die grossen Wellen, von denen ihre Existenz abhängt, den Stil einer bestimmten Kulturepoche darstellen. Unter diesen beiden Wellenbewegun-gen fliessen die tiefen Ströme der fundamentalen ästhetischen Werte" (Smith 1981, S. 208) (Abb. 8.1). Die grössten Veränderungen finden in der Ebene der Mode statt. Diese Verän-derungen lösen sich in kurzen Zeitintervallen ab und haben einen grossen Einfluss auf den

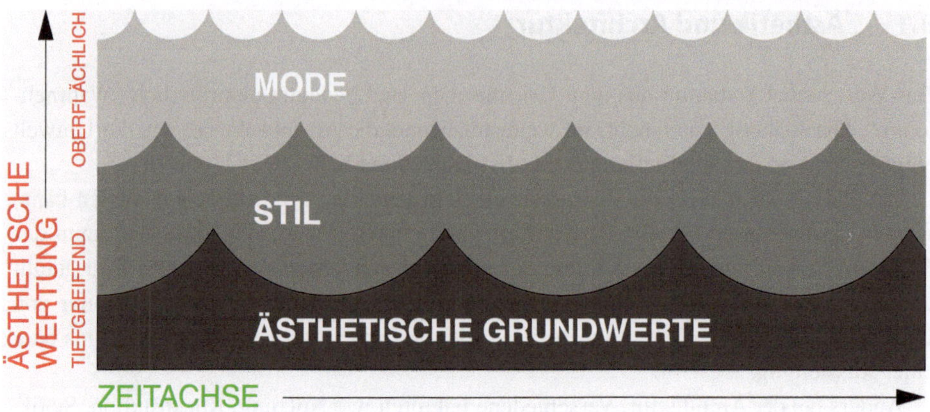

Abb. 8.1 Die 3 Ebenen der ästhetischen Werte (nach Peter F. Smith)

jeweils vorherrschenden Geschmack. Zur Mode meint Peter F. Smith: „Das menschliche Gehirn zeigt eine recht hohe Anpassungsgeschwindigkeit, wenn es um Fragen wie Mode oder Geschmack geht. Mode ist der Schaum, der auf der wirklichen Kultur schwimmt" (Smith 1981, S. 208).

Jede dieser Ebenen baut auf der darunterliegenden Schicht auf. Die Modeströmungen sind Fluktuationen der Stile, welche wiederum auf den ästhetischen Grundwerten aufbauen. Das ganze System hat eine gewisse Trägheit: Veränderungen auf allen drei Ebenen benötigen eine minimale Zeitspanne, wobei diese auf der Ebene der Mode kleiner ist als im Bereich der ästhetischen Grundwerte.

Modeerscheinungen sind kurzlebig, sie loten den Spielraum aus, dessen Rahmen vom jeweiligen Stil gesetzt wird. Elemente der Mode sind schwach determiniert, das heisst, sie unterliegen dem Geschmack.

Veränderungen auf der mittleren Ebene, auf der der Stile, geschehen mittelfristig. Der Stil spiegelt das gültige Wertesystem, er visualisiert geistige Werte. Wenn sich diese verändern, entstehen neue gestalterischen Erscheinungsbilder der Architektur (vgl. Abschn. 3.1).

Unter den ästhetischen Grundwerten der dritten Ebene verstehen wir solche, die sich direkt aus den Begriffen Harmonie, Proportion, Spannung, Rhythmus usw. herleiten lassen. Sie verändern sich nur sehr langsam, ja, man kann weniger von Veränderungen als vielmehr von Verlagerungen der Schwerpunkte sprechen.

Ein Wechsel bei den gesellschaftlichen Wertsystemen wird sich auf die fundamentalen ästhetischen Werte nur schwach oder überhaupt nicht auswirken. So wurde zum Beispiel der Goldene Schnitt immer, in verschiedenen Epochen mit verschiedenen Wertsystemen, als ideale Proportion angesehen (vgl. Abschn. 7.3). Nur wurde er je nach Stilepoche verschieden verwendet. So wurde er in der Renaissance oft gebraucht, um Harmonie zu erzeugen, im Zeitalter des Barocks aber weniger, weil in dieser Epoche eher Spannung gefragt war.

Abb. 8.2 Auto, Jaguar 1947

Die Tatsache, dass die Arbeit der Ingenieure lange Zeit nichts mit Kunst zu tun hatte und somit nicht dem Geschmack, sondern nur den reinen Nutzungsansprüchen genügen musste, ist sicher mit ein Grund, weshalb um und nach der vorletzten Jahrhundertwende so viele herausragende Leistungen im Schiffs-, Flugzeug-, Auto-, Brücken und Hallenbau zu verzeichnen waren. Sie unterlagen nicht kurzfristigen Modeströmungen und auch keinem gültigen Stil (Abb. 8.2).

8.2   Schönheit im Wandel der Zeit

Seit über zweieinhalbtausend Jahren haben sich die Denker mit der Frage der Schönheit beschäftigt. Von Anfang an gab es zwei Lösungsansätze: Ob etwas als schön empfunden wird, hängt vom Betrachter ab, ist also Subjekt-bezogen, oder es hängt vom betrachteten Gegenstand ab, ist Objekt-bezogen. Diese Dualität besteht als roter Faden bis in die Gegenwart.

Für Platon (427–347 v. Chr.) war das Empfinden von Schönheit eine Frage des Objekts, nicht des Betrachters. Dabei unterschied er zwei Arten von Schönheit: jene der Natur und der Lebewesen einerseits, die der Geometrie, gerade Linie und Kreis, andererseits. Die Schönheit der Natur hielt er für relativ. Die Schönheit der Geometrie, das heisst auch jene der durch den Menschen geschaffenen Objekte, als absolut.

Aristoteles (384-322 v. Chr.) subjektivierte das Erleben von Schönheit, womit auch die Einstellung des Betrachters wichtig wurde. Im Hellenismus tritt das individuell Schöpferische in den Vordergrund. Architektur ist Ausdruck mathematischer Schönheit, aufgebaut auf Harmonie, Symmetrie und Ordnung (Naredi-Rainer 1982, S. 16).

Vitruv (1. Jahrhundert v. Chr.) war, ähnlich wie Platon, dass das Erleben von Schönheit vor allem abhängig vom betrachteten Objekt ist, nicht vom Betrachter. Er meinte, Bauten müssen so sein, dass „auf Festigkeit, Zweckmässigkeit und Anmut Rücksicht genommen wird". Schönheit ist, gemeinsam mit Konstruktion und Nutzung, eine der drei bestimmenden Faktoren der Architektur. Schönheit wird erreicht, wenn „das Bauwerk ein angenehmes und gefälliges Aussehen hat und die Symmetrie der Glieder die richtigen Berechnungen der Symmetrien hat" (Vitruv 1981, S. 45). Vitruv verwendete den Begriff der Symmetrie im Sinne der heutigen Proportion. Ein Bauwerk war dann schön, wenn seine Proportionen gewissen Regeln entsprachen. Als ästhetische Grundfaktoren der Baukunst bezeichnet Vitruv sechs Punkte (Vitruv 1981, S. 37):

a) Das Grössenverhältnis der Einzeiteile untereinander und zum Ganzen.

b) Die Beziehung der Teile untereinander und ihre Anordnung innerhalb des Ganzen.

c) Das anmutige Aussehen der Einzelteile und des Ganzen.

d) Das modulare Verhältnis der Einzelteile untereinander und zum Ganzen. Eine Grundeinheit, die überall am Bau anzutreffen ist.

e) Die Ausstattung, die sich der Nutzung anpassen muss.

f) Die Angemessenheit von Materialien und Kosten, je nach Art der Nutzung.

Augustinus von Hippo (354–430) setzte Schönheit gleich Zahl. Das heisst, sie ist in der durch die Zahl bestimmten Form erkennbar und ist so praktisch identisch mit Platons Schönheit der Geometrie (Smith 1981, S. 21).

Leon Battista Alberti (1404–1472) meinte Schönheit besteht aus: „gesetzmässiger Übereinstimmung aller Teile, … dass man weder etwas hinzufügen noch hinweg nehmen oder verändern könnte, ohne sie weniger gefällig zu machen". „Die Schönheit ist eine gewisse Übereinstimmung und ein Zusammenklang der Teile zu einem Ganzen gemäss einer bestimmten Zahl, Proportion und Ordnung " (Smith 1981, S. 23).

Andrea Palladio (1508–1580) bezeichnete, gestützt auf Vitruv, Schönheit zusammen mit Nutzung und Konstruktion, als eines der drei Elemente, die bewirken, dass „ein Gebäude Lob verdient" (Palladio 1983, S. 20). Diese Auffassung übernahm Palladio von Alberti : „Schönheit entspringt der schönen Form und der Entsprechung des Ganzen mit den Einzelteilen, wie der Entsprechung der Teile untereinander und dieser wieder zum Ganzen, so dass das Gebäude wie ein einheitlicher und vollkommener Körper erscheint" (Palladio 1983, S. 20).

Im 18. Jahrhundert wurde der Begriff der Schönheit mehr und mehr subjektiviert. Bezeichnungen wie „Gefühl", „Geschmack" und „Empfindung" wurden im Zusammenhang mit Schönheit gebraucht. Schönheit wurde verbunden mit Wahrnehmung, und der Betrachter wurde in diesen Prozess einbezogen. Der Philosoph Alexander Gottlieb Baumgartner (1714–1762) führte den Begriff der „Ästhetik" als Parallelbegriff von „Ethik" und „Logik" ein. Was Vernunft in der Ethik bedeutet, wird Geschmack in der Ästhetik. Geschmack, Gefühl und Empfindung wurden neu in die Lehre der Schönheit miteinbezogen. (Brockhaus Enzyklopädie 1967, S. 811).

Immanuel Kant (1724–1802) war der Überzeugung, dass der Geschmack allein über schön und nicht schön entscheidet.

Georg Friedrich Wilhelm Hegel (1770–1831) unterschied, in Anlehnung an Platon und Kant, zwei Arten von Schönheit: das Naturschöne   und das Kunstschöne, wobei er das zweite über das erste stellte, „denn die Kunstschönheit ist die aus dem Geiste geborene und wiedergeborene Schönheit" (Hegel 1967, S. 20). Nach Hegel ist das Wahrnehmen von Kunstschönheit keine angeborene Sache, kein Instinkt, es muss erlernt werden. Der gebildete Schönheitssinn ist der Geschmack. Adorno kritisierte diese Trennung von Natur- und Kunstschönem bei Hegel mit der Begründung, Kunst und Natur seien nicht zu trennen (Adorno 1974, S. 267).

Der Philosoph und Mathematiker Bernard Bolzano (1781–1848), ein Zeitgenosse Hegels, widersetzte sich auch dessen Lehre in der Meinung, das Erkennen von Schönheit erfordere keine Denkarbeit: „Schön ist ein Gegenstand zu nennen, wenn er durch seine blosse Betrachtung uns zu vergnügen vermag, und dies zwar durch eine Betrachtung, die wir mit solcher Leichtigkeit verrichten, dass wir uns nicht einmal der einzelnen in ihr vorkommenden Gedanken deutlich bewusst zu werden brauchen" (Bolzano 1972, S. 16).

Gustav Fechner (1801–1887) versuchte 1860 die Beziehung zwischen einem Reiz als Nachricht und seiner Verarbeitung durch den Empfänger gesetzmässig zu fassen und zu qualifizieren. Damit wurde die Wahrnehmung zu einer wissenschaftlichen Disziplin (Fechner 1860). Dass Empfinden von Schönheit ist nach ihm sowohl vom Objekt, also vom betrachteten Gegenstand, wie auch vom Subjekt, dem Betrachter, abhängig.

Die von Platon unterschiedenen zwei Arten von Schönheit, jene der Natur und die der Geometrie, wurde seit ihm nicht mehr aufgegeben. Auch Hegels Philosophie der Ästhetik basiert auf der Dualität von Naturschönem und Kunstschönem. Die Begriffe haben sich geändert, so wurde Platons „Schönheit der Geometrie" zum „Kunstschönen" bei Hegel und zur „Ingenieur-Ästhetik" bei Le Corbusier, ihre Bedeutung oder ihr Inhalt bleiben aber grundsätzlich gleich (Abb. 8.3).

Diese Gegensätzlichkeit zwischen Natur und dem vom Mensch Geschaffenen spiegelt den Kampf des Menschen mit seinen Mitteln, heute nennen wir sie Technik, gegen die Kräfte der Natur wider. Bezeichnenderweise ist diese Denkart eine rein westliche: In den östlichen Philosophien werden die beiden Pole nicht im Kampf gegeneinander, sondern als Ergänzung miteinander gesehen. So ist zum Beispiel eines der Hauptanliegen des Zen-Buddhismus die Überbrückung dieses dualistischen Denkens. Das Künstliche, das vom Menschen Gebaute oder die Technik, und die Natur sind nicht zwei Gegensätze, sondern eine Einheit. Dieser Grundsatz wurde auch eines der Hauptanliegen der japanischen Metabolisten, die versuchten, einen architektonischen Beitrag zum Konflikt Technik-Natur zu leisten.

In der modernen Architektur werden die beiden Schönheitsideale am ehesten bei den verschiedenen Auffassungen über Schönheit bei Frank Lloyd Wright und dem frühen Le Corbusier sichtbar: Der erste leitet den Schönheitsbegriff seiner organischen Architektur aus der Natur ab, der zweite, als Verfechter der modernen Technik, aus den Formen moderner Ingenieurprodukte.

Frank Lloyd Wright spricht über Schönheit im Zusammenhang mit Blumen, die er beschreibt: „Wir haben hier ein organisches Ding. Gesetz und Ordnung sind die Grundlagen

Abb. 8.3 Ingenieur-Ästhetik und Naturschönes. **a** Fowler Ch., 1828–32, Covent Garden, The Market, London, Grossbritannien, **b** Orchidee

vollendeter Anmut und Schönheit. Schönheit ist der Ausdruck grundlegender Verhältnisse in Linie, Form und Farbe, der diesen Verhältnissen wahrhaft entspricht und anscheinend nur dazu da ist, sie einem überlegten ursprünglichen Entwurf gemäss zu erfüllen" (Wright 1969, S. 65). Frank Lloyd Wright bewunderte an der Natur nicht nur ihre sichtbare Form- und Farbenvielfalt. Naturschönheit beinhaltete für ihn vor allem auch Gesetzmässigkeit und Ordnung, Ausgeglichenheit und Einheit, die ihre Erscheinung prägt. Weiter folgert er: „Wenn wir irgendetwas als schön empfinden, erkennen wir damit instinktiv die ‚Richtigkeit' dieses Dinges an" (Wright 1969, S. 66). Das heisst, wir erkennen und akzeptieren auch ihre Gesetzmässigkeit und Ordnung. Oder mit den Worten Otto Wagners : „Etwas Unpraktisches kann nicht schön sein" (Wagner 1979, S. 31). Adolf Loos äusserte sich ähnlich: „Unter Schönheit verstehen wir die höchste Vollkommenheit. Vollständig ausgeschlossen ist daher, dass etwas Unpraktisches schön sein kann" (Loos 1981, S. 82). Loos betonte weiter: „Die Schönheit nur in der Form zu suchen und nicht vom Ornament abhängig zu machen, ist das Ziel, dem die ganze Menschheit zustrebt" (Loos 1981, S. 97).

Le Corbusier verglich 1923 die Schönheit der Architektur mit der Ästhetik von Autos, Flugzeugen und Schiffen, er nannte sie Ingenieur-Ästhetik: „Ingenieur-Ästhetik, Baukunst: beide im tiefsten Grunde dasselbe, eins aus dem anderen folgend, das eine in voller Entfaltung, das andere in peinlicher Rückentwicklung. Der Ingenieur, beraten durch das Gesetz der Sparsamkeit und geleitet durch Berechnungen, versetzt uns in Einklang mit den Gesetzen des Universums. Er erreicht die Harmonie. Der Architekt verwirklicht durch seine Handhabung der Formen eine Ordnung, die reine Schöpfung seines Geistes ist: mittels der Formen rührt er intensiv an unsere Sinne und erweckt unser Gefühl für die Gestaltung; die Zusammenhänge, die er herstellt, rufen in uns tiefen Widerhall hervor, er zeigt uns den Massstab für die Ordnung, die man als im Einklang mit der Weltordnung empfindet, er bestimmt mannigfache Bewegungen unseres Geistes und unseres Herzens: so wird die Schönheit uns Erlebnis" (Le Corbusier 1969, S. 21). Seine Bewunderung für grosse Schiffe, Autos und Flugzeuge brachten ihn zur Behauptung: „Das Haus ist eine Maschine zum Wohnen" (Le Corbusier 1969, S. 80). Und weiter: „Würde das Problem des Wohnens und der Wohnung so gut durchstudiert wie das Fahrgestell eines Autos, dann erlebte man rasch eine Wandlung und Verbesserung unserer Häuser. Wenn die Häuser wie die Fahrgestelle serienmässig von der Industrie hergestellt würden, dann sähe man sehr bald überraschende Formen, aber gesunde, vertretbare, auftauchen, und die entsprechende Ästhetik würde sich mit erstaunlicher Präzision ebenso bald formulieren" (Le Corbusier 1969, S. 105). Schon bald begann Le Corbusier allerdings, seinen Glauben an das Maschinenzeitalter zu verlieren.

Die Frage, wie wichtig Geometrie und Technik beim Wahrnehmen von Schönheit ist, spielten auch in der Malerei eine bedeutende Rolle. In seinem „Technischen Manifest" behauptete Umberto Boccioni 1910, dass ein Rennwagen schöner sei als die „Nike von Samothrake" (Tavel 1984, S. 14), die griechische Statue der Siegesgöttin Nike, die heute im Louvre in Paris steht. Geprägt durch den Kubismus malten Mondrian und Doesburg schon früh rein geometrische Bilder. Fernand Léger bezeichnete die Gesetze der Geometrie als Ursprung der Ästhetik: Die Architektur von den Griechen bis zur Gegenwart sei nach geometrischen Gesetzen aufgebaut (Léger 1970, S. 53). Erstaunlicherweise spielte für Kasimir Malewitsch, der als einer der Begründer der abstrakten Malerei gilt, die Technik eine sekundäre Rolle: „Vergleichen wir Kunstwerke mit Erzeugnissen der gegenständlich-praktischen Technik aus verschiedenen Zeiten, so werden wir feststellen, dass Kunstwerke auch dann ihre Werte behalten, wenn sie der Vergangenheit angehören, die Werke der Technik aber ihren Wert verlieren, wenn sie veralten" (Tavel 1984, S. 15).

8.3 Sinn des Schönen

Warum Schönes? Was sind die Gründe beim Suchen nach Schönheit? – Sigmund Freud versuchte in seiner Schrift „Das Unbehagen in der Kultur" 1930 den Sinn des Schönen wie folgt zu erklären: „Das Leben, wie es uns auferlegt ist, ist zu schwer für uns, es bringt uns zu viel Schmerzen, Enttäuschungen, unlösbare Aufgaben. Um es zu ertragen, können wir Linderungsmittel nicht entbehren" (Freud 1970, S. 73). Nach Sigmund Freud sind Leid und Unbehagen vor allem eine Folge von einer Nichtbefriedigung der Triebe. Ein Weg, ein Ausweg zur Linderung besteht nach Freud darin, Befriedigung in inneren psychischen Vorgängen zu suchen. Dadurch werden die Triebziele so verschoben, dass ihre Erfüllung von der Aussenwelt unabhängig wird. Der Genuss von Kunstwerken als Träger ästhetischer Werte nennt Freud als eines der Linderungsmittel die unser Elend verringern, als eine Art Ersatzbefriedigung und als eine Möglichkeit der Phantasiebefriedigung. „Befriedigung wird aus Illusionen gewonnen, die man als solche erkennt, ohne sich durch deren Abweichung von der Wirklichkeit im Genuss stören zu lassen" (Freud 1970, S. 78). Kunst ist immer auch mit Schönheit verbunden. Schönheit wird so indirekt von Freud als ein Linderungsmittel gesehen. Schönheit ist, als Bestandteil der Kultur, für den Menschen unabdingbar. Dies zeigt auch die Tatsache, dass der Mensch überall versucht, und immer versuchte, sich und seine Umwelt zu verschönern.

8.4   Was ist schön? – Empfinden von Schönheit

Das Empfinden von Schönheit ist für den Menschen etwas relativ Neues. Es ist vorwiegend eine Funktion des Frontalhirns, das erst seit ca. 40.000 Jahren voll entwickelt ist. Die Wertung, ob schön oder nicht schön, ist ein äusserst komplizierter Prozess. Einerseits müssen die Eigenschaften des Objekts, berücksichtigt werden, und andererseits die Persönlichkeitsstruktur des Betrachters (vgl. Abschn. 3.6), sein momentaner psychischer Zustand, sein Charakter, sein soziales Umfeld und sein kultureller Hintergrund. Diese sogenannten sozio-psychologischen Aspekte (vgl. Abschn. 1.4) üben einen wesentlichen Einfluss auf die Wahrnehmung aus und bestimmen somit auch mit, was jeder Einzelne subjektiv als schön empfindet.

So behauptet der britischen Psychologe Hans Jürgen Eysenck, gestützt auf Carl Gustav Jung, dass der introvertierte Mensch eher seine Gefühle durch den Verstand kontrolliert als ein extrovertierter Mensch (Eysenck 1947). Beim Introvertierten löst bereits eine geringe Informationsmenge Reaktionen aus, während sich der Extrovertierte schneller langweilt. Der erste nimmt Komplexität eher wahr als der zweite und ist deshalb auch schneller übersättigt. Er wird eine Architektur bevorzugen, bei der eine gewisse Ordnung und Ausgewogenheit vorherrscht. Cyril Burt, Psychologe und Lehrer von Hans Jürgen Eysenck, unterscheidet zusätzlich zu introvertierten und extrovertierten Menschen den stabilen und den unstabilen Typ (Schuster und Beisl 1978, S. 165). Auch J. Cardinet versucht anhand der vier Typen verschiedene Wahrnehmungspräferenzen zu unterscheiden (Cardinet 1958, S. 45–69). Die zusammengefassten Resultate von Burt und Cardinet lauten wie folgt (Abb. 8.4 und 3.11):

Der stabile und introvertierte Typ bevorzugt eine sichtbare Ordnung und lehnt Bewegung und emotionellen Ausdruck eher ab. Er steht dem Objekt mit intellektueller Distanz gegenüber.

Der unstabile introvertierte Typ bevorzugt abstrakte Darstellungen, die eine gewisse Ordnung enthalten.

Der stabile extrovertierte Typ mag keine Abstraktion oder zu einfache Entwürfe. Funktionalität steht im Vordergrund.

Der unstabile Extrovertierte liebt Bewegung, Aggressivität und Emotionalität.

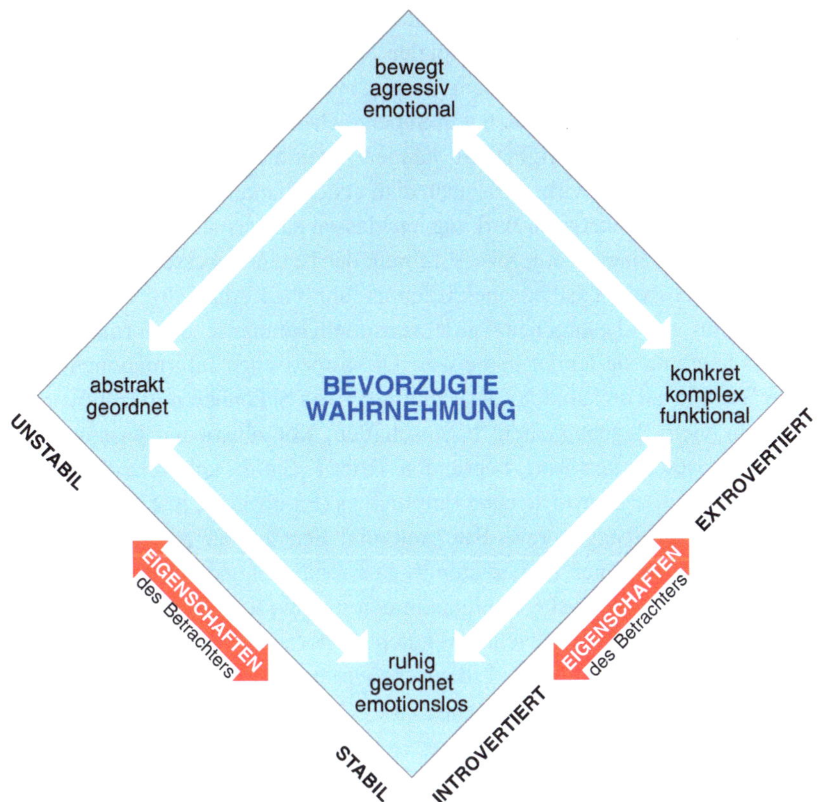

Abb. 8.4 Zusammenhang zwischen Persönlichkeitsstruktur des Betrachters und seiner bevorzugter Wahrnehmung

Die Informationstheorie versuchte rein objektiv, auf mathematischem Wege, festzulegen, was schön sei. Ist die Menge der ästhetischen Information einer Nachricht gross genug, dass der Empfänger Superzeichen bilden kann, und somit seine Wahrnehmung geordnet und auf eine höhere Ebene verschoben wird, empfindet er das Objekt als schön. „Schöne" Objekte ermöglichen uns eine optimale Wahrnehmung, sie wirken befriedigend, oder mit den Worten Sigmund Freuds: sie sind ein „Linderungsmittel" (vgl. Abschn. 1.3.3 und 8.3).

Die Originalitätsmenge muss auf mehreren Ebenen die Empfangskapazität um ein geringes Mass überschreiten. Eine ästhetische Befriedigung besteht also teilweise darin, dass in einer zunächst als ungeordnet empfundenen Reizkonfiguration Ordnungsrelationen entdeckt werden (Dörner und Vehrs 1975, S. 321–334). Die Wahrnehmung verschiebt sich so lange auf hierarchisch höhere Ebenen, wie der Empfänger dank seiner Mentalität und seiner kulturellen Strukturierung fähig ist, weitere Superzeichen zu bilden. Dieser Mechanismus erklärt auch, warum wir in einem Bild immer wieder Neues entdecken, warum sich die Reaktion auf ein Objekt verändern kann und warum verschiedene Personen den ästhetischen Wert eines Objektes verschieden bewerten. Die Erfahrung, das Wissen und die sozio-psychologischen Aspekte spielen bei der ästhetischen Wertschätzung eine wichtige Rolle. Ist der Betrachter mit dem jeweiligen Stil oder der Mode des betrachteten Gegenstandes vertraut, fällt das Bilden von Superzeichen leichter.

Schönheitsempfinden und Originalität hängen zusammen; letztere wiederum mit der Unvorhersehbarkeit. Dies bewirkt, dass nach dem ersten starken Eindruck die Originalität abnimmt und somit die ästhetische Wirkung nachlassen kann. Andererseits kann eine wiederholte Erfahrung zu einem Lernprozess führen, der zu einem besseren Verständnis und somit zu einem intensiveren ästhetischen Erlebnis führt (vgl. Abb. 1.6).

Wie im Abschn. 1.2.4 besprochen wurde, vermitteln semantische Informationen einen konkreten Sachverhalt, sie lehren uns etwas. Die ästhetischen Informationen sprechen eher unsere Gefühle an und sind für das Empfinden von Schönheit mitverantwortlich.

Es gibt sehr viele Begebenheiten, Eigenschaften, Kombinationen unserer Wahrnehmung, die einen ästhetischen Wert begründen. Peter F. Smith unterscheidet vier grundsätzlich verschiedene Arten ästhetischen Empfindens (Smith 1981, S. 17). Alle Menschen besitzen die natürliche, angeborene Fähigkeit und Sensibilität, auf spezielle Formen, Klänge, Farben und Rhythmen zu reagieren. Ausgewogenheit und Harmonie werden vom Betrachter automatisch als solche wahrgenommen und als schön empfunden. Dies kann mit Regelmässigkeiten, Gleichgewicht und guten Proportionen erreicht werden.

Smith nennt diese Fähigkeit „erste ästhetische Ordnung". Als Beispiel nennt er die Ansichten vieler Villen von Palladio (vgl. Abb. 8.5).

Abb. 8.5 Palladio A., 1566–69, Villa Almerico-Valmarana (La Rotonda), Vicenza, Italien

Ein weiterer Aspekt, der zum Empfinden von Schönheit führen kann, ist die Spannung zwischen Verschiedenheit und Ähnlichkeit. Peter F. Smith nennt sie die „zweite ästhetische Ordnung". Eine Wahrnehmung, die einerseits eine Grundstruktur aufzeigt, diese dann aber komplex variiert. Die Kirche von Ronchamp, 1950 von Le Corbusier erbaut, besteht aus den üblichen Teilen einer Kirche: aus einem Glockenturm, aus Wänden und einem Dach. Diese Elemente sind aber auf eine damals so unkonventionelle Art geformt, dass diese Widersprüchlichkeit zum Erwarteten Komplexität erzeugt (vgl. Abb. 5.17b).

Auch das Zusammenpassen einzelner Teile zu einem Ganzen bewirkt das Empfinden von Schönheit. Dies entspricht der „dritten ästhetischen Ordnung". Peter F. Smith meint, die dritte ästhetische Ordnung sei eine Kombination aus erster und zweiter Ordnung. In der Tat führen auch Ausgewogenheit und Harmonie zu einem ausgewogenen Ganzen (vgl. Abb. 6.23b).

Das Betrachten sehr vieler Einzelheiten, die sich auf Grund ihrer Vielfältigkeit und Komplexität schwer ordnen lassen, kann auch befriedigend sein und zum Empfinden von Schönheit führen. Diese Art von Wahrnehmung entspricht der „vierten ästhetischen Ordnung". Oft ist diese verbunden mit der zweiten und dritten Ordnung. Für diese Art von Informationsverarbeitung ist meist das limbische System des Gehirns zuständig, wo auch die Verarbeitung von Emotionen stattfindet (Abb. 8.6).

Abb. 8.6 Strasse in Schanghai, China

Abb. 8.7 Die sogenannten „römischen Ruinen", erstellt 1787 im Park des Schlosses Schönbrunn in Wien, Österreich

Auch andere spezielle Aspekte des Objekts können einen Einfluss auf das Schönheitsempfinden haben, wie das Wissen um den historischen Hintergrund eines Bauwerkes. Das relativ kleine Grabmal des achämenidischen Königs Kyros des Grossen, liegt abgelegen in der iranischen Hochebene bei Pasargad (vgl. Abb. 6.9). Durch das Wissen, dass hier ein Herrscher eines ehemaligen Weltreiches begraben liegt, erhält das Grabmal für den Betrachter einen gewissen ästhetischen Wert. Oder der Tadsch Mahal in Indien, den der Fürst Schah Jahan für seine Lieblingsfrau errichten liess, hat über das Formale hinaus eine besondere Wirkung auf den Betrachter. Das Wissen um die Tatsache, dass Schah Jahan auf der anderen Flussseite, direkt vis-a-vis des Tadsch Mahals, ein identisches Bauwerk in schwarzem Marmor als Grabmal für sich selbst errichten wollte und deshalb von seinem Sohn, der damit einen Staatsbankrott verhindern wollte, gestürzt wurde, gibt dem Bau noch eine besondere Note.

Viele ältere Gebäude, die weder formal etwas Spezielles sind, noch einen historischen Bezugspunkt haben, wirken auf uns schön. Peter F. Smith begründet diese Tatsache so: „Konfrontiert mit seiner eigenen Sterblichkeit hat sich der Mensch immer wieder durch Kunstgegenstände beruhigt, die Dauerhaftigkeit symbolisieren und so einen annehmbaren Aspekt des Alterns deutlich machen" (Smith 1981, S. 166). Das Alter des Gebäudes, als Symbol des Unvergänglichen, kann somit einen positiven Einfluss auf unser Schönheitsempfinden haben. Verfallene Bauwerke, deren Alter ablesbar ist, waren immer auch ein wichtiges Thema der Baukunst, so zum Beispiel in der Romantik, wo teilweise „Ruinen" neu erstellt wurden (Abb. 8.7).

8.5   Mode und Geschmack

Einer   der wichtigsten Aspekte, die unser Schönheitsempfinden beeinflussen, ist das jeweils vorherrschende kulturelle Modell: der zurzeit akzeptierte Stil und die gerade gültige Modeströmung (Abb. 8.1). Oft haben wir Mühe, Kunst aus anderen Kulturen als schön zu empfinden; denken wir nur an die alte indische Musik, die viele westliche Hörer als eintönig und langweilig empfinden. Der gotische Baustil, heute ein Eckpfeiler der europäischen Kulturgeschichte, wurde lange Zeit von vielen als barbarisch und unschön empfunden. Mitgeprägt wurde diese Meinung auch von Giorgio Vasari, einem bedeutenden Architekten und Kunsthistoriker des 16. Jahrhunderts: „Dieser verfluchten Gestaltungsweise folgen auch jene vielen kleinen Gehäuse, von denen die Gebäude nach allen Seiten und in jeder Partie über und über bedeckt sind" … „Erst recht in solcher Verschachtelung besitzen diese in sich selbst labil wirkenden Gehäuse keinerlei Standfestigkeit, und sie scheinen viel eher aus Papier, denn aus Stein oder Marmor gebildet" (Hofstätter 1968, S. 43). Goethe war 1772 der erste, der sich beim Anblick des Strassburger Münsters wieder positiv über die Gotik äusserte: „Ein ganz grosser Eindruck füllte meine Seele, den, weil er aus tausenden harmonisierenden Einzelteilen bestand, ich wohl schmecken und geniessen, keineswegs aber erkennen und erklären konnte" … „Wie oft bin ich zurückgekehrt, von allen Seiten, aus allen Entfernungen, in jedem Lichte des Tages zu schauen seine Würde und Herrlichkeit" (Goethe 1965, S. 21).

Innerhalb einer Mode oder einer Stilrichtung bestehen gewisse Spielräume. Wird die Toleranzgrenze für Neuartiges überschritten, ist die Reaktion oft negativ. Da das Werk nicht mehr den gültigen Normen entspricht, kann es nicht mehr als schön empfunden werden. Denken wir nur an all die Maler, die heute, nach ihrem Tode, berühmt sind, während ihrer Lebzeiten aber nicht akzeptiert und unbekannt waren. Schönheit ist, auf der Ebene der Mode, weniger auf der Ebene von Stil, bis zu einem gewissen Grad relativ, abhängig von gewissen subjektiven Faktoren. Auf der Ebene der Mode kann sich die Vorstellung von Schönheit kurzfristig verändern. Am augenscheinlichsten wird dies wohl bei der Kleidermode deutlich: Dort kann sich die Meinung, was schön sei, innerhalb eines Jahres diametral verändern.

Neben der Persönlichkeitsstruktur hat der Geschmack einen wesentlichen Einfluss auf das Schönheitsempfinden. Geschmack ist etwas sehr subjektives und persönliches: „über Geschmack lässt sich nicht streiten". Dies bedeutet wiederum, dass auch die Beurteilung der ästhetischen Qualität, der Schönheit, schlussendlich subjektiv ist: Jeder kann seine eigene Meinung haben, je nach Geschmack.

Schönheit wird nicht direkt sinnlich wahrgenommen, wie etwa Kälte oder Lärm. Hegel meint: „Hierbei zeigt sich bald, dass ein solcher Sinn kein durch die Natur fest bestimmter und blinder Instinkt sei, der schon an und für sich das Schöne unterscheidet, und so ward dann für diesen Sinn Bildung gefordert und der gebildete Schönheitssinn Geschmack genannt" (Hegel 1967, S. 57). Was schön sei, wird durch den Geschmack bestimmt, der wiederum angelernt ist. Dies bedeutet schliesslich, dass Sinn für Schönheit gelernt und anerzogen werden kann. Dies würde auch die These unterstützen, dass ein Architekt nicht nach dem Geschmack des Bauherrn planen soll, sondern sein Entwurf von möglichst hohem ästhetischem Wert sein muss.

Hier gibt es allerdings verschiedene Ansichten. Der Engländer Joseph Addison (1672–1719), Dichter und Politiker, schrieb dazu: „Der Geschmack hat sich nicht nach der Kunst zu richten, sondern die Kunst nach dem Geschmack" (Germann 1980, S. 217). Einer der prominentesten Vertreter dieser Meinung ist der Architekt Morris Lapidus. Den Vorwurf, dass seine Architektur Kitsch sei und den mittelmässigen Geschmack fördere, akzeptierte er gerne. Für ihn ist es nicht Aufgabe des Architekten den Geschmack der Leute zu verbessern, sondern das zu bauen, was der Durchschnittsmensch gerne mag (Klotz und Cook 1974, S. 202).

Am Team Disney Building, 1991 von Michael Graves in Burbank errichtet, dienen Skulpturen von Zwergen als Stützen (vgl. Abb. 3.3b). Wurde hier nach dem Geschmack des Publikums gebaut? Oder handelt es sich hier gar um Kitsch ?

Was ist nun Kitsch? Theodor W. Adorno meint, „Kitsch entschlüpft koboldhaft jeder Definition" (Adorno 1974, S. 355). Weiter meint er: „Kitsch wäre die Kunst, die nicht ernst genommen werden kann oder will und die doch durch ihr Erscheinen ästhetischen Ernst postuliert" (Adorno 1974, S. 466). Umberto Eco verurteilt den Kitsch, weil er dem Betrachter „das Bewusstsein vermittelt, sich mit Kunst und damit der Wahrheit selbst auseinandergesetzt zu haben" (Umberto Eco, 1984, S. 70). Abraham Moles meint „Kitsch entspricht einem Stil, der jeden Stil vermissen lässt" (Abraham Moles, 1972, S. 7). Mit dem Kitsch entsteht nichts grundlegend Neues. Bestehendes wird nachgemacht und imitiert. Kitsch ist das Hässliche, dargestellt nach den Regeln des Schönen. Da sich aber die Regeln des Schönen ändern können, ist es möglich, dass Kitsch zu Kunst wird und umgekehrt. So wird zum Beispiel die so genannte naive Malerei oft als Kunst nicht akzeptiert und als Kitsch abgetan.

8.6 Messbarkeit von Schönheit

Versuche, mit empirischen Verfahren Schönheit zu quantifizieren, werden seit über 150 Jahren gemacht. Mit Experimenten und Befragungen kann festgestellt werden, was wem gefällt. So wurde zum Beispiel belegt, dass sowohl Frauen wie Männer Gesichter mit einem hohen Mass an Symmetrie schöner finden als solche mit weniger Symmetrie.

Bezeichnenderweise war es ein Mathematiker, der Amerikaner George David Birkhoff, der versuchte, eine Methode zur Berechnung von Schönheit, eines ästhetischen Masses zu entwickeln.

Abb. 8.8 Formel für das Ästhetische Mass M (nach George David Birkhoff)

$$M = \frac{O}{C}$$

Zwischen 1928 und 1932 schrieb Birkhoff vier Abhandlungen über Probleme der Wahrnehmung, in denen er versuchte, die Erscheinung verschiedener Wahrnehmungen unter dem Gesichtspunkt der Ästhetik miteinander zu vergleichen. Dazu entwickelte er eine Formel zur Berechnung des sogenannten ästhetischen Masses M (Abb. 8.8) (Gunzenhäuser 1975, S. 40). Diese erprobte er vor allem an gesprochener Lyrik und musikalischen Kompositionen, aber auch an einfachen Grafiken und Objekten. Dabei ging er allein vom Wahrzunehmenden aus, die Persönlichkeitsstruktur des Betrachters berücksichtigte er nicht.

Eine Wahrnehmung besteht aus einer Kombination verschiedener registrierter Zeichen. Dazu bedarf es einer Anstrengung seitens des Betrachters, welche je nach dem Wahrzunehmenden verschieden ist. Die Grösse der Anstrengung ist direkt proportional zu bestimmten Eigenschaften des Wahrzunehmenden, die Birkhoff Komplexität (C) nennt und die quantitativ bestimmbar ist. Dieser Wert quantifiziert die Anstrengung der sinnlichen Wahrnehmung.

Um beim Anschauen eines Objektes, beim Hören eines Musikstückes oder beim Lesen eines lyrischen Textes die Wahrnehmung besser kontrollieren zu können, sucht der Betrachter nach Ordnungsprinzipien. Das Finden solcher Ordnungsprinzipien ist eine Voraussetzung für das Auftreten eines Gefühls des Gefallens. Solche Ordnungsprinzipien können beim Betrachten eines Objektes zum Beispiel Reihung oder Symmetrie sein. Die Dichte der Ordnungsprinzipien wird nach Birkhoff mit dem Ordnungsmass gemessen, welche durch eine numerische Grösse O bestimmbar ist. Den Quotienten aus Ordnung und Komplexität definiert Birkhoff als das ästhetische Mass M: $M = O / C$ (Gunzenhäuser 1975, S. 25).

Hier sei stellvertretend sein Versuch besprochen, das ästhetische Mass von Vasenformen zu bestimmen. Untersucht wurden nur die Umrisslinien rotationssymmetrischer Vasen. Dekoration und Oberflächenstruktur sowie etwaige Handgriffe wurden nicht berücksichtigt (Abb. 8.9) (Gunzenhäuser 1975, S. 39).

Zur Bestimmung des Komplexitätsmasses C eines Objektes bestimmte Birkhoff zunächst sogenannte charakteristische Punkte; Punkte der Umrisslinie, welche die besondere

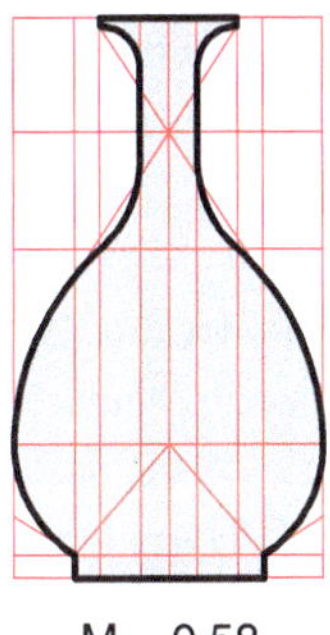 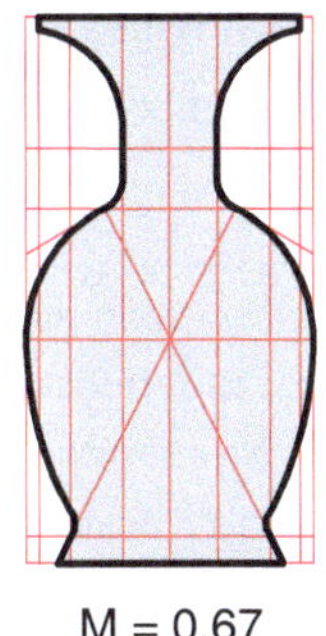 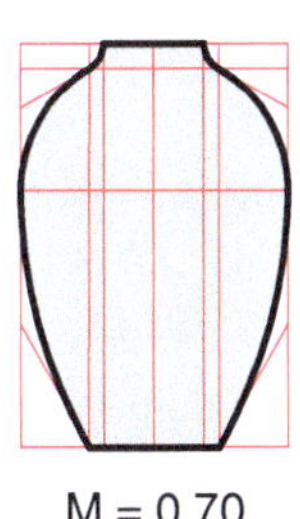 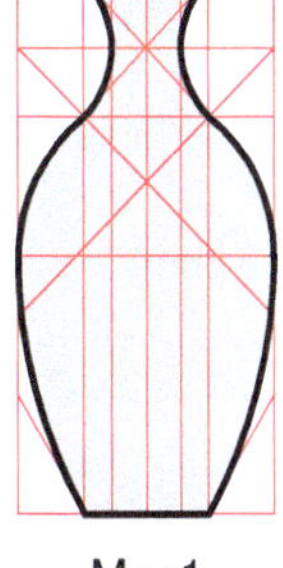

M = 0,58   M = 0,67   M = 0,70   M = 1

Abb. 8.9 Vasenformen und ihr ästhetisches Mass (nach George David Birkhoff)

Aufmerksamkeit eines Betrachters auf sich ziehen. Zur Bestimmung des Ordnungsmasses O definierte Birkhoff verschiedene Verhältnisse von Linien, vor allem von Vertikalen und Horizontalen.

Das Beispiel zeigt, wie schon beim Bestimmen der Werte für O und C verschiedene Interpretationen möglich sind. Auch Birkhoff räumte ein, dass die Bestimmung der Verhältnisse gewisse Toleranzen zulässt und dass das Bestimmen des ästhetischen Masses bereits bei so einfachen Vasenformen einige Erfahrung erfordert.

Sollen nun, um das ästhetische Mass der ganzen Vase zu bestimmen, Oberflächenstruktur und Dekoration mit in die Berechnung einbezogen werden, so hängt die ganze Bestimmung bereits von so vielen interpretierbaren Faktoren ab, dass sie nicht mehr objektiv sein kann.

Die Formel ist nur in bestimmten Teilbereichen anwendbar, als Basis einer umfassenden Theorie der Wahrnehmung des Schönen reicht sie aber nicht aus. So ist die Formel auf das Zeichentheoretische beschränkt und kann deshalb keinen umfassenden ästhetischen Wert ergeben. Der Betrachter mit seinen spezifischen Eigenschaften wird nicht in den Prozess mit einbezogen (vgl. Abschn. 1.4). Birkhoff kann die Komposition eines Musikstückes bewerten, nicht aber dessen Interpretation durch einen Musiker und schon gar nicht das ästhetische Gefühl, das jeder einzelne Zuhörer empfindet. Er war sich der Mängel seiner Theorie bewusst und ergänzte sie deshalb später mit weiteren Regeln, die er Fundamentalsätze nannte und die aus fünf Thesen bestehen (Gunzenhäuser 1975, S. 67):

a) Symbolgesetz: Besitzt ein Gegenstand für den Betrachter Symbolwert, so kann das ästhetische Mass nicht mehr mit der obigen Formel berechnet werden.
b) Wiederholungsgesetz: Besitzt ein Objekt ein Ordnungselement mehrmals, so darf es nicht mit seiner tatsächlichen Häufigkeit gewertet werden.
c) Unbestimmtheitsgesetz: Werden gewisse Ordnungselemente nur beinahe eingehalten (ist zum Beispiel ein Winkel 42° statt 45°), so stimmt der berechnete Wert M nicht mit dem Gefühl des Gefallens überein.
d) Schwerpunktgesetz: Jede Wahrnehmung braucht einen Höhepunkt, ein Zentrum oder einen Endpunkt, an dem sie abgeschlossen werden kann.
e) Komplexitätsgesetz: Werden zwei Gegenstände mit identischem O-Wert, aber verschiedenen C-Werten verglichen, so sind die in Wirklichkeit resultierenden M-Grössen nicht mehr umgekehrt proportional zu den beiden C-Grössen, wie es mathematisch errechnet wird.

Birkhoff war zunächst der Meinung, dass das Gefallen umso grösser sei, je höher das ästhetische Mass ist; möglichst kleine Komplexität bei möglichst grosser Ordnung. Andere Forscher kamen allerdings zu anderen Ergebnissen. So meinte H. J. Eysenck 1941, dass das ästhetische Mass M aus dem Produkt von C und O bestehe. Auch diese Hypothese wurde allerdings nicht ausreichend durch empirische Versuche bestätigt.

Für die Bestimmung des ästhetischen Masses von architektonischen Räumen ist die Formel von Birkhoff nicht brauchbar. Die Anzahl der den Raum bestimmenden Elemente ist zu gross, eine objektive Auswahl deshalb unmöglich. Elemente wie Licht und Bewegung sind nur sehr schwer in die Birkhoffsche Formel integrierbar. Auch ist, wie schon gesagt, der sozio-psychologische Hintergrund des Betrachters nicht berücksichtigt. Schönheit zu berechnen, scheint mit Birkhoffs Methode nur in ganz begrenztem Rahmen möglich, architektonischer Raum ist dafür viel zu komplex.

Trotzdem sagen die Erkenntnisse von Birkhoff etwas über die Erscheinung unserer Umwelt aus. Zwischen der Art der Anordnung der wahrgenommenen Elemente und der Komplexität dieser Elemente einerseits und dem ästhetischen Ausdruck des Ganzen andererseits besteht ein Zusammenhang.

In der Psychologie lassen sich verschiedene Verhaltensmuster, welche von mehreren Faktoren abhängig sind, mit einer Gaußschen Kurve darstellen. So zum Beispiel der Zusammenhang zwischen Stress und Leistung: ein gewisser Stress wird die Leistung erhöhen, wenn aber eine bestimmte Grenze überschritten wird, nimmt die Leistung wieder ab. Wahrscheinlich ist die Annahme richtig, dass auch zwischen dem Wohlgefallen und der Komplexität sowie der Ordnung keine lineare Abhängigkeit besteht, sondern dass sich ihr Verhältnis mit einer Gaußschen Kurve darstellen lässt, deren Optimum bei $M = 1$ liegt.

Bei einem Ästhetischen Mass $M = 1$ muss ein ausgeglichenes Verhältnis zwischen dem Ordnungsmass O und dem Komplexitätsmass C bestehen. Wenn dass Ordnungsmass gross ist, wenn also viele verschiedene Ordnungsbezüge bestehen, muss auch die Komplexität gross sein, so dass sich aus den beiden Grössen ein Quotient 1 ergibt.

Die einzelnen Teile können ganz verschieden angeordnet werden. Je nachdem kann dann das Ordnungsmass O grösser oder kleiner sein (Abb. 8.10). Zum Beispiel wird das Mass O bei einer gleichgewichtigen oder symmetrischen Anordnung grösser sein als bei Ungleichgewicht oder Asymmetrie. Ähnliches gilt für die formalen Eigenschaften des Objekts, die Birkhoff Komplexität (C) nennt (Abb. 8.11). Diese Komplexität ist umso grösser, je grösser die Anstrengung seitens des Betrachters bei deren Wahrnehmung ist. So ist zum Beispiel bekannt, dass geschlossene, ganzheitliche Formen einfacher wahrgenommen werden als offene, unfertige. Unregelmässige Formen haben einen höheren Informationsgehalt als regelmässige. Das heisst, ihre Komplexität ist grösser, und so auch die Anstrengung bei ihrer Wahrnehmung.

Mit den folgenden Beispielen sollen Tendenzen aufgezeigt werden. Die eingesetzten Zahlen sind Annahmen, sie sind nicht berechnet. Die Bilder sind so ausgewählte Ausschnitte, dass sie die Aussagen unterstützen. Es kann deshalb nicht auf die ästhetische Qualität der ganzen Gebäude geschlossen werden.

Abb. 8.12 zeigt 2 Extreme. Links einen Fassadenausschnitt, rechts einen Innenraum. Der Ordnungsgrad in der Abbildung links ist sehr hoch, rechts sehr tief. Die Komplexität der Teile ist im Fassadenausschnitt sehr tief, die erkennbaren Elemente sind alle formal sehr ähnlich und sie haben dieselbe Farbe. Umgekehrt in der Abbildung rechts (Abb. 8.12b). Hier sind sehr viele verschiedene Teile erkennbar, verschieden farbig, verschieden ausgerichtet: Die Komplexität der Teile ist hoch. Daraus ergibt sich ein eher hohes ästhetischen Mass M links, ein eher tiefes rechts. Das Bild links ist eher langweilig (Abb. 8.12a), für einen so hohes Ordnungsmass müsste auch das Komplexitätsmass höher sein. Umgekehrt

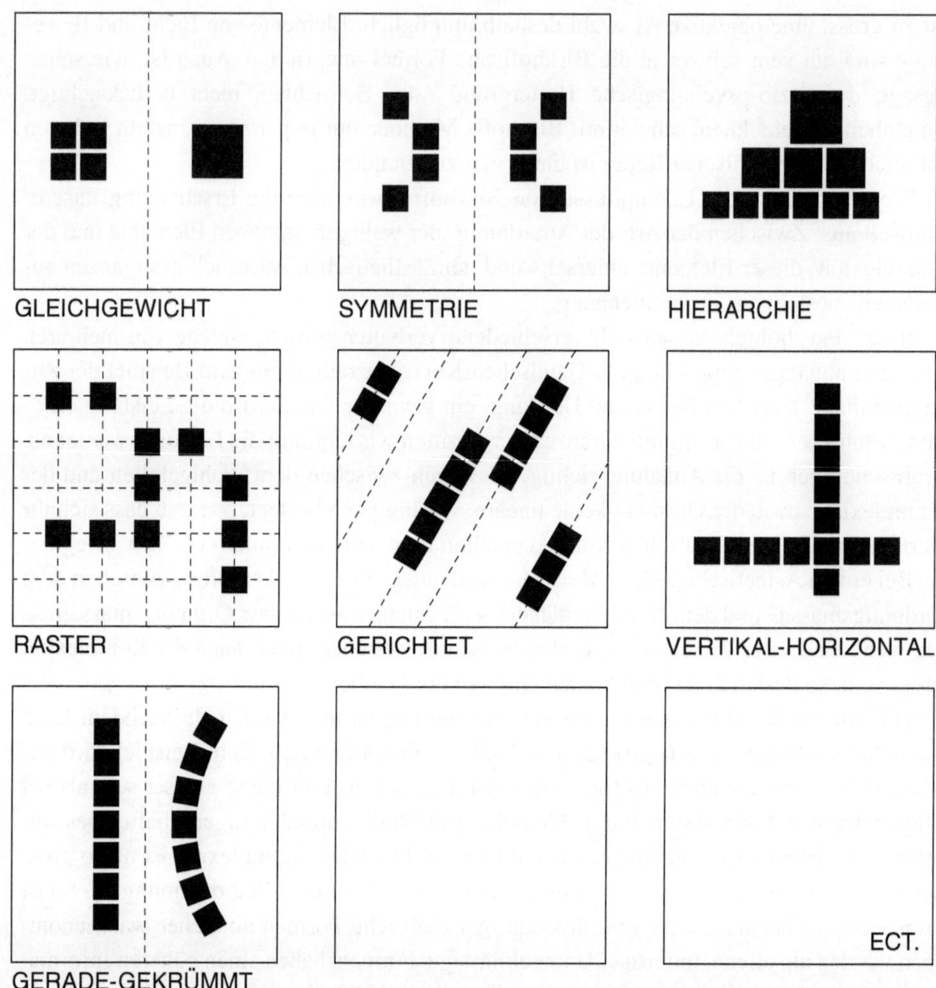

Abb. 8.10 Kriterien für das Ordnungsmass O

wirkt das Bild rechts eher chaotisch (Abb. 8.12b), das Ordnungsmass ist hier sehr gering, das Komplexitätsmass aber sehr hoch.

Ein ästhetisches Mass 1 kann grundsätzlich auf zwei Arten erreicht werden. In Abb. 8.13a ist sowohl das Komplexitätsmass wie auch das Ordnungsmass relativ gering. In Abb. 8.13b sehen wir eine hohes Komplexitätsmass wie auch einen vielschichtiges Ordnungsmass.

Die Frage, welche der beiden Wahrnehmungen als schöner empfunden wird, hängt auch von der Persönlichkeitsstruktur des Betrachters ab (vgl. Abb. 8.4 und Abschn. 8.4). Eine stabile, introvertierte Person bevorzugt eine ruhige, geordnete und emotionslose Wahrnehmung. Ihr gefällt wahrscheinlich eher die Abb. 8.13a. Umgekehrt gefällt einer extrovertierten und eher unstabilen Person eine bewegte, aggressive und emotionale Darstellung, also eher die Abb. 8.13b. Im Abschn. 3.4 wurde beschrieben, dass im Laufe

Abb. 8.11 Kriterien für das Komplexitätsmass C

der Zeit bei der Entwicklung der Stile der Ordnungsgrad ständig komplexer wird bis zu einem Punkt, an dem er wieder abfällt auf ein tieferes Niveau.

Schönheit kann nicht mathematisch genau gemessen und berechnet werden. Trotzdem sind verschiedene Aussagen zu diesem Thema möglich. Je nach Persönlichkeitsstruktur und sozio-psychologischen Aspekten werden andere Wahrnehmungsmuster als schön empfunden. Dabei spielen Ordnung und Komplexität der Wahrnehmung eine entscheidende Rolle.

Fragen (und Antworten)

8.1. **Was ist die Aufgabe der Ästhetik?**

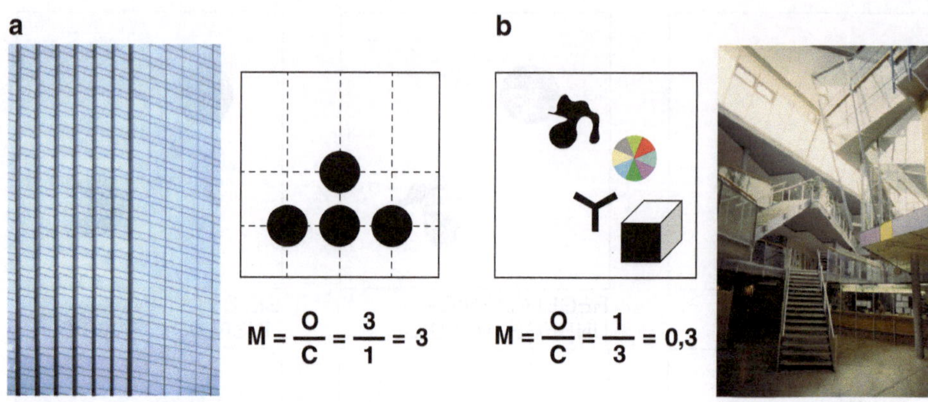

Abb. 8.12 Beispiele für tiefe und hohe Werte für das ästhetische Mass M (stark vereinfacht). **a** Johnson Philip, 1982, Bürogebäude in San Francisco, USA, **b** Behnisch Peter, 1987, Universitätsbibliothek, Eichstätt, Deutschland

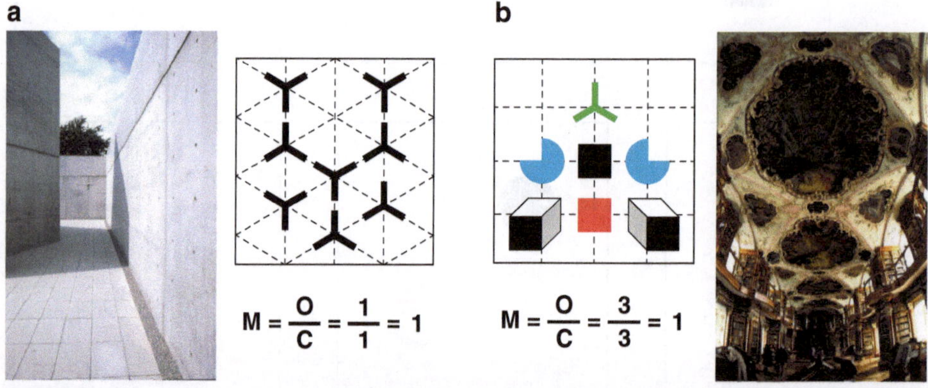

Abb. 8.13 2 Beispiele für ein ästhetische Mass $M = 1$ (stark vereinfacht). **a** Ando Tadao, 1993, Tagungszentrum, Weil am Rhein, Deutschland, **b** Stiftsbibliothek, 1758–67, St. Gallen, Schweiz

8.2. **Es können drei verschiedene Ebenen der ästhetischen Werte unterschieden werden. Welches sind diese?**

8.3. **Was verstehen wir unter ästhetischen Grundwerten?**

8.4. **Ist die Wahrnehmung von Schönheit eher vom Objekt oder vom Betrachter abhängig?**

8.5. **Platon (427–347 v. Chr.) unterschied zwei Arten von Schönheit. Welche?**

8.6. **Frank Lloyd Wright und Le Corbusier hatten in ihrer ersten Arbeitsphase verschiedene Auffassungen über Schönheit. Wie unterschieden sie sich?**

8.7. **Warum brauchen wir Schönes?**

8.8. **Von was hängt das Erleben von Schönheit ab?**

8.9. **Nennen Sie zwei Aspekte eines Objektes, die neben seinem Aussehen, einen Einfluss auf das Schönheitsempfinden haben können.**

8.10.   Ist Schönheit von Bauwerken messbar?

Die Musterlösungen zu den Fragen befinden sich im Anhang.

Literatur

Adorno, Theodor W.: Ästhetische Theorie, Frankfurt am Main, 1974 (1970)

Bolzano, Bernard: Untersuchungen zur Grundlegung der Ästhetik, Frankfurt am Main, 1972 (ca. 1830)

Brockhaus Enzyklopädie, Wiesbaden, 1967, Band 1

Cardinet, J.: Préferences esthétiques et personnalité, (in: Année Psychologique, 58/1958)

Dörner, D. und Vehrs, W.: Ästhetische Befriedigung und Unbestimmtheitsreduktion (in: Psychological Revue, 37/1975)

Eco Umberto: Apokalyptiker und Integrierte. Zur kritischen Kritik der Massenkultur, Frankfurt a.M., 1984

Eysenck, H. J.: Dimensions of Personality, London, 1947

Fechner, Gustav: Elemente der Psychophysik, Leipzig, 1860

Freud, Sigmund: Das Unbehagen in der Kultur, Frankfurt am Main, 1970 (1930)

Germann, Georg: Einführung in die Geschichte der Architektur, Darmstadt, 1980

Goethe, Johann Wolfgang: Schriften zur Kultur, Zürich, 1965 (1772)

Gunzenhäuser, Rul: Maß und Information als ästhetische Kategorien, Baden-Baden, 1975 (1962)

Hegel, Georg F. W.: Einleitung in die Ästhetik, München, 1967 (1835)

Hofstätter, Hans H.: Gotik, Fribourg, 1968

Klotz, Heinrich und Cook, John W.: Architektur im Widerspruch, Zürich, 1974 (Originaltitel: Conversations with Architects, New York, 1973)

Le Corbusier: Ausblick auf eine Architektur, Berlin, 1969 (Originaltitel: Vers une architecture, Paris, 1923)

Léger, Fernand: Fonctions de la peinture, Paris, 1970 (1965) (Übersetzung: J. Grütter)

Loos, Adolf: Ins Leere gesprochen, Wien, 1981 (1921)

Moles Abraham: Psychologie des Kitsches, München, 1972

Naredi-Rainer, Paul von: Architektur und Harmonie, Köln, 1982

Nervi, Piere Luigi: Esthetics and technology in building, Cambridge, Mass., 1965

Palladio, Andrea: Die vier Bücher zur Architektur, Zürich, 1983 (1570)

Schuster, Martin und Beisl, Horst: Kunstpsychologie – wodurch Kunstwerke wirken, Köln, 1978

Smith, Peter F.: Architektur und Ästhetik, Stuttgart, 1981 (Originaltitel: Architecture and the Human Dimension, London, 1979)

Tavel, Hans Christoph von: Die Sprache der Geometrie, Bern, 1984

Vitruv: 10 Bücher über Architektur, Darmstadt, 1981 (ca. 30 vor Chr.)

Wagner, Otto: Die Baukunst unserer Zeit, Wien, 1979 (1895)

Wright, Frank Lloyd: in einem Ausstellungskatalog, Florenz, 1951, (in: Humane Architektur, Berlin, 1969)

Bewegung und Weg

Inhaltsverzeichnis

Einführung

Gebäude sind statisch, unbeweglich. Um Raum umfassend erleben zu können muss sich der Betrachter in ihm bewegen können, Architektur verlangt nach Bewegung. Bewegung bedingt Raum, aber auch Zeit und Weg. Weg ist, zusammen mit dem Ort, eines der beiden Grundelemente jeder räumlichen Organisation.

Jede Wahrnehmung enthält eine mehr oder weniger stark ausgeprägte Dynamik, diese ist die Grundlage aller Seherlebnisse. Der Rhythmus bezeichnet eine Wiederholung nach bestimmten Gesetzen. Rhythmus ist eine grundlegende Lebenseigenschaft.

Im Verlauf der Zeit erfolgen bauliche Veränderungen. In welchen Zeitabständen solche Veränderungen erfolgreich erfolgen sollen, hängt auch von den bestehenden kulturellen und sozialen Strukturen ab.

© Springer Fachmedien Wiesbaden GmbH, ein Teil von Springer Nature 2019   269
J. K. Grütter, *Grundlagen der Architektur-Wahrnehmung*,
https://doi.org/10.1007/978-3-658-26785-8_9

9.1 Bewegung

Gebäude sind statisch, unbeweglich, sie werden deshalb auch Immobilien genannt. Beweglich sind nur Teile von ihnen, wie Türen und Fenster. Eine Balletttänzerin bewegt sich nach vorbestimmten Regeln, die Bewegung verleiht ihr erst ihren Ausdruck. Architektur dagegen verlangt nach Bewegung des Betrachters; er muss sich, um Raum umfassend erleben zu können, in diesem bewegen. Dazu ist Zeit notwendig. Die Zeit wird somit zur vierten Dimension der Raumwahrnehmung.

Bewegung ist relativ. Schauen wir aus dem Fenster eines fahrenden Eisenbahnzuges, so haben wir den Eindruck, die Landschaft rase an uns vorbei. Wahrnehmungsmässig stehen wir still und die Umgebung bewegt sich, dies obwohl wir genau wissen, dass die Wirklichkeit anders ist.

Sitzen wir in einem still stehenden Zug am Bahnhof und sehen wir durch das Fenster nur den Zug auf dem Nebengleis, so wissen wir bei einer beginnenden Bewegung nicht genau, wer sich tatsächlich bewegt, unser Zug oder jener auf dem Gleis nebenan. Diese Frage kann erst beantwortet werden, wenn wir weitere Bezugspunkte haben, zum Beispiel das Bahnhofsgebäude, von dem wir wissen, dass es sich nicht bewegen kann. Bewegen sich zwei Züge beim Anfahren aus dem Bahnhof mit gleicher Geschwindigkeit nebeneinander und in gleicher Richtung, so kann der Beobachter in einem der beiden Züge nicht genau feststellen, ob sie sich überhaupt bewegen. Er braucht dafür weitere Bezugspunkte; zum Beispiel die weitere Umgebung oder die Wahrnehmung der holpernden Räder auf den Schienen. Der Effekt der Bewegungsrelativierung kann in der Architektur ganz bewusst eingesetzt werden. In den verschiedenen, sich um die eigene Achse drehenden Panorama- und Skyline-Restaurants auf Bergspitzen und Hochhäusern entsteht die Illusion der am „ruhenden" Beobachter vorbeiziehenden Umgebung, die eigene Bewegung wird nicht mehr wahrgenommen.

Eine Bewegung kann vom Menschen nur wahrgenommen werden, wenn sie weder zu schnell noch zu langsam ist. Der Zeiger einer Uhr bewegt sich in zwölf Stunden einmal im Kreis herum. Wir können feststellen, dass sich seine Lage nach einiger Zeit verändert hat, die Geschwindigkeit seiner Bewegung ist aber zu langsam, um vom Betrachter noch wahrgenommen zu werden. Andererseits bewegt sich die Flügelspitze eines Propellers so schnell, dass wir sie nicht mehr sehen können.

Wie Bewegung, so ist auch Geschwindigkeit relativ. Die Wahrnehmung von Bewegung und somit auch von Geschwindigkeit beruht auf zwei Grundlagen: Der sich bewegende Gegenstand wird mit dem Auge verfolgt, das heisst, seine Projektion bleibt auf der Netzhaut am selben Ort, oder das Auge ruht während der Wahrnehmung auf einem anderen Gegenstand, so dass sich die Projektion des ersten, bewegten Gegenstandes auf der Netzhaut bewegt. Bei der zweiten Wahrnehmungsart wird die Geschwindigkeit etwas grösser empfunden als im ersten Fall (Metzger 1975, S. 572). Meistens sind bei einer optischen Bewegungswahrnehmung beide Arten gleichzeitig beteiligt: Das Auge folgt zwar dem bewegten Gegenstand, aber nicht genau. Zusätzlich zu diesen beiden

Wahrnehmungsmöglichkeiten von Bewegung und Geschwindigkeit existiert noch eine dritte: mit Hilfe der sogenannten kinästhetischen Empfindung (vgl. Abschn. 1.3.8). Diese Wahrnehmung ist nicht optischer Art und sie wird nur aktiv wirksam, wenn sich der Beobachter selbst bewegt.

Die wahrgenommene Geschwindigkeit ist insofern auch relativ, als dass sie auch direkt von der Art des sich bewegenden Gegenstandes abhängt: Bewegen sich ein Rennwagen und ein Fuhrwerk gleich schnell vorwärts, so empfinden wir das Fuhrwerk als sehr schnell, den Rennwagen hingegen als eher langsam.

Bewegung kann auch dort wahrgenommen werden, wo sie in Wirklichkeit gar nicht existiert. Der Film ist eine Folge von ruhenden Bildern, in jedem folgenden Bild ist die Gestalt etwas verändert. Da die Bilder so schnell aufeinander folgen (im Normalfall 24 Bilder pro Sekunde), dass wir sie einzeln nicht mehr sehen, nimmt der Betrachter die Differenz als Bewegung wahr.

Im Abschn. 1.3.8 wurde erläutert, dass wir Bewegungen nicht in allen Richtungen als gleich empfinden. Eine Bewegung von links nach rechts erscheint dem Betrachter müheloser als eine in umgekehrter Richtung. Horizontale Bewegungen sind einfacher wahrnehmbar als vertikale, wobei im zweiten Fall eine Abwärtsbewegung wegen der Existenz der Schwerkraft als leichter empfunden wird als in umgekehrter Richtung. Die dritte Raumkoordinate betrifft das vor- und rückwärts : Eine Vorwärtsbewegung erscheint leichter, da sie zielgerichtet ist und in die Zukunft weist. Informationstheoretisch ist eine Bewegung nach vorne eher mit Originalität verbunden, eine solche rückwärts eher mit Redundanz. Das heisst, die Neugierde treibt uns eher nach vorne.

Einer der wichtigsten Grundsätze der sinnlichen Wahrnehmung ist die Tatsache, dass der Mensch aktiv werden muss, um wahrzunehmen. Dabei gilt Folgendes: Je statischer die Reizkonfiguration des Wahrzunehmenden ist, desto aktiver muss der Betrachter werden, und je bewegter die Reizkonfiguration, desto passiver der Beobachter. Beim Anschauen eines Films wird vom Betrachter keine grosse motorische Bewegung verlangt, die Augen sind die einzigen Organe, die er bewegen muss. Beim Erleben von Architektur ist es umgekehrt: Das Anschauungsobjekt ist statisch und verlangt deshalb vom Betrachter eine grössere Aktivität. Auch die Art der Bewegung hat einen Einfluss auf die Wahrnehmung. So erleben wir zum Beispiel beim Tanzen ein grundsätzlich anderes Raumgefühl als beim Gehen. Das Wandern ist eine spezielle Art der Fortbewegung: Wandern ist Selbstzweck, das primäre Anliegen ist nicht das Erreichen eines bestimmten Zieles. Dadurch entsteht auch ein anderes Verhältnis zum Raum.

Bewegung bedingt Raum. Die verschiedenen Bezeichnungen von Räumen, in denen wir uns bewegen, weisen darauf hin, dass es für den Menschen verschiedene Fortbewegungsarten gibt: Korridor, Gang, Weg, Strasse, Gasse, Pfad, Autobahn usw. Der Bewegungsraum des Menschen existierte als Pfad und Weg schon vor jeder menschlichen Siedlungsform. Das Nomadentum ist die ursprünglichste Lebensform des Menschen und sie bedingt vor allem Wege. Für den Nomaden ist der Weg wichtiger als der Ort, der Bewegungsraum wichtiger als der Ruheraum. Als Abbild des Lebens ist „Weg" ein seit Urzeiten gültiges Symbol der Menschheit; er spielt auch eine wichtige Rolle in der Sakralarchitektur (Bollnow 1980,

S. 104) (vgl. Abschn. 5.1). Teilweise läuft die Entwicklung heute wieder rückläufig, hin zum Nomadentum. Schon Ende der Siebzigerjahre des letzten Jahrhunderts produzierte die Mobile-Home-Industrie in den USA ein Fünftel der Jahresproduktion aller Wohneinheiten (Venturi 1979, S. 177). Vincent Scully behauptet sogar, dass der Wohnwagen die Urform der Architektur von morgen darstellt (Scully 1980, S. 150). Bewegung impliziert stets Geschwindigkeit. Lange Zeit war die Fortbewegungsgeschwindigkeit des Menschen begrenzt. Auch von einem galoppierenden Pferd aus ist die optische Wahrnehmung nicht wesentlich anders als beim gehenden Menschen. Die Erfindung des Autos bedeutete einen grundlegenden Wechsel. Durch höhere Geschwindigkeit wird der durch das Auge kontrollierbare Bereich erheblich eingeschränkt. Jede Beschleunigung verringert den Blickwinkel und fordert dadurch zunehmend abstraktere Orientierungsmöglichkeiten. Einzelheiten können dann immer weniger wahrgenommen werden. Dadurch wird die Umgebung aus einem fahrenden Auto gänzlich anders erlebt, als dies beim Gehen zu Fuss geschähe.

Heute ist das Auto oft auch innerhalb der Stadt das Hauptverkehrsmittel. Mit grossem Aufwand werden Stadtautobahnen gebaut, welche auch in der Stadt hohe Geschwindigkeiten zulassen (Abb. 9.1). Das optische Reizangebot in den Städten ist aber grösstenteils immer noch auf Fussgänger abgestimmt und deshalb vom fahrenden Auto aus kaum mehr zu bewältigen. Das Erlebnisangebot ist somit für den Autofahrer zu gross. Dies bedingt eine neue urbane Ordnung, die entweder das Auto aus der Stadt verbannt oder auf seine Geschwindigkeit mehr Rücksicht nimmt. Robert Venturi bezeichnet Las Vegas als Archetyp einer solchen Stadt: „Obwohl die Bauweise am Strip an eine Vielzahl historischer Stile erinnert, ist doch die eigentliche Organisation des Stadtraums selbst völlig unvergleichbar. Der öffentliche Raum ist in Las Vegas weder zusammengehalten und umschlossen, wie im

Abb. 9.1 Stadtautobahn, Los Angeles, USA

Abb. 9.2 Strip von Las Vegas, USA

Mittelalter, noch klassisch ausgewogen, ausbalanciert, wie während der Renaissance, noch durch eine herrscherliche Attitüde zu rhythmischer Bewegung organisiert, wie im Barock – keineswegs auch umfliesst der Raum in Las Vegas freistehende städtische Raumdeterminanten wie in der Moderne. Der Strip ist demgegenüber etwas ganz Neues. Aber was? Keineswegs Chaos, sondern eine neue räumliche Ordnung, die ganz auf die Merkmale des Autoverkehrs, der Kommunikation über das Netz der Highways, zugeschnitten ist, nur locker gefüllt von einer Architektur, die sehr freizügig das Moment der Form ausbeutet, um alle Möglichkeiten der Mitteilung zu nutzen" (Venturi 1979, S. 91). Der Strip von Las Vegas, der als „Hauptstrasse" der Stadt bezeichnet werden kann, widerspricht unseren Vorstellungen von städtischem Raum. Der Abstand zwischen den einzelnen Gebäuden entspricht viel eher der Wahrnehmungskapazität eines im Auto vorbeifahrenden Beobachters. Erst durch die Geschwindigkeit erscheinen die einzelnen Elemente als ein zusammenhängendes Ganzes (Abb. 9.2).

9.2 Zeit

Auf den ersten Blick hat Zeit mit Architektur nichts zu tun. Wohl nagt auch an einem Haus der „Zahn der Zeit", doch verglichen mit der Dauer eines Menschenlebens ist ein Gebäude auch heute noch etwas, das meistens längeren Bestand hat. Architektur beinhaltet nicht, wie etwa Musik und Tanz, die Dimension der Zeit. Trotzdem spielt der Faktor Zeit bei der Wahrnehmung der Architektur eine entscheidende Rolle. Jede Bewegung erfordert Zeit, ohne Zeit könnten wir keine Bewegung wahrnehmen. Zeit ist zwar messbar, nicht jede

Zeitdauer können wir uns aber vorstellen. Sowohl eine Zehntelsekunde wie auch hundert Jahre sind für die meisten Menschen nur noch mathematische Werte. Ist die Rede von Jahrtausenden oder gar Jahrmillionen, versagt unsere Zeitwahrnehmungsfähigkeit ganz; wir wissen nur, dass solche Zeitabstände sehr lange sind, wie lange genau, können wir uns aber nicht vorstellen. Unsere natürliche Umwelt, wie wir sie heute kennen, entstand im Verlauf riesiger Zeitabschnitte; Täler wurden durch Flüsse geschaffen, Seen und Meere sind durch geologische Verschiebungen entstanden. Mit diesem Massstab gemessen ist die ganze vom Mensch gebaute Umwelt verhältnismässig jung, nur einige tausend Jahre alt.

Städte werden heute selten als Ganzes geplant und gebaut. Sie wandeln sich im Laufe der Zeit, ältere Gebäude werden abgebrochen oder verändert, es entstehen neue. Wie weit diese baulichen Veränderungen gehen dürfen, in welchen Zeitabständen sie erfolgen sollen, damit sich der Mensch immer noch mit dem Ort identifizieren kann, hängt von verschiedenen Faktoren ab. Bauliche Veränderungen haben oft soziale und kulturelle Umwälzungen zur Folge. Ähnlich wie beim architektonischen Stil können sich die kulturellen und sozialen Strukturen nur sehr viel langsamer verändern als die bauliche Substanz. Deshalb müssen bauliche Veränderungen auf die am Ort herrschenden sozialen und kulturellen Gegebenheiten Rücksicht nehmen, sonst zerstören sie diese. Beim Fehlen solcher Strukturen verliert der Mensch die Orientierung und somit die Möglichkeit, sich mit dem umgewandelten Ort zu identifizieren, was zu seiner Entwurzelung führen kann.

Inwieweit und auf welche Art der Mensch seine Umwelt verändern darf, ohne dass die soziale und kulturelle Struktur zerstört wird, ist demzufolge die entscheidende Frage. Christian Norberg-Schulz nennt drei Faktoren, die wichtig sind und die er als primäre strukturelle Eigenschaften zusammenfasst: Siedlungsform, Bauweise und charakteristische Motive. „Werden diese Eigenschaften richtig verstanden, können sie durchaus verschieden interpretiert werden, behindern also stilistische Veränderungen und individuelle Kreativität nicht. Werden die primären strukturellen Eigenschaften respektiert, geht auch die allgemeine Atmosphäre oder Stimmung nicht verloren. Denn gerade die Stimmung bindet den Menschen an ‚seinen‘ Ort und wird von einem Besucher als besondere Ortsqualität erfahren" (Schulz 1982, S. 180). Bauliche Veränderungen führen stets auch zu langfristigen Verschiebungen in den sozialen und kulturellen Strukturen. Dieses komplizierte Wechselspiel kann durch falsche bauliche Veränderung leicht aus dem Gleichgewicht gebracht werden.

Aldo Rossi entwickelte die „Theorie der Permanenz": „Die Permanenz ist etwas Materielles und, insofern sie eine Gestalt ist, die überdauert, zugleich etwas Geistiges. Und gerade diese Permanenz der Gestalt stellt inmitten ständiger Veränderungen ein wichtiges städtebauliches Phänomen dar" (Rossi 1973, S. 40). Als wichtigste Faktoren für eine städtebauliche Permanenz bezeichnet Rossi die Strassenzüge, den Stadtplan und die Baudenkmäler. Um diese Permanenz beibehalten zu können, muss die Stadt oder die Siedlung als Ganzes gesehen werden. Ihre historische Entstehung, ihre Entwicklung und die Beziehung zur natürlichen Umgebung sind bei jeder neuen Bauaufgabe zu berücksichtigen.

Auch Mario Botta bezeichnet drei Faktoren als ausschlaggebend für die Beziehung des neu Gebauten zur bestehenden Umwelt: die physische Beschaffenheit der Umgebung, ihr historischer Rahmen und die Veränderungen innerhalb der verschiedenen Zeitzyklen. Die Umgebung verändert die Architektur im Gleichschritt mit der Zeit. „Man kann sagen, dass das Gelände in einem ständigen Dialog steht mit seiner Architektur, als Evolution von Zeit und Geschichte" (Botta 1980, S. 36).

Die Zeit ist indirekt ein wichtiger Einflussfaktor beim Erkennen der Umwelt. Wahrnehmungsmässig verändert sich unsere Umwelt durch die verschiedenen Jahreszeiten, aber auch die jeweilige Tageszeit und die Wetterverhältnisse haben einen Einfluss auf unsere Wahrnehmung. Veränderung findet aber auch tatsächlich statt. mit dem Abbrechen oder Neuerstellen von Bausubstanz. Die altersbedingte Veränderung können wir als die dritte Art von Veränderung bezeichnen. Je nach Baumaterial, Pflege und klimatischen Daten wird das Gebäude früher oder später verfallen. Alte Gebäude haben auf den Betrachter einen speziellen Einfluss. Auch Ruinen üben seit jeher eine besondere Faszination aus, sie erinnern an die Tatsache, dass wir in einer sich ständig verändernden Umwelt leben, mit Vergangenheit und Zukunft. Das Rom des 18. Jahrhunderts, wie wir es aus den Stichen von Giovanni Battista Piranesi kennen, ist ein gutes Beispiel dafür. Der Betrachter empfindet Altes und gar Ruinen oft als schön, da ihr Alter, und somit auch Vergänglichkeit und Zeit, ablesbar sind. So wird sichtbar, dass ein Gebäude nicht nur eine räumliche, sondern auch eine zeitliche Dimension hat (vgl. Abschn. 8.4 und Abb. 8.7).

Viele der strengen Stahl-Glas-Bauten der Moderne verleugnen jeden zeitlichen Bezug. Viele Materialien, etwa Chromstahl und Glas, verraten kein Alter. Die Idee des „ewig Jungen" war während der Moderne nicht nur eine Maxime der Architektur.

Für Eric Owen Moss ist das Neue ein Gemisch aus Altem und neu Hinzugefügtem. Das Neue ist einerseits gelöst von der konventionellen Struktur des Bestehenden, andererseits aber auch stark abhängig von dieser. Das Neue versucht nicht mit dem Alten oder der Umgebung in einen Dialog zu treten oder sich gar anzupassen. Im Gegenteil: Es versucht sich möglichst von diesem abzuheben. Dadurch besteht eine ständige Spannung, der Faktor Zeit ist bei seinen Bauten auf Schritt und Tritt erkennbar.

Gerade in Kalifornien, am Arbeitsort von Eric Owen Moss, ist alles schnelllebig und im Wandel. Ständig wird Neues zum Bestehenden hinzugefügt. Eric Owen Moss ist der Meinung, dass dies die Architekten zwingt, temporäre und nicht endgültige Lösungen anzubieten: „die Geschichte ist im Wandel. Das heisst, auch der Raum verändert sich ständig. Mein Anliegen ist es, diese Bewegung, diese Veränderung zu bauen" (Moss 2002, S. 9). Ab 1988 baute er ein altes Gewerbequartier in Culver City bei Los Angeles um. Die bestehenden Bauten werden nicht abgebrochen, sondern umgebaut und dies auf eine Weise, dass sowohl das Alte wie das Neue erkennbar bleiben (vgl. Abb. 6.36). Eine der wichtigsten Inspirationsquellen für dieses Vorgehen ist für ihn der Shinto-Schrein in Ise bei Kyoto, Japan, aus dem 7. Jahrhundert. Wie im Abschn. 4.2 besprochen, schliessen sich das ewig Währende und das Vergängliche nicht aus, sondern sie ergänzen sich. In Ise wie auch in den Bauten in Culver City von Eric Owen Moss wird das Alte wie das Neue gleichzeitig dargestellt, damit wird auch der Faktor Zeit erlebbar gemacht.

9.3   Zur Geschichte von Bewegung in Kunst und Architektur

Von der Erfindung der Perspektive in der Malerei der Renaissance bis zum Beginn des
20. Jahrhunderts als der Kubismus entstand, konzentrierte sich in der Kunst die visuelle
Wahrnehmung von einem einzigen Punkt aus. Der Kubismus weitete den Raumbegriff der
perspektivischen Darstellung aus. Gegenstände wurden nicht mehr nur von einem Standpunkt aus dargestellt. Im gleichen Bild wurden nun mehrere Ansichten gleichzeitig, von
verschiedenen Standorten aus gesehen, gezeigt. Damit wurden Bewegung und somit Zeit
in die Malerei miteinbezogen. Auch vor dem Kubismus wurde versucht, Bewegung darzustellen, immer aber beschränkten sich diese Darstellungen auf eine Momentaufnahme dieser Bewegung. Statuen und Bilder vieler Kulturen und Zeitepochen zeigen eine Momentaufnahme eines Bewegungsablaufes, so dass der Betrachter folgern kann, dass die
dargestellte Figur sich wohl bewegt.

Sowohl im Kubismus als auch in der darauf folgenden Strömung des Futurismus wurde
das Statische der perspektivischen Darstellung verworfen. Während im Kubismus das Erleben von Raum als zeitlicher Ablauf gesehen wurde, wurde im Futurismus versucht, den
Aspekt der Bewegung in das Bild mit einzubeziehen. In der kubistischen Malerei wird
durch das gleichzeitige Betrachten eines Gegenstandes von mehreren Seiten versucht, dessen räumlichen Aspekt zu betonen. Die Futuristen versuchten, das Prinzip der Dynamik
bildlich festzuhalten. Die Darstellung einer Frau in mehreren Bewegungsstadien, von
Marcel Duchamp aus dem Jahre 1911 mit dem Titel „Dulcinée", ist das erste gesicherte
Dokument einer simultanen Darstellung sukzessiver Bewegungsabläufe in einem Gemälde (Schmoll 1977, S. 267).

Die Entwicklung der damaligen Technik, insbesondere die empfundene Schönheit der
mechanischen Geschwindigkeit von Autos, Eisenbahnen und Flugzeugen, beeinflusste
auch die Entwicklung der Kunst. So schrieb der italienische Schriftsteller Filippo Tommaso Marinetti 1909: „ … abenteuerlustige Dampfer, die den Horizont wittern, breitbrüs-
tige Lokomotiven, die mit ihren Rädern über den Boden stampfen wie mit Stahlrohren
geschirrte Hengste; den leichten Flug der Flugzeuge, deren Propeller den Wind wie Fah-
nen schlagen, mit einem Geräusch, das an den Applaus einer begeisterten Menschenmenge
erinnert" (Marinetti 1909). Im Vorwort für einen Ausstellungskatalog schrieb der Bildhauer Umberto Boccioni 1913: „All diese Überzeugungen zwingen mich, in der Skulptur
nicht die reine Form zu suchen, sondern den reinen bildnerischen Rhythmus; nicht die
Konstruktion von Körpern, sondern die Konstruktion der Aktion von Körpern. So ist mein
Ideal nicht eine pyramidenförmige Architektur (statischer Zustand), sondern eine spiralen-
förmige Architektur (Dynamik)" (Frampton 1983, S. 75).

Wie so oft hatte auch hier die Malerei einen starken Einfluss auf die Entwicklung der
Architektur. Hier wurde von nun an davon ausgegangen, dass der Betrachter zum Verstehen einer räumlichen Komposition sich in ihr bewegen muss, dass er sie von verschiedenen Standpunkten aus betrachten muss. Zeit, und damit Bewegung, wurde zu einer wichtigen Dimension der Architektur. Diese Entwicklung war eng verbunden mit der ab dem
Beginn des 20. Jahrhunderts gültigen neuen Raumauffassung (vgl. Abschn. 5.1.1). In seiner Theorie der elementaren Gestaltung kommentierte Theo van Doesburg 1924 diese

Wende wie folgt: „Die neue Architektur rechnet nicht nur mit dem Raum, sie rechnet auch mit der Grösse der Zeit. Durch die Einheit von Raum und Zeit wird das bauliche Äussere einen neuen und vollkommen plastischen Aspekt erhalten. (Vierdimensionale plastische Raum-Zeit-Aspekte)" (Van Doesburg 1981, S. 74) (vgl. Abb. 6.15). Ineinanderfliessende Räume können nur vollständig erlebt werden, wenn man sich in ihnen bewegt.

Der Architekt Antonio Sant'Elia versuchte als erster, die futuristischen Ideen in der Architektur anzuwenden. In seinem Projekt für die Citta Nuova, 1912–1914, wachsen die Hochhäuser aus dem Boden, die Verkehrswege, Eisenbahn, Lift und Rolltreppen, wurden zu Teilen eines dynamischen Ganzen. In seinem Manifest über „Futuristische Architektur" schreibt er zusammen mit dem Dichter Filippo Tommaso Marinetti : „ … das futuristische Haus muss wie eine riesige Maschine sein. Der Aufzug soll sich nicht mehr wie ein Bandwurm im Schacht des Treppenhauses verbergen; die überflüssig gewordenen Treppen müssen verschwinden, und die Aufzüge sollen sich wie Schlangen aus Eisen und Glas emporwinden". Und „ … über die Strasse, die sich nicht mehr wie eine Fussmatte vor der Portierloge ausbreitet, sondern sich um einige Stockwerke unter die Erdoberfläche senkt; diese Stockwerke nehmen den städtischen Verkehr auf und sind miteinander durch Metallstege und durch Rolltreppen mit hoher Geschwindigkeit verbunden" (Sant'Elia und Marinetti 1981, S. 32). Sant' Elia starb, wie auch andere Mitglieder der futuristischen Bewegung, im Ersten Weltkrieg. Damit fand diese Architekturströmung ein abruptes Ende.

Die Idee der dynamischen Form lebte aber weiter und beeinflusste einige Expressionisten, darunter vor allem Erich Mendelsohn (Abb. 9.3). Er wollte, dass bei seinen Gebäuden der Entstehungsprozess sichtbar bleibt, dass die Kraft der Räume ablesbar wird und sich das Gebäude mit seiner Umgebung verbindet. Bruno Zevi schreibt dazu: „Für Mendelsohn

Abb. 9.3 Mendelsohn Erich, 1920–22, Einsteinturm, Berlin, Deutschland

ist es unmöglich, das architektonische Objekt in Grundriss, Schnitt und Fassade zu ‚zerlegen‘. Ein Gebäude ist der Rahmen für dynamische menschliche Tätigkeiten, und sein Wert wird daran gemessen, wie wirksam es uns dies kundtut". – „Seine feste Dreidimensionalität geht über die bewegungslose Begrenztheit der traditionellen Perspektive des Renaissanceerbes hinaus" (Zevi 1983, S. 28).

Zu Beginn des 20. Jahrhunderts wurde Bewegung zu einer wichtigen Dimension der Architektur. Das Raumgefüge des Barcelona Pavillons von Ludwig Mies van der Rohe (vgl. Abb. 2.7, 6.16a und 10.26) ist nicht von einem Standort aus erfassbar, sein Erkennen verlangt vom Besucher Bewegung und somit Zeit. Auch Le Corbusier setzte die Ideen des Kubismus in die Architektur um. So schreibt Giedion über dessen Architektur: „Es ist unmöglich, die Villa Savoie (entstanden 1928–31) von einem einzigen Blickpunkt aus zu erfassen. Sie ist ein Bau in raum-zeitlicher Auffassung" (Giedion 1978, S. 331). In der Villa La Roche, 1925 von Le Corbusier in Paris erstellt, ist die Wegführung noch eindrücklicher. Bereits hier baute er eine „Promenade architecturale ", wie er das nannte (vgl. Abb. 9.4).

Dieser Weg, diese Promenade, beginnt schon ausserhalb des Gebäudes: Eine Sackgasse führt zu einem Platz vor dem Haus. Die Eingangstüre ist relativ klein, sie wirkt wie ein Nadelöhr, das der Besucher durchschreiten muss. Sie ist eine Zäsur zwischen dem aussen

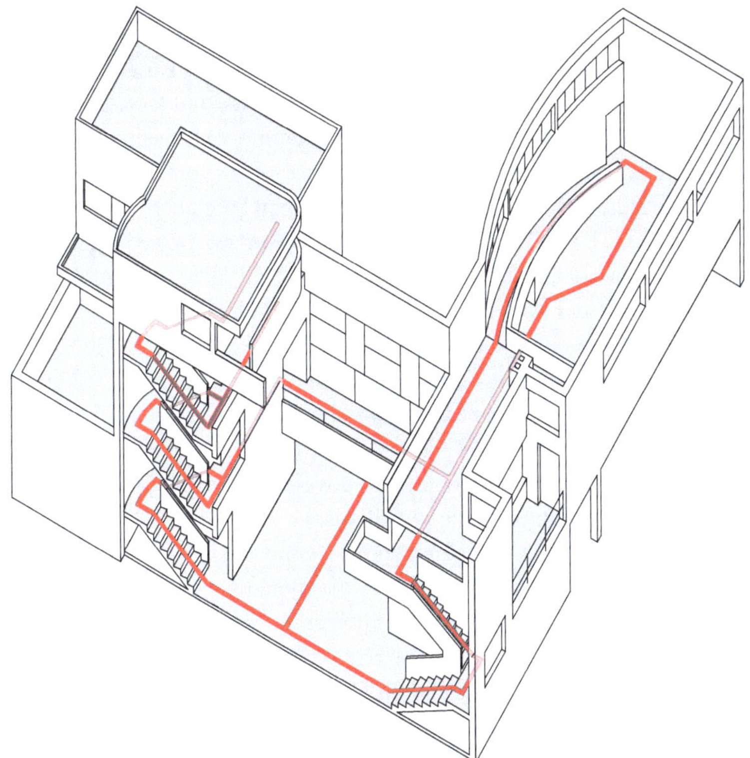

Abb. 9.4 „Promenade architecturale" in der Villa La Roche, in Paris (1925, Le Corbusier)

und innen. Die dreigeschossige Eingangshalle hat im Erdgeschoss keine Fenster. Das Licht dringt durch verschiedene Fenster in den beiden Obergeschossen in die Halle und lädt den Besucher ein, nach oben in die Belletage zu gehen. Wege führen durch die verschiedenen Räume des Gebäudes und lassen den Betrachter deren räumliche Vielfältigkeit und Komplexität immer wieder aus einer anderen Perspektive erleben. Mit einer vorgegebenen Wegführung wird das Sehen, und damit das Erleben des architektonischen Raumes, gesteuert und beeinflusst. Daraus folgert Le Corbusier 1929: „Die Architektur ist eine Verkettung aufeinanderfolgender Ereignisse". Und: „Jeder einzelne Schritt bietet dem Auge ein neues Klangelement der architektonischen Komposition" (Blum 1988, S. 21).

Natürlich waren auch vorher grössere Gebäudekomplexe räumlich nur zu erfassen, wenn sie unter Zeitaufwand durchschritten wurden. Auch ihre Wahrnehmung verlangte vom Betrachter Bewegung. Ihre Anordnung war aber von einem Punkt oder zumindest von einer Achse aus meist klar überblickbar (vgl. Beschreibung des Weges bei der St. Peterskirche in Rom, Abschn. 9.6). Erst mit dem Kubismus wurde die Zeitdimension aber ein wichtiger Aspekt der Architektur. Erst durch den Zeitablauf und damit durch die Bewegung werden der Raum und die Bezüge zwischen verschiedenen Raumzonen erlebbar.

9.4 Dynamik

Das funktionale Design der zu Beginn des 20. Jahrhunderts industriell gefertigten Autos, Flugzeuge und Schiffe faszinierte allgemein. Ihre Dynamik und Geschwindigkeit hatten einen Einfluss auf das damalige Denken. Filippo Tommaso Marinetti schrieb in seinem „Futuristischen Manifest", publiziert in der Zeitung „Figaro" vom 20. Februar 1909: „Wir bezeugen, dass die ganze Welt durch eine neue Schönheit bereichert wurde: die Schönheit der Geschwindigkeit". Das Anliegen der Futuristen war es, Bewegung und Dynamik sichtbar zu machen und darzustellen, dies in der Malerei, aber auch in der Architektur. Antonio Sant'Elia war der wichtigste Vertreter des Futurismus in der Architektur. Er schreib 1914: „Wir müssen unsere moderne Stadt *ex novo* erfinden und erbauen, wie eine riesige, lärmende Schiffswerft, aktiv, beweglich und überall dynamisch" (Frampton 1983, S. 77). Die dynamischen Formen haben die Aufgabe, Kräfte sichtbar zu machen, Wege zu weisen und Bezüge zu schaffen.

Dynamik ist ein wesentlicher Bestandteil jedes Seherlebnisses, sie ist die Grundlage aller Seherlebnisse. Dynamik ist keine physikalische Eigenschaft. Die Wahrnehmungsreize der Netzhaut erhalten ihre dynamische Wirkung erst durch ihre Verarbeitung im Gehirn. Rudolf Arnheim ist der Ansicht, dass die dynamische Wirkung einer Reizkonfiguration für ihre Wahrnehmung wahrscheinlich sogar wichtiger ist als ihre Proportion oder Gestalt (Arnheim 1980, S. 87). Die dynamische Wirkung bildet den Charakter ihrer Erscheinung. Jede Wahrnehmung enthält eine mehr oder weniger stark ausgeprägte Dynamik. Ihre Intensität verändert sich je nach Stilepoche oder Werk. Ein Gebäude, dessen Ausdruck durch Symmetrie und ausgeglichene Proportionen geprägt ist, wird weniger dynamisch wirken als ein Bau, dessen Elemente widersprüchlich und komplex sind (vgl. Abb. 8.5 und 9.6). Weiter meint Arnheim jede Wahrnehmung ist „ein Wechsel-

Abb. 9.5   Unsere Erfahrung sagt uns: Torero und Stier sind in Bewegung

Abb. 9.6   Denton Corker Marshall, 2000, Art and Design Bld., Monash University, Melbourne, Australien

spiel zwischen gerichteten Spannungen. Diese Spannungen werden nicht etwa vom Beobachter aus persönlichen Gründen statischen Bildern hinzugefügt. Vielmehr gehören diese Spannungen genauso untrennbar zu jedem Wahrnehmungsgegenstand wie Grösse, Gestalt, Standort und Farbe. Da diese Spannungen Stärke und Richtung haben, lassen sie sich als psychologische ‚Kräfte' beschreiben" (Arnheim 1978, S. 14).

Über die Gründe, warum eine Gestalt als dynamisch empfunden wird, existieren verschiedene Theorien. So soll das Erleben von Dynamik von der Erfahrung des Betrachters abhängen; der fotografierte Torero mit Stier wirkt dynamisch, da der Betrachter weiss, dass er sich bewegt (vgl. Abb. 9.5). Gerade diese Erklärung kann aber für architektonische Formen nicht zutreffen. Hier könnte höchstens die Theorie gelten, wonach sich die Assoziationen nicht auf das Objekt selbst, sondern nur auf ihre Formen, Richtungen und auf ihre Helligkeitswerte beziehen. Arnheim bezeichnet beide Theorien als falsch. Gestützt auf die Erkenntnisse von Wassily Kandinsky definiert er Anschauungsdynamik als gerichtete Spannung: „Es gibt jedoch handgreifliche Hinweise darauf, dass das Sehfeld von aktiven Kräften durchdrungen ist. Wenn sich die Grösse oder die Form von Mustern, die wir sehen, von dem auf die Netzhaut projizierten Bild unterscheidet, können nur dynamische Prozesse im Nervensystem die Reizinformationen abändern" (Arnheim 1978, S. 421) Hinweis auf Abb. 9.6 hier weglassen.

Im Abschn. 6.5.2 wurde darauf hingewiesen, dass schräge Linien sich der Horizontalen oder Vertikalen anzunähern versuchen, da diese eine schwächere Reizkonfiguration und damit weniger Speicherinformation ergeben. Für das Auge ist es einfacher, zwei zusammenlaufende Linien als sich entfernende Parallelen zu sehen, wodurch der Eindruck von Tiefe entsteht.

Die von den Schrägen so ausgelöste Spannung ist eine der Ursachen des Tiefensehens. Bei jeder Aufnahme einer Reizkonfiguration besteht im Hinblick auf eine Informationsverminderung eine Neigung zur Gleichgewichtsbildung. Dies bedeutet nun jedoch nicht, dass dynamische Wahrnehmungen unterdrückt werden, sie werden aber so organisiert, dass möglichst viel potenzielle Energie in ein Gleichgewicht gebracht werden kann. Zwei parallel verlaufende Linien oder Wände sehen wir in der Ferne zusammenlaufen. So zum Beispiel bei langen geraden Korridoren (vgl. Abb. 9.7). Diese wahrnehmungsmässig zusammenlaufenden Linien weisen damit in eine Richtung, sie bewirken Dynamik. Eine Tatsache, die im Zeichen des Richtungspfeiles ausgenutzt wird (vgl. Abb. 9.8a–d). Der Umstand, dass gerade das Zeichen des Richtungspfeiles unabhängig von Kultur und Sprache universell verstanden wird, deutet darauf hin, dass das Erleben von Dynamik eine generelle Wahrnehmungseigenschaft ist. Die Dynamik wird durch ein unregelmässiges Gefälle der Schrägen zusätzlich gesteigert. Dadurch entsteht die Kurve, deren architektonische Verwendung und Wirkung schon in den Abschn. 6.5.3 und 6.5.5 besprochen wurde.

Ähnlich wie die wahrnehmungsmässig in der Ferne zusammenlaufenden parallelen Linien verhält es sich auch mit spiralförmig verlaufenden Linien, zum Beispiel mit dem Handlauf eines runden Treppenlaufes. Die gesehenen Kreise werden immer kleiner, es entsteht eine Sogwirkung und damit eine starke Dynamik (vgl. Abb. 9.9).

Die wahrnehmungsmässige Dynamik einer Kurve entsteht vor allem durch den reflexartigen Versuch des Betrachters, die Linie einer regelmässigen geometrischen Form anzupassen; der Horizontalen , der Vertikalen , der Kreisform usw. (Abb. 9.10).

Auch unregelmässig gebogene Formen wirken sehr dynamisch. Diese Unregelmässigkeit und Dynamik kann so weit gehen, dass der Betrachter Mühe hat, das Gesehene noch einzuordnen und zu verstehen (vgl. Abb. 9.11).

Abb. 9.7 Portico di San Luca, 1674–1739, Bologna, Italien

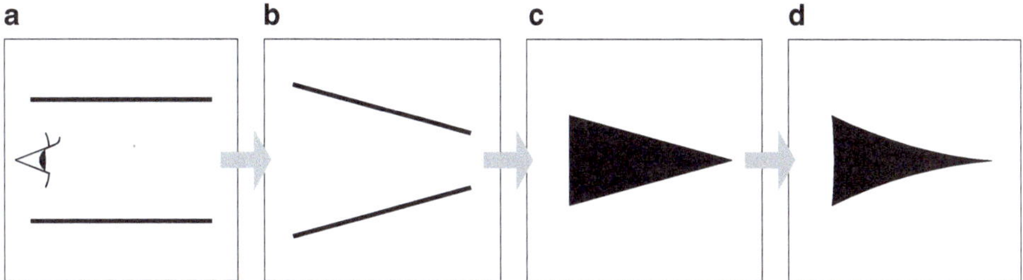

Abb. 9.8 Zwei parallele Linien erzeugen wahrnehmungsmässige Tiefe, eine Tatsache, die beim Zeichnen des Richtungspfeiles ausgenutzt wird (vgl. Abb. 6.32)

Der Betrachter versucht, Wahrnehmungsmuster so zu ordnen, dass Regelmässigkeiten entstehen. Auch dies geschieht wieder im Interesse einer Informationsreduktion. Starke dynamische Wirkungen ergeben sich auch aus sogenannten stroboskopischen Kompositionen: Elemente, die im Wesentlichen gleich sind, sich aber in einer Eigenschaft unterscheiden. Zum Beispiel eine Reihe gleich grosser Quadrate, deren Helligkeits- oder

Abb. 9.9 Hotz Theo, 1991, Konferenzgebäude, Zürich, Schweiz

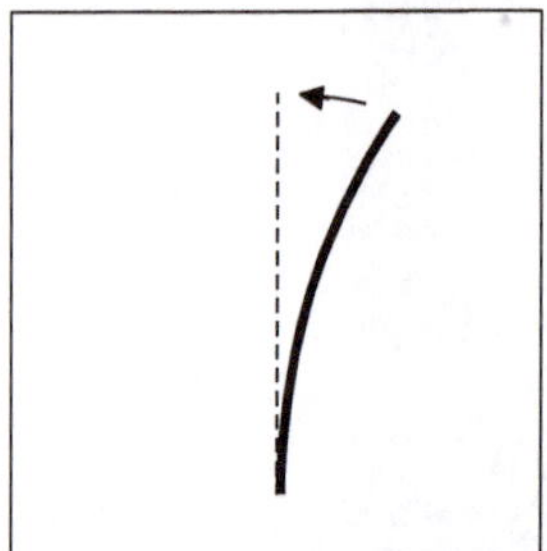 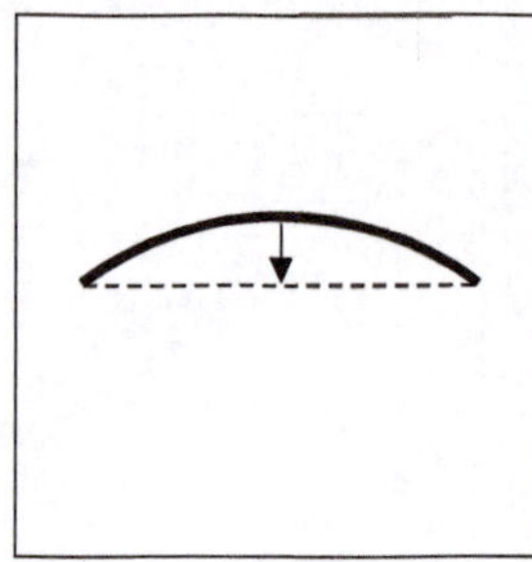 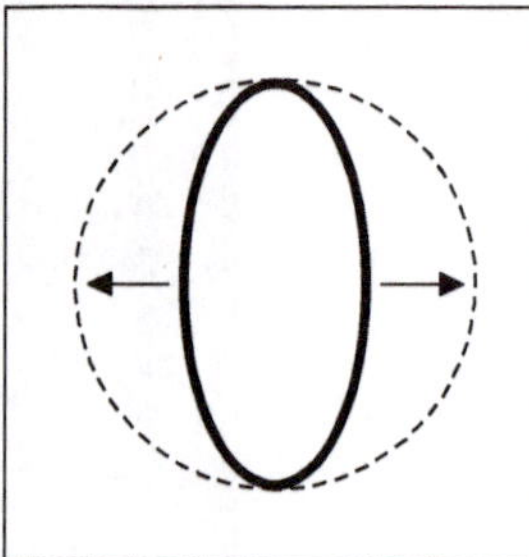

Abb. 9.10 Die wahrnehmungsmässige Dynamik der Kurve als Abweichung von der Geraden oder vom Kreis

Farbtöne sich jedoch von links nach rechts stetig verändern. Auch die Dynamik vieler täglicher Seherlebnisse beruht auf diesem Prinzip (vgl. Abb. 9.12 und Abb. 1.9).

Die Dynamik, als wichtige Eigenschaft der visuellen Wahrnehmung, beschränkt sich nicht nur auf schräge oder gebogene Linien. Jede Form hat inhärente Dynamik. Sie wird „sichtbar" mit der sogenannten Gamma-Bewegung (Arnheim 1978, S. 440) (Abb. 9.13).

Leuchtet zum Beispiel bei einer Lichtreklame ein Dreieck kurz auf und erlischt dann wieder, so sehen wir nachträglich für kurze Zeit innerhalb der Figur leuchtende Strahlen, die mit der Richtung der Dynamik zusammenfallen. Oft verlaufen diese Strahlen in den Achsen des Strukturgerüstes (vgl. Abb. 6.10). Die Dynamik kann, je nach Gestalt der Figur, verschieden sein. Die Ecken eines gleichseitigen Dreieckes weisen wie Pfeile in die jeweilige Richtung ihrer Verlängerung und wirken so stark dynamisch. Ein Rechteck weist, entsprechend seiner Lage und Proportion, in eine bestimmte Richtung.

Zusammenlaufende Linien weisen nicht nur eine Richtung und beinhalten so eine gewisse Dynamik, sie bewirken auch Tiefe und Distanz. Die Scala Regia von Gian Lorenzo Bernini im Vatikan (Abb. 9.14) ist der Hauptzugang zum vatikanischen Palast und befindet sich an einer architektonisch kritischen Stelle, zwischen Palast und St.

Abb. 9.11 Massimiliano Fuksas, 2008, Armani Laden, New York, USA

Peterskirche. Die Distanz von der Ankunft unten bis zum Eingang oben ist relativ kurz. Um die Wichtigkeit des Ganges hin zum Papst zu betonen, versuchte Bernini, den Weg optisch zu verlängern. Die Treppe wird sowohl in der Breite als auch in der Höhe nach hinten verjüngt. Dadurch wird die Tiefenwahrnehmung verstärkt und die Illusion erweckt, die Treppe sei um vieles länger, als sie in Wirklichkeit ist. Der Treppenlauf wird von zwei Podesten unterbrochen, welche, im Gegensatz zu den im Dunklen liegenden Treppenabschnitten, hell beleuchtet sind. Die Podeste und der durch das Helldunkel geschaffene Rhythmus teilen den Weg in Etappen ein und machen ihn so besser erlebbar. Auf dem ersten Podest muss der Besucher sich um 90 Grad nach links wenden. An diesem Etappenort steht ein Reiterstandbild von Kaiser Konstantin. Diese Skulptur ist ein Blickfang, ein „Bewegungsgelenk" für Besucher, die von unten, von der St. Peterskirche her, kommen.

Den Effekt, durch Zusammenlaufen von Linien optisch die Distanzen zu vergrössern, kannten schon die Griechen: So täuschten sie durch das Verjüngen der Säulen nach oben perspektivische Entfernung und damit grössere Höhe vor.

Auch fliessendes oder fallendes Wasser hat eine Dynamik. Viele Flüsse sind wichtige Verkehrswege, sie bedeuten Bewegung. Im islamischen Kulturbereich befindet sich oft in

Abb. 9.12 Dynamik in einem Seherlebnis (Armierungsgitter)

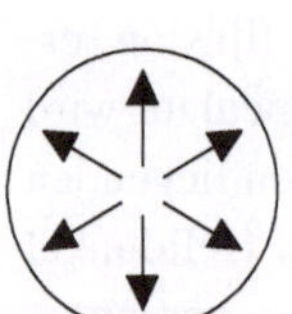 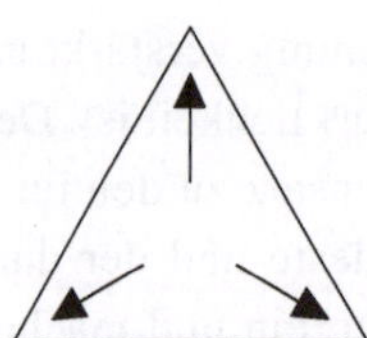 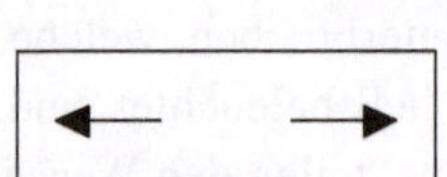 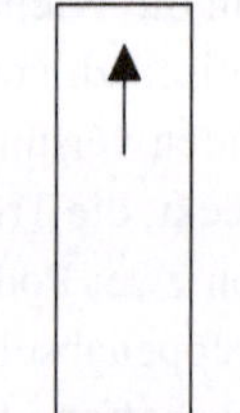

Abb. 9.13 Gamma-Bewegung in einfachen Formen

der Mitte des Hofes ein Springbrunnen, dessen Wasser in kleinen offenen Kanälen in alle vier Richtungen fliesst, teilweise bis ins Innere der den Hof umgebenden Räume.

Die dynamische Wirkung des fliessenden Wassers weist nach aussen, die den Hof begrenzenden Räume nach innen (Abb. 9.15). Das Wasser hat hier auch eine symbolische Bedeutung: Es ist der Ursprung des Lebens, die Quelle der Vegetation des Gartens, der wiederum das Paradies darstellt (Stierlin 1979, S. 132).

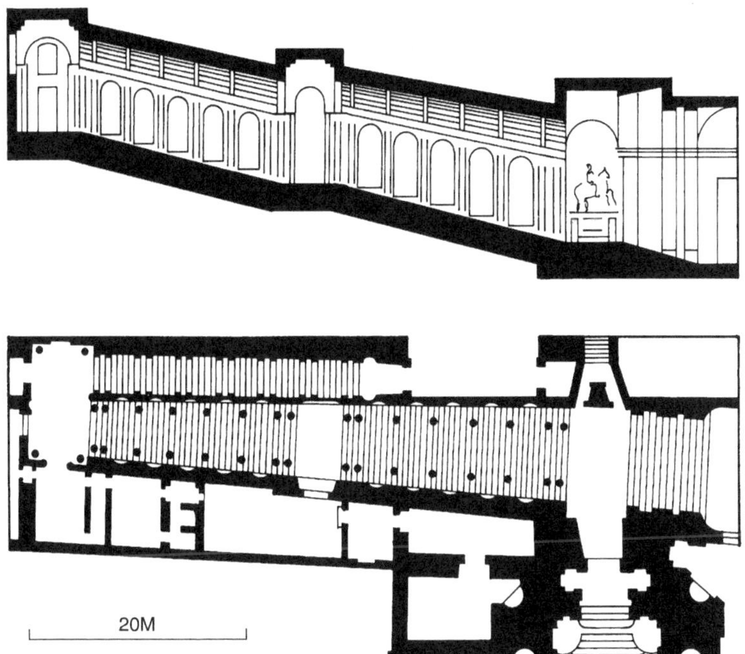

Abb. 9.14 Gian Lorenzo Bernini, 1666, Scala Regia, Vatikan

9.5   Rhythmus

Rhythmus ist eine grundlegende Eigenschaft jedes Lebens. Der Philosoph Otto Friedrich Bollnow meint: „Wie der Mensch aus dem Hause fortstreben musste, um in der Welt seine Arbeit zu leisten, so muss der Mensch auch immer wieder im Gefühl morgendlicher Frische zu wachem tätigem Leben drängen, um erst nach erfüllter Arbeit sich dem Schlaf überlassen zu dürfen. Beide Bewegungen gehören untrennbar zusammen wie das Ein- und Ausatmen" (Bollnow 1980, S. 190). Dieser Lebensrhythmus läuft parallel mit den zyklischen Abläufen in der Natur: Tag- und Nachtzeit, Jahreszeiten etc.

Den Begriff Rhythmus kennen wir vor allem in der Musik und beim Tanz, beides Kunstrichtungen, wo auch Bewegung eine wichtige Rolle spielt. Der Rhythmus bezeichnet eine Wiederholung nach bestimmten Gesetzen, ruft so Erwartungen hervor und führt zu Redundanz. In der Architektur kann Rhythmus auf verschiedene Arten erzeugt werden: mit Hilfe räumlicher Veränderungen wie offen und geschlossen, weit und eng usw. Aber auch mittels Beleuchtungs- oder Farbeffekten, wie zum Beispiel mit dem Wechsel von hellen und dunklen Zonen. Der Wechsel zwischen engem Strassenraum und weiträumigem Platz, der Rhythmus von schmal, umschliessend und weit, befreiend, ist ein wichtiges städtebauliches Element. Bei Berninis Scala Regia (vgl. Abb. 9.14) geschieht dieser Wechsel nicht räumlich, sondern optisch, hervorgerufen durch die dunklen Zonen der Treppenläufe und die hell beleuchteten Podeste.

Abb. 9.15 Bagh-e Fin, 1590, Kashan, Iran

Dieses Mittel der Beleuchtung finden wir auch im städtischen Raum. Die Architektur- und Kunsthistorikerin Sibyl Moholy-Nagy verglich die Strukturen zweier Städte des Altertums: Ostia, die Hafenstadt Roms, und Buchara, eine einstige Oasenstadt im heutigen Usbekistan (vgl. Abb. 9.16). Beides waren ursprünglich lineare Städte , das heisst, ihre wichtigsten Gebäude wie Sakralbauten, öffentliche Gebäude, Paläste, Lagerhäuser usw. sind entlang der Hauptstrasse aufgereiht. In Ostia geschieht dies ausschliesslich nach rein funktionalen Gesichtspunkten, während in Buchara, den Regeln des Basars entsprechend, die Strasse auch zu einem optischen Ereignis wird: „Der entscheidende Unterschied in dem optischen Erlebnis zwischen Ostia und Buchara, und damit zwischen der pragmatischen und der ästhetischen Stadtauffassung ist die Sensation des Einblicks in laterale Portikus und Höfe mit ihrem Spitzwerk aus Stucco und Marmor, den Fontänen und Wasserkanälen, die man noch heute in Granada, Marokko oder Tanger bewundern kann. Freie

Abb. 9.16 Bewegungsräume in **a** Ostia, **b** Buchara und **c** der mittelalterlichen Stadt

Wahl der Bewegungsrichtung variierte und belebte den Verkehr, dem in Ostia nur beschränkte Möglichkeiten gegeben sind" (Moholy-Nagy 1970, S. 208).

Ostia war entlang einer geraden Strasse organisiert, die rein optisch links und rechts keine Abwechslung bot. Buchara dagegen bot eine interessante Abfolge von verschiedenen Einblicken und Durchgängen links und rechts. Der Weg wurde, ähnlich wie bei der Abfolge von Plätzen und engen Strassen in den mittelalterlichen Städten, in einem bestimmten Rhythmus optisch ausgeweitet (Abb. 9.16).

9.6　Weg

Der Begriff Weg wird hier zusammenfassend für alle Arten von Bewegungs- und Verkehrsräumen benutzt. Wege verbinden Orte, Orte menschlicher Tätigkeit oder Ruhe und prägen somit wesentlich die Art, wie wir Raum erleben. Otto Friedrich Bollnow : „Der hodologische (erlebte) Raum beschreibt das System der Wege, auf denen ich einzelne Stellen im Raum erreichen kann. Er ist so mit einem Netz von Kraftlinien vergleichbar, die diesen Raum durchströmen". „Die Gesamtheit der Wege, die vom jeweiligen Aufenthaltsort des Menschen ausgehen, bestimmen, wie Sartre es richtig gesehen hat, die Situation des Menschen im Raum" (Bollnow 1980, S. 203). Architektur ist etwas Statisches. Mit Hilfe des Weges kann der Mensch aber die Dimension der Zeit, die zu den Eckpfeilern seines Daseins gehört, mit Raum verbinden. Weg ist, zusammen mit dem Ort, eines der beiden Grundelemente jeder räumlichen Organisation. Das eine bedeutet Bewegung, verbunden mit dem Faktor Zeit, das andere Ruhe. Die Bewegung auf dem Weg ist gerichtet, sie führt nach vorne. Zeitlich gesprochen führt sie in die Zukunft, das Rückwärtige ist Vergangenheit. Der Weg zum Ziel ist oft wichtiger als das Ziel selbst, wodurch die Organisation und die Ausbildung des Weges eine primäre Bedeutung erlangen. Die meisten Wege sind in Etappen aufgeteilt, die sie besser messbar machen. Dieses Messbarmachen ist wichtig, neigt doch das Gehirn bei Aussicht auf psychologische Anstrengung dazu, übertrieben zu reagieren (Smith 1981, S. 178). Eine gerade, einläufige Treppe erscheint länger und mühsamer zu überwinden als eine gewundene Treppe oder eine, die mittels Podesten unterteilt ist. Ein Weg erscheint oft auch kürzer, wenn beim Start das Ziel nicht sichtbar ist, wenn der Besucher mehrere Zwischenziele oder Etappenorte anlaufen muss, bevor er das Hauptziel erreicht.

Der Charakter eines Weges wird von verschiedenen Faktoren geprägt. Ausschlaggebend sind seine Form, Lage und Umgebung. Ist er gerade oder gekurvt, führt er hinauf oder hinunter, ist er unterteilt in Etappen, wie ist die Art der Umgebung. Terence R. Lee stellte, im Widerspruch zur vorherigen Aussage, die Hypothese auf, dass gerade Wege wahrnehmungsmässig kürzer erscheinen als gekurvte und dass das Ausmass dieser Wirkung von der Anzahl der Kurven abhängt (Lee 1973, S. 45). Je nach Gegebenheit haben wohl beide Hypothesen ihre Richtigkeit. Wichtig ist dabei, ob der genaue Ort des Zieles und die Länge des Weges im Voraus bekannt sind.

Sozio-psychologische Aspekte üben ebenfalls Einfluss auf das Distanzempfinden aus: Wir haben darauf hingewiesen, dass ein Weg in Richtung Stadtmitte kürzer erscheint als einer in umgekehrter Richtung. Ebenso sahen wir, dass zwischen mathematischem Raum und erlebtem Raum grundsätzliche Unterschiede bestehen (vgl. Abschn. 5.2.1 und 5.2.6). Dementsprechend unterscheiden sich auch mathematische Distanzen von erlebten Entfernungen: Zwei gleichlange Wege auf der Karte können wir beim Durchschreiten in Wirklichkeit ganz verschieden lang erleben.

Auch die Art, wie der Weg zum Ziel hinführt, spielt eine wichtige Rolle: Nähert sich der Besucher frontal, oder erlaubt ihm die Wegführung, das Ziel von verschiedenen Seiten her zu sehen, bevor er es erreicht? Ein weiterer Faktor ist die Beziehung des Weges zur Umgebung: Führt der Weg durch einen allseitig geschlossenen Raum, einen Tunnel, oder erlaubt er einen freien Blick in die Umgebung, wie etwa auf einer Brücke, ist die Art der Umgebung beidseits des Weges gleich oder unterscheiden sich die linke und die rechte Seite? Für die Art der Wegführung bestehen unendlich viele Möglichkeiten. In Abb. 9.17 sind nur einige wenige gezeigt, diese können beliebig ergänzt und miteinander kombiniert werden.

Ein Eingang in eine Stadt, in ein Gebäude oder in einen Raum, kann das endgültige Ziel sein oder aber nur ein Etappenort. Das Durchschreiten oder Durchfahren eines Einganges bedeutet einen Wechsel, wobei dieser unterschiedlich stark sein kann. Die Intensi-

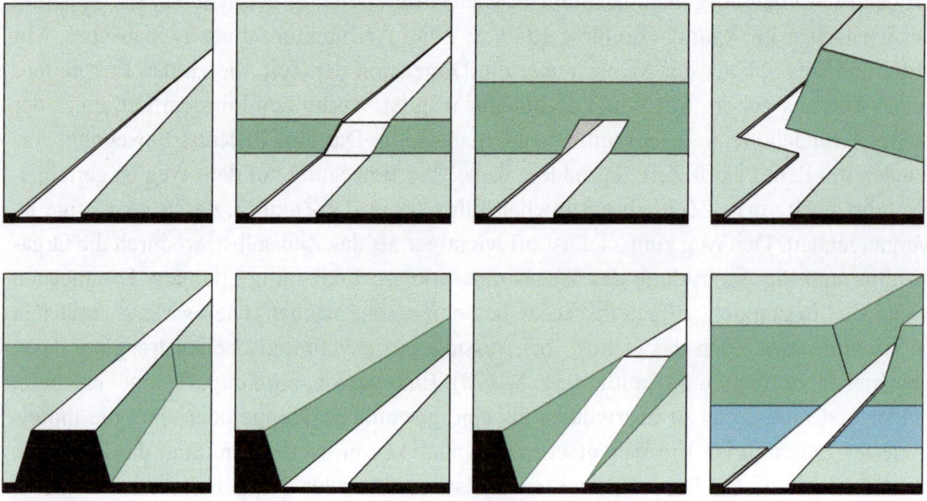

Abb. 9.17 Einfluss der Topografie auf das Erleben des Weges (Beispiele)

tät dieses Wechsels kann mit verschiedenen Massnahmen beeinflusst werden. Die Zäsur, die ein Eingang auf dem Weg bildet, kann verstärkt werden durch gleichzeitige andere Wechsel: Unterschiede in der Höhe, in der Form, Farbe, Beleuchtung oder in der Verwendung verschiedener Materialien.

Die Bedeutung des Einganges kann auch durch seine Stellung innerhalb einer räumlichen Komposition bestimmt werden. Der Haupteingang befindet sich meist an einer Stelle, die logisch, durch den vom Bewegungsablauf vorgegebenen Weg, bestimmt wird. Nebeneingänge müssen ihrer Funktion entsprechend am geeigneten Ort sein, spielen aber für das gesamte Erscheinungsbild eines Gebäudes eine untergeordnete Rolle.

Die alten Ägypter glaubten an ein ewiges Leben, für sie war das irdische Dasein nur eine Etappe auf einem langen Weg. Dies wird im Grabtempel von Ramses III räumlich dargestellt (Abb. 9.18). Der Weg innerhalb des Gebäudes ist etappiert. Er führt durch sechs Räume, die nur durch schmale Pforten miteinander verbunden sind und sowohl im Grundriss als auch in der Höhe schrittweise kleiner werden.

Die Beleuchtung wird von Raum zu Raum schwächer: Der erste Hofraum ist zweiseitig, der zweite vierseitig von einer Säulengalerie umgeben, das heisst, im ersten können noch zwei Wände von der Sonne bestrahlt werden, im nächsten liegen alle vier Wände im Schatten. Die folgenden Räume sind überdacht, wobei in den Räumen drei und vier die Mittelzone, die als Verkehrszone dient, noch durch Oberlichter in der Decke belichtet werden. Die Räume sind streng hierarchisch gegliedert und der Weg führt etappenweise von der sonnendurchfluteten Weite der Umgebung zum engen, dunklen Raum des Sanktuariums. Auf diese Weise wird der Weg von der Geburt bis zum Tode räumlich dargestellt.

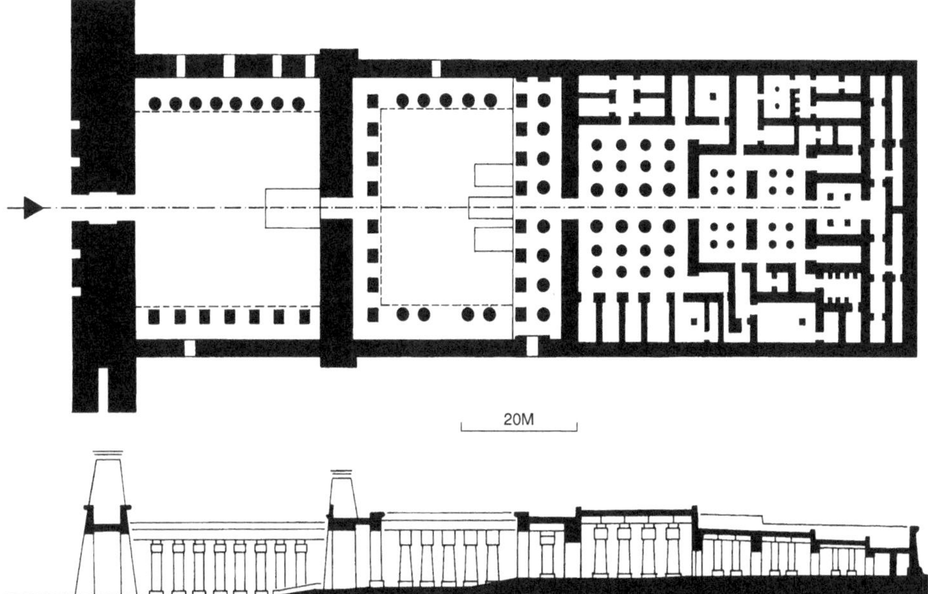

Abb. 9.18 Grabtempel Ramses III. 12. Jh. v. Chr., Medinet Habu, Ägypten

Die Art des Weiterlebens ist unbestimmt, deshalb auch ihre räumliche Ausbildung auf eine unbestimmte Art, mit Hilfe der Dunkelheit. Die Dunkelheit des Nachtraumes ist ebenso unbestimmt wie die Art des Weiterlebens nach dem Tode (vgl. Abschn. 5.2.5). Mit der Dunkelheit wird seine unbestimmte Kontinuität angedeutet. Hier führt der Weg nicht zu einem genau bestimmten Ziel, wie etwa in einer gotischen Kathedrale.

Die alte griechische Architektur ist skulptural. Der Innenraum hat keine grosse Bedeutung. Wichtig ist der Weg, der auf das Gebäude zu führt. Der Weg auf die Akropolis zum Parthenon in Athen ermöglicht dem Besucher, die verschiedenen Bauten von verschiedenen Seiten zu sehen (Abb. 9.19). Der Aufstieg zu den Propyläen erfolgt zickzackförmig. Dadurch wird der Blickrichtung stets verändert, jede Wegbiegung bedeutet ein Etappenziel. Die seitlichen Gebäude fassen den Weg so, dass ein konkaver einladender Vorraum entsteht, der durch den tunnelartigen Eingang der Propyläen führt und schliesslich den Blick frei gibt auf das von unten, über Eck sichtbare Parthenon. Über eine lange Rampe, längsseits entlang des Tempels, gelangt der Besucher auf dasselbe Niveau wie das Gebäude. Vor dem Gebäude angelangt, hat er dieses aus verschiedenen Blickwinkeln und Entfernungen gesehen.

Auch die griechische Skulptur ist ein Ganzes, das vom Betrachter Bewegung verlangt. Um sie zu verstehen, muss er sie von verschiedenen Seiten betrachten. Dies im

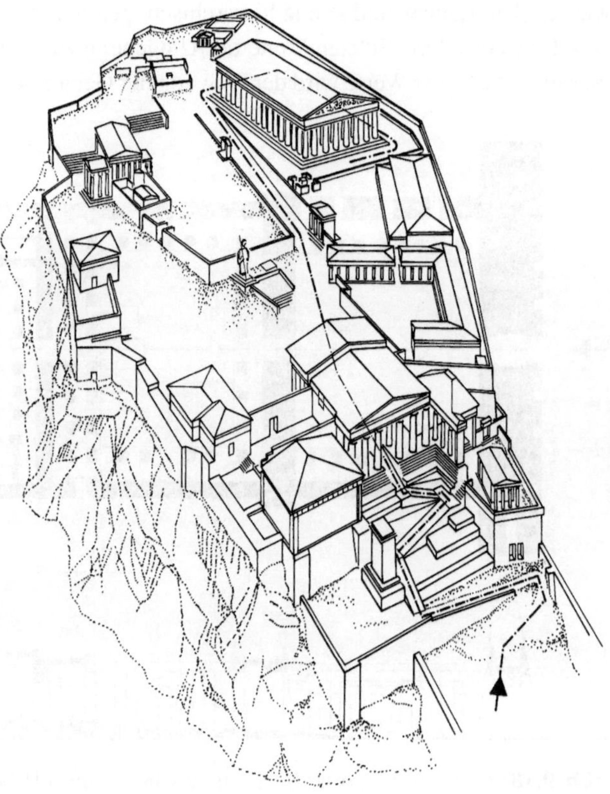

Abb. 9.19 Der Weg zur Hauptfront des Parthenons auf der Akropolis, Athen, Griechenland

Gegensatz zur römischen Skulptur, deren Standort oft in das architektonische Konzept eingebunden war, zum Beispiel in einer Wandnische, und so eine eindeutige Schauseite hat (Picard 1965, S. 109).

Das Raumkonzept der abendländischen Sakralarchitektur, von der frühchristlichen Basilika bis hin zur Gegenwart, stellt den symbolischen Weg, den Lebensweg, den Weg hin zu Gott dar. Dieser Weg wurde je nach Zeitepoche verschieden ausgebildet (Abb. 9.20). In der frühchristlichen Basilika führt er direkt vom Eingang zum Altar in der Apsis. Die Gliederung des Raumes in Zonen ist später ein wichtiges Merkmal der Romanik. Die Aufteilung, betont durch die Anordnung der Joche, verlieh dem Längsschiff Rhythmus und sorgte so für räumliche Dynamik. In der Gotik wurde der Weg durch das Längsschiff vor dem Altar noch einmal durch das Querschiff unterbrochen. Die enge Abfolge der Säulen und Arkaden bildet einen strengen Rhythmus, der die Bewegung verstärkt, und ein Stillstehen, ein Abschweifen des Blickes nach links oder nach rechts erst auf der Höhe des Querschiffes erlaubt. Im frühchristlichen Gotteshaus war kein solcher Ort des Einhaltens vorgesehen. Der Besucher bewegte sich direkt vom Eingang zum Altar. In der Gotik wurde mit der architektonischen Ausbildung des Raumes seine Fortsetzung bis ins Unendliche angedeutet. Der Kirchenraum war für den Menschen das „Guckfenster in die Ewigkeit", nicht aber das absolute, endgültige Ziel. In der Renaissance führte der Weg hin zum Zentrum. Der zentrale Innenraum der Renaissance-Kirche war der Ort, an dem der Mensch als eigenständiges Wesen dem Göttlichen gegenübertrat. Dieser Ort war absolut und schloss deshalb alles Dynamische aus. Im Barock wurden Zentralraum und Langraum zur Ellipse überlagert (vgl. Abb. 6.27 und 6.28). Dadurch wurde auch im Barock der Weg zum Altar in Etappen aufgeteilt: Der Blick schweift immer wieder nach links und rechts ab, wodurch der Besucher zu einer Unterbrechung der Vorwärtsbewegung gezwungen wird.

Die Wegführung über den grossen Platz vor der St. Peterskirche in Rom, bis zum Eingangsportal und in der Kirche weiter hin zum Altar, führt auch über verschiedene Etappen. Die einzelnen Wegabschnitte sind rhythmisch gegliedert und unterstützen oder hemmen, je nach ihrer formalen Ausbildung, die Dynamik (Abb. 9.21).

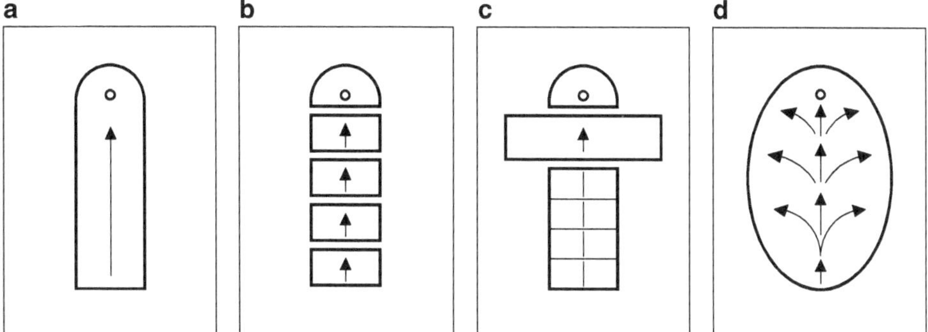

Abb. 9.20 Der Weg zum Altar im Kirchenraum in verschiedenen Stilepochen. **a** Frühchristlich, **b** Romanik, **c** Gotik, **d** Barock

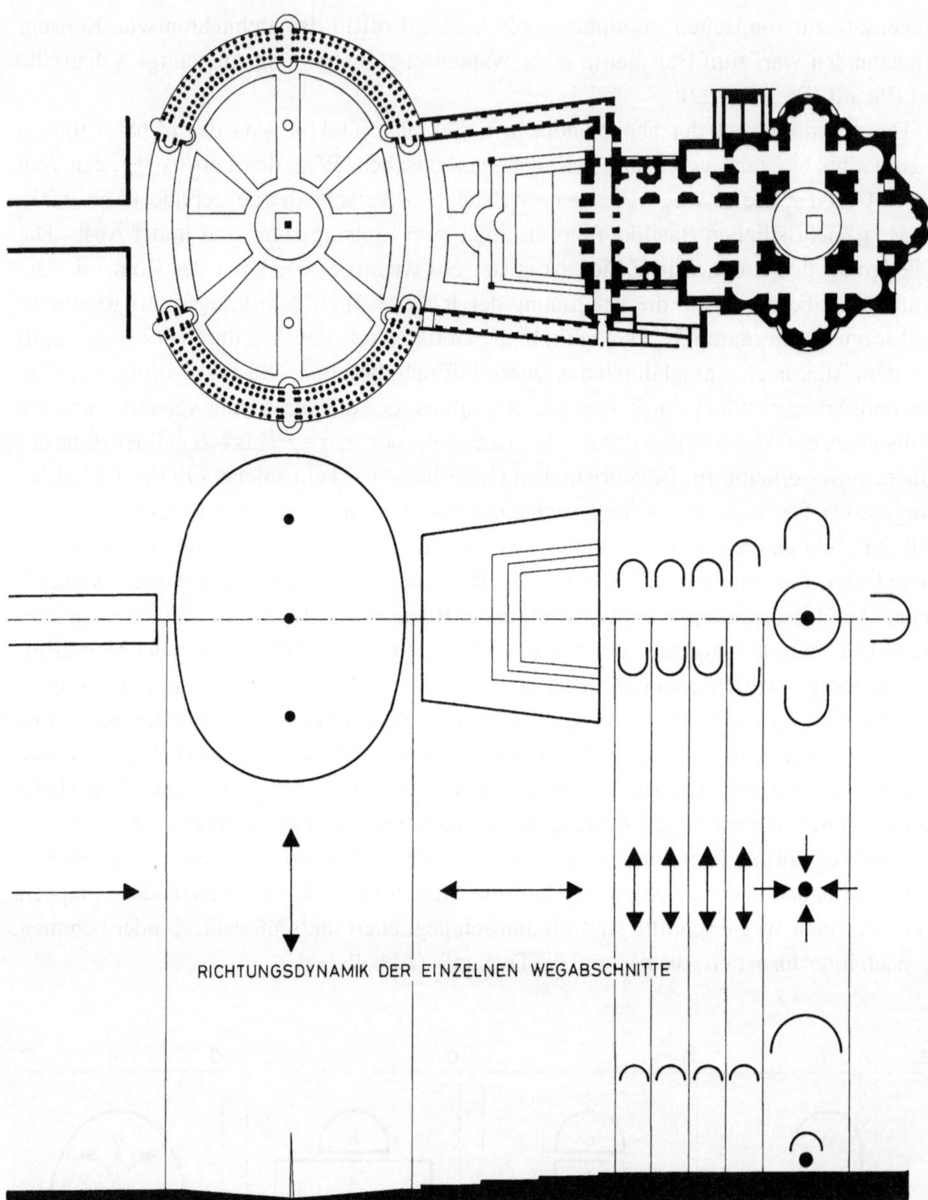

Abb. 9.21 St. Peterskirche und Platz: Verengung und Ausweitung des Raumes hin zum Altar, Richtungsdynamik und Wegabschnitte (vgl. Abb. 2.30)

Der ovale Platz wird durch eine lange, gerichtete Strasse erreicht. Aus dieser Strasse kommend, betritt der Besucher die Weite des elliptischen Platzes. Er durchschreitet ihn in dessen Querrichtung. Die Längsrichtung weist nach links und rechts. Damit hemmt der Platz durch seine Form die Bewegung hin zur Kirche eher, als dass er sie unterstützt. Der Platz ist auf dem Weg hin zum Kircheneingang eine Zäsur. Sein Boden neigt sich allseitig gegen dessen Zentrum. Auch hier keine Betonung der Wegführung hin zur Kirche durch ein kontinuierlich abfallendes oder ansteigendes Niveau. Nach dem Durchqueren des Platzes betritt der Besucher an der Stelle, wo die grosse Kolonnade, ähnlich wie zwei Zangen, den Weg wieder einengt, den darauffolgenden rhombisch geformten Platz. Das wechselweise Verengen und Erweitern des Wegraumes ist eine weitere Möglichkeit, Dynamik zu schaffen. Auf dem rhombisch geformten Platz laufen die seitlichen Raumabschlüsse gegen die Kirche hin auseinander. Im Gegensatz zur Scala Regia (vgl. Abb. 9.14) wurde das Verfahren hier umgekehrt: Der verzerrende Effekt der perspektivischen Wirkung wird durch die auseinanderlaufenden Linien aufgehoben, was wahrnehmungsmässig wiederum die tatsächliche Entfernung optisch verkürzt und der Richtungsdynamik entgegenwirkt. Hier, auf diesem Platz, ändert sich auch die Richtung des Raumes: Während die Ellipse quer zu ihrer Hauptrichtung durchschritten wird, die Dynamik ihrer Form zieht eher nach links und rechts als nach vorne, wird auf dem rhombischen Platz eher die Symmetrie der breiten Kirchenfassade dominant und richtungweisend. Der Weg führt über mehrere Zwischenpodeste schliesslich zum Hauptportal. Dieser Prozess wird auch im Innern der Kirche, beim Weg hin zum Altar, weiter geführt. Auch hier wird der Raum rhythmisch unterteilt. Die drei Joche, die von Carlo Maderno dem von Bramante ursprünglich geplanten Zentralbau hinzugefügt wurden, bilden weitere Etappen auf dem Weg zum Altar, der sich zentral unter der grossen Kuppel befindet.

Im Abschn. 4.2 wurde der Shinto-Schrein in Ise, Japan, beschrieben. Er gilt als wichtigstes Shinto-Heiligtum und ist deshalb ein bedeutender Pilgerort. Das Hauptheiligtum wird von vier Holzzäunen umgeben, die künstlich Distanz schaffen zwischen dem Allerheiligen und dem profanen Umraum (vgl. Abb. 4.2). In Ise beginnt dieses Distanzschaffen, dieses Aufteilen in Etappen, nicht erst bei dem äussersten der vier Zäune, sondern schon beim Wohnort des Pilgers. Jeder Ort, jeder Tag, bedeutet ein Etappenziel auf seinem Weg. Auf dem Gelände des Schreins beginnt mit dem Durchschreiten des ersten „Toris", einem torartigen Gebilde, das den Anfang eines heiligen Bezirks anzeigt, eine weitere Etappe (Abb. 9.22). Der zu überschreitende Fluss, die folgenden Toris, jede Wegbiegung, sind weitere Etappenziele. Von der leicht erhöhten Brücke aus kann der Pilger die Umgebung dreidimensional überblicken. Auf den folgenden Wegabschnitten wird die Blickfreiheit stufenweise eingeengt. Der Weg führt durch ein mit Gras und kleinen Büschen bewachsenes Feld. Hier ist der Blick noch frei in der Gehrichtung sowie auf beide Seiten (Abb. 9.23).

Auf dem letzten Wegstück durch den Wald wird der Blick von den riesigen Zedern eingeengt, er ist nur noch in der Gehrichtung frei. Diese Einengung der Blickfreiheit wiederholt sich noch einmal bei den vier Zäunen: Beim äussersten Zaun ist der Pfostenabstand noch verhältnismässig gross und erlaubt einen freien Blick nach innen. Die innerste Absperrung ist eine geschlossene Holzwand, die keinen Einblick mehr gewährt. Diese vier

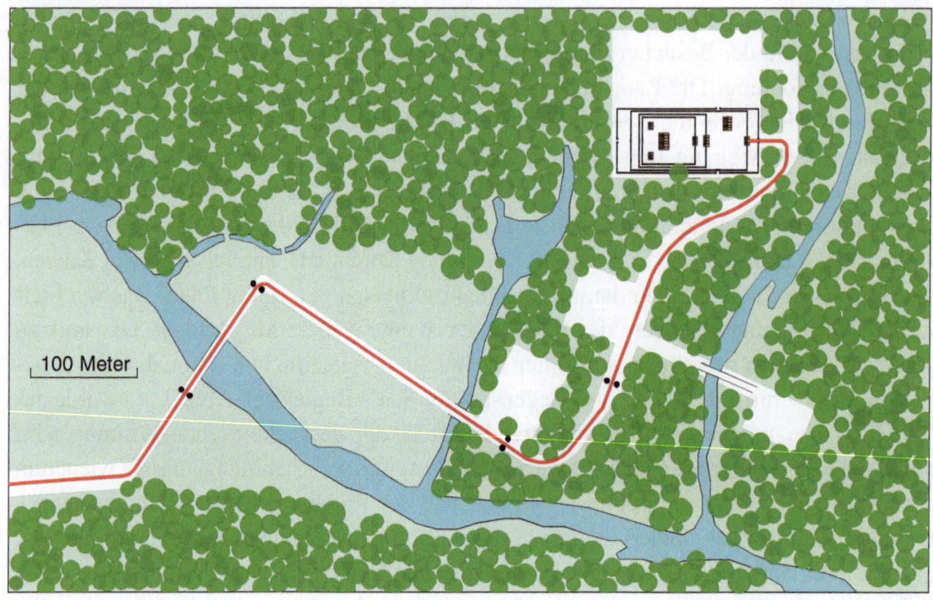

Abb. 9.22 Der Weg zum inneren Schrein von Ise, Japan (vgl. Abb. 4.2 und 9.23)

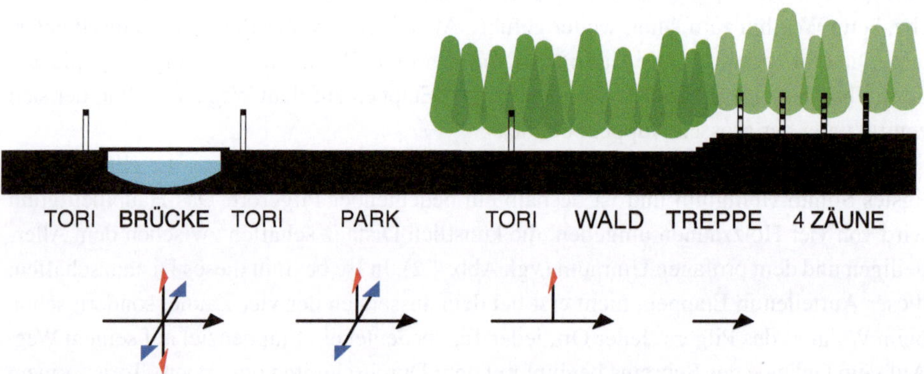

Abb. 9.23 Raumkonzept und Blickfreiheit auf dem Weg zum inneren Schrein von Ise, Japan (vgl. Abb. 9.22)

Zäune dienen nicht in erster Linie als physische Abschrankung, dazu würde der äusserste genügen. Die Zäune sind noch einmal vier Etappen auf dem Weg zum Ziel, diesmal allerdings nur noch visueller Art. Auch hier hat der Weg die Aufgabe, den Besucher etappenweise auf das Kommende vorzubereiten. Die Blickfreiheit wird sukzessive eingeengt und gleichzeitig wird der Besucher mehr und mehr von der Natur umgeben.

Durch die Aufteilung in Etappen wird Weg fassbar und somit messbar gemacht. Die additiv aneinandergereihten Etappen dienen als Masseinheiten. Ihre Organisation beinhaltet eine Steigerung und somit dynamische Spannung. Dieses etappenweise Vorbereiten auf das Kommende konnten wir in Japan schon bei der Beziehung zwischen innen und aussen beobachten (vgl. Abb. 4.18 und 4.19). Die Unterteilung geschieht dort auf engerem Raum und auf subtilere Weise, ist aber ein entscheidender Punkt der japanischen oder der orientalischen Denkart, die jedem „entweder/oder"-Entscheid ausweicht, zugunsten eines „sowohl als auch".

Sowohl bei der St. Peterskirche in Rom wie auch beim Shinto-Shrein in Ise ist es die Aufgabe des Weges, künstlich Distanz zu schaffen zwischen dem Profanen und dem Göttlichen. Beim St. Petersdom ist das Hauptportal die Grenze zwischen der Alltagswelt des Menschen und dem geweihten Innenraum der Kirche. Die monumentale Masse des Kirchengebäudes und die weite Leere des Platzes stehen sich gegenüber. Diese Beziehung entspricht der christlichen Auffassung hinsichtlich der Stellung des Menschen in Bezug zum Göttlichen. Die Anlage soll auch die Grösse und die Macht des Göttlichen repräsentieren. Die Natur als dritter Pol übt hier keinen Einfluss auf diese dualistische Beziehung aus. In Ise finden wir keine harte Trennung, kein Portal, kein Innen-Aussen. Auch der monumentale Bau fehlt, die göttliche Grösse repräsentieren hier die riesigen Zedern, die Natur. Das Göttliche und der Besucher stehen sich nicht gegenüber, sie bilden zusammen mit der Natur eine grosse Einheit (vgl. Abb. 4.6). Die Aufgabe, Distanz zu schaffen zwischen dem Profanen und dem Göttlichen, wird entsprechend der philosophischen Auffassung in Rom und in Ise verschieden gelöst. Während beim St. Petersdom der Weg den Besucher von der kleinmassstäblichen Alltagswelt hinführen soll zur übernatürlichen, monumentalen Grösse Gottes, wird der Mensch in Ise mit der zeitlosen Ruhe und Einmaligkeit der Natur auf das Göttliche vorbereitet.

Wie für Le Corbusier war auch für Luigi Snozzi der Weg innerhalb des Gebäudes ein wichtiges Element der Architektur. Im Wohnhaus in Brione (Abb. 9.24) beginnt dieser ausserhalb des Hauses und führt durch das Gebäude auf eine Terrasse, von wo der Besucher die Aussicht in die Ferne geniessen kann. Ähnlich wie bei den vier Zäunen im Shinto-Schrein in Ise ist die Aussicht eine Art Fortsetzung des begehbaren Weges. Zu diesem Wegerlebnis äussert sich Luigi Snozzi wie folgt: „In verschiedene Momente gegliedert, erlauben sie (die Wege) dem Besucher, stufenweise vom Ort Besitz zu ergreifen und alle seine Besonderheiten zu erfahren. – Dreissig Meter vor dem Haus bezeichnet ein Portal den Eingang: hier nimmt man einen Weg, der einer Höhenlinie folgt und so einen ersten Kontakt mit der umliegenden Landschaft erlaubt. Man gelangt zu einer kleinen Brücke, die den Bach überquert und so auf ihn aufmerksam macht. Hier erreicht man das Haus; man tritt ein. Eine enge, einläufige Treppe folgt im Halbdunkel dem Mauerbogen, der den Verlauf der Hügelkurve aufnimmt und uns zur Wohnebene führt. Ein grosses, nach Süden gerichtetes Fenster lässt zwischen den Bäumen im Vordergrund ganz unten den See erkennen". – „Die Terrasse schliesst mit einem kleinen, in der Art einer Pergola überdeckten Platz ab". – „Es ist kein Zufall, dass man gerade von diesem Endpunkt aus wie verzaubert die ganze, tiefer liegende Landschaft, den See und die Berge, die Stadt und ihre Vororte erkennt" (Snozzi 1984, S. 24).

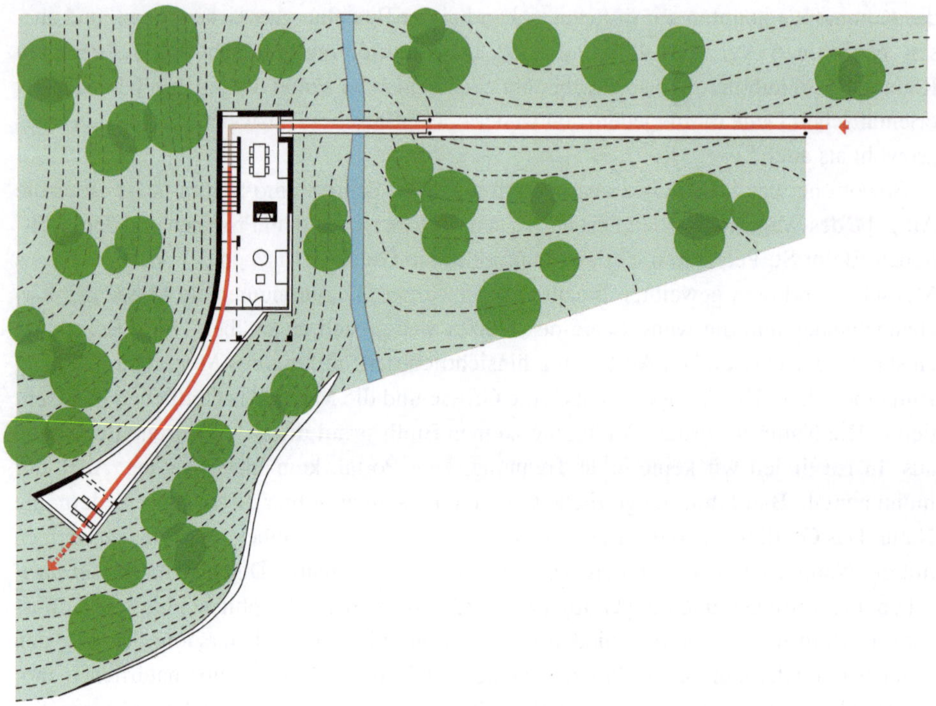

Abb. 9.24 Luigi Snozzi, 1976, Wohnhaus in Brione, Schweiz

9.7   Achse und Richtung

Eng verbunden mit dem Begriff Weg sind die beiden Begriffe Achse und Richtung. Der Ort bezeichnet eine bestimmte Stelle und macht diese zum Mittelpunkt, zum Zentrum. Ort und Zentrum stehen für Ruhe. Im Gegensatz dazu die Bewegung, die Veränderung des Standortes im Verlauf der Zeit impliziert. Jede Bewegung bedarf des Weges, dieser wiederum weist eine Richtung. Die Geschichte des Raumes ist auch die Geschichte von Ruhe und Bewegung, die sich alternierend in Zentral- und Longitudinalraum manifestiert (vgl. Abschn. 5.1.1.2).

Der Mensch als Nachrichtenempfänger ist durch seinen organischen Aufbau gerichtet. Seine optische Wahrnehmung ist gerichtet: Der Bereich des Scharfsehens beschränkt sich bei ruhendem Kopf auf 2° bis 3°. Die richtungsweisende Achse ist die Grundlage jeder menschlichen Orientierung. Viele Reizkonfigurationen sind gerichtet, weisen in eine Richtung. Schliesslich kann auch der semantische Inhalt einer Erscheinung oder ein explizites Zeichen eine Richtung weisen. So zum Beispiel die Form eines Gebäudes oder eines Gebäudeteils (Abb. 9.25), aber auch ein gezeichneter Pfeil oder ein stehendes Auto. Die richtungsweisende Achse ist somit auch ein wichtiges Ordnungselement beim Erleben der Architektur. Le Corbusier schreibt dazu: „Die Baukunst ruht auf Achsen". – „Die Achse

Abb. 9.25 Hadid Z., 1993, ehemaliges Feuerwehrgebäude, Weil am Rhein, Deutschland

ist ein Wegweiser zu einem Ziel. Die Achse braucht unbedingt ein Ziel, auch in der Architektur" (Le Corbusier 1969, S. 141). Die Achse muss nicht gerade sein, sie kann ihre Richtung entlang eines Weges ändern.

Die menschliche Orientierung im Raum basiert auf horizontalen und vertikalen Richtungen. In viele Kulturen haben auch die Himmelsrichtungen und der Verlauf der Sonne spezifische Bedeutungen (vgl. Abschn. 4.3). Für die Römer war die Hauptstadt Rom das Zentrum und gleichzeitig Ausgangspunkt jeder Orientierung (vgl. Abb. 4.5). Im alten China war der Kaiserpalast in Peking nicht nur das Zentrum der Macht, sondern auch jenes der räumlichen Orientierung (vgl. Abb. 3.10). Achsen weisen eine Richtung, sie verbinden verschiedene Objekte miteinander und sind demzufolge dominierende Elemente in der Stadtplanung. Papst Sixtus V. liess im 16. Jahrhundert die sieben berühmtesten Reliquienkirchen Roms durch Pilgerstrassen miteinander verbinden und veränderte dadurch die gesamte Struktur wie auch das Erscheinungsbild der Stadt (Moholy-Nagy 1970, S. 147). Aldo Rossi ist der Überzeugung, dass diese Planung durch den Einbezug bereits vorhandener Elemente Einheitlichkeit in der Stadtarchitektur schuf, „wie sie Rom selbst in der Antike nicht gekannt hatte. Das neue Strassensystem war von zugleich praktischer und ideeller Bedeutung" (Rossi 1973, S. 111). Am meisten beeindruckt von der neuen Stadtarchitektur waren aber nicht die Pilger, sondern die absolutistischen Monarchen Europas, so dass diese Art Stadtplanung überall in Europa wegweisend wurde. Der Plan von Christopher Wren zum Wiederaufbau Londons nach dem grossen Brand von 1666 wurde allerdings abgelehnt. Er sah mehrere zentrale Plätze und breite gerade Strassen als Verbindung vor.

Breite Prunkstrassen, unterbrochen von weiträumigen Plätzen, symbolisieren Ordnung und Macht. Die Strassen gewannen zunehmend an Autonomie und wurden ein Ereignis für sich. Ihr Vorbild war die Triumphstrasse im alten Rom, wo erfolgreiche Feldherren ihre

Siege mit Paraden feiern liessen. Damit waren diese Strassen mehr als reine Verkehrswege: Sie wurden zu Bühnen des Zeitgeschehens, zu Symbolen des Erfolges und der Macht (vgl. Abschn. 4.6).

Nichts war naheliegender für das junge Amerika, als seine Hauptstadt nach gleichem Muster zu planen. Charles L'Enfant wuchs im Park von Versailles auf, kämpfte im amerikanischen Unabhängigkeitskrieg gegen die Engländer, eröffnete nach Kriegsende ein Architekturbüro und legte dem ersten Präsidenten der Vereinigten Staaten, George Washington, 1790 einen Plan für die neue Hauptstadt Washington vor. Dieser Plan sah einen orthogonalen Strassenraster vor, durchkreuzt von breiten, diagonalen Avenues (Abb. 9.26).

Die wohl bekannteste „Stadtsanierung" fand unter Napoleon III. in Paris statt. Die Stadt wuchs bis zur Mitte des 19. Jahrhunderts planlos und es bestanden unerträgliche sanitäre und verkehrstechnische Verhältnisse. Baron Georges Haussmann, der neue Präfekt der Stadt Paris, arbeitete einen Plan aus, der zwischen 1853 und 1869 teilweise ausgeführt wurde. Das Gewirr von schmalen Strassen wurde durchzogen von einem neuen Netz von insgesamt 137 Kilometer langen, breiten, mit Bäumen gesäumten Boulevards, welche die repräsentativen öffentlichen Gebäude, Paläste und Kasernen miteinander verbanden. Der Hauptgrund für die Ausführung dieses Planes war aber auch hier machtpolitischer Art: Auf dem neuen Strassennetz konnten Truppen innerhalb der Stadt schneller

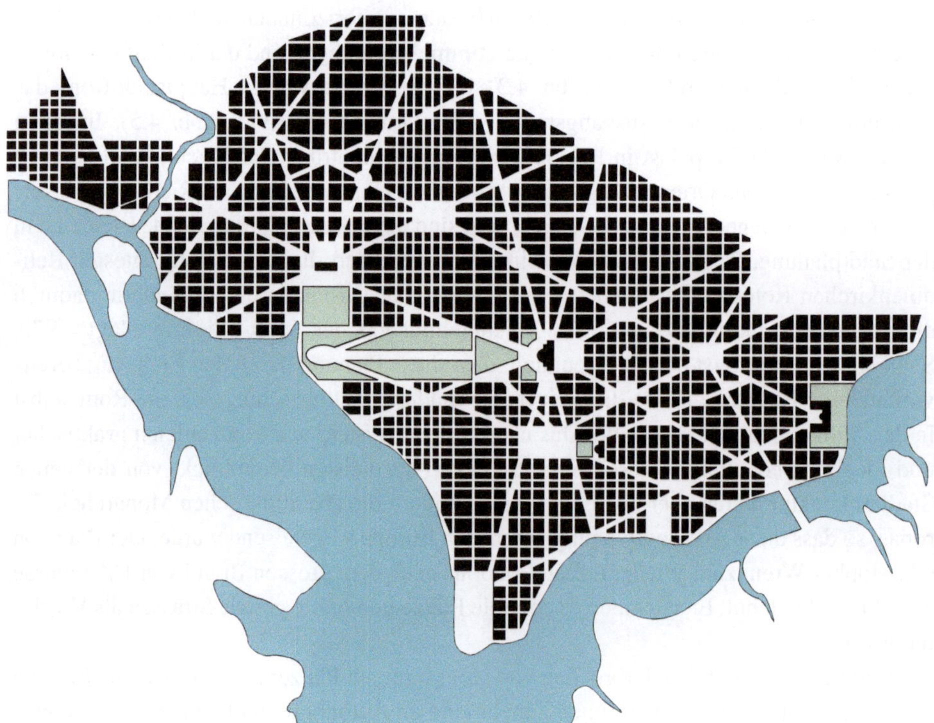

Abb. 9.26 Charles L'Enfant, Plan für die neue Hauptstadt Washington, 1790

Abb. 9.27 **a** Canberra, Australien, ab 1913 nach Walter Burleigh Griffin, **b** Brasilia, Brasilien, ab 1956 nach Lucio Costa und Oscar Niemeyer

verschoben und somit die Stadt besser kontrolliert werden. Die Erneuerung brachte der Stadt noch andere Vorteile: Die sanitären Verhältnisse wurden verbessert, die Boulevards schufen Freiraum und die Verkehrsprobleme waren zunächst gelöst. Paris war damit die erste Grossstadt, die verkehrstechnisch den neuen Verhältnissen des industrialisierten Zeitalters angepasst wurde.

Die breiten, richtungsweisenden Achsen verloren auch im 20. Jahrhundert nichts von ihrer Bedeutung: Alle grossen Stadtplanungen dieses Jahrhunderts, von Canberra über New Delhi bis Brasilia (Abb. 9.27), greifen auf sie zurück. An all diesen Orten sollten damit Macht und Grösse demonstriert werden. Wenn es nicht mehr die eines absolutistischen Herrschers war, so dann die einer Kolonialmacht oder gar eines ganzen Volkes.

Fragen (und Antworten)

9.1.   **Warum wird Zeit als die vierte Dimension der Raumwahrnehmung bezeichnet?**

9.2.   **Auf welche zwei Grundlagen beruht die Wahrnehmung von Bewegung und Geschwindigkeit?**

9.3.   **Eine Bewegung wird nicht in aller Richtung als gleich empfunden. Wie ist der Unterschied zwischen Bewegungen horizontalen und vertikalen Bewegungen?**

9.4.   **Wie zwischen Abwärts- und Aufwärtsbewegungen?**

9.5.   **Auf was muss der Mensch bei baulichen Veränderungen in einer Stadt, in einem Quartier vor allem Rücksicht nehmen?**

9.6.   **Wir können drei verschiedene Arten Veränderungen unserer Umwelt wahrnehmen. Welches sind diese?**

9.7.   **Was ist Dynamik bei der optischen Wahrnehmung?**

9.8.   **Was ist Rhythmus?**

9.9.   **Welche Faktoren prägen den Charakter eines Weges?**

9.10. **Was soll mit dem Raumkonzept der abendländischen Sakralarchitektur dargestellt werden?**

9.11. Welche Rolle spielen Richtung und Achse in der Architektur?

Die Musterlösungen zu den Fragen befinden sich im Anhang.

Literatur

Arnheim, Rudolf: Kunst und Sehen, Berlin, 1978 (Originaltitel: Art and Visual Perseption, Berkeley, 1954)

Arnheim, Rudolf: Wahrnehmungsmässige und ästhetische Eigenschaften der Bewegungsantwort, Journal of Personality, 19/1951 (in: Zur Psychologie der Kunst, Frankfurt am Main, 1980)

Blum, Elisabeth: Le Corbusiers Wege, 1988, Braunschweig

Bollnow, Otto F.: Mensch und Raum, Stuttgart, 1980 (1963)

Botta, Mario: La signification de l'environnement construit et naturel, Vortrag in La Sarraz, 1978 (in: Werk, Bauen und Wohnen, 1/1980 Übersetzung: J. Grütter)

Frampton, Kenneth: Die Architektur der Moderne, 1983, Stuttgart (Originaltitel: Modern architecture, London, 1980)

Giedion, Sigfried: Raum, Zeit, Architektur, Zürich, 1978 (Originaltitel: Space, Time and Architecture, Cambridge, Mass., 1941)

Le Corbusier: Ausblick auf eine Architektur, Berlin, 1969 (Originaltitel: Vers une architecture, Paris, 1923)

Lee, Terence R.: Brauchen wir eine Theorie? In: Architekturpsychologie, Düsseldorf, 1973 (Originaltitel: Architectural Psychology, London, 1970)

Marinetti, Fillipo T.: Le Futurisme, (in: Le Figaro, 20.2.1909)

Metzger, Wolfgang: Gesetze des Sehens, Frankfurt am Main, 1975 (1936)

Moholy-Nagy, Sibyl: Die Stadt als Schicksal, München, 1970 (Originaltitel: Matrix of Man – An Illustrated History of Urban Environment, New York, 1968)

Moss, Eric Owen: Buildings and Projects 3, New York, 2002, zitiert in: Giaconia Paola, Eric Owen Moss, Rom 2006, übersetzt: J.G.

Picard, Gilbert: Imperium Romanum, Fribourg, 1965

Rossi, Aldo: Die Architektur der Stadt, Düsseldorf, 1973 (Originaltitel: L'Architettura della Cittä, Padova, 1966)

Sant'Elia, Antonio und Marinetti, Fillipo: Futuristische Architektur, 1914 (in: Programme und Manifeste zur Architektur des 20. Jahrhunderts, Braunschweig, 1981)

Schmoll, J. A.: in: Malerei und Photographie im Dialog, Zürich, 1977

Schulz, C. N.: Genius Loci, Stuttgart, 1982 (1979)

Scully, Vincent: in: Arnheim, Rudolf, Die Dynamik der architektonischen Form, Köln, 1980 (Originaltitel: The dynamics of architectural form, Los Angeles, 1977)

Smith, Peter F.: Architektur und Ästhetik, Stuttgart, 1981 (Originaltitel: Architecture and the Human Dimension, London, 1979)

Snozzi, Luigi: Der Ort oder die Suche nach der Stille (in: Archithese 3/1984)

Stierlin, Henri: Architektur des Islam, Zürich, 1979

Van Doesburg, Theo: Auf dem Weg zu einer plastischen Architektur, 1924 (in: Programme und Manifeste zur Architektur des 20. Jahrhunderts, Braunschweig, 1981)

Venturi, Robert: Lernen von Las Vegas, Braunschweig, 1979 (Originaltitel: Learning from Las Vegas, Boston, 1978)

Zevi, Bruno: Erich Mendelsohn, Zürich, 1983 (Originaltitel: Erich Mendelsohn, Bologna, 1982)

Inhaltsverzeichnis

Einführung

Licht ist die Voraussetzung für jede optische Wahrnehmung. Licht hat über seinen praktischen Nutzen hinaus oft auch symbolische Bedeutung. Schon in den alten Hochkulturen wurden gültige Wertsysteme mit Hilfe spezieller Lichtführungen verdeutlicht.

Zwischen natürlichem Licht und künstlichem Licht bestehen fundamentale Unterschiede. Nicht nur das Licht, auch der Schatten ist für die optische Wahrnehmung unentbehrlich. Das wahrgenommene Licht kommt einerseits von der Sonne und den künstlichen Lichtquellen wie Feuer und elektrische Lampen, andererseits wird es aber auch von den beleuchteten Gegenständen reflektiert.

Zusammen mit der Lichtintensität ist das Farbsehen für die optische Wahrnehmung von erstrangiger Bedeutung. Die verschiedenen Farben haben eine spezifische psychologische

© Springer Fachmedien Wiesbaden GmbH, ein Teil von Springer Nature 2019   303
J. K. Grütter, *Grundlagen der Architektur-Wahrnehmung*,
https://doi.org/10.1007/978-3-658-26785-8_10

Wirkung auf den Betrachter. Dementsprechend haben sie auch einen Einfluss auf unser Raumempfinden. Farben haben wahrnehmungsmässig auch ein „Gewicht" und eine „Temperatur".

10.1 Licht

Licht ist die Voraussetzung für jede optische Wahrnehmung. Bei vollkommener Dunkelheit können wir weder Raum, Form noch Farbe sehen. Licht ist aber nicht nur eine physikalische Notwendigkeit, sein psychologischer Stellenwert ist einer der wichtigsten Faktoren des menschlichen Daseins überhaupt. Der Architekt Morris Lapidus meint dazu: „Die Menschen sind wie Motten; man stelle ein helles Licht auf, und sie stürzen sich darauf, ohne zu wissen weshalb. Wir gehen aufs helle Licht zu, ob wir es wollen oder nicht; wir werden von ihm angezogen" (Klotz und Cock 1974, S. 175). Das Licht hatte seit jeher über seinen praktischen Nutzen hinaus symbolische Bedeutung. Licht war der Inbegriff des Lebens, und in vielen Kulturen wurde das Licht, oder die Sonne als Quelle des Lichtes, als etwas Göttliches verehrt.

Zwischen natürlichem Licht und künstlichem Licht bestehen fundamentale Unterschiede. Das natürliche Licht verändert sich je nach Tageszeit und Witterung ständig, das künstliche Licht im Innenraum bleibt aber konstant, weder die Intensität noch die Lage der Lichtquelle unterliegen zeitlichen Schwankungen. Durch die grosse Entfernung der Sonne bedingt, treffen die Strahlen des natürlichen Lichtes parallel auf der Erde auf. Das künstliche Licht verbreitet sich meist allseitig von einer punktförmigen Quelle aus, die Strahlen verlaufen nicht parallel. Dieser Unterschied bewirkt zwei verschiedene Schlagschattenbilder und somit unterschiedliche Helldunkel-Bedingungen zwischen innen und aussen (vgl. Abb. 10.1).

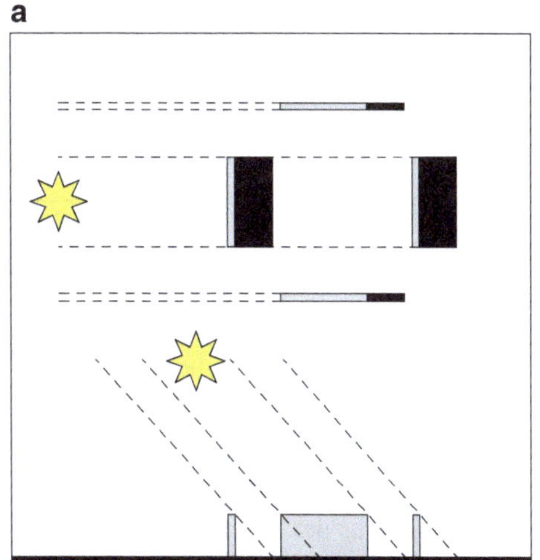
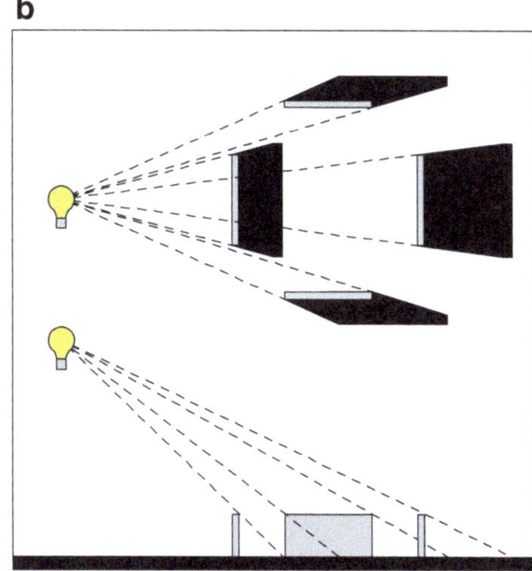

Abb. 10.1 Unterschiedliche Schlagschatten bei **a** natürlichem Licht und **b** künstlichem Licht

Die optische Wahrnehmung, der Empfang visueller Nachrichten, wird von vier Faktoren bestimmt: A) Der Zeit: Zu welchem Zeitpunkt trifft die Nachricht auf die Netzhaut auf? B) Der Lage des wahrgenommenen Gegenstandes. C) Der Lichtintensität: Sowohl eine zu grosse Dunkelheit als auch ein zu grelles Licht schränken die visuelle Wahrnehmung ein (Abschn. 10.1.1). D) Der Farbe: Das Farbsehen findet nur in einem bestimmten Helligkeitsbereich statt (Abschn. 10.1.1).

Die Lichtintensität ist dabei der wichtigste Faktor: Ohne Licht ist weder die Lage eines Objektes noch dessen Farbe erkennbar. Natürliches Licht ist ein äusserst unbeständiger Faktor: Je nach Jahres- und Tageszeit und je nach Witterung ändert sich seine Art. Damit verändert sich auch, je nach Art der Belichtung, die Wahrnehmung eines Gebäudes und seiner Umgebung. Durch den steten Wechsel der natürlichen Beleuchtung ist der Mensch verbunden mit den natürlichen Zeitabläufen, die ihm als Massstab dienen und an denen er sich orientieren kann. Hier liegt auch ein grosser Unterschied zum künstlichen Licht: Physikalisch optimales Licht, Intensität, Farbe und Wärme usw. können heute künstlich erzeugt werden, der ständige Wechsel und die daraus resultierenden Wahrnehmungsveränderungen sind aber mit künstlichem Licht nur sehr schwer zu kopieren. Die Bedeutung der Beleuchtung als Uhr entfällt beim künstlichen Licht völlig. Lage, Grösse, Form und Material eines Gebäudes werden in der Planungsphase genau bestimmt. Auch der Stand der Sonne, der Quelle des natürlichen Lichts, kann zuvor für jede Tages- und Jahreszeit berechnet werden. Die genauen Lichtverhältnisse und Einflüsse wie Bewölkung, Regen, Nebel etc. sowie die daraus resultierenden sozio-psychologischen Komponenten des Betrachters sind jedoch schwer voraussehbar, sie sind Unbekannte in jeder Planung.

10.1.1 Lichtintensität

Die Lichtintensität ist eine der vier wichtigen Faktoren der optischen Wahrnehmung. Die Anpassungsfähigkeit des Auges an verschiedene Lichtstärken ist erstaunlich: Eine optische Wahrnehmung ist sowohl bei sehr schwachem Licht möglich, zum Beispiel bei Mondlicht, das wir bereits als Dunkelheit bezeichnen, als auch bei sehr starkem Licht, das bis zu 250.000 mal so stark sein kann wie Mondlicht (Rasmussen 1980, S. 189).

Wir unterscheiden zwischen der natürlichen Lichtquelle der Sonne und künstlichen Lichtquellen wie Feuer und elektrische Lampen. Die von diesen natürlichen und künstlichen Quellen ausgehende Beleuchtung ist aber nicht das einzige Licht, das wir sehen können. Neben diesem direkten Licht nehmen wir auch das indirekte Licht wahr, das von den beleuchteten Gegenständen reflektiert wird. Dieses reflektierte Licht verleiht den nicht direkt angestrahlten Gegenständen eine gewisse Helligkeit, die uns die Objekte sehen lässt. Daraus folgt, dass für die von uns gesehene Helligkeit eines Gegenstandes zwei Faktoren wichtig sind: die Beleuchtungsstärke, das heisst die Menge Licht, die auf das Objekt trifft, und das Reflexionsvermögen dieses Objekts, also das Verhältnis der Reflexion zur Absorption einer bestimmten Menge auffallenden Lichtes. Dies bedeutet, dass die von uns gesehene Helligkei nicht direkt proportional zur Lichtstärke ist: Eine weisse, glatte Oberfläche,

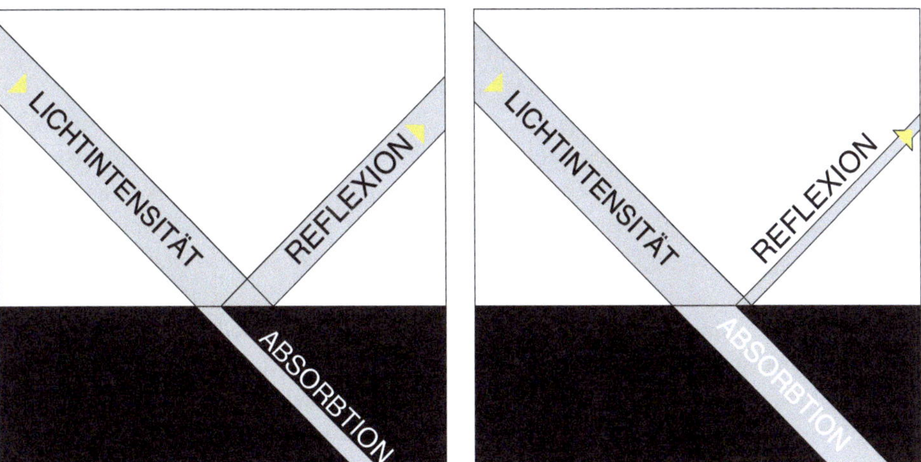

Abb. 10.2 Die wahrgenommene Helligkeit entspricht dem reflektierten Licht. Dieses ist abhängig vom Absorptionsvermögen der Oberfläche (2 Möglichkeiten)

die nur schwach beleuchtet ist, kann uns heller erscheinen als ein schwarzer Samt unter starker Beleuchtung (Abb. 10.2). Das Auge kann Helligkeit registrieren, nicht aber feststellen, wieviel die beide Faktoren, Beleuchtungsstärke und Reflexionsvermögen, einzeln zu diesem Ergebnis beigetragen haben. Dementsprechend bestehen zwei Möglichkeiten, die wahrgenommene Helligkeit eines Objektes, eines architektonischen Elementes zu beeinflussen: mittels der Beleuchtungsintensität und mittels der Wahl der Oberflächenbeschaffenheit der Materialien, das heisst, durch ihr Reflexionsvermögen.

Mit Hilfe von Lichtintensität und Oberflächenbeschaffenheit kann also die Helligkeitswahrnehmung beeinflusst werden: Eine bestimmte Beleuchtung kann durch die Wahl einer geeigneten Oberflächenstruktur gesteigert oder abgeschwächt werden. Von dieser Möglichkeit wird in der Architektur nur sehr selten Gebrauch gemacht, für Bühnenbildner ist sie aber ein alltägliches Hilfsmittel (Arnheim 1978, S. 305). Um allzu grosse Helligkeitsunterschiede in einem Raum zu vermeiden, kann zum Beispiel die Wand, die direkt angestrahlt wird, mit einer stärker absorbierenden Oberfläche versehen werden als die anderen Wände.

Die Helligkeit eines Gegenstandes ist wahrnehmungsmässig sowohl relativ wie auch subjektiv. Das Umfeld beeinflusst unsere Helligkeitswahrnehmung mit. Die Helligkeit der Umgebung beeinflusst wiederum die wahrgenommene Grösse eines Gegenstandes. Ein Objekt erscheint uns in einer dunklen Umgebung grösser als in einer helleren Umgebung. Gegenstände erscheinen uns nachts eher grösser als bei Tageslicht. Dies ist auch mit ein Grund, weshalb die Fähigkeit zur Distanzeinschätzung bei Dunkelheit kleiner ist als bei Tageslicht.

Die Relativität der Helligkeitswahrnehmung geht so weit, dass keine sicheren Kriterien der Beurteilung bestehen, ob Helligkeit direkt einer Lichtquelle entspringt oder ob sie eine Folge der Reflexion ist. Den Mond sehen wir als eine runde, leuchtende Scheibe;

rein wahrnehmungsmässig können wir nicht feststellen, ob er eine Lichtquelle ist oder ob er nur das auf ihn fallende Sonnenlicht reflektiert. Die vom Beobachter wahrgenommenen Helligkeitswerte stimmen meist nicht mit gemessenen Werten überein. Die sozio-psychologischen Aspekte spielen dabei eine wichtige Rolle: Die psychische Verfassung, auch die Beziehung des Beobachters zum Objekt, kann seine Helligkeitswahrnehmung beeinflussen (vgl. Abschn. 1.4). Bis zu einem gewissen Grad werden Helligkeitswahrnehmungen vom Nervensystem und Auge ausgeglichen: Die Pupillen weiten sich automatisch bei Helligkeitsabnahme, so dass mehr Licht auf die Netzhaut fällt (Lau 1973, S. 87).

Wenn im Blickfeld infolge verschiedener Belichtungen verschiedene Helligkeitswerte gesehen werden, so tendieren wir dazu, einen einheitlichen Wert zu registrieren. Die Helligkeit der Flächen in Abb. 10.3 variieren von weiss bis dunkelgrau. Trotzdem registrieren wir alle Oberflächen einheitlich weiss. Auf die Frage, wie der Helligkeitswert des Objektes vom menschlichen Wahrnehmungsmechanismus genau bestimmt wird, gibt es bis heute keine klare Antwort (Arnheim 1978, S. 305).

Dasselbe gilt auch für die Farbe: Hat ein Gebäude eine bestimmte Farbe, zum Beispiel rot, so nehmen wir eine ganze Rotskala, von hellrot bis beinahe schwarz, wahr, ordnen dem Objekt aber trotzdem nur einen bestimmten Rotwert zu (Abb. 10.4). Dieses Verhalten kann auch informationstheoretisch erklärt werden. Müssten wir alle Rot-Töne bewusst einzeln registrieren (oder alle Grauwerte in Abb. 10.3), wäre die Menge der aufzunehmenden Information viel zu gross, unser Gehirn wäre überlastet.

Im Abschn. 1.3.7 wurde die Tiefenwahrnehmung beschrieben. Tiefe, als dritte Dimension, ist ein wichtiger Faktor für die Raumwahrnehmung. Ein Aspekt der Tiefenwahrnehmung ist das Helligkeitsgefälle: Je nach Grösse des Winkels zwischen Lichtstrahl und Oberfläche erscheint die Fläche heller oder dunkler. Mit Hilfe der Beleuchtung und der daraus resultierenden Helligkeitsdifferenzen werden Tiefen wahrgenommen und somit

Abb. 10.3 Registrieren einer einheitlichen Helligkeit. Grütter Jörg Kurt, 2005, Wohnungsumbau, Zürich, Schweiz

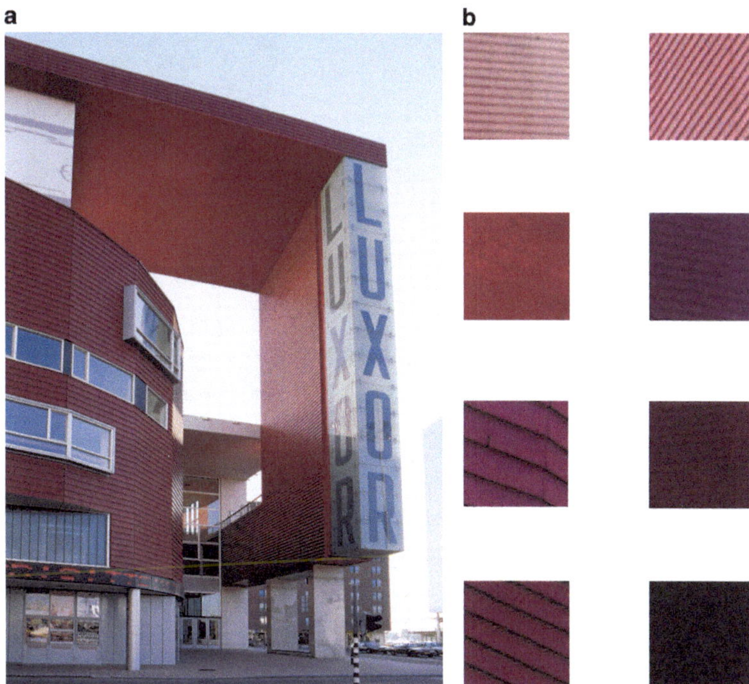

Abb. 10.4 a Bolles-Wilson, 2001, Theater Luxor, Rotterdam, Holland, **b** 8 Ausschnitte aus der Aufnahme links. Farbkonstanz: trotz der ganz verschiedenen Farbtöne, sehen wir ein rotes Haus

auch Formen und Raum (vgl. Abb. 1.33). Damit aber eine Form richtig wahrgenommen werden kann, muss dem Betrachter die Lage der Lichtquelle bekannt sein, er muss wissen, von welcher Seite das Objekt beleuchtet wird. In Abb. 10.5 sehen wir links und rechts je zwei Objekte von oben (schwarz). In der Mitte der Abbildung sehen wir die Objekte von der Seite (rot). Links werden die Objekte jeweils von vorne belichtet. Rechts wird das obere Objekt von vorne, das untere Objekt von der linken Seite her belichtet. Obwohl die Form der Objektes oben und unten verschieden sind, und obwohl rechts sogar die Richtung der Beleuchtung ändert, bleiben die wahrgenommenen roten Bilder unverändert. Selbst wenn die Lage der Lichtquelle bekannt ist, kann die genaue Form nicht immer sicher bestimmt werden: Die rote Figur links in Abb. 10.5 lässt mindestens zwei formale Interpretationen zu, oben und unten.

10.1.2 Schatten

Nicht nur das Licht, auch der Schatten ist für die optische Wahrnehmung unentbehrlich.

Das Zusammenspiel von Licht und Schatten, ihre Untrennbarkeit, hat Frank Lloyd Wright sehr bildhaft beschrieben: „Des Menschen treuer Gefährte, der Baum, lebte vom Licht. Das Gebäude, des Menschen eigener Baum, lebte vom Schatten" (Wright 1970).

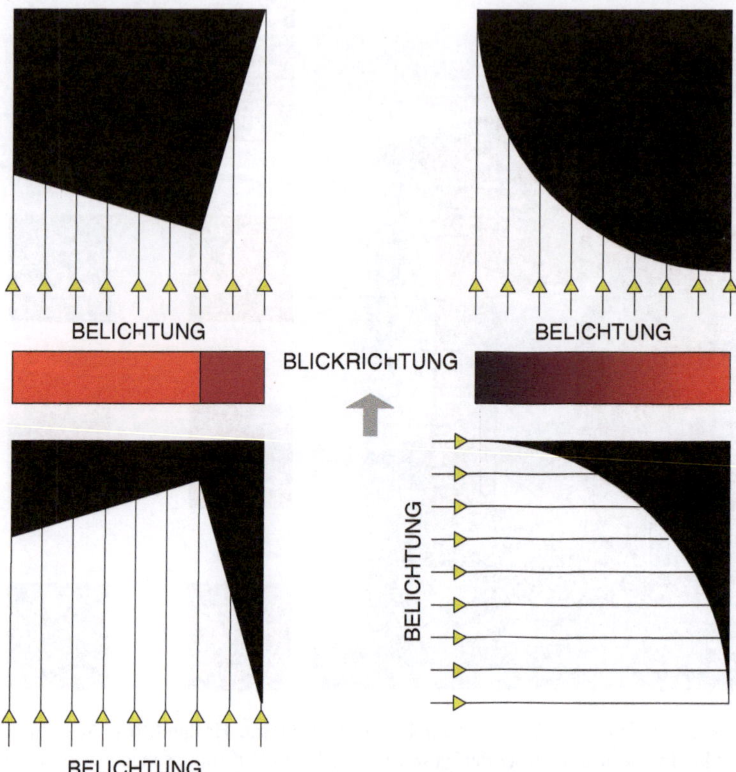

Abb. 10.5 Helligkeitsunterschiede lassen auf die Form und damit auf den Raum schliessen, bestimmen aber diesen nicht eindeutig: Für beide Beispiele, links und rechts, ist sowohl die Form oben wie unten möglich

Wir unterscheiden zwischen Eigenschatten und Schlagschatten. Der erste liegt auf dem Gegenstand selbst: Alle Flächen des Körpers, die nicht direkt beleuchtet werden, liegen im Eigenschatten. Der Schlagschatten wird vom Objekt auf die Umgebung geworfen. Mit Hilfe des Schlagschattens kann etwas über die Lage der Lichtquelle, aber auch über die Form einzelner Gegenstände und ihrer Beziehung untereinander ausgesagt werden (Abb. 10.6).

Die Beziehung eines Objektes zu seinem Schatten wird durch vier Faktoren beeinflusst: die Lage der Lichtquelle, Grösse und Form des Objektes, Grösse und Form des Schlagschattens und die Lage und Form der Umgebung, auf die der Schatten geworfen wird. Zur genauen Bestimmung der Situation müssen drei dieser vier Faktoren bestimmt sein.

Bei der Wahrnehmung von Architektur sind oft weniger als drei dieser Faktoren bekannt, so dass wir trotz Schattenwurf die genauen räumlichen Verhältnisse nicht bestimmen können (Abb. 10.7). Zum Beispiel wird die Grösse eines Rücksprungs aufgrund der Schattenwahrnehmung überschätzt (Lauenstein 1938, S. 283).

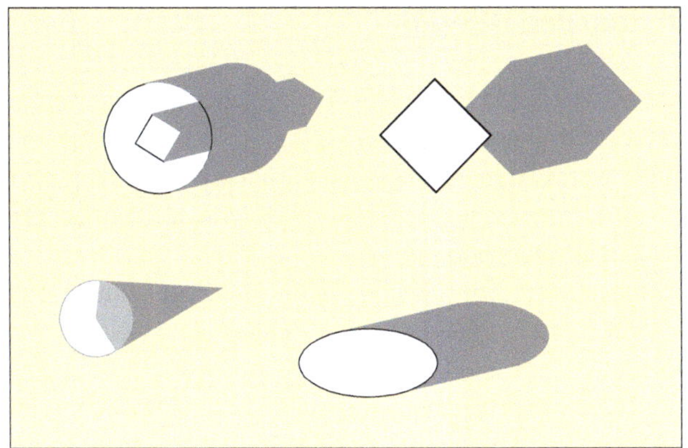

Abb. 10.6 Die Schatten sagen etwas aus über die Form der verschiedenen Körper und zu ihrer Lage

Abb. 10.7 Schatten. Parkhaus in Lugano, Schweiz

10.1.3 Lichtführung und Öffnung

Da die meisten Innenräume auch Öffnungen nach aussen haben, und damit tagsüber natürliches Licht durch diese Öffnungen ins Innere dringt, sind Innenräume oft nur abends und nachts auf Kunstlicht angewiesen. Inwieweit natürliche Beleuchtung im Innenraum notwendig ist, hängt von den jeweiligen Anforderungen an den Raum ab. Ob natürliche Beleuchtung für einen Arbeitsplatz nötig ist oder nicht, ist eine Streitfrage zwischen Physiologen und Beleuchtungstechnikern. Für die Architekten legt Louis I. Kahn die Antwort eindeutig fest: „ich glaube nicht, dass irgendein Zimmer seinen Namen verdient, wenn es künstlich beleuchtet ist" (Klotz und Cock 1974, S. 247).

Es bestehen unzählige Möglichkeiten, wie die Öffnungen zwischen innen und aussen gestaltet werden können (vgl. Abschn. 5.3.2 und Abb. 5.31). Je nach Art resultieren daraus auch verschiedene Lichtführungen. Ursprünglich war ein Fenster ein einfaches Loch in einer Wand. cIm Im Innenraum erscheint eine solche Öffnung wie eine leuchtende Fläche an der Wand. Der Helligkeitskontrast zwischen Fensterfläche und der umgebenden Wand ist gross: Das Fenster erscheint sehr hell, die umgebende Wand ist die dunkelste Fläche im Raum, sie wird nicht direkt beleuchtet und wird nur durch das auf den anderen Wänden reflektierte Licht erhellt.

Wenn das Tragsystem aus Stützen besteht, ein sogenanntes Skelettsystem (vgl. Abschn. 5.3.2), sind die Wand nicht mehr tragend und es können grössere Öffnungen, Lang- oder Bandfenster, angebracht werden. Befindet sich die Öffnung am seitlichen Ende einer Wand oder trennt sie Wand und Decke, so wird die anschliessende Wand oder die Decke durch das hereinflutende Licht erhellt (Abb. 10.8a und 11.3). Diese hell beleuchteten Flächen reflektieren wiederum Licht in den ganzen Raum. Die Kontraste zwischen hell und dunkel sind in diesem Fall wesentlich schwächer. Eine solche Beleuchtung kann Raumkontinuität andeuten, sie kann auch wegweisend wirken.

Je grösser die Öffnungen, desto mehr wird die Atmosphäre des Innenraumes von den äusseren Verhältnissen mitbeeinflusst. Am extremsten ist diese Abhängigkeit bei einer Rundum-Verglasung. Solche Räume sind dem Wechsel der Aussenverhältnisse stark ausgesetzt. Im Innern herrschen ähnliche Lichtverhältnisse wie in der Umgebung. (vgl. Abb. 5.14). Der Grad der Öffnung gegen aussen hängt auch vom Raumverständnis der jeweiligen Zeit ab. Eine starke Beziehung zwischen innen und aussen wurde im Abendland erst zu Beginn des 20. Jahrhunderts angestrebt (vgl. Abschn. 5.1.1.3 und 4.5.3).

Auch wenn der Wunsch besteht, mit grossen Öffnungen viel natürliches Licht ins Innere zu bringen, kann eine direkte Sonneneinstrahlung störend sein. Um dies zu verhindern, kann die Lage der Öffnungen so gewählt werden, dass die verglasten Flächen nie direkt dem Sonnenlicht ausgesetzt sind und somit das natürliche Licht nur indirekt in den Innenraum dringt. Auch mit mobilen Vorrichtungen, wie Vorhängen und Stores, kann bei Bedarf ein allzu intensiver Lichteinfall abgeschwächt oder ganz verhindert werden.

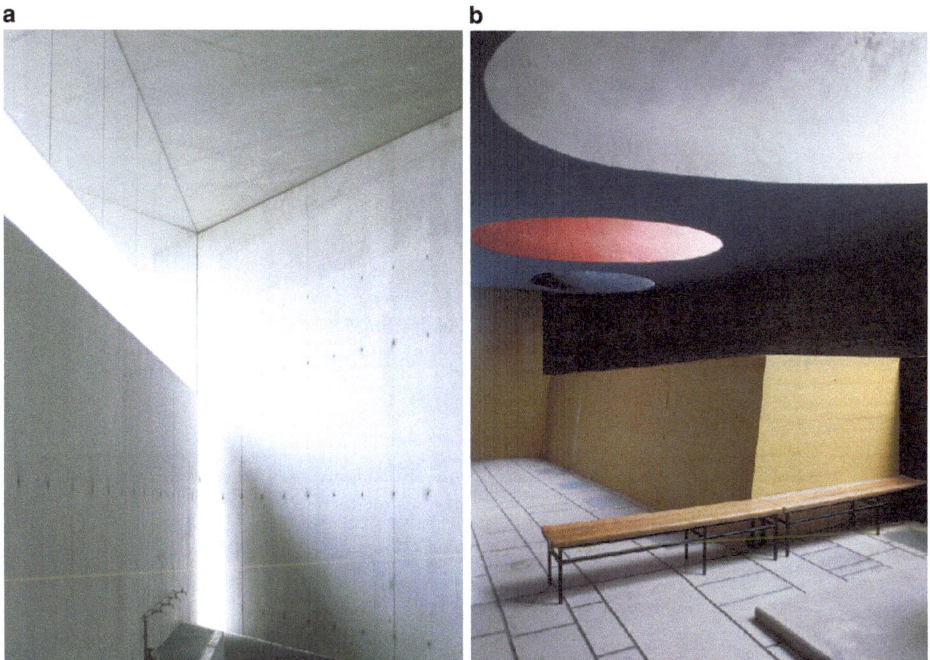

Abb. 10.8 a Hadid Z., 1993, ehemaliges Feuerwehrgebäude, Weil am Rhein, Deutschland (vgl. Abb. 9.25), **b** Le Corbusier, 1957, Kloster, La Tourette, Frankreich

Je nach geografischer Lage ist der Einfallswinkel der Sonnenstrahlen zu verschiedenen Jahreszeiten steiler oder flacher (Abb. 10.9). In diesen Gegenden hält ein Vordach im Sommer eine direkte Sonneneinstrahlung vom Rauminnern fern und lässt sie im Winter als Wärmespender ein. Le Corbusier gilt als Erfinder der sogenannten Brise Soleil: Lamellen, die vor die Fassade gestellt ein direktes Eindringen der Sonnenstrahlen verhindern, andererseits aber, im Gegensatz zu Vorhang und Storen, Ein- und Ausblick ermöglichen. Le Corbusier war Ende der 30er-Jahre des letzten Jahrhunderts mit dem Architekten und Stadtplaner Lúcio Costa, und dessen damaligen Mitarbeiter Oscar Niemeyer, an der Planung des Ministeriums für Bildung und Gesundheit (dem heutigen Kulturpalast) in Rio de Janeiro beteiligt. Die der Sonne ausgesetzte Fassade dieses Gebäudes ist mit Brise Soleil gegen eindringendes Sonnenlicht geschützt. Oscar Niemeyer verwendete dieses System, in abgewandelter Form, später an mehreren seiner Bauten (Abb. 10.10).

Durch die Reflektion gewährt der Spiegel eine optische Vergrösserung des Innenraumes und eine intensivere Beleuchtung. In den Spiegelsälen, die seit dem 16. Jahrhundert in zahlreichen Schlössern entstanden, sind die reflektierenden Flächen beleuchtungstechnische Einrichtungen, die gleichzeitig auch mithalfen, die Raumgrösse, Pracht und den Reichtum optisch zu vervielfachen. Ein Effekt, den auch Oscar Niemeyer 1960 im Präsidentenpalast, Palacio da Alvorada, in Brasilia nutzte (vgl. Abb. 10.11).

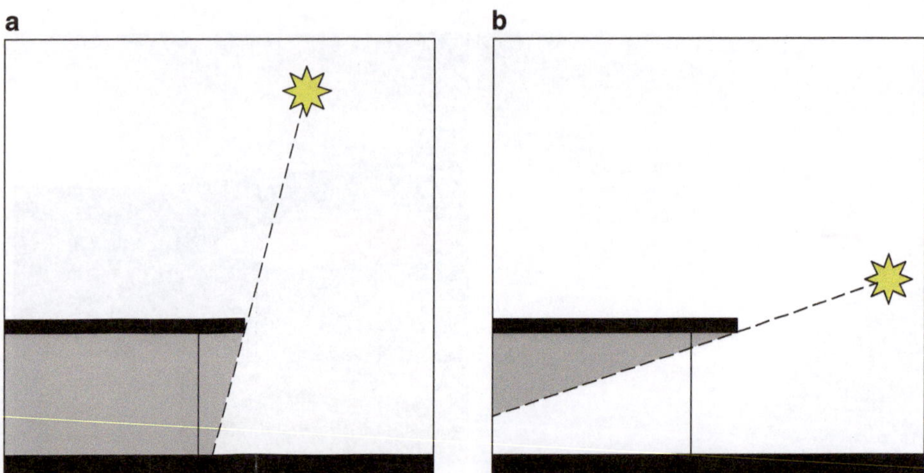

Abb. 10.9 Verschiedene Einfallswinkel der Sonnenstrahlen zu verschiedenen Jahreszeiten (in Mitteleuropa): **a** im Sommer, **b** im Winter

Abb. 10.10 **a** Le Corbusier mit Lúcio Costa, 1936–43, Ministerium für Bildung und Gesundheit (heute Kulturpalast), Rio de Janeiro, Brasilien, **b** Niemeyer Oscar, 1955–60, Wohnhaus Praca da Liberdade, Belo Horizonte, Brasilien

Abb. 10.11   Niemeyer Oscar, 1960, Palacio da Alvorada, Brasilia, Brasilien

Im von Norman Foster gebauten Verwaltungsgebäude der „Hongkong and Shanghai Banking Corporation" in Hongkong wird mit einem riesigen Hohlspiegel Licht in die über 30 Meter hohe Eingangshalle reflektiert. Das Licht wird draussen an der Fassade mit einem Spiegel in die Gebäudemitte reflektiert und von dort, um 90 Grad umgelenkt, senkrecht in die 30 Meter hohe Halle projiziert (vgl. Abb. 10.12).

10.1.4 Ausblick und die natürliche Belichtung des Innenraumes

Der optische Bezug zwischen innen und aussen basiert, nebst der Art der Öffnung, auf zwei weiteren Faktoren: der Art der natürlichen Belichtung im Innern, also der Weise, wie das natürliche Licht in den Innenraum dringt, und der Art der Blickfreiheit zwischen innen und aussen: Einsicht von aussen nach innen und umgekehrt Ausblick von innen nach aussen. Blickfreiheit bedeutet meistens auch eindringendes Licht. Belichtung von aussen erlaubt umgekehrt nicht immer auch Blickfreiheit. Grundsätzlich bestehen drei Möglichkeiten: A) Durch die Öffnung dringt nur Licht ins Innere. B) Zusätzlich zum eindringenden Licht wird Aussicht gewährt. C) Nebst eindringendem Licht bestehen Ein- und Ausblick. Meist wird versucht, das natürliche Licht in das Konzept der Innenraumbeleuchtung mit einzubeziehen. Die Beleuchtungsanforderungen eines Raumes sind je nach Art der Nutzung verschieden. Sicher sind allzu grosse Hell-Dunkel-Kontraste, sofern sie nicht ausnahmsweise ausdrücklich erforderlich sind, unerwünscht, da sie eine übermässige Beanspruchung des visuellen Wahrnehmungsmechanismus nach sich ziehen.

Abb. 10.12 Foster Norman, 1982–85, Hongkong and Shanghai Banking Corporation, Hongkong

Experimentell wurde nachgewiesen, dass bis zu einem gewissen Punkt ansteigende Helligkeit in einem Raum auch als zunehmend angenehmer empfunden wird, dass aber von einer bestimmten Helligkeitsintensität an ein weiteres Ansteigen der Beleuchtungsstärke unangenehm werden kann (Lau 1973, S. 105). Lage, Grösse und Form der Öffnungen in der Aussenhaut sind oft stark von der Art der Konstruktion der Hülle des Gebäudes abhängig (vgl. Abschn. 5.3.2). Die Öffnungen in den Wänden, Türen und Fenstern, schaffen oft auch einen optischen Bezug zur Umgebung. Oberlichter, Öffnungen in den Elementen, die den Raum gegen oben abschliessen, bringen primär Licht ins Innere. Sie vermitteln wenig optische Bezüge zur Umgebung, die so entstehende Beleuchtung kann aber spezielle Raumstimmungen erzeugen (vgl. Abb. 10.8).

Die Art der Öffnung wird selten ausschliesslich durch die notwendige Lichtmenge bestimmt: Probleme der Lüftung, der Abschirmung, der Konstruktion und das Erscheinungsbild sind mitbestimmend. Die ursprüngliche Aufgabe der Fenster war es, Licht ins Innere zu bringen und gleichzeitig das Innere vom Aussenklima zu trennen. Eine klimatische Trennung zwischen innen und aussen und eine gleichzeitige visuelle Transparenz war damals aus materialtechnischen Gründen nicht möglich. Die verwendeten Materialien waren dünne Steinplatten, zum Beispiel Alabaster (Abb. 10.16 a), später undurchsichtiges

Abb. 10.13 **a** Fenster, Schloss Greyerz, Schweiz, **b** Ford, ab 15. Jh., Jodhpur, Indien

Glas, welche einen Lichteinfall ins Innere erlaubten, jedoch weder Ein- noch Ausblick gewährten (Abb. 10.13a). Eine visuelle Transparenz wird auch heute nicht immer angestrebt. In der traditionellen islamischen Architektur im arabischen Raum ist das engmaschige Holzgitter vor den Fensteröffnungen ein viel verwendetes Element: Es erlaubt einer Person im Haus einen Blick auf die Strasse, ohne selbst gesehen zu werden. Mit dem Islam verbreitete sich diese Art von Sichtblende auch nach Osten, wo sie in Indien in Stein umgesetzt wurde (Abb. 10.13b). Auch Le Corbusier verwendete, beeinflusst durch Eindrücke seiner Türkeireise, dieses Element in der 1916 erstellten Villa Schwob in La Chaux-de-Fonds: Durch runde Öffnungen in der Wand zweier Zimmer im ersten Obergeschoss ist der Blick frei nach unten in den zweigeschossigen Wohnraum. Holzgitter vor diesen Öffnungen verhindert, dass die Person oben von unten gesehen werden kann (Abb. 10.14).

Spiegelglas kann als neue Form dieses Anliegens betrachtet werden: Ausblicke sind möglich, aussen aber spiegelt sich die Umgebung und verhindert so jeden Einblick. Das eingefärbte Glas kann als Variante zum Spiegelglas bezeichnet werden, wobei hier der Ausblick nur teilweise gewährt ist, je nach Art der Einfärbung (Abb. 10.15).

Auch heute kann der Wunsch bestehen, Öffnungen so zu konzipieren, dass Licht eindringt, ohne dass Ein- oder Ausblick möglich sind. In der Bibliothek für seltene Bücher und Manuskripte der Yale Universität von Gordon Bunshaft (SOM) bestehen die Aussenwände

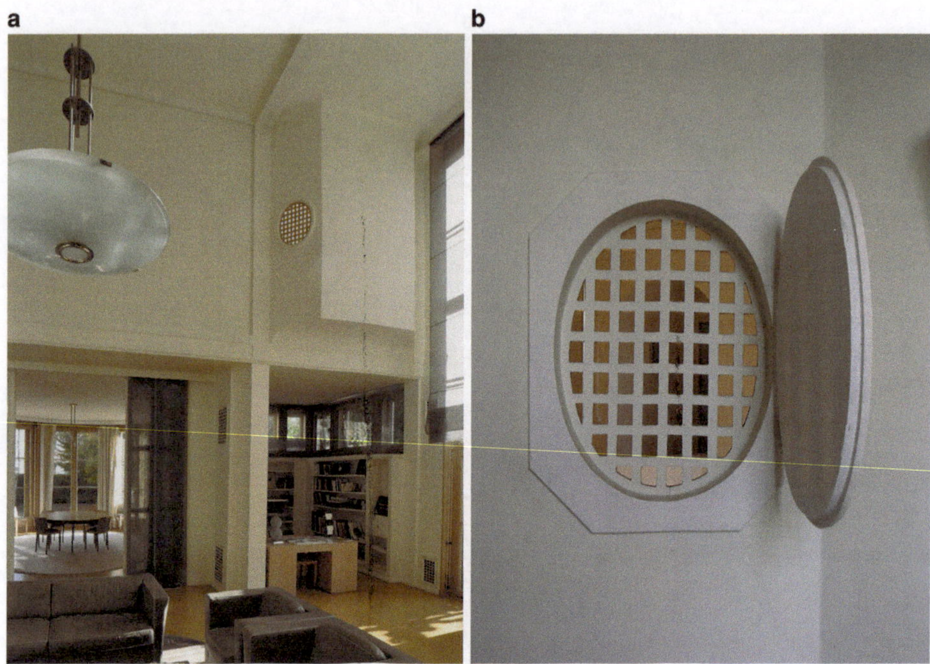

Abb. 10.14 Le Corbusier, 1916, Villa Schwob, La Chaux-de-Fonds, Schweiz. **a** Öffnung im 1. Obergeschoss mit Blick in den Wohnbereich im Erdgeschoss (im Bild oben rechts), **b** dieselbe Öffnung im Schlafzimmer im 1. Obergeschoss

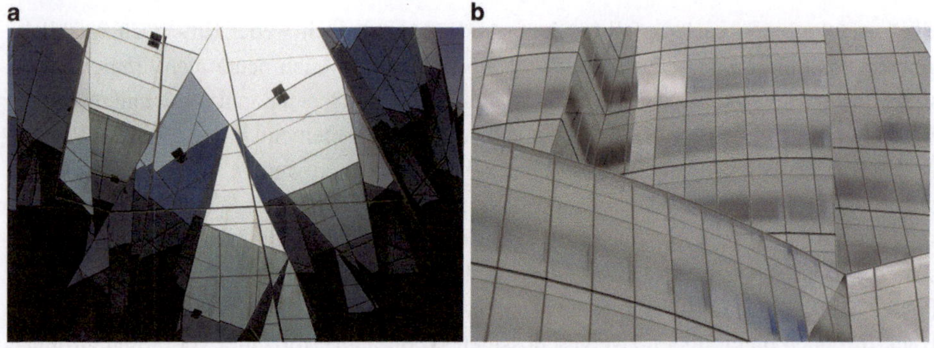

Abb. 10.15 Spiegelglas und eingefärbtes Glas. **a** Herzog & de Meuron, 2004, Forum, Barcelona, Spanien, **b** Gehry F.O., 2007, Bürogebäude, New York, USA

aus grossen, dünnen Alabasterplatten, die gerade so viel Licht ins Innere einlassen, dass keine Dunkelheit herrscht, aber eine für die Bücher schädliche Lichtintensität verhindert wird (Abb. 10.16b).

Zwischen durchsichtig und nur lichtdurchlässig bestehen Zwischenstufen. Das den Hauptsaal umgebende Foyer im Kongresszentrum in San Sebastian, 1999 erbaut von

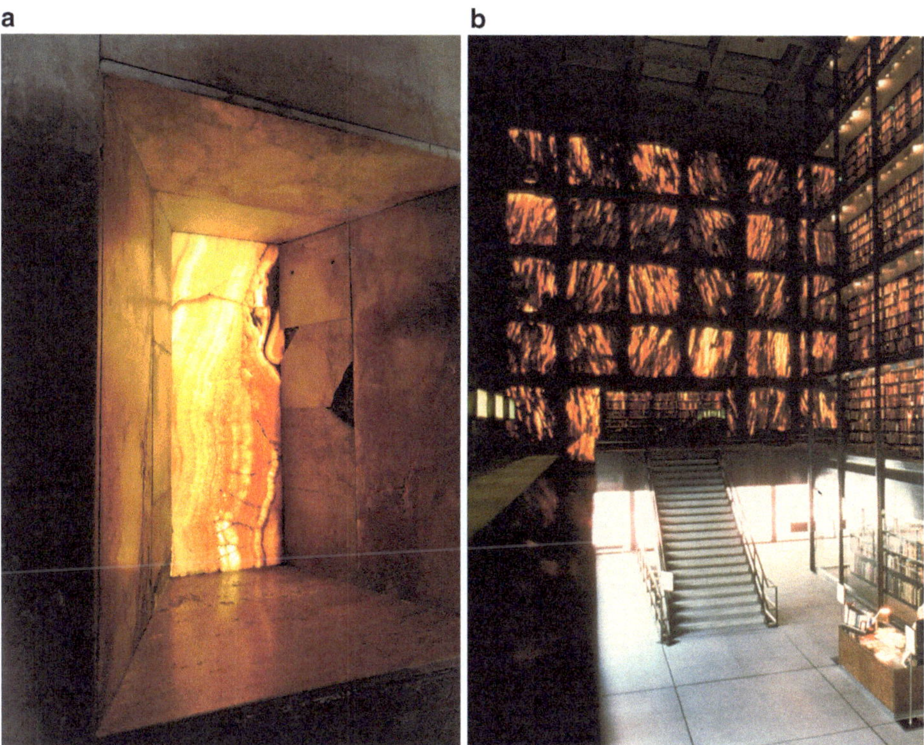

Abb. 10.16 **a** Mausoleum der Galla Placidia, 430, Ravenna, Italien **b** SOM, 1963, Bibliothek, New Haven, USA

Rafael Moneo, wird durch die lichtdurchlässige Aussenhaut des Gebäudes natürlich belichtet. Die aus Milchglaselementen bestehende Fassade erlaubt keinen Ausblick, nur Lichteinlass. Der Ausblick auf die Umgebung ist nur möglich durch einige an speziellen Orten angebrachte normal verglaste Öffnungen (Abb. 10.17a).

Bei der 1989 von I. M. Pei erbauten Erweiterung des Louvres in Paris ist das in der Pyramide über dem neuen Museumseingang verwendete Glas voll transparent. Durch die aufwendige Tragkonstruktion der grossen Glasflächen ist der umliegende Altbau nur noch fragmentarisch erkennbar und verschwindet beim Herabsteigen ins unterirdische Foyer ganz aus dem Blickfeld (Abb. 10.17b).

Ein ähnliches Szenario finden wir bei der 1960 von Oscar Niemeyer in Brasilia erbauten Kathedrale vor. Die lichtdurchlässigen Teile bestehen aus einer Doppelverglasung, die soviel Licht einströmen lässt, dass im Innern eine angenehm warme Atmosphäre herrscht (Abb. 10.18). Die Kirche wird über eine Rampe betreten, die von aussen ca. vier Meter nach unten führt. Ein Ausblick in die nähere Umgebung ist deshalb nicht möglich, nur die Umrisse einiger Hochhäuser in der weiteren Umgebung sind schemenhaft zu erkennen.

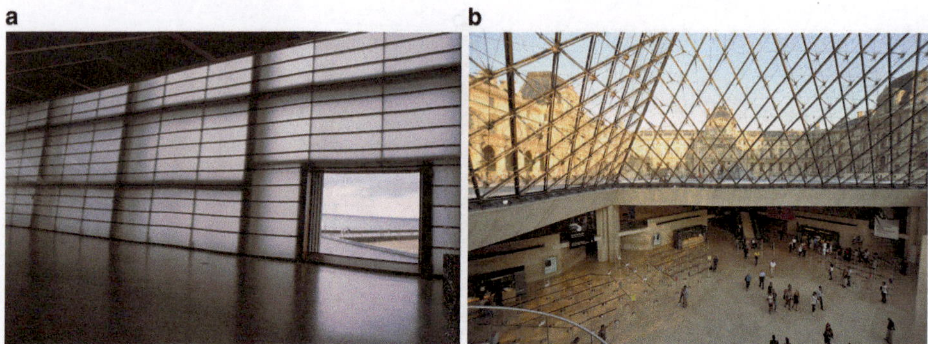

Abb. 10.17 **a** Rafael Moneo, 1999, Kongresszentrum, San Sebastian, Spanien, **b** I.M. Pei, 1989, Erweiterung Louvre, Paris, Frankreich

Abb. 10.18 Niemeyer Oscar, 1960, Kathedrale, Brasilia, Brasilien

10.1.5 Licht in verschiedenen Stilepochen

Im alten Ägypten kam dem Licht eine besondere Bedeutung zu. Bedingt durch die geografische Lage ist dort die Lichtintensität sehr gross und damit auch der Kontrast zwischen beleuchteten und beschatteten Flächen. Die klaren geometrischen Formen der ägyptischen Architektur mit ihrer Scharfkantigkeit erzeugen unter starker Beleuchtung eine besondere Wirkung. Le Corbusiers Aussage über den Zusammenhang von Licht und Schatten gilt hier ganz besonders: „Architektur ist das kunstvolle, korrekte und grossartige Spiel der unter dem Licht versammelten Baukörper. Unsere Augen sind geschaffen, die Formen unter dem Licht zu sehen: Licht und Schatten enthüllen die Formen; die Würfel, Kegel, Kugeln, Zylinder oder die Pyramiden sind die grossen primären Formen, die das Licht klar offenbart; ihr Bild erscheint uns rein und greifbar, eindeutig" (Le Corbusier 1969, S. 38). In Ägypten beschränkt sich das Spiel zwischen Licht und Schatten nicht nur auf die grossen Primärformen: Die Flächen der Baukörper sind oft mit fein gestalteten, in den Stein gehauenen Reliefs versehen (Abb. 10.19). So wird hier der Licht/Schatten-Effekt im kleineren Massstab fortgesetzt. Das Wesen des Göttlichen war für den Menschen unerreichbar, unsichtbar, und befand sich deshalb im Dunkeln. Der Weg zu diesem Göttlichen, der vom Licht in die Dunkelheit führt, wurde mit Hilfe der Lichtführung noch verdeutlicht (vgl. Abb. 9.18). Durch eine genau auf die Sonne abgestimmte Lage des Baukörpers wurde das Licht so miteinbezogen, dass Lichtstrahlen zu bestimmten Zeiten spezielle Orte beleuchten und andere Teile im Dunkeln belassen. Der französische Ägyptologe Jean-Louis de Canival beschreibt die Beleuchtung der Statuen im Tempel von Chephren wie folgt: „Das Licht fiel durch kleine Fenster zwischen der Wand und der Decke ein, war auf

Abb. 10.19 Doppeltempel, 2. Jh. v. Chr., Kom Ombo, Ägypten

jede einzelne Statue gerichtet und wurde von dem Boden aus poliertem Alabaster so reflektiert, dass ein ganz diffuses Licht im Raum entstand und die Pfeiler und Wände aus rotem Granit im Dunkel blieben" (Canival 1964, S. 92). Die Statuen stellten verschiedene Gottheiten dar. Das Unbestimmte der Dunkelheit verstärkte zusätzlich das Mystische des Jenseits. Nur wenige ausgewählte Personen durften das Innere der Anlage betreten und erlebten so diese Szenerie, die nicht einfach Kunst im heutigen Sinne war, sondern der Versuch, eine geistig-kultische Konstellation zu visualisieren. Die Beleuchtung wurde bewusst eingesetzt, um diese Idee zu verstärken und zu materialisieren.

Die griechischen Tempelbauten waren Skulpturen, deren Wirkung auf den Raum der Umgebung ausstrahlte. Die einzige Aufgabe des Innenraumes war die Beherbergung von Kultstatuen. Feiern und Zeremonien fanden im Freien vor dem Tempel statt, im Hof, in dessen Mitte sich der Altar befand. So erstaunt es nicht, dass viele dieser Innenräume nur eine einzige Öffnung hatten, nämlich die Tür. Bei mehreren Tempelanlagen wurde, ähnlich wie beim Tempel von Chephren, mittels eines Wasserbeckens, das zwischen Statue und Eingang lag, die Beleuchtung des Standbildes verbessert: Das einfallende Licht wird auf der Wasseroberfläche reflektiert und erhellt so die Kultstatue. Bei Gebäuden, die einer besseren Innenbeleuchtung bedurften, verwendeten die Griechen oft Oberlichter: Ein Teil des Daches wurde erhöht, um durch den so entstandenen Zwischenraum Licht einfallen zu lassen (Martin 1966, S. 91).

In der frühchristlichen und in der byzantinischen Architektur wurde der Innenraum auch spiritualisiert und der Wirklichkeit entrückt. Dabei spielte die Lichtführung eine zentrale Rolle. Als Beispiel sei die Hagia Sophia in Istanbul erwähnt: Durch eine Reihe von Öffnungen wird das Auflager der Hauptkuppel perforiert und dadurch entsteht der Eindruck, als schwebe das kuppelförmige Kirchendach, dessen Durchmesser über 30 Meter misst. Das durch diese Öffnungen und durch die Fenster in der seitlichen Abschlusswand des oberen Kuppelraumes eindringende Licht verleiht dem Innenraum eine weltentrückte Atmosphäre (vgl. Abb. 5.7).

Die Grundidee der Gotik, „einen Teil des Himmels auf Erden zu bauen", bedingt einen entmaterialisierten Innenraum (vgl. Abschn. 5.1.1.2). Zwei Faktoren ermöglichten eine solche Lösung: das Verlegen der Tragkonstruktion auf die Aussenseite der Kirche (vgl. Abb. 5.10) und die spezifische Lichtführung. Die Dimension der tragenden Teile wurde auf ein Minimum reduziert, so dass die Wände grossflächig verglast werden konnten. Das im oberen Teil des Mittelschiffes eindringende Licht ist so intensiv, dass es in diesem Bereich keine dunklen Zonen mehr gibt; das Dach des Mittelschiffes scheint buchstäblich zu schweben. Im Gegensatz zum oberen Teil liegt der untere Teil des Mittelschiffes im Halbdunkel; die angrenzenden Seitenschiffe und die notwendige Dimension der Tragkonstruktion im unteren Bereich der seitlichen Aussenwände lassen keine helle Beleuchtung mehr zu. Der Mensch wähnt sich im unteren Bereich im irdischen Halbdunklen und blickt empor zum hell erleuchteten „Himmel" als dem Ort des Göttlichen. Das Kirchendach bildet den

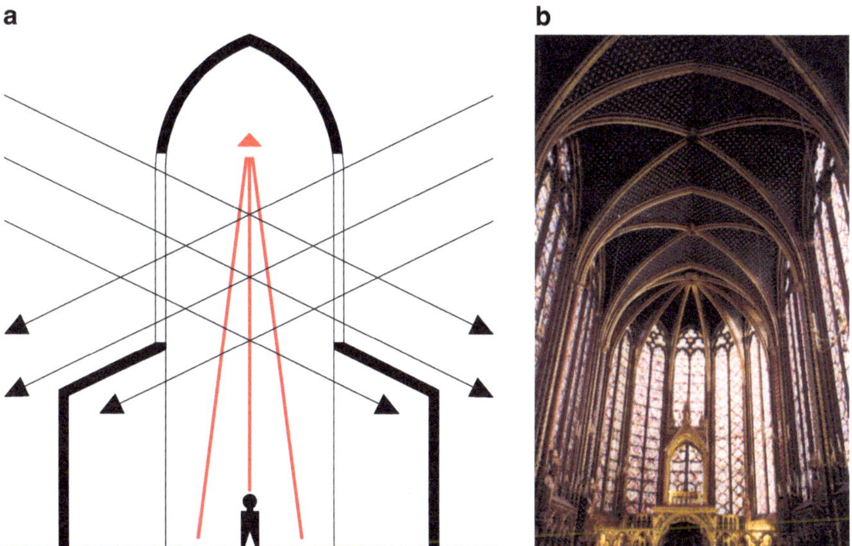

Abb. 10.20 **a** Die Belichtung in der gotischen Kirche unterstützt das räumliche Konzept, **b** Pierre de Montereau, 1246–48, Sainte-Chapelle, Paris

„schwebenden Himmelsabschluss" (vgl. Abb. 10.20, 3.1c und 5.10). Dem entsprechend ist in der Sainte-Chapelle in Paris die dunkle Decke mit goldenen Sternen bemalt (Abb. 10.20b).

Weshalb der barocke Raum widersprüchlich erscheint, weshalb er sinnestäuschend wirkt, ist im Abschn. 5.1.1.2 beschrieben worden. Die Lichtführung ist auch hier von grosser Bedeutung. Durch das Staffeln von hellen, beleuchteten Zonen und von dunklen Schattenzonen wird die Illusion der Tiefe geschaffen; beim Betrachter erweckt dies den Eindruck, der Raum sei bis ins Unendliche erweitert. Indirekte Lichtführung ist häufig, und der Besucher kann, vor allem in Bauten aus der Zeit des Spätbarocks, die Fenster kaum sehen. Somit entstand die Helligkeit im Innenraum durch Reflexionen auf den Wänden.

Von der Möglichkeit, mittels Lichteffekten Illusion zu schaffen, wurde seit dem Barock bis heute Gebrauch gemacht. Im Sakralbau werden oft mit Hilfe spezieller Formen und Beleuchtungen optische Effekte erzielt, die wahrnehmungsmässig nicht klar definierbar sind, verschiedene Möglichkeiten der Interpretation zulassen und darüber hinaus mystische Stimmunge schaffen (vgl. Abb. 10.21 und 10.8b).

Zwischen Art der Lichtführung und Komplexität eines Stils besteht ein direkter Zusammenhang. Je komplexer die Ordnung eines Stils, desto eher wird Lichtführung mitbestimmend im Ausdruck der architektonischen Idee.

Abb. 10.21 Sanaksenaho Architects, 2005, Kirche, Hirvensalo, Finnland

10.2 Farbe

Die Wichtigkeit des Farbsehens wird gemeinhin unterschätzt als eine angenehme „Zutat". Zusammen mit der Lichtintensität ist das Farbsehen aber für die optische Wahrnehmung von erstrangiger Bedeutung (Abb. 10.22).

Wozu sehen wir farbig? Zur Orientierung im Raum würde ein Hell-Dunkel-Sehen ausreichen, allerdings wäre unsere Wahrnehmung dadurch erheblich eingeschränkt. Diese Feststellung können wir kontrollieren, indem wir eine Sonnenbrille mit stark getönten Gläsern aufsetzen: Ein gleicher Grundfarbton prägt das Bild. Durch das Wegfallen verschiedener Farbtöne fehlt uns ein grundlegendes Unterscheidungsmerkmal:

Abb. 10.22 Schwarz-weiss und farbig sehen, Nervi, Italien

Ein roter Fleck auf einem blauen Grund ist nur noch durch den Helligkeitsunterschied erkennbar. Entfällt auch dieser und bestehen keine anderen Anhaltspunkte, so ist der Fleck nicht mehr erkennbar. Können wir aber den Farbunterschied feststellen, so wird gerade er zum Unterscheidungsmerkmal. Experimente haben gezeigt, dass bei der Orientierung im Raum und bei der Identifizierung von Objekten die Form wichtiger ist als die Farbe, wobei auch hier Unterschiede bestehen. Bei Kindern in bestimmten Altersstufen ist es umgekehrt, die Farbe ist wichtiger als die Form. Charakter und psychischer Zustand der Testperson haben ebenso einen Einfluss: Heitere Stimmung führt eher zur Wertung nach Farbe, depressive Menschen urteilen eher nach Form. Extrovertierte bevorzugen Farbe, Introvertierte eher Form (Arnheim 1978, S. 330).

Entsprechend den Zusammenhängen zwischen Ordnungsgrad, Art der Information und Persönlichkeitsstruktur des Betrachters (vgl. Abb. 3.11) wird demnach für den Betrachter in einem Stil mit vorwiegend komplexer Ordnung Farbe im Verhältnis zu Form einen höheren Stellenwert einnehmen als in einem Stil mit einfacher Ordnung. Eine weitere Folgerung ist, dass bei einer Nachricht die farbliche Komponente eher den ästhetischen Anteil der Information ausmacht, während der formale Aspekt eher dem semantischen Teil entsprecht. Dies stimmt nur bedingt, da die Vielfältigkeit der Formen und ihre emotionalen Wirkungen nicht berücksichtigt sind.

Die Wahrnehmung von Farbe ändert sich aber auch je nach Belichtung, Tageszeit oder Witterung. Nicht nur die Beleuchtung, auch die Farbe der Umgebung beeinflusst den wahrgenommenen Farbton. Eine blaue Figur wirkt auf grünem Untergrund anders als auf rotem Grund. Dies erklärt zum Beispiel die Schwierigkeit der Farbbestimmung für eine Hauswand aufgrund kleiner Farbmuster: Die Lichtverhältnisse und die Farbe der Umgebung lassen die gleiche Farbe am Muster anders erscheinen als später am Objekt.

Befindet sich ein Gegenstand mit einer bestimmten Farbe in einem andersfarbigen Umfeld, besteht entweder die Tendenz zur farblichen Anpassung oder zum Kontrast. Sind die beiden Farbtöne ausreichend ähnlich oder ist der Gegenstand im Verhältnis zu seiner Umgebung ausreichend klein, besteht Tendenz zur Anpassung (Arnheim 1978, S. 360). Der farbliche Kontrast zwischen zwei Flächen ist auch der Ansatzpunkt für eine Definition des

Begriffes Farbe: „Farbe ist diejenige Gesichtsempfindung eines dem Auge strukturlos erscheinenden Teiles des Gesichtsfeldes, durch die sich dieser Teil bei einäugiger Beobachtung mit unbewegtem Auge von einem gleichzeitig gesehenen, ebenfalls strukturlosen angrenzenden Bezirk allein unterscheiden kann" (DIN 5033). Nach dieser Definition sind weiss, schwarz und sämtliche Grautöne auch Farben. Johann Wolfgang von Goethe bezeichnete diese in seiner Farblehre als „Unfarben" (Richter 1976, S. 10). Schwarz und weiss nehmen innerhalb der ganzen Farbskala eine Sonderstellung ein. Dazu Theodor W. Adorno: „Das Ideal des Schwarzen ist inhaltlich einer der tiefsten Impulse von Abstraktion" (Adorno 1974, S. 65).

10.2.1 Warum sehen wir farbig?

Das Auge registriert Licht mit einer Wellenlänge zwischen 380 und 780 nm (Nanometer), je nach Wellenlängen werden verschiedenen Farben wahrgenommen. Der Prozess der Farbwahrnehmung beginnt auf der Netzhaut des Auges. Dort befinden sich lichtempfindliche Rezeptoren: 100 Millionen Stäbchen sind für das Schwarz-Weiss-Sehen, also für das Wahrnehmen von Helligkeiten, zuständig und nur 6 Millionen Zapfen für das Farbsehen. Diese Zapfen werden aber nur bei einer bestimmten Helligkeit aktiv, bei zu wenig Helligkeit sieht der Mensch nur schwarz-weiss.

Das, was wir als Farbe wahrnehmen, setzt sich aus drei Komponenten zusammen: Farbton, Helligkeit und Sättigung dieser Farbe (Arnheim 1978, S. 343). Der Ton, das was gemeinhin als Farbe bezeichnet wird, wird weniger differenziert wahrgenommen als die Helligkeit; ein Mensch kann ca. 200 Helligkeitsstufen unterscheiden, jedoch nur 160 verschiedene Farbtöne in einem Spektrum von reinen Farben (Arnheim 1978, S. 348). Diese Farbunterscheidung ist nur dann möglich, wenn die Farbtöne direkt miteinander verglichen werden können. Müssen wir uns aber an einzelne Farben erinnern, dann ist die Zahl jener Farbtöne, die wir leicht und zuverlässig wiedererkennen können, nicht viel grösser als sechs (Arnheim 1978, S. 328). Da bei der Unterscheidung von Farben die Helligkeit wichtiger ist als der Farbton kann ein Farbunterschied mit Hilfe einer zusätzlichen Helligkeitsdifferenz unterstützt werden. Wie wir sahen, hängt die wahrgenommene Helligkeit eines Objektes von der Beleuchtungsstärke und dem Reflexionsvermögen der Oberfläche des Gegenstandes ab (vgl. Abschn. 10.1.1). Ähnlich verhält es sich mit dem Farbsehen: Die Oberfläche reflektiert nicht nur eine bestimmte Menge Licht, sondern auch Licht mit einer bestimmten Wellenlänge. Je nach Wellenlänge des Lichtes, das auf die Netzhaut trifft, nehmen wir eine bestimmte Farbe wahr. Wenn alle Wellenlängen gleich stark reflektiert werden, sehen wir weiss.

Wie sehen wir farbig? Wie werden Farbtöne wahrgenommen? Beim Versuch, diese Fragen zu beantworten, entstanden zwei Theorien: die Dreifarbentheorie, auch Young-Helmholtz-Theorie genannt, und die Gegenfarbentheorie, Hering-Theorie genannt. Die erste wurde Mitte des 19. Jahrhunderts vom Physiker Hermann von Helmholtz, auf Grund der Erkenntnisse des englischen Physikers und Augenarztes Thomas Young, entwickelt. Er stellte fest, dass mit den drei

Grundfarben blau, grün und rot alle anderen Farbtöne gemischt werden können. Daraus folgerte er, dass das menschliche Auge drei verschiedene Arten von Zapfen haben muss, welche auf Strahlen mit verschiedenen Wellenlängen, entsprechend der drei Grundfarben, reagieren. Aus diesen 3 Grundreizen werden alle anderen Farbempfindungen gebildet. Die zweite Theorie, die Gegenfarbentheorie, wurde in der zweiten Hälfte des 19. Jahrhunderts vom deutschen Physiologen und Hirnforscher Ewald Hering entwickelt. Er ging von den Farben rot, gelb, blau und grün aus, die er als Urfarben bezeichnete. Andere Farbtöne werden immer als Mischung dieser vier Urfarben empfunden. Er stellte weiter fest, dass beim Betrachten eines mit einer dieser Urfarben gefärbten Feldes dessen Umgebung in einer Gegenfarbe wahrgenommen wird. Der Farbreiz regt nicht nur ein bestimmtes Feld an, sondern auch dessen Nachbarregion. Dies allerdings in dessen Gegenfarbe. Als Gegenfarbe von blau bezeichnete er gelb, als diejenige von grün die Farbe Rot, und umgekehrt (Nüchterlein 2004, S. 168).

Farbwahrnehmung ist aber nicht nur eine Reaktion auf elektro-chemische Reize. So können auch sozio-psychologische Faktoren wie Charakter und momentaner psychischer Zustand des Betrachters einen Einfluss auf die Farbwahrnehmung haben. Auch kulturelle Einflüsse, Assoziationen und persönliche Erfahrungen bestimmen die Wahrnehmung von Farben mit. Wie die Aussprüche „Blaue Wunder erleben", „Der graue Alltag" oder „Rot sehen" zeigen, haben Farben auch eine gewisse Symbolik. Diese ist aus der Verallgemeinerung emotionaler Farbwirkungen entstanden.

10.2.2 Der psychologische Aspekt von Farben

Die verschiedenen Farben haben eine spezifische psychologische Wirkung auf den Betrachter. Diese Wirkung hängt von drei Faktoren ab:

a) Vom Ort, an dem sie verwendet wird: Das tiefe Blau des Himmels über den Schneebergen gefällt uns, dieselbe Farbe an den Wänden einer Wohnung würde uns selbst im Sommer zum Frieren bringen.
b) Von der Kultur, das heisst von den jeweiligen Normen, die am jeweiligen Ort gelten. Als Beispiel haben die Extremfarben schwarz und weiss in Japan einen viel höheren Stellenwert als in der westlichen Welt. In einigen Kulturen haben bestimmte Farben eine symbolische Bedeutung: Während im Westen die Farbe der Trauer schwarz ist, ist es in Japan weiss. Im alten Rom war Purpur die Farbe des Kaisers, im alten China war die Farbe des Kaisers gelb, gelb war somit auch ein Symbol der Macht.
c) Drittens hängt die psychologische Wirkung der Farben auch von den sozio-psychologischen Aspekten, die den Betrachter beeinflussen, ab: Ein Chirurg wird höchstwahrscheinlich zur roten Farbe eine andere Einstellung haben als ein Weinhändler.

Farben haben wahrnehmungsmässig ein „Gewicht". Obwohl wir wissen, dass normalerweise die Farbe eines Gegenstandes keinen Einfluss hat auf dessen physikalisches Gewicht, empfinden wir einen weissen, gelben, grünen oder hellblauen Gegenstand als leichter als

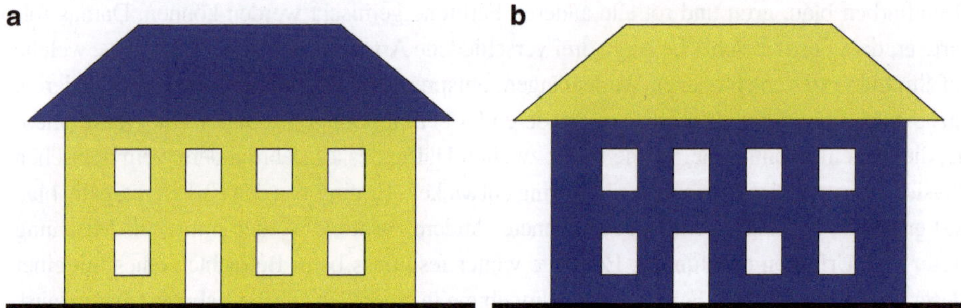

Abb. 10.23   Wahrnehmungsmässiges „Gewicht" von Farben. **a** „schweres" Dach, **b** „leichtes" Dach

denselben von orangeroter, dunkelblauer oder tief violetter Farbe (Abb. 10.23). Schwarz, als die dunkelste Farbe, bildet die Ausnahme: Sie erweckt den Eindruck von Leere. Nicht der Farbton allein, auch Helligkeit und Sättigung beeinflussen die „Gewichts"-Wahrnehmung von Farben: je heller und je blasser, desto „leichter". Der genaue Grund für das differenzierte Gewichtsempfinden bei verschiedenen Farben ist nicht genau bekannt; wahrscheinlich hängt es von der Tatsache ab, dass wir gewohnt sind, Licht, und somit Helligkeit, eher oben als unten zu sehen. Dementsprechend ordnen wir Schwere eher unten, Leichtigkeit eher oben ein (Frieling 1977, S. 23) (vgl. Abschn. 6.4).

Farben haben auch eine wahrnehmungsmässige „Temperatur": So empfinden wir rot und orange als „warm", blau und grün-blau eher als „kalt". Auch hier spielt die Sättigung eine entscheidende Rolle: je blasser die Farbe, desto „kälter".

Mit Farben kann der menschliche Gemütszustand beeinflusst und manipuliert werden, sie haben einen direkten Einfluss auf den menschlichen Organismus: Mit Farbe kann Blutdruck, Puls, Atmung, Reizbarkeit und Konzentrationsfähigkeit beeinflusst werden. Auch hier spielen der Sättigungsgrad und der Helligkeitsgrad eine Rolle. Rot kann stimulierend und anregend wirken, während grün eher beruhigend und entspannend wirkt.

10.2.3   Farbe und Raum

Mit Hilfe von Farbe kann ein räumliches Konzept unterstützt werden. Mit Schwarz-weiss-Kontrast kann die Illusion von Tiefe geschaffen werden (vgl. Abschn. 1.3.5). Die Schwarz-Weiss-Kontraste in der Steinverkleidung an der Fassade Kirche San Maria Novella (vgl. Abb. 1.29) lösen die grosse Fläche optisch auf und schaffen den Eindruck räumlicher Tiefe.

Farben beeinflussen unser Distanzempfinden, wobei die Einschätzung der Entfernung eines Gegenstandes auch stark von dessen Umgebung abhängt. Von den drei Farbfeldern in der Abb. 10.24a scheint uns das blaue am nächsten, das gelbe am weitesten entfernt. Sehen wir die drei Farben mit einem anderen Hintergrund (Abb. 10.24b), erscheint das gelbe Feld am nächsten und das blaue am weitesten entfernt.

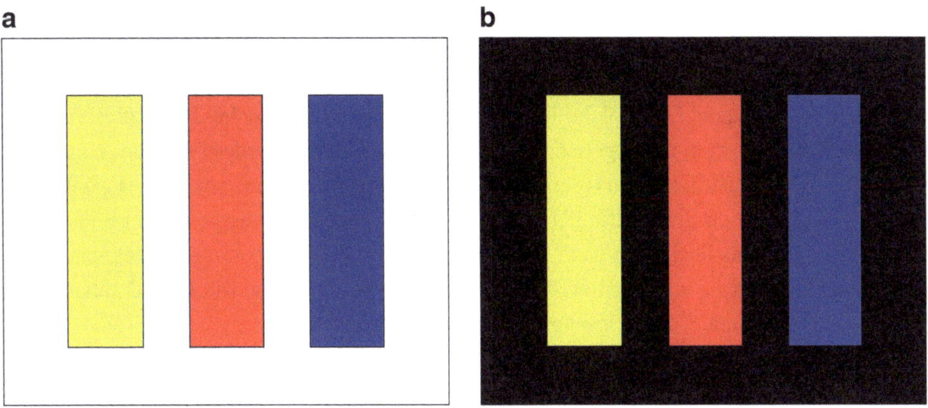

Abb. 10.24 Farben beeinflussen unser Distanzempfinden, wobei die Einschätzung der Entfernung eines Gegenstandes auch stark von dessen Umgebung abhängt. **a** blaues Rechteck scheint am nächsten, **b** gelbes Rechteck scheint am nächsten

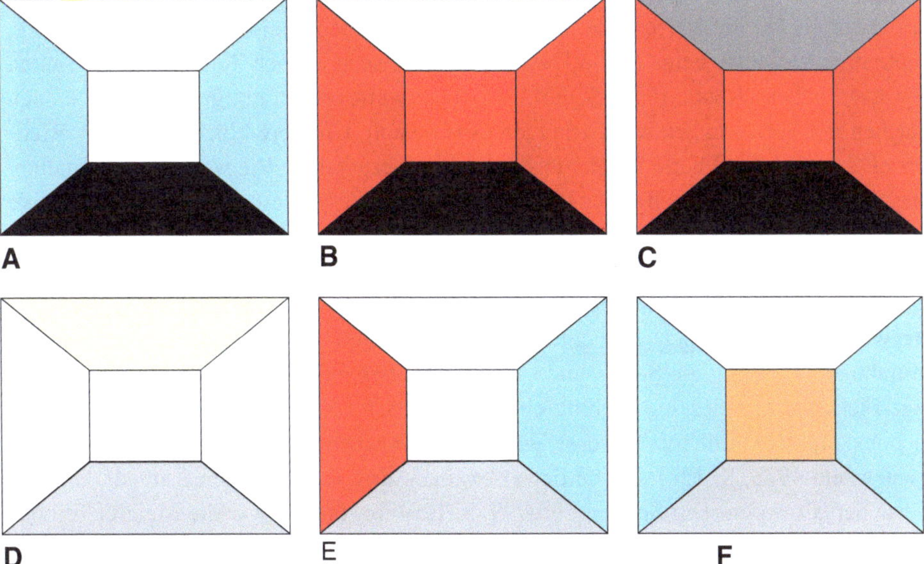

Abb. 10.25 Einfluss der Farbgebung auf die Raumwahrnehmung

Entsprechend den verschiedenen Gewichts- und Distanzempfindungen haben Farben auch einen Einfluss auf unser Raumempfinden, auf die Art, wie Raum wahrgenommen wird. Sie können ein räumliches Konzept unterstützen und das Verhalten des Menschen in ihm beeinflussen (Abb. 10.25).

Abb. 10.25 zeigt 6 formal gleiche Räume, deren abschliessende Flächen verschieden bemalt sind. Die 6 Räume wirken auf den Betrachter alle verschieden, trotz ihren identischen

Dimensionen. A) Sind Decke und Rückwand eine Einheit, so „fliesst" die Decke in die Rückwand über. Im Raum B) wirken der Boden und die drei Wände beengend, die Decke „befreiend". In Raum C) wirkt zusätzlich auch die dunkle Decke schwer und lässt den Raum noch kleiner erscheinen. Eine solche Raumgestaltung lädt den Besucher nicht zum Verweilen ein, er drängt ihn zum weitergehen. Ein Eingangsbereich, ein Garderobenraum könnte so gestaltet sein. Im Gegensatz dazu Raum D): Er wirkt offen und neutral. Im Raum E) wird mit der Farbgebung dessen Symmetrie gebrochen: Die rote Wand links wirkt schwer und dominant, die Wand rechts leicht und weit. Der Raum F) wirkt dank der orangen Rückwand und der blauen Seitenwände weniger tief, dafür breiter. Orange bringt die Rückwand näher, blau drückt die Seitenwände wahrnehmungsmässig auseinander.

10.2.4 Farbe in der Architektur

Farbe war fast immer ein fester Bestandteil der Architektur. Die am Bau verwendeten Materialien haben ihre Eigenfarbe (vgl. Abb. 5.29). Im alten Ägypten waren die Säulen farbig bemalt, analog ihren Vorbildern in der Natur die Decken oft blau wie die Farbe des Himmels (Koepf 1979, S. 56). Auch die griechischen Tempel waren ursprünglich, zumindest teilweise, bemalt, wie Farbspuren an ausgegrabenen Teilen solcher Bauten bewiesen haben (Koepf 1979, S. 56). Möglicherweise waren einige der heute kahlen Flächen mit Verzierungen wie Girlanden usw. bemalt. Grössere Flächen wurden offenbar nicht gefärbt und harte Farbkontraste wurden vermieden. Wie weit diese Bemalung ging, ist heute nicht klar. Bei der Beurteilung der Farbfrage in der griechischen Antike muss immer der Aspekt der Beleuchtung berücksichtigt werden: Licht ist dort sehr intensiv, die Linien klar und eindeutig, die Schatten prägnant. Frank Lloyd Wright äusserte sich zum Zusammenhang zwischen Licht und Farbe in der griechischen Architektur wie folgt: „Natürlich besuchte ich Athen – hielt meine Hand in die saubere Mittelmeerluft gegen die Sonne und sah die Knochen meiner Hand durch das rosafarbige Fleisch – sah dieselbe Lichtdurchlässigkeit in der Marmorstütze des antiken Parthenons, und da wurde mir bewusst, was ‚Farbe' in solchem Licht gewesen sein muss" (Lauenstein 1938, S. 136). Funde beweisen, dass auch die gotischen Kathedralen teilweise bemalt waren (Der Spiegel 1984/29, S. 120). Im Barock war die Malerei Teil der Architektur, sie unterstützte, ja, ermöglichte erst die Realisierung dieser räumlichen Idee. Die Illusion des unendlichen Raumes konnte nur mit malerischen Mitteln erreicht werden (vgl. Abb. 6.12b).

Darstellende Malerei, also Gemälde, wurde während Jahrtausenden direkt auf die Wand gemalt. Das heisst, ihre Farbkomposition, ihre Helligkeitskontraste und auch ihr Inhalt waren auf ihren Standort abgestimmt. Ihre Aufgabe war es auch, den Charakter des Ortes zu betonen. Die Idee, Gemälde in einem Atelier zu malen, in einer Galerie zu verkaufen und schliesslich an eine beliebige Wand zu hängen, ist relativ neu und schafft Probleme. Der Standort müsste nun umgekehrt dem Bilde angepasst werden, zwischen Gemälde und Umgebung besteht oft keine Beziehung mehr.

In der Moderne sollte die Architektur vor allem funktional sein, also von allem Dekorativen, von allem „Unnützen" befreit. Zu diesem „Unnützen" gehörte auch die Farbe. Deshalb die Idee, dass die Architektur „weiss" sein müsse. So schrieben 1920 Naum Gabo und Antoine Pevsner in ihrem „Realistischen Manifest" über den Gebrauch von Farbe: „Wir lehnen die dekorative Farbe als malerisches Element im plastischen Bauen ab. Wir stellen die Forderung, das konkrete Material als ein malerisches Element zu verwenden" (Gabo und Pevsner 1981, S. 53). Mies van der Rohe verwendete 1929 im deutschen Pavillon für die Weltausstellung im Barcelona, dem sogenannten Barcelona-Pavillon, dementsprechend für die Oberflächen des Bodens und der Wände geschliffene Platten aus Travertin, Onyxmarmor und anderen Natursteinen (Abb. 10.26).

Der Eindruck, dass die Architektur der Moderne ausschliesslich weiss war, wurde auch durch die Tatsache beeinflusst, dass die Fotografien aus den zwanziger und dreissiger Jahren des letzten Jahrhunderts alle Schwarz-Weiss-Aufnahmen sind. Bereits 1919 forderte aber Bruno Taut in einem „Aufruf zum farbigen Bauen" mehr Farbe in der Architektur. In der Waldsiedlung in Berlin, von ihm zwischen 1926 und 1931 erbaut, findet diese Entwicklung ihren vorläufigen Höhepunkt. Hier ging es nicht mehr nur darum, die einzelnen Häuser der Siedlung zu beleben, die Farbe wurde hier zu einem Element des Städtebaus. Taut meint dazu: „Der wesentlichste Gesichtspunkt dabei liegt (…) darin, dass die Weiträumigkeit der Siedlung durch die Farbe in verstärktem Masse hervorgehoben werden muss. Die verschiedene Aktivität der Farbe so wie ihrer Leuchtkraft ermöglicht es, räumliche Anlagen in bestimmten Dimensionen zu erweitern, um sie wieder in anderer Richtung zusammenzudrängen" (Hüter 1988, S. 207). Auch die de-Stijl-Bewegung, eine Bewegung ausgehend von Malern, Architekten und Designern, wehrte sich gegen die Verwendung von Farbe als separates, reines Dekorationselement in der Architektur: In ihrem Manifest Nr. V von 1923 steht:

Abb. 10.26 Ludwig Mies van der Rohe, 1929, Pavillon, Barcelona, Spanien (vgl. Abb. 2.7 und 6.16a)

„ … 3. Wir haben die Gesetze der Farben in Raum und Zeit geprüft und festgestellt, dass sich aus den aufeinander abgestimmten Beziehungen dieser Elemente schliesslich eine neue und positive Einheit ergibt. … 7. Wir haben der Farbe ihren richtigen Platz in der Architektur gegeben und wir behaupten, dass die von der architektonischen Konstruktion getrennte Malerei (das heisst das Bild) keinerlei Daseinsberechtigung hat" (de Stijl 1981, S. 62). Und ein Jahr später meinte einer der führenden Vertreter der De-Stjil-Gruppe, Theo van Doesburg, Maler und Architekt: „Die neue Architektur hat die Malerei als separaten und imaginären Ausdruck von Harmonie – sekundär als Darstellung, primär als farbige Fläche – abgeschafft. Die neue Architektur gestattet die Farbe organisch als direktes Mittel des Ausdrucks ihrer Beziehungen innerhalb von Raum und Zeit. Ohne Farben sind diese Beziehungen nicht real, sondern unsichtbar. Das Gleichgewicht organischer Beziehungen erhält nur durch das Mittel der Farbe sichtbare Realität. Die Aufgabe des modernen Malers besteht darin, mit Hilfe der Farbe ein harmonisches Ganzes auf dem neuen vierdimensionalen Raum-Zeit-Gebiet zu schaffen – und nicht eine Oberfläche in zwei Dimensionen" (Van Doesburg 1981, S. 74). Ähnlich wie Bruno Taut meinte er, dass Farbe nicht nur ein „Zusatz" der Architektur sein soll, räumliche Beziehungen kommen erst recht zur Geltung mit Farbe.

Wichtig für die Auseinandersetzung mit der Farbe in der Architektur in den 20er-Jahren des letzten Jahrhunderts war die Tatsache dass viele der beteiligten Architekten sich auch als Maler betätigten: neben Le Corbusier auch Theo van Doesburg, J. P. Oud und Bruno Taut. Le Corbusier, als einer der wichtigsten Persönlichkeiten in der Diskussion um die Rolle der Farbe in der modernen Architektur, verwendete schon sehr früh Farben in seinen Bauten. Als er von seiner sechs-monatigen Orientreise zurückkehrte, begann er 1912 mit der Planung des „Maison Blanche" für seine Eltern in La Chaux-de-Fonds. Wohl stark beeinflusst von den Eindrücken seiner Reise, verwendete er bei der Innenraumgestaltung viel Farbe (vgl. Abb. 11.11). In der Zeitschrift „L'Esprit Nouveau", eine avantgardistische Publikation zu Themen über Kunst, Architektur und Literatur, an der auch Le Corbusier beteiligt war, erschien im Januar 1921 ein Artikel, der sich mit dem Thema Farbe befasste. In seinem Buch „Vers une architecture" aus dem Jahr 1923, das sich ausschliesslich mit Architektur beschäftigt, findet man aber wieder keinen Hinweis auf Farbe in der Architektur. Ausgiebig Farbe verwendete Le Corbusier erstmals wieder in der 1925 erbauten Villa La Roche in Paris. Darüber sagte er: „Völlig weiss wäre das Haus ein Milchkännchen". („Entièrement blanche la maison serait un pot à crème") (Le Corbusier 1926, S. 146). Und 1936: „Die Farbe in der Architektur, ein ebenso kräftiges Mittel wie der Grundriss und der Schnitt. Oder besser: Die Polychromie, ein Bestandteil des Grundrisses und des Schnittes selbst" (Rüegg 1997, S. 7).

Fragen (und Antworten)

10.1.   **Welche Bedeutung hatte das Licht in der alten ägyptischen Architektur?**

10.2.   **Welcher Zusammenhang besteht zwischen architektonischem Stil und Lichtführung?**

10.3.   **Was sind die Unterschiede zwischen natürlichem Licht und künstlichem Licht?**

10.4.   **Was bestimmt den optischen Bezug zwischen innen und aussen?**

10.5. **Welchen Einfluss hat die Grösse der Öffnungen in den Aussenwänden auf die Atmosphäre des Innenraumes?**

10.6. **Wie kann die wahrgenommene Helligkeit eines Objektes beeinflusst werden?**

10.7. **Wie beeinflusst die Helligkeit des Umfeldes die wahrgenommene Grösse eines Gegenstandes?**

10.8. **Welche Faktoren beeinflussen die Beziehung eines Objektes zu seinem Schatten?**

10.9. **Welche Komponenten bestimmen unsere Wahrnehmung einer Farbe?**

10.10. **Von was hängt die psychologische Wirkung der Farben auf den Betrachter ab?**

Die Musterlösungen zu den Fragen befinden sich im Anhang.

Literatur

Adorno, Theodor W.: Ästhetische Theorie, Frankfurt am Main, 1974 (1970)

Arnheim, Rudolf: Kunst und Sehen, Berlin, 1978 (Originaltitel: Art and Visual Perseption, Berkeley, 1954)

Rüegg, Arthur: Polychromie architecturale, Basel, 1997

Canival, Jean-Louis de: Aegypten, Fribourg, 1964

De Stijl: Manifest V, 1923 (in: Programme und Manifeste zur Architektur des 20. Jahrhunderts, Braunschweig, 1981)

DIN 5033 (in: *Richter, Manfred:* Einführung in die Farbmetrik, Berlin, 1976)

Frieling, Heinrich: Mensch und Farbe, München, 1977

Gabo, Naum und Pevsner, Antoine: Grundprinzipien des Konstruktivismus, 1920 (in: Programme und Manifeste zur Architektur des 20. Jahrhunderts, Braunschweig, 1981)

Hüter, Karl-Heinz: Architektur in Berlin 1900–1933, Stuttgart, 1988

Klotz, Heinrich und Cock, John W.: Architektur im Widerspruch, Zürich, 1974 (Originaltitel: Conversations with Architects, New York, 1973)

Koepf, Hans: Struktur und Form, Stuttgart, 1979

Lau, J.: Zum Unterschied zwischen Modellräumen in natürlicher Größe und in maßstäblicher Verkleinerung bei der Beurteilung der Beleuchtungsqualität (in: Architekturpsychologie, Düsseldorf, 1973) (Originaltitel: Architectural Psychology, London, 1970)

Lauenstein, Lotte: Über räumliche Wirkung von Licht und Schatten (in: Psychologische Forschung, Band 22/1938)

Le Corbusier: Fünf Punkte zu einerneuen Architektur, 1926 (in: Programme und Manifeste zur Architektur des 20. Jahrhunderts, Braunschweig, 1981)

Le Corbusier: Almanach, Paris, 1926

Le Corbusier: Ausblick auf eine Architektur, Berlin, 1969 (Originaltitel: Vers une architecture, Paris, 1923)

Martin, Roland: Griechenland, Fribourg, 1966

Nüchterlein, Petra: in Richter, Peter G. (Herausgeber), Architekturpsychologie, Lengerich, 2004

Rasmussen, Steen E.: Architektur Erlebnis, Stuttgart, 1980 (Originaltitel: Om at opleve arkitektur, Kopenhagen, 1959)

Unterschiedliches Blau (in: Der Spiegel, 29/1984)

Van Doesburg, Theo: Auf dem Weg zu einer plastischen Architektur, 1924 (in: Programme und Manifeste zur Architektur des 20. Jahrhunderts, Braunschweig, 1981)

Wright, Frank Lloyd.: The Future of Architecture, New York, 1970

Zeichen

Inhaltsverzeichnis

Einführung

Jede Nachricht, auch die optische, wird mit Hilfe von Zeichen übermittelt. Semiotik ist die Lehre der Zeichen. Es werden zwei verschiedene Gruppen von Zeichen unterschieden: syntaktische und semantische Zeichen. Die syntaktische Dimension eines Zeichens sagt etwas aus über das Zeichen als solches; seine Form, Grösse, Farbe und Materialeigenschaften. Die Semantik bezeichnet die Beziehung eines Zeichens zu seiner Bedeutung, zu seinem Inhalt. Piktogramme, Metaphern und Symbole sind semantische Zeichen. Schmuck an der Architektur kann ganz verschieden sein: Ornament, Verzierung, Dekoration, Skulptur, Bild, Fresken, Stuck, Materialoberfläche usw. Das Symbol ist die höchste semantische Bedeutungsebene des Zeichens. Die emotionale Ebene des Symbols ist wichtiger als seine ästhetische. Sowohl Farben, Materialien wie auch bestimmte Lichtführungen können semantische Aussagen bewirken. In vielen alten Kulturen hatte der Schmuck an Gebäuden nicht primär eine schmückende Aufgabe, sondern diente als symbolisches Zeichen. Bauwerke waren bis zum Zeitalter des Barock Gesamtkunstwerke. Jede vertretene Kunstgattung war wichtig und unentbehrlich. Zu Beginn der Neuzeit verlor der Schmuck seine symbolische oder metaphorische Bedeutung und wurde deshalb in der Moderne abgelehnt.

© Springer Fachmedien Wiesbaden GmbH, ein Teil von Springer Nature 2019   333
J. K. Grütter, *Grundlagen der Architektur-Wahrnehmung*,
https://doi.org/10.1007/978-3-658-26785-8_11

11.1 Semiotik

Jede Nachricht, auch die optische, wird mit Hilfe von Zeichen übermittelt. Der ganze Problemkreis des Zeichens wird in der Semiotik, als der Lehre der Zeichen, behandelt. Semeion, das griechische Wort für Zeichen, und Logos ergaben zuerst den Ausdruck Semiologie, der später dann zu Semiotik wurde. Jedes wahrgenommene Zeichen hat auf den Empfänger eine Wirkung. Grundsätzlich werden zwei verschiedene Gruppen von Zeichen unterschieden, wobei ein Zeichen gleichzeitig auch beiden Gruppen angehören kann (Abb. 11.1).

Die syntaktische Dimension eines Zeichens sagt etwas aus über das Zeichen als solches; seine Form, Grösse, Farbe und Materialeigenschaften. Der Empfänger kann gleiche Zeichen statistisch wahrnehmen, und er kann mehrere Zeichen syntaktisch nach logischen Gesichtspunkten ordnen. So kann zum Beispiel ein Ornament entstehen.

Die semantische Dimension eines Zeichens sagt etwas aus über den Inhalt, die Bedeutung des Zeichens. Der semantische Inhalt eines Zeichens kann oft nur dann wahrgenommen und verstanden werden, wenn der Empfänger vorher seine Bedeutung erlernt hat, das heisst, das Zeichen muss bereits seinem Repertoire angehören (vgl. Abb. 1.6). Die meisten Zeichen haben über ihre syntaktische Bedeutung hinaus noch einen semantischen Inhalt. Ein Verkehrszeichen ist so lange nur ein syntaktisches Zeichen, bis wir seine Aussage erlernt haben und somit wissen, was es gebietet, das heisst, bis wir wissen, was sein semantischer Inhalt ist.

In der Natur, insbesondere bei der Tiergestalt, finden wir sowohl syntaktische wie semantische Zeichen. Die Musterung und Färbung kann ohne „Inhalt" sein und somit rein als Dekoration dienen, womit sie eine rein syntaktische Funktion hat. Oft haben diese Zeichen bei Tieren aber auch eine semantische Funktion: Sie dienen als Tarnung oder zur Abschreckung, als Schutz- oder Reizmittel.

Der Stellenwert des Zeichens in der Architektur ist schwer festzulegen; er war unterschiedlich von Epoche zu Epoche, er war und ist von Architekt zu Architekt verschieden und variiert schliesslich von Bauwerk zu Bauwerk.

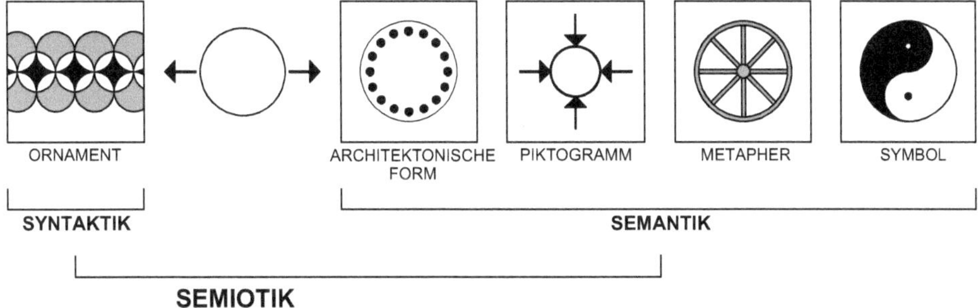

Abb. 11.1 Die verschiedenen Bedeutungsebenen eines Zeichens am Beispiel der Kreisform

11.2 Semantik

Die Semantik bezeichnet die Beziehung eines Zeichens zu seiner Bedeutung, zu seinem Inhalt. Dieser Zusammenhang zwischen Zeichen und Bedeutung kann sehr vielschichtig sein (Abb. 11.1).

Betrachten wir die verschiedenen Bedeutungsebenen des Zeichens am Beispiel der Kreisform. Der Kreis kann als syntaktisches Zeichen zum Beispiel Teil eines Ornamentes sein. Das heisst, das Zeichen hat in diesem Zusammenhang keinen geistigen Inhalt, steht nur für sich selbst, als Dekoration.

Jede Form hat eine gewisse Eigendynamik. Der Kreis ist eine allseitig gleiche, ungerichtete Form (vgl. Abschn. 6.5.6). Seine Strukturlinien zeigen vom Zentrum radial nach aussen oder in umgekehrter Richtung hin zum Kreismittelpunkt. Diese Eigenschaften verleihen der Kreisform einen Ausdruck, der seinen Niederschlag auch in ihrer architektonischen Anwendung findet. Diese erste Stufe des Kreises als semantisches Zeichen, seine Anwendung als architektonische Form, hat universelle Gültigkeit. Sie versinnbildlicht gewisse Eigenschaften, die ohne Vorkenntnisse und ohne spezielles Wissen verstanden werden. Der Zentralraum suggeriert, im Gegensatz zum Longitudinalraum, keine Bewegung, er hat ein klar definiertes Zentrum und beinhaltet deshalb Ruhe. Die Form richtet sich hier nach der „geistigen Substanz", das heisst, die runde Form repräsentiert, veranschaulicht eine bestimmte Geisteshaltung. Im Abschn. 6.5.6 wurde erwähnt, dass sich die runde Form aus inhaltlichen Gründen beim griechischen Rundtempel und auch in der traditionellen chinesischen Architektur trotz konstruktiver Hindernisse durchsetzen konnte (vgl. Abb. 6.23b). Auch das Umgekehrte ist möglich: dass nämlich die runde Form aus rein physikalischen Gründen gewählt wird. Verglichen mit anderen Formen ist beim Kreis das Verhältnis von Kreisumfang zu Kreisfläche am optimalsten. Seine Umrisslinie ist allseitig gleich und erlaubt deshalb beim Bogen eine starke Druckbelastung. Die runde Form, der Kreis, oder der Zylinder, brauchen am wenigsten Fläche, um einen bestimmten Raum zu umschliessen. Diese Form erlaubt eine allseitig gleiche Konstruktion. Die Eigenschaften des Kreises sind so stark und ausgeprägt, dass die Form auch als explizites Zeichen oder Piktogramm gebraucht werden kann. Das Piktogramm versucht, seinen Inhalt bildlich, schematisiert zu vermitteln. Um die genaue Bedeutung verstehen zu können, sind oft Vorkenntnisse nötig. Das explizite Zeichen in Abb. 11.1 kann nicht nur „Treffpunkt" bedeuten, sondern auch „Mitte" oder „zentral". Als dritte Bedeutungsebene können wir die metaphorische Rolle der Form bezeichnen. Der Kreis weckt in uns Assoziationen, das heisst, wir projizieren unsere Erfahrungen in die Form: Der Kreis wird zu einem Ring, einem Rad usw. Die Metapher lässt verschiedene Interpretationen zu und ist somit vom Individuum und seiner Kultur abhängig, also eher subjektiv. Das ehemalige TWA-Flugterminal in New York von Eero Saarinen (vgl. Abb. 5.17a und 6.20) kann mit einem startenden Vogel verglichen werden. Diese Metapher veranschaulicht die Funktion dieses Baues, das Gebäude wird so zum Werbezeichen der Fluggesellschaft. Die Form lässt auch andere Interpretationen zu: So kann die gewölbte Schale an den Panzer einer Schildkröte erinnern, was dem Image einer Fluggesellschaft eher abträglich wäre. Die meisten Formen wecken beim Betrachter irgendwelche Erinnerungen oder führen zu subjektiven Vergleichen. Ein Gebäude kann zum Beispiel als „klotziger Tresor", als „hässliche Schuhschachtel" oder als „protziger Palast" bezeichnet werden. Diese Bezeichnungen geben jeweils eine persönliche, pauschalisierte Meinung wieder. Schon Gustav Theodor Fechner, der Begründer der Wahrnehmungswissenschaft, stellte in seiner Assoziationstheorie fest, dass die meisten Wahrnehmungen in Zusammenhang mit einer vorhergegangenen Erfahrung gebracht werden (Sörgel 1918, S. 26). Bezogen auf die Architektur vertrat er die Meinung, dass der Zweck, die Nutzung des Raumes, der stärkste Faktor dieser Erfahrung sei. Das Suchen nach Metaphern spielt bei den meisten Wahrnehmungen eine Rolle. Jedes neu registrierte Zeichen wird im Gehirn mit dem vorhandenen Repertoire verglichen und dann klassifiziert (Arnheim 1980, S. 267). Keine Wahrnehmung ist identisch mit dem schon Erlebten und jeder Vergleich mit dem Gespeicherten ist eine Suche nach einer Metapher. Dieser Vorgang wird dem Betrachter nicht jedes Mal im gleichen Masse bewusst, oft spielt sich dieser Prozess automatisch ab.

Als eine Zwischenstufe von Piktogramm und Metapher kann das Abbild bezeichnet werden. Es soll nicht irgendeine beliebige Assoziation wecken, sondern eine ganz bestimmte. Das Abbild steht damit stellvertretend für einen genau definierten Inhalt. Die Baukunst war, je nach Epoche und Kulturkreis, abbildend oder auch nicht. So ist zum Beispiel die Architektur der Moderne vor allem rational und funktional. Eine gotische Kathedrale hingegen war nicht nur Versammlungsraum, sondern auch Abbild des Himmels. Sie hatte damit über ihren funktionalen Aspekt hinaus auch die Aufgabe, etwas darzustellen.

Letztlich ist die Kreisform auch Bestandteil vieler Symbole (vgl. Abschn. 11.4) .

11.3   Schmuck

Schmuck in der Architektur kann Verschiedenes sein: Ornament, Verzierung, Dekoration, Skulptur, Bild, Fresken, Stuck, Materialoberfläche usw. Sie haben alle etwas Gemeinsames: Sie sind wahrnehmungsmässige Zeichen und sind rein physisch nicht unbedingt notwendige Elemente. Das heisst allerdings nicht, dass sie überflüssig sind. Der Kunstpsychologe Rudolf Arnheim weist aber darauf hin, dass die physischen und psychischen Bedürfnisse nicht einfach zu trennen sind, ja, dass letztlich beide geistig-seelische Bedürfnisse sind (Arnheim 1980, S. 252). Je nach Art kann zum Beispiel eine Wand sowohl eine physische Trennung sein wie auch Schmuck. Die mit Onyxmarmor verkleideten Wandscheiben im Barcelona-Pavillon von Mies van der Rohe sind sowohl trennende Elemente wie auch Schmuck (vgl. Abb. 10.26).

Schmuck kann mehr oder weniger autonom sein: Eine Skulptur kann, zumindest heute, an einem beliebigen Ort aufgestellt werden. Ein Ornament hingegen ist fest verbunden mit seinem Träger. Die Moderne trennt meist bewusst Schmuck und Architektur. Schmuck bedeutet

Abb. 11.2 **a** Dogenpalast, 14. Jh., Venedig, Italien, **b** Hector Guimard, 1899–1904, Metrostation, Paris, Frankreich

hier eine zusätzliche, nicht unbedingt notwendige, Bereicherung. In anderen Baustilen, zum Beispiel im Barock und im Jugendstil, wurden das Dekorative und das Konstruktive miteinander verschmolzen. Konstruktionselemente wurden so umgeformt, dass sie einerseits immer noch ihre physische Funktion erfüllten, anderseits aber auch bewusst zu einem dekorativen Element wurden (vgl. Abb. 11.2).

Bestimmte Schmuckarten haben eine rein syntaktische Funktion. Das Ornament zum Beispiel hat keinen geistigen Inhalt, seine Aufgabe ist vorwiegend die des Schmückens. Ursprünglich ersetzte das Ornament den vergänglichen pflanzlichen Schmuck, es war eine Nachbildung von Blumen, Blättern und Girlanden aus dauerhaftem Material (Koepf 1979, S. 49). Die Formen wurden vereinfacht, abstrahiert und schliesslich zum reinen geometrischen Muster.

Alle Arten von Schmuck in der Architektur haben die Aufgabe, ein Konzept zu unterstützen. Ein Ornament kann zum Beispiel die Trennlinie zwischen zwei Elementen betonen oder eine grosse Fläche optisch unterteilen vgl. Abb. 1.29. Eine Skulptur kann als Blickfang dienen und damit eine Richtung weisen. Eine Stuckdecke schafft unterschiedliche Helligkeitswerte.

11.4   Symbol

Das Symbol ist die höchste semantische Bedeutungsebene des Zeichens. Das Symbol, als semantisches Zeichen, ist etwas sinnlich Wahrnehmbares, das über seine direkte Reizkonfiguration hinaus noch eine zusätzliche Bedeutung hat. Das Symbol macht das Geistige sinnlich wahrnehmbar, kann also einem abstrakten Inhalt eine konkrete Form geben. So können zum Beispiel die formalen Eigenschaften des Kreises einen geistigen Inhalt ausdrücken, der weit über seine Form hinausgeht. Im taoistischen Jin-Jang-Symbol versinnbildlicht der Kreis die Einheit und die Vollkommenheit der sich ergänzenden Gegensatzpaare. Kreis und Quadrat symbolisierten im alten China Himmel und Erde. Der Kreis verdeutlicht das Dynamische, den ewigen Umlauf ohne Anfang und Ende. Die quadratische Form ist die optische Reizkonfiguration für Ruhe und Gesetzmässigkeit (Thilo 1978, S. 120) (vgl. Abb. 3.10). Das Verstehen eines Symbols verlangt gewisse Vorkenntnisse und ist Kultur-abhängig.

Ein Bild steht immer für etwas „Konkretes", es „erzählt" eine Geschichte, es dient als Schmuck. Ein Symbol versinnbildlicht einen geistigen, abstrakten Inhalt, es drückt eine geistige Aussage formal aus. Sobald der geistige Inhalt eines Bildes wichtiger wird als sein Effekt als Schmuck, können wir von Symbol sprechen. Das Gemälde „Guernica", 1937 von Pablo Picasso gemalt, wurde zu einem Symbol gegen die Grausamkeit des Krieges. Nach Goethe kommt dem Symbol die Aufgabe zu, im Allgemeinen das Besondere und im Besonderen das Allgemeine zu sehen. Während bei der Metapher immer eine subjektive persönliche Interpretation erfolgt, ein Vergleich eines Gegenstandes mit einem anderen Gegenstand, steht das Symbol für eine ganz bestimmte geistige Aussage. Das Bild von Picasso ist immer noch Schmuckstück, doch ist heute seine Rolle als Symbol wichtiger. Meistens wird ein Zeichen nicht direkt als Symbol geschaffen, zu diesem wird es erst später, im Laufe der Zeit.

Peter F. Smith gibt eine Erklärung für das menschliche Bedürfnis nach Symbolischem: „Nachdem der Mensch die Fähigkeit zu objektivem Bewusstsein entwickelt hat, befreite ihn dies von den Zwängen der unmittelbaren Gegenwart. Es gab ihm die Möglichkeit, nach einer unbefangenen Analyse der Vergangenheit die Zukunft vorherzusagen. Dafür gab es aber eine Strafe, indem die Gabe der Vorhersage eine neue Art von Angst erzeugte. Mit seiner neuen Intelligenz war der Mensch imstande, alle möglichen zukünftigen Katastrophen in die Gegenwart zu projizieren, besonders die letzte aller Katastrophen, den Tod. Dies brachte unvermeidlich eine gefühlsmässige Lähmung mit sich. Die Lösung des Problems, die rationale Erkenntnis mit emotionalen Bedürfnissen zusammenzubringen, war das Symbol" (Smith 1981, S. 140). Die emotionale Ebene des Symbols ist wichtiger als seine ästhetische. Der Anblick eines solchen Zeichens kann befriedigen, auch wenn der Anblick optisch nicht ohne Weiteres ästhetisch ist. Normalerweise steigert aber der symbolische Aspekt eines Zeichens dessen ästhetischen Wert, indem er diesem eine weitere Dimension verleiht. Das Symbolische verleiht dem Zeichen auch dann einen gefühlsmässigen Ausdruck, wenn dies von der ästhetischen Seite her nicht der Fall ist. Der Einfluss des Symbolischen auf das ästhetische Empfinden wurde auch von George David Birkhoff bei seinem Versuch, das ästhetische Mass zu berechnen, berücksichtigt (vgl. Abschn. 8.6). So stellte er fest, dass das ästhetische Mass eines Gegenstandes mit Symbolcharakter, nach seiner Formel berechnet, entweder zu hoch oder zu tief ist (Gunzenhäuser 1975, S. 28). Der Informatiker Rul Gunzenhäuser meinte, dass Birkhoff bei seinen Berechnungen jede Form als rein syntaktisches Zeichen behandelte und somit sozio-psychologische Elemente und semantische Interpretationen ausser Acht lies. Gerade diese Aspekte verleihen aber dem Zeichen die symbolische Dimension (Gunzenhäuser 1975, S. 144). Die Aussagekraft ein und desselben Zeichens kann je nach Situation verschieden stark sein. So kann zum Beispiel das Zeichen des Kreises eine Figur der reinen Geometrie sein und somit nur syntaktischen Wert haben, oder es kann als Jin-Jang-Zeichen grosse symbolische Bedeutung erreichen.

Der geistige Inhalt eines Symbols kann in der Architektur auf verschiedene Arten ausgedrückt werden. So wird auch den Farben eine psychologische Wirkung zugeschrieben. Diesen Wirkungen entsprechend, erhalten die Farben oft auch eine symbolische Bedeutung: rot als die Farbe der Liebe, blau für Treue etc. Im alten China war gelb die Farbe des Kaisers, sie war ein Zeichen für den obersten Herrscher, ein Symbol für Macht, Gesetz und Ordnung schlechthin. Grün war die Farbe der kaiserlichen Verwandtschaft. Diese Farbe durfte nur vom Kaiser und von dessen Verwandten gebraucht werden. So symbolisierte sie eine bestimmte Gesellschaftsschicht und betonte ihre hierarchische Stellung (Thilo 1978, S. 67) (vgl. Abschn. 10.2.2).

Auch vielen Baumaterialien wird ein bestimmter semantischer Charakter zugeschrieben, sie können so eine bestimmte Eigenschaft versinnbildlichen und eine spezifische geistige Aussage haben: Gold und Marmor sind edel, sie stehen für Reichtum, Beständigkeit und Eleganz. Holz hingegen wirkt natürlich und warm, repräsentiert somit ganz andere Werte.

Auch die Lichtführung kann eine Idee verdeutlichen und damit symbolische Bedeutung erlangen. Die Art der Beleuchtung des Taufsteins in der von Kenzo Tange 1964 entworfenen Kathedrale von Tokyo (Abb. 11.3) schafft eine optische Verbindung zwischen dem zu Taufenden und dem Göttlichen. Die oben einfallenden Lichtstrahlen können als Symbol des Heiligen Geistes verstanden werden, der herabkommt, um den Täufling in die christliche Gemeinschaft aufzunehmen. In der Bibel wird Licht oft gleichgesetzt mit dem

Abb. 11.3 Kenzo Tange, 1964, St. Mary's Kathedrale, Tokyo, Japan

Göttlichen und mit der Wahrheit (Arnheim 1978, S. 319). Das Licht, das in den oberen Teil des gotischen Mittelschiffes eindringt, dient deshalb nicht nur zur Beleuchtung, es symbolisiert direkt das Göttliche, den Himmel und macht damit das Raumkonzept der gotischen Kathedrale deutlich (vgl. Abb. 3.1c und 10.20).

Die Form ist wohl das meistgebrauchte Medium, um einen symbolischen Inhalt auszudrücken. Die konkave Form öffnet sich der Umgebung und wirkt deshalb einladend. Die konkaven Eingangsfassaden der Barockkirchen wurden so zu einem Symbol des für alle stets offenen Gotteshauses (vgl. Abb. 6.17 und 6.18).

Die Tür ist ein funktionales Element, sie kann aber auch ein sehr starkes Symbol sein. Man betritt durch sie einen neuen Raum, einen neuen Bereich und so gesehen bedeutet eine Tür einen Wechsel, einen Neubeginn. Dieser Wechsel kann konkreter und symbolischer Art sein: Himmelspforte, das Tor zur weiten Welt usw. Beim antiken Triumphbogen wurde das Tor von seiner eigentlichen Funktion losgelöst und nur noch symbolisch verwendet. Das Durchschreiten des Bogens nach siegreichem Kampf bedeutete auch eine symbolische Reinigung der Soldaten nach dem grausamen Krieg. Die Scheintür, eine vorgetäuschte Tür, die in Wirklichkeit keine ist, finden wir in verschiedenen Kulturen, sie symbolisiert einen Durchgang, der für Menschen nicht passierbar ist; zum Beispiel das Tor ins Jenseits. Die Symbolik des Tores hatte überall Gültigkeit. In China betrat man eine Gebäudegruppe, die von einer Mauer umgeben war und einer Grossfamilie als Behausung diente, durch ein Tor. Mit dem Durchschreiten dieses Tores gelangte man in den Bereich einer solchen Lebensgemeinschaft, das Tor wurde zu einem Symbol für Familie schlechthin (Thilo 1978, S. 225). Die Tori genannten torähnlichen Durchgänge in Japan bezeichnen den Beginn eines heiligen Shinto-Bezirks. Sie können nicht geschlossen werden und bilden somit eine rein symbolische Trennung. Dieses Motiv ist auch bei vielen „primitiven" Kulturen zu finden. Zum Beispiel markieren die Karen-Stämme im Grenzgebiet zwischen Thailand, Myanmar und Laos die Zugänge zu ihren Dörfern mit mehreren torartigen Eingängen. Auch diese Tore sind nicht schliessbar, sie bilden keine physische Sperre. Ihr geistiger Gehalt wird noch hervorgehoben durch Holzfiguren, die Wächter der Tore (Abb. 11.4). Die ganze Anordnung hat keine direkte physische Funktion, erst der ihr zugedachte Gehalt macht sie zum Träger des Inhaltes.

Im bolivianischen Hochland steht noch heute das sogenannte Sonnentor, eine der wenigen Überreste einer astronomischen Sonnenwarte aus dem 7./8. Jahrhundert der präkolumbischen Kultur von Tiahuanaco. Das Tor selbst, eine Öffnung in einer grossen monolithischen Steinplatte, hatte symbolische Bedeutung; wahrscheinlich markierte sie einen Bezirk, einen Zugang zu einem speziellen Ort (Helfritz 1973, S. 135). Der ganze Stein ist mit einem Flächenrelief versehen, das in der Mitte des Frieses eine Sonnengottheit zeigt (Abb. 11.5). Die Haare der Figur sind Sonnenstrahlen und enden teilweise in einem kleinen Jaguar- oder Pumakopf; Gottheiten des Mondes und der Nacht. Dort wo die Sonnenstrahlen und somit der Tag enden, beginnt die Nacht. Beide sind miteinander verbunden. Die zentrale Figur ist beidseitig umgeben von kleineren, ähnlichen Gestalten, die alle auf die zentrale Sonnengottheit in der Mitte gerichtet sind. War die Darstellung eine Art Kalender oder stellte sie eine Szene aus der Mythologie dar? Sicher waren die Figuren Symbole, sie übermittelten eine geistige Aussage, die weit wichtiger war als ihre Rolle als Schmuck.

Abb. 11.4 „Goldenes Dreieck", Nord-Thailand: **a** Tor mit geschnitzter Wachfigur am Eingang eines Karen-Dorfes, **b** Wachfigur

Abb. 11.5 Fries des Sonnentores, 7./8. Jh., Tiahuanaco, Bolivien

Der Glaube an ein Symbol kann so weit gehen, dass ihm Kräfte und Fähigkeiten zugesprochen werden, die es in Wirklichkeit nicht hat. Der geistige Inhalt wird wichtiger als die visuelle Wahrnehmung. Die Griechen malten auf den Bug ihrer Schiffe ein Augenpaar, das während der Reise zu wachen hatte (Arnheim 1980, S. 254). Diese „Dekoration" war Bestandteil des Schiffes wie Mast und Segel. Ihre Bedeutung kann mit den heutigen Radaranlagen verglichen werden. Diese „Augen" am Schiffsbug finden wir in abgewandelter Form auch in anderen Kulturen, ja, sie existieren in Form der Galionsfigur weiter bis in die Neuzeit.

In alten Kulturen gab es Orte, die für niemanden oder nur für ganz wenigen Auserwählten, wie religiöse und weltliche Oberhäupter, zugänglich waren: religiöse Bezirke und Örtlichkeiten, Gräber usw. Der Schmuck solcher Orte hatte deshalb primär eine symbolische

Aufgabe. Die Grabkammern im alten Ägypten wurden meistens nach der Beisetzung fest verschlossen und waren nicht mehr zugänglich. Trotzdem sind Wände und Decken reich geschmückt mit verschiedenen Darstellungen und geschriebenen Erklärungen. Diese Bemalungen halten eine geistige Aussage fest, sie sind Symbole, ihre Funktion als Schmuck ist unwesentlich. Wandmalereien liessen die kleine Kammer zu einem kosmischen Raum werden, in dem die Gottheit und der Herrscher als ihre Inkarnation weiter wirkten.

Im Mittelalter hatte das Symbol einen hohen Stellenwert. Auch die Zahlen waren, nebst ihrer Rolle als mathematische Zeichen, Träger geistiger Werte und somit oft Symbole (Pevsner 1976, S. 113). Die Quelle mittelalterlicher Zahlensymbolik war vor allem die Bibel. So kann als Beispiel die Zahl 12 aufgeteilt werden in 3 mal 4. 12 ist die Zahl der Apostel, 3 die der göttlichen Dreifaltigkeit und 4 versinnbildlicht die weltliche Ordnung. Die Kombination der drei Zahlen kann den Auftrag der Apostel erklären, die Lehre der Dreifaltigkeit Gottes in alle Welt zu verbreiten (Naredi-Rainer 1982, S. 42). Diese Zahlensymbolik fand ihren formalen Niederschlag vor allem im Sakralbau.

Die geistige Aussage eines Symbols geschieht meistens nicht nur über ein einziges Medium wie Farbe, Material, Licht oder Form, sondern diese wirken zusammen und ergänzen sich.

Die gotische Kathedrale ist ein Gesamtkunstwerk mit einem Symbolgehalt, wie wir ihn uns heute nur noch schwer vorstellen können. Die gotische Kirche versucht, das Reich Gottes auf Erden darzustellen (vgl. Abschn. 3.1). Folgerichtig ist das mit Skulpturen reich geschmückte Eingangsportal nicht einfach die Trennung zwischen Innen- und Aussenraum, sondern es symbolisiert den Übergang vom irdischen zu ewigen Leben im Jenseits und stellt so das Jüngste Gericht dar (Hofstätter 1968, S. 49). Die beiden Nebenportale sind dem Alten Testament auf der schattigen Nordseite und dem Neuen Testament auf der sonnigen Südseite gewidmet. Das runde Rosettenfenster über dem Hauptportal lässt einen Lichtstrahl so ins Innere fallen, dass er die Bewegungsrichtung hin zum Altar unterstützt. Gleichzeitig stellt die Rosette auch die Sonne und den Kosmos dar, oder eine Rose, die wiederum als Mariensymbol bekannt ist. Da das Licht Glas und Edelstein durchdringen kann, ohne sie zu zerstören, diente es im Mittelalter als Symbol des Heiligen Geistes (Hofstätter 1968, S. 51).

Das Symbol spielte bis in die Neuzeit in allen Architekturepochen eine wichtige Rolle. Die Gestaltung des Raumes basierte nicht nur auf funktionalen, konstruktiven oder ästhetischen Kriterien, wie das heute oft der Fall ist, sondern hatte auch seinen symbolischen Hintergrund. Das Symbol visualisiert eine geistige Aussage, das heisst, es kann mithelfen, eine Ideologie zu veranschaulichen. Der Sakralbau in Europa spiegelte die christliche Weltanschauung.

Adolf Max Vogt wies nach, dass in der russischen Revolutionsarchitektur die damals vorherrschende politische Ideologie auch in der architektonischen Form ihren Niederschlag fand. So weisen verschiedene Projekte dieser Zeit, zum Beispiel El Lissitzkys Rednertribüne und Tatlins Turm der 3. Internationalen, einen Neigungswinkel von 23,5 Grad auf, was genau der Neigung der Erdachse entspricht (Vogt 1974, S. 211). Zwischen Arbeiterklasse und Astronomie bestanden nach Ansicht der damaligen Ideologen verschiedene Zusammenhänge: Der Astronom kann Zeit und Raum bestimmen und übt somit einen

Einfluss auf die Organisation der Arbeit aus, was ihm Macht verleiht. In der ursprünglichen Planzeichnung für Tatlins Turm verläuft die Schräge von rechts unten nach links oben. So wurde die Darstellung denn auch in vielen Grafiken und Plakaten dieser Zeit übernommen. Vogt interpretiert dies so: „*Aufstieg* und *Auflehnung* verbinden sich zum Gesamteindruck *Fortschritt wider das Gewohnte*. Was genau dem entspricht, was diese Generation in Russland bewegte, was sie mitzuteilen wünschte" (Vogt 1974, S. 212). Damit waren die Bauten mehr als rein funktionale Gebilde, sie waren Ausdruck einer bestimmten geistigen Haltung, sie wurden zum Symbol einer neuen Weltanschauung

Die Moderne lehnte Metapher und Symbol mit der Begründung ab, sie seien zu vage und zu subjektiv (Jencks 1978, S. 50). Stattdessen konzentrierte sie sich auf objektive Aspekte wie Funktion und Ökonomie. Mit den modernen Wissenschaften wurde fast alles messbar und erklärbar, das Rationale gewann Oberhand über das Irrationale. Dadurch wurde der Einfluss von Tradition, Mystik und Religion stets schwächer. Gerade sie sind aber wichtige Grundlagen für die Symbolik. Diese Entwicklung verhinderte aber nicht die Metaphernbildung, nur wurde die Art der Interpretation nun ganz dem Betrachter überlassen, er hatte dafür keine Richtlinien und keine Hilfsmittel mehr. In der subjektiven Wertung eines Gebäudes durch die Öffentlichkeit kommt der Metaphernbildung eine wichtige Rolle zu. Die Architekten der Moderne überliessen die Interpretation ihrer Werke und damit auch ihre Wertung weitgehend dem Betrachter. Ein modernes Gebäude kann heute eine „hässliche Schuhschachtel" oder ein „prächtiger Palast" sein. So weit auseinander liegende Urteile waren beispielsweise in der Gotik schon deshalb nicht möglich, weil das ästhetische Erscheinungsbild des Gebäudes nur ein Aspekt seiner Erscheinung und somit auch seiner Bewertung war. Der metaphorische und symbolische Gehalt war eine Nachricht, die bewusst manipuliert und deshalb von allen Besuchern gleich verstanden wurde. Dies mag mit ein Grund sein, warum formale Originalität, neue Formen, damals weniger gefragt waren. Die geistige Mitteilung an den Kirchenbesucher war immer die gleiche, sie wurde auch mit Hilfe der Symbolik vermittelt. Die Moderne verzichtete weitgehend auf diese Kommunikationsmöglichkeit und beschränkte sich auf rein gestalterische Aspekte. Ohne die Dimension der Symbolik wurde die vom Architekten nun mehr oder weniger willkürlich festgelegte Form von der breiten Masse nicht mehr verstanden.

Die Postmoderne versuchte wiederum vermehrt, die noch vorhandenen soziologischen, psychologischen und ideologischen Bezugspunkte aufzugreifen und ihnen einen formalen Ausdruck zu geben.

Im Civic Center in Beverly Hills (Abb. 11.6) versuchte Charles Moore mit dem Gebauten eine besondere Stimmung zu erzeugen. Der Architekt schreibt: „Die Träume, die alle menschlichen Taten begleiten, sollten durch den Charakter des Wohnortes genährt werden" (Moore 1979, S. 124). Der gestaltete Ort soll inspirieren und Assoziationen wecken, sollte das Bilden von Metaphern fördern und symbolischen Gehalt haben. So erinnern die Gestaltung der Fassaden und die Bepflanzung zum Beispiel an arabische Vorbilder. Ein solches Vorgehen birgt die Gefahr in sich, im negativen Sinne banal oder gar kitschig zu wirken. Charles Moore: „Nur dadurch, dass man es bis an den Rand der Katastrophe treibt, in der Hoffnung, dass es nicht misslingt, kann man das Gewöhnliche so bauen, dass es die

Abb. 11.6 Charles Moore, 1990, Beverly Hills Civic Center, Los Angeles

Leute bemerken. Meine Zuversicht, dass es nicht misslingt, basiert auf dem Hübschen, Fröhlichen, das wir allem verleihen, was wir ausführen. Es sollte eben lustig sein, und hier unterscheiden wir uns von Venturi" (Klotz und Cook 1974, S. 297). Nach Robert Venturi ging dem Architekten der Moderne die Fähigkeit verloren, der Form einen tieferen geistigen Inhalt zu verleihen, mit Symbolen zu arbeiten. Den Hauptgrund sieht er in der heutigen Vergötterung des Raumes (Venturi 1979, S. 174). Bei seinem Studienobjekt, dem Strip von Las Vegas, gilt ihm zufolge dieses Konzept der Moderne nicht: Hier ist der Aspekt der Kommunikation wichtiger als die räumlichen Eigenschaften, das Symbol beherrscht den Raum. Venturi vergleicht den Strip, die Hauptstrasse der Stadt, mit dem Forum im alten Rom: Auch dort war die Aussage, der Wunsch etwas darzustellen, wichtiger als der Raum selbst (Venturi 1979, S. 138) (vgl. Abb. 9.2).

Ob die Bauten von Ricardo Bofill als postmodern bezeichnet werden können oder nur als „Architektur des Narzissmus par excellence" (Kenneth Frampton über die Wohnüberbauung „Walden 7" von Bofill (Frampton 1967, S. 253)) sei dahingestellt. Sicher wagt sich auch Bofill an den „Rand der Katastrophe", doch fehlt ihm das „Hübsche, Fröhliche", es wird ersetzt durch das Gigantische. In dem grossen Wohnkomplex an dem Places de Catalogne in Paris haben die Wohnungen keinen Balkon, viele keine direkte Sonneneinstrahlung, die Qualität der Wohnungsgrundrisse liegt nicht über dem Durchschnitt des Üblichen (Abb. 11.7). Bofill bezeichnet seine Bauten als „Surrealistische Welt", in der er bewusst Symbole schafft (Schilling 1982, S. 20). Das Erscheinungsbild seiner Bauten lässt verschiedene Interpretationen zu und weckt mannigfaltige Assoziationen. Verglichen mit den meisten übrigen Wohnsiedlungen im Grossraum von Paris und anderswo ist die Überbauung keine anonyme Architektur, es ist ein bewohntes Monument, mit dem sich die Bewohner identifizieren können. Die Gesamterscheinung, der Kommunikationsaspekt, ist hier wichtiger als die räumlichen Eigenschaften. Die Einzelwohnung als solche, ihre räumlichen und formalen Qualitäten sind sekundär, wichtig ist die Möglichkeit der Identifikation, die geistige Vielschichtigkeit der Anlage.

Abb. 11.7 Bofill Ricardo (Taller de Arquitectura), 1985, Places de Catalogne, Paris, Frankreich

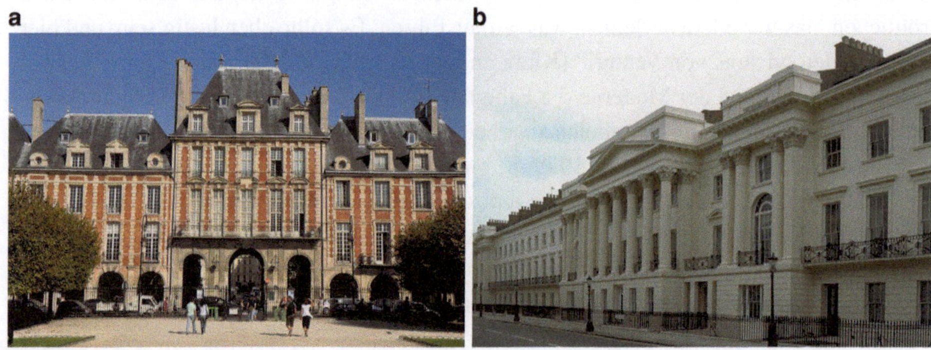

Abb. 11.8 **a** Place Royal, heute Place des Vosges, 1603, Paris, Frankreich, **b** John Nash, 1823, Cornwall Terrace, London, Grossbritannien

Das Prinzip, das Bofill anwendete, ist nicht neu: 1603 entstand mit dem Place Royal, heute Place des Vosges, die erste geschlossene und einheitliche Platzbebauung in Paris. Wohnungen für den gehobenen Mittelstand wurden hinter einer einheitlichen Fassade um einen regelmässigen Platz angeordnet (Abb. 11.8a). Auch hier erinnern die Fassaden eher an einen Palast als an ein Bürgerwohnhaus. Inigo Jones baute 1630 die ersten Reihenhäuser am Covent Garden in London nach demselben Prinzip. Die Wohnungen wurden mittels einer gemeinsamen, einheitlichen Fassade zusammengefasst. Das einheitliche Erscheinungsbild der Anlage erinnerte stark an Palastbauten der Renaissance und sollte den Eindruck der Grösse erwecken. Später folgten ähnliche Reihenbebauungen, zum Beispiel der Wohnkomplex Cornwall Terrace in London (Abb. 11.8b), 1823 von John Nash erbaut, demselben Vorbild. Nash war einige Jahre später auch am Bau des königlichen Buckingham Palace beteiligt.

11.5   Die Bedeutung des Zeichens in der Geschichte der Architektur

Wie wir gesehen haben, können Zeichen in der Architektur sowohl eine syntaktische wie auch eine semantische Funktion haben. Zeichen an Bauten alter Kulturen sind für uns heute meistens vor allem Schmuck. Das Bedürfnis nach Schmuck ist so alt wie das Verlangen nach physischem Schutz. Die ersten Ansätze einer Architektur wurden dekoriert und verziert, wobei Schmuck damals nicht in erster Linie Verschönerung bedeutete, sondern objekt- oder personenbezogen war und eine metaphorische oder symbolische Bedeutung hatte (Arnheim 1980, S. 253). Aufgabe des Schmuckes war es, die Grundidee, die auch die architektonische Form bestimmte, im nicht-konstruktiven Bereich weiterzuführen.

Im alten Ägypten war ein Tempel Wohnort einer Gottheit, wo der Pharao als Repräsentant seines Volkes mit dem Göttlichen Kontakt aufnahm. Der Tempel symbolisierte das Land Ägypten und damit die ganze Welt (Canival 1964, S. 87). Kulthandlung und Dekoration dienten dazu, dieses Konzept zu unterstützen. Die Grabstätte enthielt ausser dem Sarkophag unzählige Gegenstände und Schmuckstücke aus dem täglichen Leben des Königs, die Wandbemalungen erinnern an Episoden aus seinem Leben. All dies war nicht zum Betrachten bestimmt; nur wenige Personen durften diese Räume je betreten. Die Wanddekorationen zeigen die Vergangenheit des Königs, die ins Grab gegebenen Gegenstände waren für sein zukünftiges Leben bestimmt. All diese Zutaten und Dekorationen waren Träger geistigen Inhalts, sie symbolisieren die soziologische und ideologische Struktur des Reiches und waren deshalb nicht nur Anhängsel, sondern ebenso wichtig wie der Bau selbst (Abb. 11.9).

Auch die Reliefdarstellungen am Tympanon des griechischen Tempels waren nicht Dekorationen im heute bekannten Sinne. Ihre Aufgabe war es, eine Geschichte zu erzählen, nämlich jene der verehrten Gottheit oder des Tempelerbauers (Martin 1966, S. 94).

Diese Darstellungen waren Teil des Gebäudes, wie zum Beispiel Stützen und Träger, vermitteln aber das, was die reine Baukonstruktion nicht ausdrücken konnte. Ihre Verpflanzung in Museen in allen Teilen der Welt hat sie deshalb auch zweckentfremdet. Architektur war mehr als nur eine Raumhülle, sie half mit, die gültigen Grundwerte der Gesellschaft zu verdeutlichen.

Auch in der alt-römischen Kultur darf Schmuck nicht unabhängig von seinem architektonischen Umfeld gesehen werden, er ist Teil der Gesamtkomposition. Die grossen Thermen sollten den Benutzer für eine Weile die profane Welt mit ihren Problemen vergessen lassen. Sie stellten deshalb eine Art Traumwelt dar. Die Gewölbe dieser „Vergnügungszentren" waren mit Gold- oder Glasmosaiken ausgeschmückt, was ganz spezielle Beleuchtungsverhältnisse schuf und eine weltentrückte Stimmung bewirkte (Picard 1965, S. 146). Schmuck ermöglichte das, was mit konstruktiven Mitteln nicht erreichbar war. Nicht nur der Raum, wie in der Moderne, sondern der geistige Gehalt stand im Vordergrund. Um diesen optisch umzusetzen, waren alle Mittel recht, nicht nur die rein konstruktiven.

Die romanische Kirche vermittelt uns heute einen falschen Eindruck. Die heute kahlen und schmucklosen Wände waren ursprünglich bemalt und mit kostbaren Tüchern und Goldschmiedearbeiten, die im Lichte zahlreicher Kerzen erglänzten, versehen (Oursel 1966, S. 8).

Abb. 11.9 Grab des Ramose (Nobler), 18. Dyn. (ca. 16. Jh. v. Chr.), Theben West, Ägypten

Das romanische Raumkonzept versuchte, das Haus Gottes auf Erden zu bauen (vgl. Abb. 3.1). Die Aufgabe des Schmuckes war es, diesem Haus Gottes Prunk zu verleihen, deshalb war der Schmuck ein wichtiger Teil des Konzeptes. Während der Religionskriege wurden die meisten Kirchen ihres Schmuckes beraubt, womit sie ihren ursprünglichen Ausdruck verloren. Der Schmuck war auch hier mehr als eine verschönernde Zutat: Ohne ihn war die Einheit zerstört. Die romanischen Kirchen im heutigen Zustand vermitteln uns ein völlig falsches Bild von dem, was ursprünglich war.

Bauwerke waren bis zum Zeitalter des Barock Gesamtkunstwerke. Alle am Bau beteiligten Künstler leisteten einen gleichwertigen Beitrag, jede vertretene Kunstgattung war wichtig und unentbehrlich. Diese Einstellung ist heute schwer vorstellbar, sie ist uns fremd. Die Dekorationen jener Stilepochen erscheinen uns heute, oft losgelöst von ihrem ursprünglichen Standort, unverständlich, ja, sinnlos, weil wir dazu neigen, Schmuck als etwas Selbständiges zu betrachten.

Heute bedeutet „Kunst am Bau" oft eine nach der Fertigstellung des Gebäudes aufgestellte Skulptur oder aufgehängtes Bild. Früher war ein Bauwerk eine Einheit, die von den Fundamenten bis hin zum kleinsten Dekorationsdetail reichte und versuchte, mit allen Mitteln ein geistiges Konzept zu verwirklichen.

Natürlich konnte auch damals das Ganze aufgeteilt werden in Teile, die statisch-konstruktiv notwendig waren, und jene, die keine solche Funktion hatten. Beide Komponenten waren aber zusammen verantwortlich für das Erscheinungsbild eines Stils, das ohne eine der beiden nicht denkbar war. Ihr jeweiliger Anteil variierte von Epoche zu Epoche und von Region zu Region. In der Früh- und Hochgotik dominierte der statisch-konstruktive Aspekt über den des Dekors. Im 13. und zu Beginn des 14. Jahrhunderts änderte sich das Verhältnis: Das Dekorative überdeckte das Konstruktive. Noch später ist dann sogar eine Tendenz des Ablösens des Dekorativen von der Konstruktion zu beobachten. Diese Haltung fand ihren Höhepunkt in der Renaissance. Aber auch hier wurde der Schmuck nie ganz losgelöst von der Konstruktion. Palladio schrieb dazu: „Der Schmuck wird dann zum ganzen Bauwerk passen, wenn die Einzelteile mit dem Ganzen korrespondieren und bei grossen Gebäuden grosse Teile, in den kleinen kleine und in den mittelgrossen mittelgrosse Teile angebracht werden" (Palladio 1983, S. 113). Im Barock wurde das Dekorative wieder stärker mit der Konstruktion verschmolzen, ja es nahm zeitweise sogar eine dominierende Stellung ein. Das Primat des Schmückens erlaubte auch das Vortäuschen von Materialien: Niemand nahm Anstoss an der Tatsache, dass edle Materialien wie Gold und Marmor imitiert wurden, nur um einen Schein, eine Illusion zu erwecken. Die optisch-räumlichen Illusionen dieser Epoche waren ohne die dekorativen Mittel gänzlich undenkbar. Im Rokoko wurde die langsam erstarrende Ornamentik noch einmal frisch belebt (Pevsner 1976, S. 368). Im 19. Jahrhundert wurde bei den damals verwendeten Neo-Stilen auch die Art des Dekorierens und Schmückens der alten Vorbilder übernommen. In der zweiten Hälfte des 19. Jahrhunderts begann sich überall Widerstand gegen die verschiedenen eklektizistischen Strömungen zu regen (Giedion 1978, S. 206). Hans Poelzig, damals Leiter der Kunstakademie in Breslau, äusserte sich 1906 zu den im 19. Jahrhundert wuchernden Stilen: „Aber ebenso sinnfällig erwiesen die guten wie die verfehlten Lösungen, dass eine wahrhafte Architektur mit dem Rüstzeug der Dekoration nicht zu meistern, dass mit rein äusserlichen Mitteln dem Problem der heutigen Architektur nicht beizukommen ist. – Die Flucht vor allem, was historisch gegeben, kann ebenso wenig Rettung bringen wie das nur dekorative Zurückgehen auf Formen der Vergangenheit" (Poelzig 1981, S. 11).

Im Jugendstil wurde versucht, das Dekorative wieder vermehrt mit dem Statisch-Konstruktiven zu verschmelzen (vgl. Abb. 11.2b). Beide Komponenten sollten sich wieder ergänzen, wie dies früher geschah. Damit erlebte auch das Kunsthandwerk wieder eine Erneuerung, Henry van de Velde, ursprünglich Maler von Beruf, entwarf 1895 seine eigenes Haus samt allen Einrichtungsgegenständen selbst. Er lehnte die Dekoration nicht ab, setzte sich aber für ihre form- und konstruktionsgerechte Anwendung ein: „Und wenn dich der Wunsch beseelt, diese Formen und Konstruktionen zu verschönern, so gib dich dem Verlangen nach Raffinement, zu welchem dich deine ästhetische Sensibilität oder dein Geschmack für Ornamentik – welcher Art sie auch sei – inspirieren wird, nur insoweit hin, als du das Recht und das wesentliche Aussehen dieser Formen und Konstruktionen achten und beibehalten kannst!" (Van de Velde 1981, S. 14) Poelzig und van de Velde wandten sich beide nicht gegen die Dekoration als solche, sie waren aber der Meinung, dass diese ein integraler Bestandteile eines Ganzen sein muss.

Beinahe unabhängig von der Entwicklung in Europa wandte sich auch in den USA Louis Sullivan 1892 in einem Aufsatz mit dem Titel „Ornament in architecture" gegen die falsche Verwendung dekorativer Elemente: „Ich würde sagen, dass es unserem Schönheitssinn sehr

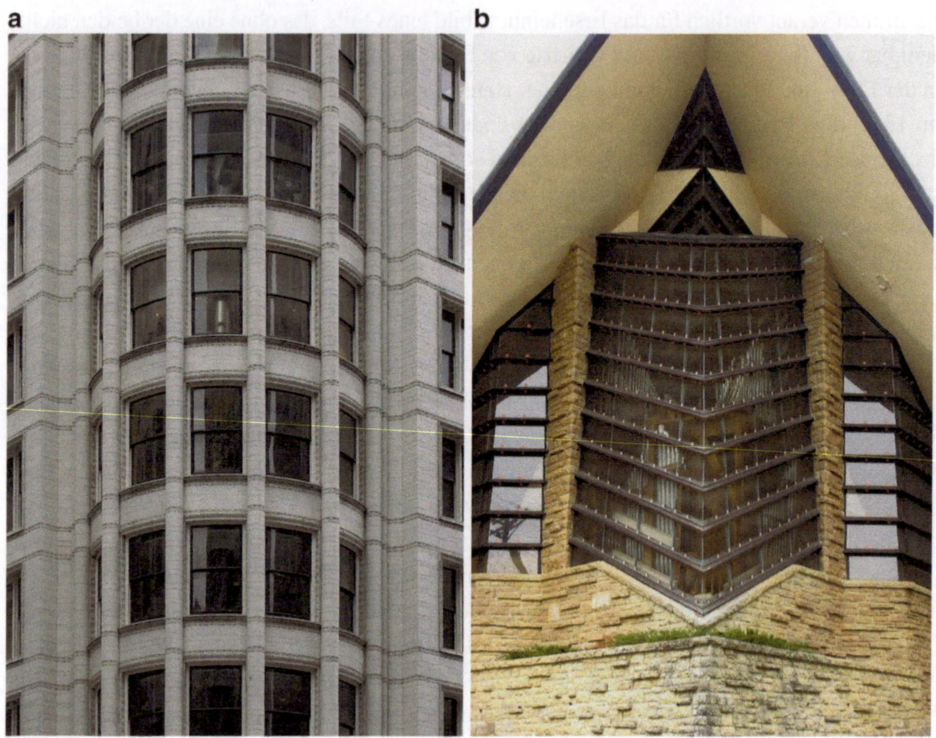

Abb. 11.10 **a** Louis Sullivan, 1906, Carson Pirie Scott Building, Chicago, USA, **b** Frank Lloyd Wright, 1947, Unitarien Meeting House, Madison, Wisc. USA

gut täte, wenn wir uns für eine Reihe von Jahren völlig der Anwendung von Ornamentik enthielten, damit unser Denken sich ganz auf die Herstellung gut geformter und in ihrer Nacktheit schöner Gebäude konzentrieren könnte" (Frampton 1967, S. 46) (Abb. 11.10a). Sullivan war die Entwicklung in Europa allerdings nicht unbekannt – studierte er doch 1874 für kurze Zeit an der Ecole des Beaux-arts in Paris. Die Dekorationen an seinen Gebäuden wirken oft geometrisch, ähnlich wie eine reine Oberflächenstrukturierung. Kenneth Frampton vergleicht sie mit islamischen Vorbildern und begründete Sullivans Vorgehen wie folgt: „Mit diesem Rückgriff auf die ästhetischen und auch symbolischen Werte des Ostens suchte Sullivan die Kluft zwischen Intellekt und Emotion in der westlichen Kultur zu überbrücken" (Frampton 1967, S. 48). Frank Lloyd Wright, ein Schüler Sullivans, verwendete dekorative Elemente ähnlich wie sein Lehrer. Der Schmuck entsteht direkt aus der Konstruktion und wurde nicht nachträglich hinzugefügt: „Ich glaube, dass viel Ornament im alten Sinn der ‚Applikation' nichts für uns ist, weil uns das Verständnis für seine Aussagekraft verlorengegangen ist. Ich halte nichts davon, Ausschmückungen lediglich um ihrer selbst willen anzufügen. Solange die ‚Ausschmückung' durch Details nicht die Klarheit des Ausdrucks bei dem architektonischen Thema erhöht, ist sie immer unerwünscht. Die heutigen Menschen verstehen den Begriff Ornament sehr wenig. Und ganz besonders die Architekten. Ich möchte deshalb, um die Sache genauer zu treffen, so sagen: wenn eine Konstruktion im organischen Sinne konzipiert wird, dann wird die gesamte Ornamentierung als zum eigentlichsten Grundplan mitgehörig konzipiert und gehört deshalb zur Struktur des Gebäudes selbst" (Lloyd Wright 1969, S. 80) (Abb. 11.10b).

In Europa äusserte sich Adolf Loos am vehementesten gegen jede Art von Dekoration. 1900 veröffentlichte er die Geschichte „Von einem armen, reichen Mann": Ein Mann lässt sein Haus, in dem er bis dahin zufrieden gelebt hat, von einem Architekten „verschönern". Dieser dekoriert und schmückt das Haus über und über, keine Stelle lässt er aus, sogar die Gebrauchsgegenstände werden verziert. Eines Tages erhält der arme, reiche Mann ein Geschenk, das er voller Freude auch seinem Architekten zeigt. Dieser ist empört, dass der Bauherr es gewagt hat, einen neuen Gegenstand in „seinem" Haus aufzustellen, da doch das Haus von ihm schon komplett gestaltet worden ist (Loos 1981, S. 198). Loos richtete sich gegen die Dekoration von Gebrauchsgegenständen, gegen die Vermischung von Kunst und Handwerk, die ein Hauptanliegen des Werkbundes und der Befürworter des Gesamtkunstwerkes waren. Ja, er ging noch weiter: „Ornament ist vergeudete arbeitskraft und dadurch vergeudete gesundheit" (Loos 1982, S. 83). Loos schrieb „Von einem armen reichen Mann" unter dem Einfluss des oben erwähnten Artikels von Sullivan, den er während seines dreijährigen Amerikaaufenthaltes kennenlernte. 1908 schrieb Loos seinen berühmten Artikel „Ornament und Verbrechen", in dem er Dekoration als etwas Amoralisches bezeichnet. Das Ornament entspreche einer niedrigen Kulturstufe, nicht aber dem 20. Jahrhundert: „Der drang, sein gesicht und alles, was einem erreichbar ist, zu ornamentieren, ist der uranfang der bildenden kunst". – „Evolution der kultur ist gleichbedeutend mit dem entfernen des ornamentes aus dem gebrauchsgegenstand" (Loos 1982, S. 78). Zwischen der Geschichte des armen, reichen Mannes und dem Artikel gegen das Ornament liegen acht Jahre, in denen sich die Lage verändert hatte: Mit dem ersten Artikel stellte sich Loos noch gegen eine starke Strömung des Gesamtkunstwerkes und gegen den Jugendstil. 1908 hatte sich seine Aussage von 1900 schon als richtig erwiesen, die Strömung des Jugendstils war am Abklingen und Loos stand mit seiner Meinung bezüglich Schmuck nicht mehr alleine. Es folgten andere mit nicht minder deutlicher Sprache. So zum Beispiel Antonio Sant'Elia und Filippo Tommaso Marinetti in ihrem „Manifest der futuristischen Architektur" im Jahre 1914: „Das Dekorative muss verschwinden" – „ … dass die Dekoration – als etwas, was zusätzlich an der Architektur angebracht oder darübergelegt wird – etwas Absurdes ist und dass allein von der ursprünglichen Anordnung des Rohmaterials, unverfälscht oder lebhaft gefärbt, der dekorative Wert der futuristischen Architektur abhängt" (Sant'Elia und Marinelli 1981, S. 34). Der ästhetische Wert wird also nicht mehr auch durch den Schmuck vermittelt, sondern allein durch die Schönheit des Materials. Auch Adolf Loos war dieser Meinung (vgl. Abschn. 5.3.1). Dieser glaubte weiter, dass auch die sichtbare Konstruktion, die Art des Zusammenfügens, die Schönheit eines Bauwerkes mitbestimmt: „An die stelle der phantasieformen vergangener jahrhunderte, an die stelle der blühenden ornamentik vergangener zeiten hat daher die reine, pure konstruktion zu treten" (Loos 1982, S. 134). Damit nahm Loos die generelle Meinung der Moderne zu diesem Thema bereits vorweg. Henry-Russell Hitchcock und Philip Johnson fassten 1932 zusammen: „Das architektonische Detail, das in der modernen Baukonstruktion genau wie in der Vergangenheit gebraucht wird, sorgt in der zeitgenössischen Architektur für eine gewisse Ausschmückung. Tatsächlich sorgte das Detail, wie es heute durch die Baukonstruktion bedingt ist oder diese veranschaulicht, auch bei den reinen Stilen der Vergangenheit für die meisten der dekorativen Elemente" (Hitchcock und Johnson 1985, S. 62). Das Ablehnen des Dekorativen war aber auch vor Loos nicht grundsätzlich neu. So äusserte sich zum Beispiel der Philosoph Arthur Schopenhauer schon Mitte des 19. Jahrhunderts wie folgt: „Die Verzierungen gehören der Skulptur, nicht der Architektur an, von der sie als hinzukommender Schmuck bloss zugelassen werden und auch wegfallen könnten" (Sörgel 1918, S. 158).

Die Ablehnung des Schmuckes hatte zwei Hauptursachen: Einerseits war die Dekoration im 19. Jahrhundert nur noch ein klassisches, gotisches, chinesisches etc. Anhängsel, das auf einen beliebigen Architekturstil appliziert wurde und somit keinerlei tiefere Aussage mehr hatte, wie das vorher während Jahrtausenden der Fall war, andererseits prägte die Industrialisierung einen neuen Schönheitsbegriff, die sogenannte „Ingenieur-Ästhetik" (vgl. Abschn 8.2). Ein technisches Produkt war schön, weil es seinen Zweck unmittelbar erfüllte, jeder Teil seine genaue Funktion hatte und nichts überflüssig war. August Perret: „Was schön ist, bedarf keiner Dekoration, denn es ist selber dekorativ" (Rykwert 1983, S. 168). Auch Le Corbusier verwendete in seinem Frühwerk Dekoration und Ornament (Abb. 11.11), verbannte aber später beides aus seinem Vokabular.

Die Entwicklung im 19. Jahrhundert bedeutete das Ende des Gesamtkunstwerkes. Die verschiedenen Kunstrichtungen Architektur, Plastik und Malerei wurden autonom, sie existierten selbstständig weiter. Vorher bildeten sie eine Symbiose, das eine konnte nicht

Abb. 11.11 Le Corbusier, 1912, „Maison Blanche", La Chaux-de-Fonds, Schweiz

sein ohne das andere. Wohl dominierte, je nach Epoche, einmal das Dekorative, einmal das mehr Statisch-Konstruktive. Das Schwergewicht konnte sich verlagern, verschiedene Kunstgattungen waren aber im Gesamtkunstwerk vereint. Das Ende dieses Zustandes war schicksalhaft für die Kunst schlechthin. Das Ornament, als einzige Kunstgattung nicht autonom existenzfähig, fand nur innerhalb des Gesamtkunstwerkes einen adäquaten Platz, in der Moderne ist es zwangsweise verschwunden.

In der Moderne ist Schmuck in der Architektur ein eigenständiges Element, er steht in einem neuen Verhältnis zum Gebäude. Die Plastik von Kolbe im Barcelona-Pavillon von Ludwig Mies van der Rohe verschmilzt nicht mit der Architektur, im Gegenteil, sie wirkt, als einzige organische Form, wie ein Gegenpol zu den rechtwinkligen, geraden Scheiben und Stützen (vgl. Abb. 10.26). Durch dieses Nebeneinander entsteht Spannung, welche die strenge Geometrie des Raumes noch stärker wirken lässt. Die Einheit von Dekorativem und Konstruktivem bestand nicht mehr. Das autonome Dekorative wurde eingesetzt, um gewisse Aspekte der Architektur zu betonen, oder es bestand kein direkter Zusammenhang mehr zwischen ihnen.

Die Zeichensprache der Moderne beschränkte sich auf die rein formale Aussage und wurde damit bedeutungsarm. Innerhalb der Moderne entstand die Strömung der „Revolte gegen die Vernunft" (vgl. Abschn. 5.1.1.3). Die strenge Geometrie und Rechtwinkligkeit des Raumes wurde gebrochen zugunsten einer freien Form. Damit wurde das Spektrum der Zeichensprache wieder erweitert, der Spielraum für formale Interpretationen wurde grösser und das Bilden von Metaphern wurde erleichtert. Diese Entwicklung führte schliesslich zur Postmoderne. Die Dogmen der Moderne, zum Beispiel das Verbot im Namen der „Reinheit" von Teilen, die über das rein Zweckmässige hinausgehen, wurden in Frage gestellt. Vieldeutigkeit, Kompromiss und Widerspruch wurden wieder akzeptiert und ins Repertoire der Architektur aufgenommen. Dadurch erhielt auch der Schmuck als Träger einer Bedeutung oder einer Botschaft wieder einen wichtigen Stellenwert inner- halb des Entwurfinstrumentariums. Das Zeichen als Metapher oder Symbol wurde erneut wichtig (vgl. Abb. 3.3b).

Einer der ersten Verfechter dieser neuen Auffassung war Robert Venturi, der sich schon in den sechziger Jahren des letzten Jahrhunderts gegen die strenge Doktrin der Moderne wandte. In seinem 1966 publizierten Buch „Komplexität und Widerspruch in der Archi- tektur", von dem Vincent Scully behauptete, dass es wahrscheinlich das bedeutendste Buch seit Le Corbusiers „Vers une architecture" sei, wendet er sich gegen die Grundsätze der Moderne: „Die Doktrin des ‚Weniger ist mehr' verunmöglicht Komplexität, sie recht- fertigt deren Reduktion als Mittel der Ausdruckssteigerung" (Venturi 1978, S. 26). Venturi setzt sich nicht für etwas grundsätzlich Neues ein, ihm geht es vielmehr darum, Eigen- schaften, die in früheren Epochen Bestandteile der Sprache eines Architekturstils waren und ihm geistigen Gehalt verliehen, neu zu beleben und neu in die Architektur zu integrie- ren: „Mehrdeutigkeit und Spannung finden sich überall in einer komplexen und wider- spruchsreichen Architektur. Architektur ist immer beides, Form und Substanz, abstrakt und konkret: ihre Aussage erschliesst sich erst innerhalb eines je bestimmten Zusammenhanges. Ein architektonisches Element wird immer in Form und Struktur, Textur und Stofflichkeit zugleich wahrgenommen. Diese wechselnden Abhängigkeiten, unübersehbar und voller Widersprüche, sind der Ursprung der vieldeutigen und spannungsreichen Momente, wie sie das Medium Architektur charakterisieren" (Venturi 1978, S. 33). In seinem zweiten Buch, „Lernen von Las Vegas", geschrieben 1978 zusammen mit Denise Scott Brown und Steven Izenour, geht Venturi noch einen Schritt weiter mit der Behauptung, dass die Wahrnehmung von Architektur sich nicht nur auf das Gesehene beschränke: „Wir sind der festen Überzeugung, dass die Wahrnehmung und ebenso der Entwurf von Architektur auf vorhergegangene Erfahrung und daraus gespeiste Assoziationen angewiesen sind, ferner, dass diese symbolischen, anderes repräsentierenden Elemente oftmals der Form, Konstruktion und Nutzung widersprechen, mit denen sie am gleichen Gebäude zusammentreffen" (Venturi 1979, S. 104).

Die Autoren sehen zwei Möglichkeiten, dieser Tatsache Rechnung zu tragen, die Lösung der „Ente" und die des „dekorierten Schuppens" (Abb. 11.12). Im Fall der „Ente" wird versucht, den Inhalt, die Bedeutung eines Gebäudes vor seinen räumlichen Ausdruck und die Konstruktion zu stellen. Eine Imbissbude, spezialisiert auf gebratene Enten, soll diesen ihren Inhalt direkt formal ausdrücken, indem das Gebäude die Form einer Ente erhält. Da die Form einer Ente eine ökonomische Konstruktion und eine reibungslose Nutzung erschweren könnte, sehen die Autoren eine zweite Möglichkeit, die des „dekorierten Schuppens". Hier wird getrennt zwischen Gebäude, einer möglichst ökonomischen Hülle, optimal für die vorgesehene Nutzung, und einer Markierung, die den Inhalt und die Bedeutung dieser Hülle und ihrer Nutzung mitteilen soll. Beide Varianten sind nicht neu. Die Autoren bezeichnen die gotische Kathedrale als ein Beispiel, das sowohl „Ente" wie auch „dekorierter Schuppen" ist: Die Gesamterscheinung der Kirche stellt metaphorisch ihren

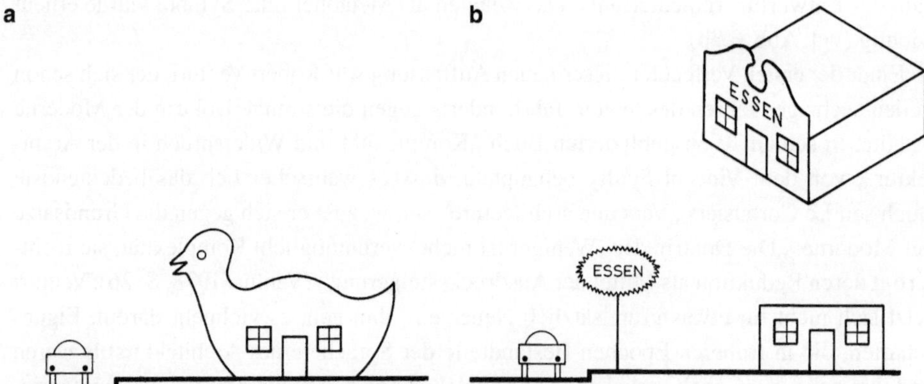

Abb. 11.12 Die zwei Möglichkeiten die Nutzung eines Gebäudes zu visualisieren: **a** „die Ente" und der **b** „dekorierte Schuppen" (nach Robert Venturi)

Inhalt dar, nämlich das Reich Gottes auf Erden (vgl. Abschn. 5.1.1). Die Hauptfassade, mit dem grossen Portal zum Platz hin gerichtet, ist eine „Reklametafel", eine „Schauwand für religiöse Propaganda" (Venturi 1979, S. 124). Die Möglichkeit, den geistigen Inhalt und die Bedeutung eines Gebäudes mit Hilfe der Fassade oder eines gebäudeunabhängigen Zeichens auszudrücken, lässt grossen Spielraum für Metaphern und Symbole. Die Gestaltung solcher Zeichen ist keine rein architektonische Aufgabe mehr: Grafische, bildhauerische und malerische Aspekte können genauso miteinbezogen werden, womit wieder die Möglichkeit besteht, ein Gesamtkunstwerk zu schaffen. Damit ist das Spektrum der möglichen einsetzbaren Reizkonfigurationen ungemein viel grösser als in der Moderne. In der Moderne steht der Raum im Mittelpunkt, eine Tatsache, die nach Venturi einen Symbolismus der Form erschwert, wenn nicht gar verunmöglicht: „Die Architektur der jüngeren Moderne endete in leerem Formalismus, obwohl sie doch gar nicht mehr hatte formen wollen, beförderte eine übersteigerte Expressivität, obwohl sie doch jedes Ornament brüsk zurückgewiesen hatte, und indem sie sich dem Symbolischen versagte, musste sie schliesslich den puren Raum vergöttern" (Venturi 1979, S. 147). Die Architektur der Moderne vermied jede Art von Dekoration an ihren Bauten. Da dem Raum und somit seiner Form aber eine primäre Bedeutung zukommt, sind die Gebäude der Moderne nichts anderes als grosse syntaktische Zeichen.

Die Ideologie der Postmoderne entstand in den USA. Die beiden wichtigsten europäischen Vertreter sind Aldo Rossi und Oswald Mathias Ungers (Klotz 1984, S. 10). Ihre Auffassungen sind zwar nicht identisch mit der Theorie von Robert Venturi, aber auch sie wehren sich gegen die Reduzierung der Architektur auf rein formale und räumliche Aspekte. Im Gegensatz zu Venturi sind sie aber der Meinung, dass der Weg über die applizierte metaphorische und symbolische Dekoration nicht der richtige sei. Vielmehr versuchen sie durch ein „Aufladen" der geometrischen Form mit typologischen und historischen Bezügen dem Bauwerk wieder vermehrt geistigen Gehalt zu verschaffen und damit die metaphorische und die symbolische Bedeutungsebene erneut stärker zu aktivieren (Abb. 11.13).

Abb. 11.13 Aldo Rossi, 1990, Theater, Genua, Italien

11.1. **Was sagt die die syntaktische und die semantische Dimension eines Zeichens aus?**

11.2. **Was ist ein Piktogramm?**

11.3. **Was ist der Ursprung des Ornaments?**

11.4. **Was ist die Aufgabe eines Symbols?**

11.5. **Sowohl gewissen Farben wie auch Baumaterialien wird ein semantischer Charakter zugeschrieben. Nennen Sie einige solche.**

11.6. **Welche Funktion hatte der antike Triumphbogen?**

11.7. **Die Grabkammern der ägyptischen Pharaonen wurden verschlossen und waren für niemanden zugänglich. Warum wurden ihre Wände und Decken trotzdem reich geschmückt?**

11.8. **Was stellt das Eingangsportal einer gotischen Kirche dar?**

11.9. **Warum war Adolf Loos zu Beginn des letzten Jahrhunderts gegen das Ornament und den Schmuck am Gebäude?**

11.10. **Was bedeutete die sogenannte „Revolte gegen die Vernunft" innerhalb der Moderne?**

Die Musterlösungen zu den Fragen befinden sich im Anhang.

Literatur

Arnheim, Rudolf: Die Dynamik der architektonischen Form, Köln, 1980 (Originaltitel: The dynamics of architectural form, Los Angeles, 1977)

Arnheim, Rudolf: Kunst und Sehen, Berlin, 1978 (Originaltitel: Art and Visual Perseption, Berkeley, 1954)

Canival, Jean-Louis de: Aegypten, Fribourg, 1964

Frampton, Kenneth: Die Architektur der Moderne, Stuttgart, 1967 (Originaltitel: Modern architecture, London, 1980)

Giedion, Sigfried: Raum, Zeit, Architektur, Zürich, 1978 (Originaltitel: Space, Time and Architecture, Cambridge, Mass., 1941)

Gunzenhäuser, Rul: Maß und Information als ästhetische Kategorien, Baden-Baden, 1975 (1962)

Helfritz, Hans: Südamerika: präkolumbianische Hochkulturen, Köln, 1973

Hitchcock, Henry-Russell und Johnson, Philip: Der Internationale Stil, Braunschweig, 1985 (Originaltitel: The International Style, New York, 1932)

Hofstätter, Hans: Gotik, Fribourg, 1968

Jencks, Charles: Die Sprache der Postmodernen Architektur, Stuttgart, 1978 (Originaltitel: The Language of PostModern Architecture, London, 1978)

Klotz, Heinrich und Cook, John W.: Architektur im Widerspruch, Zürich, 1974 (Originaltitel: Conversations with Architects, New York, 1973)

Klotz, Heinrich: Revision der Moderne, München, 1984

Koepf, Hans: Struktur und Form, Stuttgart, 1979

Loos, Adolf: Ins Leere gesprochen, Wien, 1981 (1921)

Loos, Adolf: Trotzdem, Wien, 1982 (1931)

Martin, Roland: Griechenland, Fribourg, 1966

Moore, Charles: Place of houses, New York, 1979 (1974) (Übersetzung: J. Grütter)

Naredi-Rainer, Paul von: Architektur und Harmonie, Köln, 1982

Oursel, Raymond: Romanik, Fribourg, 1966

Palladio, Andrea: Die vier Bücher zur Architektur, Zürich, 1983 (1570)

Pevsner, Nikolaus: Europäische Architektur, München, 1976

Picard, Gilbert: Imperium Romanum, Fribourg, 1965

Poelzig, Hans: Gärung in der Architektur, 1906 (in: Programme und Manifeste zur Architektur des 20. Jahrhunderts, Braunschweig, 1981)

Rykwert, Joseph: Ornament ist kein Verbrechen, Köln, 1983 (Originaltitel: The Necessity of Artifice, London, 1982)

Sant'Elia, Antonio und Marinelli, Fillipo: Futuristische Architektur, 1914 (in: Programme und Manifeste zur Architektur des 20. Jahrhunderts, Braunschweig, 1981)

Schilling, Rudolf: Ricardo Bofill (in: Tagesanzeiger Magazin, Zürich, 16/1982)

Smith, Peter F.: Architektur und Ästhetik, Stuttgart, 1981 (Originaltitel: Architecture and the Human Dimension, London, 1979)

Sörgel, Herman: Einführung in die Architektur-Ästhetik, München, 1918

Tange, Kenzo: Funktion, Struktur und Symbol, 1964 (in: Kultermann Udo, Kenzo Tange 1946–1969, Zürich, 1970)

Thilo, Thomas: Klassische chinesische Baukunst, Zürich, 1978 (1977)

Van de Velde, Henry: Credo, 1907 (in: Programme und Manifeste zur Architektur des 20. Jahrhunderts, Braunschweig, 1981)

Venturi, Robert: Komplexität und Widerspruch in der Architektur, Braunschweig, 1978 (Originaltitel: Complexity and Contradiction in Architecture, New York, 1966)

Venturi, Robert: Lernen von Las Vegas, Braunschweig, 1979 (Originaltitel: Learning from Las Vegas, Boston, 1978)

Vogt, Adolf Max: Revolutionsarchitektur, Köln, 1974

Wright, Frank Lloyd: in einem Ausstellungskatalog, Florenz, 1951 (in: Humane Architektur, Berlin, 1969)

Anhang: Antworten zu den Fragen am Kapitelende

Fragen (und Antworten) zu Kapitel 1

1.1. **Was ist Originalität in der Informationstheorie?**
Originalität ist der unerwartete Teil einer Nachricht.

1.2. **Diese Frage weglasse (vgl. Frage 1.6)**
Neue Frage 1.2 Was heisst „Bilden von Superzeichen?" Die auf das Auge treffende Reizmenge wird organisiert und zusammengefast. das Wesentliche wird hervorgehoben. Das heisst, der Betrachter nimmt auf den ersten Blick nicht alle Details wahr.

1.3. **Was ist die Masseinheit zum Messen der Informationsmenge?**
bit (binary digit = Zweierschritt)

1.4. **Was ist der wichtigste Unterschied zwischen Gestalttheorie und Deduktionstheorie?**
Im Gegensatz zur Gestalttheorie wird bei der Deduktionstheorie davon ausgegangen, dass bei der Geburt das menschliche Gehirn ein „unbeschriebenes Blatt" ist, dass also keine Information gespeichert ist.

1.5. **Was sagt das Prägnanzgesetz aus?**
Bei der Wahrnehmung von unvollständigen Figuren besteht die Tendenz, diese zu ergänzen zu vollständigen Figuren, zu solchen mit guter Gestalt.

1.6. **Was ist der Unterschied zwischen ästhetischer und semantischer Information?**
Die ästhetische Information spricht eher das Gefühl an,. Die semantischer Information spricht mehr den Verstand an, ist logisch nachvollziehbar und bestimmt letztlich unser Verhalten mit.

1.7. **Auf welche Wahrnehmungssysteme stützt sich der Mensch bei der Orientierung im Raum?**
Auf das optische Bezugssystem und die kinästhetische Empfindung. Kinästhetische Empfindungen werden vom Gleichgewichtsorgan im Ohr und von der Wirkung der Schwerkraft ausgelöst.

1.8. **Was ist der Unterschied zwischen aktiven und passiven Nachrichten?**
Aktive Nachrichten sind solche, die unser Handeln beeinflussen. Passive Nachrichten registrieren wir, sie sind uns aber im Moment nicht wichtig.

© Springer Fachmedien Wiesbaden GmbH, ein Teil von Springer Nature 2019
J. K. Grütter, *Grundlagen der Architektur-Wahrnehmung*,
https://doi.org/10.1007/978-3-658-26785-8

1.9. **Welches ist entwicklungsgeschichtlich der älteste Sinn des Menschen?**

Der Geruchsinn. Die Rolle des Geruchssinns beim Erleben von Architektur wird unterschätzt.

1.10. **Was ist Redundanz in der Informationstheorie?**

Die relative „Verschwendung" von Zeichen bei der Übermittlung einer Information kann gemessen werden. Sie wird als Redundanz bezeichnet.

Fragen (und Antworten) zu Kapitel 2

2.1. **Ein Ganzes besteht aus Teilen. Welche drei Faktoren dieser Teile bestimmen die Erscheinung des Ganzen mit?**

Anzahl der beteiligten Teile, Art dieser Teile und die Art der Beziehung dieser Teile untereinander, Art des Ordnungssystems.

2.2. **Welche Faktoren bestimmen die Art der an einem Bau verwendeten Teile?**

Die wichtigsten Faktoren sind: Form, Dimension, Material, Farbe und Funktion der Teile.

2.3. **Was ist die Voraussetzung, dass wir zwei oder mehrere Teile als Einheit wahrnehmen können?**

Die Teile müssen eine minimale Ähnlichkeit haben. Die Ähnlichkeit muss sich auf mindestens einen der Faktoren Form, Dimension, Material oder Farbe beziehen.

2.4. **Was sind die Hauptunterschiede zwischen einem zentralen und einem linearen Ordnungssystem?**

Im Gegensatz zum linearen System hat das zentrale System ein Zentrum, eine Mitte. Das lineare System hat ein Anfang und ein Ende. Auch ein lineares System das zu einem Netz ausgebaut, zu einem orthogonalen System wird, hat kein eigentliches Zentrum.

2.5. **Beim Betrachten eines Gebäudes sind die einzelnen Teile mehr oder weniger prägnant sichtbar. Welche Faktoren bestimmen ob die einzelnen Teile auf den ersten Blick nicht als solche erkennbar sind?**

Je ähnlicher die Teile und je strenger ihr Ordnungssystem, desto weniger sind die einzelnen Teile auf den ersten Blick erkennbar.

2.6. **Wie wird die räumliche Beziehung der Teile untereinander geregelt?**

Die räumliche Beziehung der Teile untereinander wird durch ein gemeinsames Ordnungssystem geregelt, welches von einfach bis zu sehr komplex reichen kann. Dieses Ordnungssystem beeinflusst somit den Charakter des Ganzen stark mit und hat so einen Einfluss auf den Stil.

2.7. **Wie kann ein ganzheitliches Erscheinungsbild erreicht werden?**

Ganzheit kann auf verschiedene Arten erreicht werden. Zum Beispiel wenn mehrere fragmentarische Teile nach einem komplexen System geordnet werden, oder wenn mehrere ganzheitliche Teile nach einem strengen, einfachen Ordnungssystem gegliedert werden.

2.8. Was bedeutet das Wort „konstruieren"?

Das Wort „konstruieren" stammt aus dem Lateinischen und heisst zusammensetzen. Konstruieren bedeutet das Zusammensetzen von Einzelteilen nach ganz bestimmten Regeln;

mathematisch-logischer, technisch-wissenschaftlicher, ökonomischer und ästhetischer

Art.

2.9. Was für Vorteile hat die Vorfabrikation der Teile beim Bauen?

Bei einer Vorfabrikation sind das Herstellen der Teile und ihre Montage auf der Baustelle zwei getrennte Arbeitsgattungen. Die Teile werden an einem wettergeschützten Ort vorfabriziert. Die effektive Bauzeit wird damit kürzer, sie entspricht nur noch der Montagezeit.

2.10. Die meisten Teile der gotischen Kathedralen wurden vorfabriziert. Wie unterscheidet sich die damalige von der heutigen Vorfabrikation im Bauwesen?

Die Teile wurden damals manuell nach standardisiertem Muster auf der Baustelle hergestellt und anschliessend zusammengesetzt. Heute werden die Teile an einem wettergeschützten Ort vorfabriziert, auf die Baustelle transportiert und dort zusammengesetzt.

Fragen (und Antworten) zu Kapitel 3

3.1. Was ist und war immer die übergeordnete Aufgabe der Architektur?

Jede Gesellschaft hat bestimmte Ideale und Ziele, hat ein gültiges Wertsystem. Die übergeordnete Aufgabe einer Kultur besteht darin, diese abstrakten Ideen mit konkreten Formen zu verdeutlichen. In diesem Umwandlungsprozess spielt die Architektur eine primäre Rolle.

3.2. Was ist eine der wichtigsten Unterschiede zwischen Kunst und Wissenschaft?

Die Kunst ist emotional und spricht eher die Gefühle an, die Wissenschaft ist rational und spricht eher den Verstand an.

3.3. Welchen Einfluss haben Technik und Kunst auf die Entwicklung von architektonischen Stilen?

Architektur beinhaltet sowohl Aspekte der Technik wie auch der Kunst, sie hat ihre rationalen und irrationalen Seiten, sie fordert Verstand und Emotionen. Je nach vorherrschender Ideologie schwenkt das Pendel auf eine Seite und verändert somit auch den architektonischen Stil.

3.4. Was waren die ersten baulichen Gebilde, die nicht ausschliesslich dem menschlichen Schutz dienten?

Sie waren Kultstätten, deren Struktur und Form vor allem durch ihren kultischen Inhalt geprägt waren.

3.5. Wenn der Mensch Architektur betrachtet und versucht den Bau zu verstehen, so geschieht das in drei Schritten. Erwin Panofsky spricht von drei Stufen. Welches sind diese?

In einem 1. Schritt sehen wir den physikalischen Raum, seine Strukturen, Dimensionen und Materialien. In einem 2. Schritt geht es um die Funktion der Räume und des Gebäudes. Im 3. Schritt befassen wir uns mit der geistigen Aussage des Baus. Was will er repräsentieren?

3.6. Warum muss ein Gebäude, das in einem gewissen Stil erbaut ist, für den Betrachter sowohl redundante wie auch originelle Information haben?

Die redundante Information lässt uns den Stil erkennen. Dank der Redundanz ist uns der Stil des Gebäudes nicht fremd. Die Originalität sorgt dafür, dass der Bau auch neue Aspekte, die uns noch nicht bekannt sind, aufweist und den Bau so für den Betrachter so interessant macht.

3.7. Welcher Zusammenhang besteht zwischen dem Ordnungsgrad, der am Bau sichtbaren Teile und der Persönlichkeitsstruktur des Betrachters?

Ein introvertierter Mensch, der eher verstandesmässig reagiert, zieht klare Ordnungen vor. Der extrovertierte Mensch reagiert eher gefühlsmässig, was einer komplexeren Ordnung entspricht.

3.8. Was sind die Voraussetzungen, dass ein neuer Stil von der Bevölkerung auf breiterer Basis akzeptiert wird?

Die neu verwendeten Formen, der neue Stil, machen eine neue Aussage, sie sprechen eine neue Sprache. Diese neue Sprache, das heisst der kultur-symbolische Inhalt seiner Zeichen, muss von den Menschen verstanden werden, damit sie die Aussage der neuen Architektur, der neue Stil, akzeptieren können.

3.9. Warum bevorzugen beim Wohnhaus noch heute viele Menschen das Steildach, nicht das Flachdach?

Die Form des Steildaches war früher konstruktiv und funktional bedingt. Sie war aber auch ein Symbol für Schutz schlechthin. Die Form des Steildaches ist noch heute eng mit den Begriffen Schutz und Geborgenheit verbunden. Mit dem Wechsel der Form verlor das Dach seine Bedeutung als symbolisches Zeichen.

3.10. Was symbolisieren der Kreis und das Quadrat in der traditionellen chinesischen Architektur?

Der Kreis ist eine ungerichtete Form, er hat weder Anfang noch Ende und repräsentiert so das Unendliche oder Ewige des Himmlischen, des Göttlichen. Das Quadrat mit seinen vier Seiten repräsentiert das Irdische mit den vier Himmelsrichtungen und den vier Jahreszeiten.

Fragen (und Antworten) zu Kapitel 4

4.1. **Warum sind wir auch dann fähig unsere Umwelt zu kontrollieren, wenn sie nicht direkt wahrnehmbar ist?**

Weil wir lernen, wie wir uns in unserer Umgebung verhalten müssen. Mit zunehmender Erfahrung bildet sich so ein ganzes Netz von gespeicherten Informationen. So ist der Mensch schlussendlich fähig, seine Umwelt meist auch dann zu kontrollieren, wenn sie nicht direkt wahrnehmbar ist.

4.2. **Was sind die Voraussetzungen damit sich ein Mensch mit seiner Umgebung identifizieren kann?**

Er muss seine nähere Umwelt als seine eigene erfahren können. Damit das möglich wird, ist einerseits eine gewisse Vielfältigkeit des Umraumes notwendig, die wiederum eine Erlebnisvielfalt ermöglicht. Andererseits ist eine wohldosierte Mischung von privaten, halbprivaten und gemeinsamen Räumen gefragt.

4.3. **Was bezeichnen wir als Nachbarschaft?**

Als „Nachbarschaft" wird diejenige Fläche bezeichnet, welche überschaubar ist und welche als Ganzes erlebt werden kann, also eine Fläche von 30 bis 40 ha, ein Bereich von ca. 550 mal 550 Meter bis 630 mal 630 Meter.

4.4. **Was erkennen wir in unserer Umgebung einen bestimmten Ortes?**

Der Charakter eines Ortes kann durch verschiedene Einflussgrössen gekennzeichnet werden. Die wichtigste Rolle dabei spielt der Kontrast zur Umgebung: Gegensätze der Topografie, der Form, des Materials oder der Farbe. Ein Ort kann aber auch durch ein spezielles Ereignis eine besondere Bedeutung erlangen.

4.5. **Wie unterscheidet sich die Beziehung des Gebauten zur Umgebung im traditionellen französischen Garten und im traditionellen englischen Garten?**

Im französischen Garten ist Umgebung nicht in ihrer Natürlichkeit belassen, ihr wurde die strenge Geometrie des Gebauten aufgezwungen. In englischen Garten standen sich das streng rational Gebaute und die pittoreske, natürliche Umgebung als zwei gleichwertige Teile gegenüber.

4.6. **Wie gestaltetsich die Beziehung eines Gebäudes, als etwas Künstliches, zu seiner Umwelt, zu seiner natürlichen Umwelt oder, im städtischen Bereich, zu seiner gebauten Umwelt?**

Vereinfacht können drei grundsätzlich verschiedene Arten einer solchen Beziehung unterscheiden werden. Das Anpassen, das Gebaute bildet einen Kontrast zur Umgebung, oder das Gebautes und seine Umgebung stehen einander als Gegensätze gegenüber, sie sind einander fremd und haben nichts miteinander zu tun.

4.7. Warum stimmt das tatsächliche physikalische Gewicht eines Gebäudes nicht mit dem wahrgenommenen Gewicht überein?

Eine wichtige Rolle spielt hier die Beziehung des Gebäudes zum Boden. Steht es auf einem Sockel? Auf Stützen? Etc. Das wahrgenommene Gewicht hängt aber auch von verschiedenen anderen Faktoren ab: verwendetes Material, Art und Anzahl der Öffnungen, Form des Gebäudes, etc.

4.8. Was bestimmt die räumliche Beziehung zwischen dem Innen und dem Aussen?

Die Art dieser Beziehung wird hauptsächlich bestimmt durch die räumliche Beziehung der raumdefinierenden Elemente untereinander und durch die Art der Öffnungen in diesen Elementen.

4.9. In welchem abendländischen Stilepoche wurde eine intensive Beziehung zwischen innen und aussen in der Architektur zum ersten Mal wichtig?

In der sogenannten Moderne, ab dem Beginn des 20. Jahrhunderts.

4.10. Warum bestand in der traditionellen japanischen Architektur immer eine intensive Beziehung zwischen innen und aussen?

Der Hauptgrund ist die spezielle Beziehung der Japaner zur Natur. In Japan bestand eine andere Auffassung über die Beziehung zwischen Natur und Mensch. Der Mensch stand der Natur nicht feindlich gegenüber, er versuchte, mit ihr in Harmonie zu leben.

Fragen (und Antworten) zu Kapitel 5

5.1. Was sind die Unterschiede bei den verschiedenen Raumauffassungen von Aristoteles und Giordano Bruno?

Aristoteles verglich Raum mit dem Inhalt eines Gefässes, Raum ist Hohlraum, begrenzt durch die raumdefinierenden Elemente. Für Giordano Bruno wird Raum wahrnehmbar durch die Dinge, die sich in ihm befinden, er wird zum Umraum oder Zwischenraum. Raum ist ein System von Beziehungen zwischen den Dingen und muss nicht mehr, wie bei Aristoteles, ganz umschlossen sein.

5.2. Welches sind die zwei grundlegend verschiedenen Raumformen, die beiden räumlichen Grundtypen im alten Rom und in der mittelalterlichen Sakralarchitektur?

Zentralraum und den Longitudinalraum. Das Christentum leitete die Grundlagen seiner Architektur aus ihrem Inhalt ab: aus dem Versprechen der Erlösung und dem Weg dazu, symbolisiert durch ein Zentrum und einen Weg.

5.3. Was sind die Hauptmerkmale bei der Raumgestaltung in der Renaissance?

Harmonie und Gleichgewicht. Der Raum wurde nach elementaren geometrischen Prinzipien aufgebaut. Der Raum bestand aus Elementen, die mit geometrischen Mitteln zu einem Ganzen vereint wurden

5.4. Was ist das grundlegend Neue bei der Raumauffassung der Moderne?

Zum ersten Mal in der abendländischen Architektur wurde die Beziehung zwischen innen und aussen zu einem wichtigen Gestaltungselement.

5.5. **Was ist der Unterschied zwischen Raumflexibilität und Raumpolyvalenz?**

In beiden Fällen können die Räume verschieden genutzt werden. Bei der Raumflexibilität können dafür raumbegrenzende Elemente verschoben werden. Bei der Raumpolyvalenz ist der Raum so gestaltet, dass auch ohne Veränderungen ganz verschiedene Nutzungen möglich sind.

5.6. **Was ist der Unterschied zwischen Massiv- und Skelettbau?**

Das Tragsystem besteht beim Massivbau aus tragenden Wänden, beim Skelettbau aus tragenden Stützen.

5.7. **Nennen Sie einen Unterschied zwischen erlebtem Raum und mathematischem Raum.**

Der erlebte Raum ist der gebaute, dreidimensionale Raum, den der Betrachter mit seinen Sinnesorganen wahrnimmt. Der sogenannte mathematische Raum ist der Raum auf der zweidimensionalen Planzeichnung. Erlebter Raum wird von verschiedenen Menschen ungleich wahrgenommen, während der mathematische Raum auf dem Plan für alle immer gleich ist.

5.8. **Warum muss sich der Menschen zwischen privatem und öffentlichem Raum hin und her bewegen können?**

Er braucht einerseits als Individuum private Abgeschlossenheit, Ruhe zur Besinnung und Erholung. Andererseits ist er auf die Gemeinschaft angewiesen, der Kontakt im öffentlichen Raum mit seinen Mitmenschen ist die Voraussetzung für jede gesellschaftliche Beziehung.

5.9. **Warum ist der barocke Kirchenraum voller Widersprüche? Warum will er unsere Sinne täuschen?**

Die barocke Sakralarchitektur wollte vor allem die Emotionen der Gläubigen ansprechen, ihre Gemüter entflammen und bezaubern. Sie wollte dem Menschen die Realität des Ueberirdischen, des Göttlichen, sinnlich vor Augen führen.

5.10. **Warum dürfen beim Entwerfen von Raum nicht nur funktionale Aspekte berücksichtigt werden?**

Die Aufgabe der Architektur ist es auch, Voraussetzungen zu schaffen, unter denen verschiedene Arten von Begegnungen der Menschen möglich sind. Dafür müssen alle Arten möglicher sozio-psychologischer Beziehungen berücksichtigt werden.

Fragen (und Antworten) zu Kapitel 6

6.1. **Was ist eine Formensprache?**

So wie die gesprochene Sprache aus Wörtern besteht, setzt sich auch jede Formensprache aus verschiedenen Grundmustern oder elementaren Formen zusammen. Die Formen, als visueller Ausdruck eines geistigen Inhaltes, dienen als semantische Zeichen. Formensprachen entstehen durch eine lange Evolution. Die Formensprache visualisiert die geistige Grundhaltung einer Kultur.

6.2. Was bedeutet die Aussage „Form folgt der Funktion"?

Ein Gebäude muss strikt nach praktischen, funktionalen Erfordernissen geplant sein. Die Funktion eines Gebäudes sollte klar durch die verwendeten Formen desselben erkennbar sein. So entsteht automatisch eine ästhetisch befriedigende Lösung. Der Zweck sollte direkt zur Schönheit führen. Dieses Zitat wurde zum Leitspruch der Funktionalisten.

6.3. Nach welchen Gesichtspunkten erfolgt die Wahl der Form?

Die Form der Elemente eines Gebäudes, ja des Gebäudes als Ganzes, muss so gewählt werden, das deren Struktur dem geistigen Inhalt entsprechen, die der Stil des Baus repräsentieren will oder soll. Die Form als solches darf nicht im Vordergrund stehen, sonst sprechen wir von Formalismus.

6.4. Was unterscheidet regelmässige Formen von unregelmässigen Formen?

Regelmässige Formen haben, im Gegensatz zu den unregelmässigen, ein Strukturgerüst. Das Strukturgerüst beinhaltet formale Regeln, welche die Beziehung der einzelnen Teile untereinander ordnen. Bei regelmässigen Formen sind Teile dieser Form, die nicht sichtbar sind, da sie zum Beispiel abgedeckt sind, vorhersehbar. Dies gilt nicht für unregelmässige Formen.

6.5. Der Mensch nimmt bei verschiedenen Gestalten ein „Gewicht" wahr. Die einen erscheinen „schwerer" als andere und umgekehrt. Was beeinflusst dieses wahrgenommene Gewicht?

Regelmässige, einfache Formen scheinen schwerer als komplexe, senkrecht ausgerichtete schwerer als schräge. Figuren, welche in einen geometrischen Verband eingebunden sind, erscheinen schwerer als solche die irgendwo isoliert alleine sind.

6.6. Warum werden bei jeder optischen Wahrnehmung senkrechteund waagerechte Linien allen Schrägenvorgezogen?

Weil senkrechte und waagerechte Linien die schwächste Reizkonfiguration ergeben, also einfacher registriert werden können.

6.7. Was sind die Unterschiede zwischen konvexen und konkaven Formen?

Beide Formen treten in einen Dialog mit dem sie umgebenden Raum. Die konvexe Form stellt sich gegen die Umgebung, sie ist abweisend, die konkave Form umschliesst die Umgebung, sie ist einladend.

6.8. Warum ist der Kreiseine der einfachsten Reizkonfigurationen?

Die Form des Kreises ist allseitig gleichwertig, das heisst, sie ist ungerichtet, es wird keine Richtung bevorzugt. Beim Kreis kann nur die Grösse verändert werden, nicht aber seine Form.

6.9. Was unterscheidet die Ellipse vom Kreis?

Im Gegensatz zum Kreis hat die Ellipse zwei Richtungen, wobei die eine dominiert. Die Proportion der Ellipse kann verändert werden, die des Kreises nicht.

6.10. Warum ist ein Rechteck, dessen Verhältnis von Länge zu Breite dem Goldenen Schnittentspricht, für die optische Wahrnehmung ideal?

Ist das Verhältnis kleiner, so erscheint uns die Form als „ungenaues" Quadrat, ist sie grösser, empfinden wir sie als zu lange Form.

Fragen (und Antworten) zu Kapitel 7

7.1. Was bedeutet Harmonie für den Menschen?

Harmonie bedeutet Ordnung, Ausgeglichenheit und Abbau von Spannungen. Der Mensch sucht Ordnung, andererseits hat er aber auch das Bedürfnis, Spannung zu erleben.

7.2. Wie kann Spannung erzeugt werden?

Spannung kann auf verschiedene Arten erzeugt werden. Grundsätzlich gilt: je grösser die Komplexität, je zahlreicher die Widersprüche und je weniger Ordnung, desto mehr Spannung. Spannung entsteht meistens dort, wo vom Gewöhnlichen abgewichen wird.

7.3. Was ist der Unterschied zwischen arithmetischerund geometrischer Proportion?

Arithmetische Proportion beruht auf einfachen Zahlenverhältnissen. Bei der geometrischen Proportion wird ein Grössenverhältnis nicht mathematisch, sondern mit Hilfe einer geometrischen Operation ermittelt. Zum Beispiel bestimmt der Goldene Schnitt eine solche Proportion.

7.4. Nebst dem gemessenen Grössenverhältnis beeinflussen auch anderen Faktoren die Wahrnehmung von Proportionen. Welches sind diese?

Auch die Farbgebung und die Strukturierung der wahrgenommenen Gestalt können die Wahrnehmung von Proportionen beeinflussen.

7.5. Was ist der Unterschied zwischen bilateraler und translativer Symmetrie?

Bei der bilateralen Symmetrie wird eine Figur um eine Achse gespiegelt. Bei der translativen Symmetrie handelt es sich um die Wiederholung kongruenter, das heisst deckungsgleicher, Teile.

7.6. Wo besteht ein Zusammenhang zwischen Architektur und Musik?

Rhythmus ist sowohl bei der Wahrnehmung von Architektur wie auch beim Hören von Musik wichtig.

7.7. Was ist der sogenannte goldene Schnitt?

Der Goldene Schnitt ist eine geometrische Proportion. Dieses, von Euklid erstmals beschriebene Verhältnis, teilt eine Strecke in zwei ungleiche Teile, deren kleinerer sich zum grösseren so verhält wie der grössere zur ganzen Strecke.

7.8. Was bewirkt die Wiederholungkongruenter, deckungsgleicher, Elemente für die Wahrnehmung?

Je mehr Wiederholung desto grösser die Vorhersehbarkeit und damit auch die Redundanz. Eine häufige Wiederholung eines Elementes führt auch zur Verminderung seines ästhetischen Wertes.

7.9. Wann nehmen wir Rhythmus wahr?

Bei der Repetition gleicher Elemente oder Elementgruppen, bei sogenannten Perioden. Die Wahrnehmung von Perioden ist allerdings zeitlich begrenzt: Erfolgt die Wiederholung in einem kürzeren Abstand als in 1/10 Sekunde, wird sie zur Kontinuität. Dauert eine Zeitperiode länger als fünf bis zehn Sekunden, so wird sie nicht mehr als solche wahrgenommen. Die optimale Länge einer Periode liegt bei einer Sekunde.

7.10. Wie kann Hierarchie entstehen?

Es gibt visuelle und geistige Faktoren welche Hierarchie bewirken können. Die visuellen Faktoren sind Grösse, Form und Lage der Elemente. Geistige Faktoren, die zu einer Hierarchie führen kann die symbolische Bedeutung eines Elementes sein.

Fragen (und Antworten) zu Kapitel 8

8.1. Was ist die Aufgabe der Ästhetik?

Das Wort Ästhetik stammt aus dem Griechischen und bedeutet Wahrnehmung. Die Ästhetik untersucht, im weitesten Sinne, die Art und Weise, wie die Umwelt empfunden wird und die Stellung des Individuums innerhalb dieser Umwelt.

8.2. Es können drei verschiedene Ebenen der ästhetischen Werteunterschieden werden. Welches sind diese?

Ästhetische Grundwerte, Stile und Moden.

8.3. Was verstehen wir unter ästhetischen Grundwerten?

Dies sind ästhetische Werte, die nicht stil- oder modeabhängig sind. Sie sind langfristig gültig und basieren auf Eigenschaften wie Harmonie , Proportion , Spannung, Rhythmus usw. Sie verändern sich nur sehr langsam.

8.4. Ist die Wahrnehmung von Schönheit eher vom Objekt oder vom Betrachter abhängig?

Die Antwort auf diese Frage hat sich in den letzten zwei Jahrtausenden immer wieder geändert, einmal war sie objektabhängig, dann abhängig vom Betrachter, dann wieder umgekehrt usw.

8.5. Platon(427–347 v. Chr.) unterschied zwei Arten von Schönheit. Welche?

Er unterschied zwischen der Schönheit der Natur, und der Schönheit der Geometrie andererseits. Diese Zweiteiligkeit des Schönheitsbegriffes wurde seit Platon nicht mehr aufgegeben.

8.6. Frank Lloyd Wrightund Le Corbusier hatten in ihrer ersten Arbeitsphase verschiedene Auffassungen über Schönheit. Wie unterschieden sie sich?

Frank Lloyd Wright leitet den Schönheitsbegriff seiner organischen Architektur aus der Natur ab, Le Corbusier, als Verfechter der modernen Technik , aus den Formen moderner Ingenieurprodukte.

8.7. Warum brauchen wir Schönes?

Die Wahrnehmung von Schönheit wird, nach Sigmund Freud, indirekt als ein Linderungsmittel gegen Schmerzen, Enttäuschungen und unlösbare Aufgaben gesehen.

8.8. Von was hängt das Erleben von Schönheit ab?

Einerseits vom wahrgenommenen Objekt, dann aber von der Persönlichkeitsstruktur des Betrachters, seinem momentanen psychischen Zustand, seinem Charakter, seinem sozialen Umfeld und seinem kulturellen Hintergrund.

8.9. Nennen Sie zwei Aspekte eines Objektes, die neben seinem Aussehen, einen Einfluss auf das Schönheitsempfinden haben können.

Das Wissen um den historischen Hintergrund eines Bauwerkes und sein Alter.

8.10. **Ist Schönheit von Bauwerken messbar?**

Nein. Der architektonische Raum ist dafür viel zu komplex. Zwischen der Art der Anordnung der wahrgenommenen Elemente und der Komplexität dieser Elemente einerseits und dem ästhetischen Ausdruck des Ganzen andererseits besteht aber ein Zusammenhang.

Fragen (und Antworten) zu Kapitel 9

9.1. **Warum wird Zeitals die vierte Dimension der Raumwahrnehmung bezeichnet?**

Um Raum umfassend erleben zu können, muss sich der Betrachter darin bewegen können. Dazu ist Zeit notwendig.

9.2. **Auf welche zwei Grundlagen beruht die Wahrnehmung von Bewegung und Geschwindigkeit?**

Der sich bewegende Gegenstand wird mit dem Auge verfolgt, das heisst, seine Projektion bleibt auf der Netzhaut am selben Ort, oder das Auge ruht während der Wahrnehmung auf einem anderen Gegenstand, so dass sich die Projektion des ersten, bewegten Gegenstandes auf der Netzhaut bewegt.

9.3. **Eine Bewegung wird nicht in aller Richtung als gleich empfunden. Wie ist der Unterschied zwischen Bewegungen horizontalen und vertikalen Bewegungen? Wie zwischen Abwärts- und Aufwärtsbewegungen?**

Horizontale Bewegungen sind einfacher wahrnehmbar als vertikale. Abwärtsbewegungen werden wegen der Existenz der Schwerkraft als leichter empfunden als solche in umgekehrter Richtung.

9.4. **Auf was muss der Mensch bei baulichen Veränderungen in einer Stadt, in einem Quartier vor allem Rücksicht nehmen?**

Auf die dort bestehenden kulturellen und sozialen Strukturen. Bauliche Veränderungen führen stets auch zu langfristigen Verschiebungen in diesen Strukturen. Dieses komplizierte Wechselspiel kann durch falsche bauliche Veränderung leicht aus dem Gleichgewicht gebracht werden. Der Mensch muss sich auch nach den Veränderungen noch mit dem Ort identifizieren können.

9.5. **Wir können drei verschiedene Arten Veränderungen unserer Umwelt wahrnehmen. Welches sind diese?**

Veränderungen bedingt durch verschiedene Tages- und Jahreszeiten, bauliche Veränderungen und altersbedingte Veränderungen.

9.6. **Was ist Dynamik bei der optischen Wahrnehmung?**

Dynamik ist ein wesentlicher Bestandteil jedes Seherlebnisses. Sie ist keine physikalische Eigenschaft. Die Wahrnehmungsreize der Netzhaut erhalten ihre dynamische Wirkung erst durch ihre Verarbeitung im Gehirn. Jede Wahrnehmung enthält eine mehr oder weniger stark ausgeprägte Dynamik.

9.7. **Was ist Rhythmus?**

Der Rhythmus bezeichnet eine Wiederholung nach bestimmten Gesetzen. Er ruft Erwartungen hervor und führt zu Redundanz.

9.8. Welche Faktoren prägen den Charakter eines Weges?

Ausschlaggebend sind seine Form, Lage und Umgebung. Ist er gerade oder gekurvt, führt er hinauf oder hinunter, ist er unterteilt in Etappen, wie ist die Art der Umgebung.

9.9. Was soll mit dem Raumkonzept der abendländischen Sakralarchitekturdargestellt werden?

Das Raumkonzept der abendländischen Sakralarchitektur, von der frühchristlichen Basilika bis hin zur Gegenwart, stellt den symbolischen Weg, den Lebensweg, den Weg hin zu Gott dar. Dieser Weg wurde je nach Zeitepoche verschieden ausgebildet.

9.10. Welche Rolle spielen Richtung und Achse in der Architektur?

Die richtungsweisende Achse ist ein wichtiges Ordnungselement beim Erleben der Architektur. Jede Bewegung bedarf des Weges, dieser wiederum weist in eine Richtung.

Fragen (und Antworten) zu Kapitel 10

10.1. Welche Bedeutung hatte das Licht in der alten ägyptischen Architektur?

Das Wesen des Göttlichen war im alten Ägypten für den Menschen unsichtbar, unerreichbar, und befand sich deshalb im Dunkeln. Der Weg zu diesem Göttlichen, der vom Licht in die Dunkelheit führt, wurde mit Hilfe einer speziellen Lichtführung verdeutlicht.

10.2. Welcher Zusammenhang besteht zwischen architektonischem Stil und Lichtführung?

Je komplexer die Ordnung eines Stils, desto eher wird Lichtführung mitbestimmend im Ausdruck der architektonischen Idee.

10.3. Was sind die Unterschiede zwischen natürlichem Lichtund künstlichem Licht?

Das natürliche Licht verändert sich je nach Tageszeit ständig, das künstliche Licht im Innenraum bleibt aber konstant. Durch die grosse Entfernung der Sonne bedingt, treffen die Strahlen des natürlichen Lichtes parallel auf der Erde auf. Das künstliche Licht verbreitet sich allseitig von einer punktförmigen Quelle aus, die Strahlen verlaufen nicht parallel. Dieser Unterschied bewirkt zwei ganz verschiedene Schlagschattenbilder.

10.4. Was bestimmt den optischen Bezug zwischen innen und aussen?

Die Art der Öffnungen zwischen innen und aussen, die Art wie das natürliche Licht in den Innenraum dringt und die Art der Blickfreiheit zwischen innen und aussen.

10.5. Welchen Einfluss hat die Grösse der Öffnungen in den Aussenwänden auf die Atmosphäre des Innenraumes?

Je grösser die Öffnungen, desto mehr wird die Atmosphäre des Innenraumes von den äusseren Verhältnissen beeinflusst. Je transparenter die Aussenwand, desto schwieriger wird eine Kontrolle der natürlichen Lichtverhältnisse im Innenraum.

10.6. **Wie kann die wahrgenommene Helligkeiteines Objektes beeinflusst werden?**
Einerseits mit der Beleuchtungsintensität des Objekts und andererseits mit der Wahl der Oberflächenbeschaffenheit der verwendeten Materialien, das heisst mit dem Reflexionsvermögen dieser Materialien.

10.7. **Wie beeinflusst die Helligkeit des Umfeldes die wahrgenommene Grösse eines Gegenstandes?**
Ein Objekt erscheint uns in einer dunklen Umgebung grösser als in einer helleren Umgebung. Gegenstände erscheinen uns nachts eher grösser als bei Tageslicht.

10.8. **Welche Faktoren beeinflussen die Beziehung eines Objektes zu seinem Schatten?** Es sind dies 4 Faktoren: die Lage der Lichtquelle, Grösse und Form des Objektes, Grösse und Form des Schlagschattens und die Lage und Form der Umgebung,

10.9. **Welche Komponenten bestimmen unsere Wahrnehmung einer Farbe?**
Der Farbton, Helligkeit und Sättigung dieser Farbe.

Aber auch sozio-psychologische Faktoren, wie Charakter und momentaner psychischer Zustand des Betrachters oder kulturelle Einflüsse, Assoziationen und persönliche Erfahrungen.

10.10. **Von was hängt die psychologische Wirkung der Farben auf den Betrachter ab?**
Vom Ort, an dem die Farbe verwendet wird. Von der an diesem Ort herrschenden Kultur und von den sozio-psychologischen Aspekten, die den Betrachter beim Sehen der Farbe beeinflussen.

Fragen (und Antworten) zu Kapitel 11

11.1. **Was sagt die die syntaktische und die semantischeDimension eines Zeichens aus?**
Die syntaktische Dimension des Zeichens sagt etwas aus über dessen Form, Grösse, Farbe und Materialeigenschaften. Die semantische Dimension eines Zeichens sagt etwas aus über den Inhalt, die Bedeutung des Zeichens.

11.2. **Was ist ein Piktogramm?**
Ein Piktogramm ist eine vereinfachte Darstellung, die eine Information vermittelt. Es vermittelt bildlich, schematisiert einen Inhalt, eine Bedeutung. Um die genaue Bedeutung verstehen zu können, sind oft Vorkenntnisse nötig.

11.3. **Was ist der Ursprung des Ornaments?**
Ursprünglich ersetzte das Ornament den vergänglichen pflanzlichen Schmuck, es war eine Nachbildung von Blumen, Blättern und Girlanden aus dauerhaftem Material.

11.4. **Was ist die Aufgabe eines Symbols?**
Das Symbol macht das Geistige sinnlich wahrnehmbar, kann also einem abstrakten Inhalt eine konkrete Form geben, es drückt eine geistige Aussage formal aus.

11.5. Sowohl gewissen Farben wie auch Baumaterialien wird ein semantischerCharakter zugeschrieben. Nennen Sie einige solche.

Rot wird als die Farbe der Liebe bezeichnet, Blau als die Farbe der Treue. Gold und Marmor sind edel, sie stehen für Reichtum, Beständigkeit und Eleganz. Holz hingegen kann Wärme und Natürlichkeit repräsentieren.

11.6. Welche Funktion hatte der antike Triumphbogen?

Der antiken Triumphbogen war, trotz seiner torartigen Form, weder Eingangstor noch Durchgangstor. Er hatte eine symbolische Aufgabe: Das Durchschreiten des Bogens nach siegreichem Kampf bedeutete eine symbolische Reinigung der Soldaten nach dem grausamen Krieg.

11.7. Die Grabkammern der ägyptischen Pharaonen wurden verschlossen und waren für niemanden zugänglich. Warum wurden ihre Wände und Decken trotzdem reich geschmückt?

Die Bemalung und Dekorationen waren Träger geistigen Inhalts, sie symbolisieren die soziologische und ideologische Struktur des Reiches und waren deshalb nicht nur Anhängsel, sondern ebenso wichtig wic der Bau selbst. Ihre Funktion als Schmuck ist unwesentlich.

11.8. Was stellt das Eingangsportal einer gotischen Kirche dar?

Das Eingangsportal ist nicht einfach die Trennung zwischen Innen- und Aussenraum, sondern es symbolisiert den Übergang vom irdischen zu ewigen Leben im Jenseits und stellt so das Jüngste Gericht dar.

11.9. Warum war Adolf Loos zu Beginn des letzten Jahrhunderts gegen das Ornament und den Schmuck am Gebäude?

Das Ornament, und der Schmuck am Gebäude ganz allgemein, hatte damals keine symbolische oder metaphorische Bedeutung mehr. Loos war deshalb der Meinung, dass sie keine tiefere Aussage mehr hatten und deshalb unnütz waren, dass sie nur noch „vergeudete arbeitskraft" waren.

11.10. Was bedeutete die sogenannte „Revolte gegen die Vernunft" innerhalb der Moderne?

Die Zeichensprache der Moderne beschränkte sich auf die rein formale Aussage und wurde damit bedeutungsarm. Mit der „Revolte gegen die Vernunft" wurde die strenge Geometrie und Rechtwinkligkeit des Raumes gebrochen zugunsten einer freien Form. Damit wurde das Spektrum der Zeichensprache wieder erweitert, der Spielraum für formale Interpretationen wurde grösser und das Bilden von Metaphern wurde erleichtert.

Stichwortverzeichnis

© Springer Fachmedien Wiesbaden GmbH, ein Teil von Springer Nature 2019
J. K. Grütter, *Grundlagen der Architektur-Wahrnehmung*,
https://doi.org/10.1007/978-3-658-26785-8